Fachberichte Simulation

Herausgegeben von D. Möller und B. Schmidt
Band 5

E.-H. Horneber

Simulation elektrischer Schaltungen auf dem Rechner

Springer-Verlag
Berlin Heidelberg New York Tokyo 1985

Herausgeber:

Dr. D. Möller
Physiologisches Institut
Universität Mainz
Saarstraße 21
6500 Mainz

Prof. Dr. B. Schmidt
Informatik IV
Universität Erlangen-Nürnberg
Martensstraße 3
8520 Erlangen

Autor:

Prof. Dr. E.-H. Horneber
Fachbereich 1 (Elektrotechnik)
Universität Bremen
Kufsteiner Straße
2800 Bremen 33

ISBN 3-540-15735-2 Springer-Verlag Berlin Heidelberg New York Tokyo
ISBN 0-387-15735-2 Springer-Verlag New York Heidelberg Berlin Tokyo

CIP-Kurztitelaufnahme der Deutschen Bibliothek

Horneber, Ernst-Helmut:
Simulation elektrischer Schaltungen auf dem Rechner / E.-Horneber.
Berlin; Heidelberg; New York; Tokyo: Springer, 1985.
(Fachberichte Simulation; Bd. 5)
ISBN 3-540-15735-2 (Berlin...)
ISBN 0-387-15735-2 (New York...)

NE: GT

Druck: Color-Druck, G. Baucke, Berlin; Bindearbeiten: Lüderitz & Bauer, Berlin
2160/3020-543210

Vorwort

Mit der Weiterenwicklung der Mikroelektronik gewinnt die
Simulation integrierter Schaltungen auf dem Rechner zunehmend an Bedeutung. Während für Schaltungen mit einigen hundert Transistoren nach wie vor die klassischen Netzwerkanalyseverfahren eingesetzt werden, wurden seit etwa zehn Jahren neue Verfahren entwickelt, die eine Simulation großer Schaltungen mit einigen tausend Transistoren gestatten. Diese neuen Verfahren und die damit entwickelten Simulationsprogramme wurden größtenteils in englischsprachigen Fachartikeln beschrieben.

Das vorliegende Buch ist ein Versuch, neben den klassischen Verfahren auch die neuen Verfahren der Timing-, Mixed-Mode-, Switch-Level-Logik-Simulation und der Waveform-Relaxation in einheitlicher Form darzustellen. Da sich bei einigen der neuen Verfahren erst in der Praxis erweisen muß, ob sie den Anforderungen bezüglich Simulationsgeschwindigkeit und -genauigkeit genügen, wurde weniger Wert auf die Darstellung implementierungsspezifischer Details gelegt, als vielmehr auf die Darstellung der zugrundeliegenden Prinzipien.

Entstanden ist dieses Buch aus einer Vorlesung, die ich an der Universität Kaiserslautern halte. Der vorliegende Band ist jedoch nicht nur als Lehrbuch, sondern auch als Hilfe für den praktischen Einsatz von Simulationsprogrammen gedacht. Zu diesem Zweck wurden Hinweise aufgenommen, wie Schwierigkeiten behoben werden können, die erfahrungsgemäß bei der Anwendung von Simulationsprogrammen auftreten. Neben den deutschen Bezeichnungen wird die englische Terminologie aufgeführt, um zusammen mit zahlreichen Literaturverweisen den Zugang zu weiterführender Literatur zu erleichtern. Beweise von Sätzen werden nur dann gebracht, wenn die Beweisführung

das Verständnis des beschriebenen Sachverhalts unterstützt;
andernfalls wird auf entsprechende Literaturstellen verwiesen.

Zur Darstellung der Simulationsverfahren werden Methoden und
Algorithmen aus verschiedenen Fachgebieten, wie der Graphentheorie, der Netzwerktheorie, der Halbleiterphysik und der
numerischen Mathematik benötigt. In jedem Fachgebiet hat sich
eine eigene Bedeutung der verwendeten Symbole herausgebildet.
Dies hat zur Folge, daß ein Symbol - je nach dem Zusammenhang,
in dem es verwendet wird - unterschiedliche Bedeutung haben
kann. Da die Halbleitermodelle, die Graphentheorie, die numerischen Verfahren zur Lösung linearer und nichtlinearer Gleichungssysteme sowie die Anwendung der Verfahren bei der Schaltungssimulation in eigenen, weitgehend unabhängigen Kapiteln
behandelt werden und deshalb nur geringe Verwechselungsgefahr
besteht, werden die allgemein eingeführten Symbole beibehalten. Dies erleichtert die Verwendung von Spezialliteratur für
die einzelnen Fachgebiete.

Bei der Erstellung der Simulationsbeispiele wurde ich durch
Kollegen von der Siemens AG unterstützt, denen ich auch Literaturhinweise verdanke. Frau A. Drenker, Siemens AG, danke
ich für die Reinzeichnung der Bilder. Mein besonderer Dank
gilt Herrn Prof. Dr. W. Rupprecht, Universität Kaiserslautern, für die Anregung zu diesem Buch und für die Förderung
dieser Arbeit. Dem Springer-Verlag sei für die gute Zusammen-
arbeit gedankt.

München, im Frühjahr 1985   E.-H. Horneber

Inhaltsverzeichnis

1 Überblick über den Entwurf integrierter Schaltungen

Um den Anwendungsbereich der elektrischen Simulation und die
sich ändernden Anforderungen an Software zur Entwurfsunterstützung beim Übergang von diskreten zu integrierten Schaltungen
zu erläutern, wird in diesem Kapitel ein kurzgefaßter Überblick
über den Entwurf integrierter Schaltungen gegeben. Auf einzelne
Verfahren und Programme kann dabei nicht näher eingegangen werden. Um dem Leser eine tiefergehende Beschäftigung mit diesem
Stoff zu ermöglichen, werden ausführliche Literaturhinweise angegeben. Eine Übersicht über alle wichtigen Teilgebiete mit einer ausführlichen Bibliographie ist in [1.1] zu finden.

1.1 Entwicklung der Technologie und Schaltungstechnik

Als Folge der technologischen Entwicklung hat sich in den letzten zwei Jahrzehnten die Vorgehensweise beim Entwurf elektrischer
Schaltungen grundlegend geändert. Bis Anfang der sechziger Jahre
wurden die Schaltungen aus einzelnen, diskreten Elementen aufgebaut. In den sechziger Jahren wurde es dann möglich, mehrere Bauelemente gemeinsam auf einem einzigen Siliziumsubstrat herzustellen. Die Weiterentwicklung der technologischen Möglichkeiten
führten in der Folgezeit zu einer außerordentlichen Steigerung
der Integrationsdichte. Wie aus Bild 1.1 zu entnehmen ist, ver-
doppelte sich die Anzahl der Transistoren pro Chip etwa alle ein
bis zwei Jahre. Erst in letzter Zeit ist eine allmähliche Ver-
langsamung des Zuwachses bemerkbar.

Mit dieser Entwicklung war eine ständige Verkleinerung der
Strukturen auf dem Chip verbunden. Dadurch nahm die Geschwindigkeit der Schaltungen zu, die Verlustleistung verminderte sich
und die Zuverlässigkeit der Schaltungen wurde beträchtlich größer. Der Herstellungspreis integrierter Schaltungen ist dabei

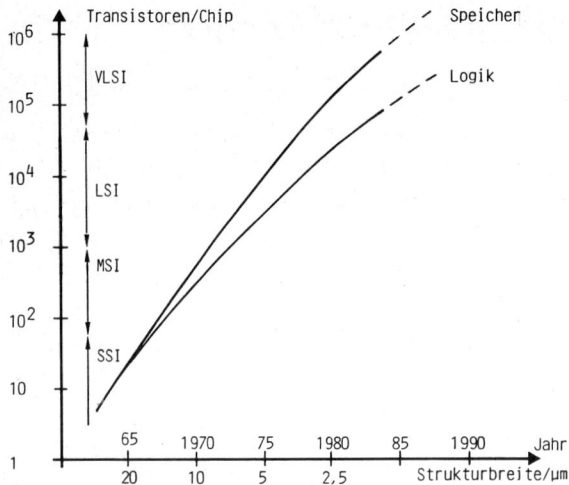

Bild 1.1. Entwicklung der Integrationsdichte

– hohe Stückzahlen vorausgesetzt – erstaunlich gering. Entsprechend der Anzahl an Elementen pro Chip spricht man von Small-
(SSI), Medium- (MSI), Large- (LSI) oder Very Large Scale Integration (VLSI). Die Strukturbreite auf einem Chip ist umso kleiner, je größer die Anzahl der Elemente pro Chip ist, da die aus-
nutzbare Chip-Fläche (heute etwa 100 mm^2) nicht wesentlich vergrößert werden kann, ohne daß die Chip-Ausbeute drastisch zurück-
geht. Heute werden in der Fertigung Strukturbreiten von etwa
2–3μm erreicht, im Labor werden aber bereits Prozesse für
Strukturen unter 1μm erprobt [1.26].

Integrierte Schaltungen werden heute vorwiegend in MOS-Tech-
nologie hergestellt. Dies hat seine Ursache darin, daß im Vergleich zur Bipolar-Technologie höhere Integrationsdichten bei
einem geringeren Leistungsverbrauch und bei niedrigeren Herstel-
lungskosten erreicht werden. Auch die Elementemodellierung und
der Schaltungsentwurf sind einfacher als bei der Bipolartechnik,
wenn auch die Schaltungsgeschwindigkeit nicht so hoch ist. Durch
die ständige Verkleinerung der Strukturen wird Geschwindigkeit
gewonnen. Dieser Zuwachs wird allerdings zunehmend geringer, da
die parasitären RC-Zeitkonstanten der Verbindungsleitungen
schließlich primär die Schaltungsgeschwindigkeit bestimmen. Die
überwiegende Anzahl der MOS-Schaltungen werden heute in digitaler Schaltungstechnik ausgeführt, wobei diese Tendenz in Zu-

kunft weiter zunehmen wird. Hauptsächlich werden drei Schaltungstechniken angewandt [1.2] :

1. Die statische NMOS-Technik, bei der die Ausgangsspannung
einer Schaltungsstufe durch das Widerstandsverhältnis zwischen
einem Lasttransistor und einem Treibertransistor oder mehreren
zusammengeschalteten Treibertransistoren bestimmt wird. Der
Schaltungsentwurf in dieser Technik ist verhältnismäßig einfach,
nachteilig ist jedoch der ständige Leistungsverbrauch durch den
Querstrom über den Depletion-Lasttransistor (siehe Abschn. 3.4.1)
und den Treibertransistor, wenn der Ausgang auf dem Nullpegel
liegt.

Die früher wegen der leichteren Herstellbarkeit bevorzugte
PMOS-Technik hat heute kaum noch Bedeutung, da diese Schaltungen
auf Grund der geringeren Trägerbeweglichkeiten bedeutend langsamer als NMOS-Schaltungen sind.

2. Die leistungsärmere dynamische NMOS-Technik, bei der entsprechend angelegter Taktsignale Speicherkapazitäten auf- und
entladen werden. Die Dimensionierung solcher Schaltungen ist
schwieriger, außerdem wird zusätzlicher Platz für die Taktlei-
tungen benötigt.

3. Die komplementäre CMOS-Technik, bei der sowohl NMOS- als
auch PMOS-Transistoren verwendet werden. Die Vorteile sind der
geringe Leistungsverbrauch, gute Störsicherheit auch bei kleinen Versorgungsspannungen und geringe Dimensionierungsprobleme,
da man weithin ohne Anwendung der dynamischen Technik auskommen
kann. Die Bedeutung der CMOS-Technik nimmt zur Zeit rasch zu [1.27].

Bei MOS-Logikschaltungen sind heute Gatterlaufzeiten von
einigen Nanosekunden erreichbar. Bei Speicherschaltungen in MOS-
Technik lassen sich auf Grund der regulären Strukturen höhere
Integrationsdichten als bei Logikschaltungen erreichen (Bild 1.1).
Zur Zeit sind RAM-Speicher mit einer Kapazität bis zu 256 kBit
auf dem Markt, in Kürze werden 1 MBit-Speicher erhältlich sein.

Integrierte Schaltungen in Bipolartechnik werden vorwiegend
für Anwendungen eingesetzt, bei denen es auf hohe Geschwindigkeit ankommt. Auch hier werden verschiedene Schaltungstechniken
angewandt:

1. Die Standardtechnik mit TTL-Schaltungen.

2. Die sehr schnelle ECL-Technik mit Schaltzeiten unter 1 ns
und weiter Anpassungsmöglichkeit an die zu realisierenden Logik-

funktionen. Nachteilig ist der relativ hohe Leistungsverbrauch
und der Flächenbedarf als Folge der hohen Schaltungskomplexität.

3. Die I^2L-Technik, die zwar relativ langsam ist, auf Grund
ihrer einfachen Struktur jedoch leicht herzustellen ist und
wenig Fläche benötigt. Damit ist sie am besten für eine Integration geeignet.

4. Die integrierte Schottky-Logik ISL, die bezüglich der
Schaltgeschwindigkeit und der Integrationsdichte eine Zwischen-
stellung zwischen ECL- und I^2L-Technik einnimmt.

Bipolare Speicher zeichnen sich durch kurze Zugriffszeiten
aus (unter 10 ns); die erreichbaren Integrationsdichten sind
jedoch etwa um den Faktor vier schlechter als bei MOS-Speichern.

Schließlich soll noch die GaAs-Technik erwähnt werden, die
vorwiegend für schnelle Datenübertragung und Signalverarbeitung,
sowie bei schnellen Test- und Meßsystemen eingesetzt wird. Wegen
der etwa 2- bis 6-mal höheren Elektronenbeweglichkeit als bei
der NMOS-Technik können Schaltungen mit Taktfrequenzen über 5
GHz realisiert werden. Wegen der schnellen Fortschritte bei der
Silizium-Technologie ist jedoch ein breiterer Einsatz der GaAs-
Technik in der Zukunft fraglich [1.3].

1.2 Entwurfsverfahren

Wie Bild 1.1 zeigt, ist es heute möglich,VLSI-Schaltungen, also
Schaltungen mit mehr als 100000 aktiven Elementen pro Chip, herzustellen. Damit lassen sich ganze Systeme auf einem Chip unter-
bringen. Es ist naheliegend, daß für den Entwurf solch komplexer
Systeme eine andere Vorgehensweise benötigt wird, als beim Entwurf kleiner Schaltungen mit diskreten Bauelementen. Der Entwurf
einer VLSI-Schaltung mit herkömmlichen Methoden würde schätzungs-
weise einen Zeitraum von 50-100 Mannjahren benötigen, der Schal-
tungstest und die Fehlerbehebung ungefähr nocheinmal soviel.
Dieser Zeitaufwand ist untragbar hoch, außerdem würde er bei den
zukünftig zu erwartenden Integrationsdichten noch weiter anwachsen.

Schaltungskomplexitäten im LSI- und VLSI-Bereich lassen sich
nur dadurch beherrschen, indem man den Entwurf strukturiert. Von

wesentlicher Bedeutung sind hierbei die Konzepte der Hierarchie und Regularität. Hierarchie bedeutet, daß die komplexe Gesamtfunktion immer weiter in Teilfunktionen zerlegt wird, bis sich überschaubare Funktionen herausgebildet haben. Diesen Vorgang bezeichnet man als "top-down design". Die einzelnen Funktionen werden dann durch Schaltungen realisiert. Diese einzelnen Teilschaltungen werden nun wieder zur Gesamtschaltung zusammengefügt ("bottom-up implementation"). Mit dem Begriff Regularität ist gemeint, daß das Schaltungskonzept so angelegt ist, daß ein einmal dimensionierter Transistor möglichst oft wiederverwendet wird. Dies setzt eine möglichst regelmäßige Schaltungsstruktur voraus.

Mit zunehmender Schaltungskomplexität und Weiterentwicklung der Technologie nimmt die genutzte Siliziumfläche pro Chip zu. Mit zunehmender Chipfläche wächst jedoch die Wahrscheinlichkeit, daß eine Schaltung defekt ist. Solche Chips müssen ermittelt und ausgesondert werden. Dies bedeutet, daß jede gefertigte Schaltung auf ihre Funktionsfähigkeit geprüft werden muß. Leider zeigt es sich, daß es unmöglich ist, eine komplexe VLSI-Schaltung durch Anlegen von Test-Bitmustern an die zahlenmäßig beschränkten Anschlußflächen vollständig zu testen. Aus diesem Grund wurden Verfahren entwickelt, mit denen ein möglichst umfassender Fehlertest bei akzeptablem Zeitaufwand durchgeführt werden kann. Dazu ist es allerdings notwendig, daß die schaltungstechnischen Voraussetzungen für diese Testverfahren schon beim Schaltungsentwurf berücksichtigt werden [1.4].

Bei dem großen Entwurfs- und Fertigungsaufwand für hochintegrierte Schaltungen lohnt es sich nicht, für jeden Anwendungszweck einen eigenen Chip zu entwerfen, wenn nur geringe Stückzahlen benötigt werden. Erst bei einem Bedarf von mehr als etwa 100000 Chips pro Jahr ist ein solcher "Full-Custom"-Entwurf vorteilhaft. Werden integrierte Schaltkreise mit Funktionen geringer Komplexität, wie z.B. wenige Gatter, Flipflops, Zähler u.s.w. benötigt, dann lassen sich die auf dem Markt befindlichen fertigen Standard-ICs einsetzen. Komplexere Funktionen können durch sog. "Semi-Custom"-ICs realisiert werden. Unter dieser Bezeichnung werden verschiedene Herstellungs- und Entwurfsmethoden zusammengefaßt.

Hierzu gehören die "Gate-Arrays", also Chips, die eine matrixartige Anordnung von Transistoren und Widerständen oder auch von

Gattern enthalten. Diese integrierten Schaltungen werden vom Hersteller in großen Stückzahlen vorfabriziert und gelagert. Für die Realisierung einer Schaltung braucht der Anwender lediglich die Verbindungen dieser Elemente durch den Entwurf von ein bis zwei Verdrahtungslagen zu spezifizieren. Diese abschließende Verdrahtung kann schnell und billig durchgeführt werden; infolgedessen lohnt sich die Verwendung von Gate-Arrays auch bei geringeren Stückzahlen bis zu etwa 10000 Chips pro Jahr. Gate-Arrays gibt es in Bipolar-Technik (ECL, I^2L) und in CMOS-Technik. Es lassen sich damit analoge Schaltungen und digitale Schaltungen mit einer Komplexität bis zu etwa 8000 Gatterfunktionen realisieren.

Für höhere Stückzahlen und bei einer höheren Schaltungskomplexität ist das "Standardzellen-Konzept" zweckmäßig. Dabei wird die Gesamtschaltung aus fertig entwickelten Teilschaltungen (Zellen) zusammengesetzt, die der Chip-Hersteller bereitstellt und vom Schaltungsentwickler aus Zellenbibliotheken entnommen werden kann. Solche Zellen enthalten das fertige Layout z.B. eines Logikgatters, Registers, Zählers, Addierers, A/D-Wandlers. Die einzelnen Zellen sind so entworfen, daß sie eine einheitliche Höhe haben und sich (üblicherweise) alle Anschlüsse auf einer Längsseite der Zelle befinden. Die Zellen können deshalb auf dem Chip in Reihen angeordnet werden, wobei zwischen den Reihen Verdrahtungskanäle freigelassen werden, in denen die Zellen-Verbindungsleitungen geführt werden. Die optimale Anordnung der Zellen auf dem Chip und die Leitungsführung zwischen den Zellen wird – ähnlich wie auch bei den Gate-Arrays - mit Hilfe von Plazierungs- und Verdrahtungsprogrammen festgelegt [1.5] . Der Vorteil des Standardzellen-Verfahrens ist, daß der Schaltungsentwickler den Zellenaufbau nicht zu kennen braucht. Dadurch ist die Entwicklung auch komplexerer Schaltungen in relativ kurzer Zeit möglich. Die Ausnutzung der Chipfläche ist besser als bei Gate-Arrays; die Fertigung dauert jedoch länger, da der gesamte Herstellungsprozeß durchlaufen werden muß.

Eine größere Flexibilität beim Schaltungsentwurf wird möglich, wenn statt Standardzellen die sog. "Allgemeinen Zellen" verwendet werden, die beliebige Abmessungen und Zellenanschlüsse haben können. Allerdings ist dann die Plazierung und Verdrahtung der Zellen komplizierter.

Ein Nachteil der Zellenkonzepte ist, daß bei Technologie-
änderungen die gesamte Zellenbibliothek neu erstellt werden muß.
Dies bedeutet einen hohen Aufwand, der vom IC-Hersteller gelei-
stet werden muß. Weitere Entwurfsmöglichkeiten bestehen in der
Verwendung von programmierbaren Schaltungen, wie "Programmable
Logic Arrays" (PLA) oder Lesespeichern (ROM). Ob ihr Einsatz
vorteilhaft ist, muß im Einzelfall entschieden werden.

1.3 Entwurfsunterstützung durch Rechnerprogramme

Bei der herkömmlichen Entwicklung von überschaubaren Schaltungen
in diskreter Technik wurde üblicherweise eine Versuchsschaltung
aufgebaut. Die Funktion der Schaltung wurde durch Messungen bestimmt. Durch Austauschen oder Abgleichen von Bauelementen wurde
dann die Dimensionierung so lange geändert, bis die Schaltung vorgegebene Spezifikationen erfüllte.

Eine solche Vorgehensweise ist bei integrierten Schaltungen
nicht mehr möglich. Einerseits sind integrierte Schaltungen in
der Regel zu komplex, um sie unter Verwendung diskreter Bauelemente nachbauen zu können. Anderseits würde dies - selbst wenn
es möglich wäre - nicht viel nützen, da sich eine integrierte
Schaltung auf Grund der engen Nachbarschaft der Bauelemente auf
dem Chip anders verhält, als ein diskreter Aufbau. Eine probe-
weise Herstellung einer integrierten Schaltung ist außerordentlich kostspielig. Die Vorteile von diskreten Schaltungen hat
man dabei nicht: Ein Schaltungsabgleich ist nur in sehr einge-
schränktem Maße möglich und wird deshalb nur in Spezialfällen
vorgenommen, wie z.B. für eine Filterabstimmung. Eine Messung
an beliebigen Punkten der Schaltung ist nur mit außerordentlich
hohem Aufwand möglich. Da ein Aufsetzen von Prüfspitzen wegen
der unvermeidlichen parasitären Kapazitäten die Funktionsweise
der Schaltung ändern würde, muß berührungslos und belastungsfrei
mit dem Elektronenstrahl-Meßgerät gemessen werden [1.6].

Ein Ausweg aus diesen Schwierigkeiten ergibt sich durch die
Möglichkeit, die Funktionsweise einer integrierten Schaltung vor
ihrer Herstellung mit Hilfe geeigneter Programme, sog. "Circuit-
Simulatoren", auf dem Rechner nachzubilden - zu simulieren. Damit die Ergebnisse eines solchen rechnergestützten Entwurfs mit

der Funktion der realisierten Schaltung genügend genau übereinstimmt, werden entsprechend genaue Rechnermodelle der integrierten Bauelemente benötigt.

Für die Entwicklung solcher Modelle, die in Kap. 3 näher beschrieben werden, stehen als Hilfsmittel weitere Simulationsprogramme zur Verfügung, um das Verhalten eines einzelnen Transistors aus seinem zwei- oder dreidimensionalen Aufbau zu ermitteln.
Bei dieser "Device-Simulation" wird das Verhalten eines aktiven
Elements durch Lösen der partiellen Differentialgleichungen bestimmt, die das physikalische Verhalten des Halbleiters beschreiben [1.7] . Dieses Verhalten ist natürlich vom Fertigungsprozeß
abhängig, da durch die Technologie-Parameter z.B. die Dotierungs-
verteilung und der Schichtwiderstand bestimmt werden. Die Auswirkung der verschiedenen Fertigungsparameter wie Implantations-
dauer, Temperung, Oxidationsbedingungen, Belichtungsdauer und
-wellenlänge und weitere auf diese Größen läßt sich durch eine
Prozeß-Simulation bestimmen [1.8,28-29].

Im Laufe der letzten 15 Jahre ist die Schaltungssimulation
zu einem unentbehrlichen Hilfsmittel des Schaltungsentwicklers
geworden. Die Simulationsgenauigkeit, die Schnelligkeit, mit der
die Simulationsergebnisse erhalten werden, sowie die allgemeine
Verfügbarkeit solcher Programme haben dazu geführt, daß die
Circuit-Simulation auch beim Entwurf kleiner diskreter Schaltungen standardmäßig eingesetzt wird.

Die hohe Komplexität heutiger integrierter Schaltungen kann
nur beherrscht werden, wenn der gesamte Entwurfsprozeß durch
Rechnerprogramme unterstützt wird. Solche Programme werden als
CAD-Programme (Computer Aided Design) bezeichnet. Die Entwurfsunterstützung kann, wie Bild 1.2 zeigt, schon auf der System-
ebene beginnen, d.h. bei der Definition und funktionalen Spezifikation des zu entwerfenden Systems, z.B. eines Rechners. Mit
Programmen zur System-Simulation läßt sich das globale System-
verhalten untersuchen, z.B. Warteschlangenabwicklung, Speicher-
zugriffe und Synchronisationsmechanismen [1.9]. Auf der nächsten
Entwurfsstufe, der Register-Transfer-Ebene werden Entscheidungen
bezüglich der Systemarchitektur getroffen. Hierbei wird die Block-
struktur des Systems festgelegt. Die Interaktion solcher Blöcke
wie ALU, Register, Addierer, Busse usw. kann mit Register-Trans-
fer-Simulatoren, z.B. dem Programm CAP [1.10] untersucht werden.

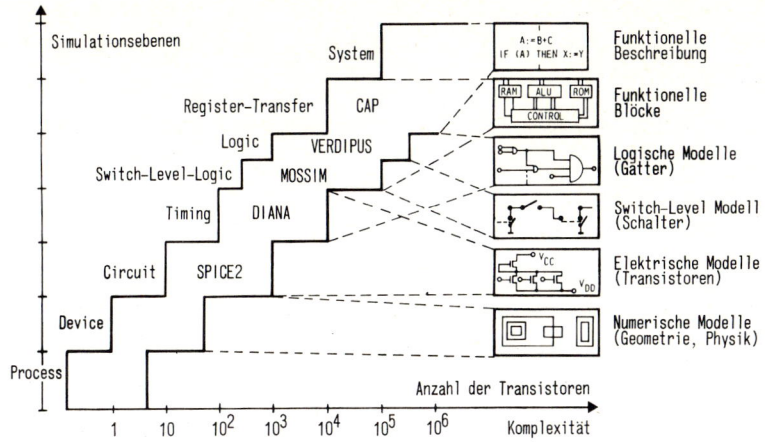

Bild 1.2. Abstraktionsebenen bei der Simulation

Im folgenden Entwurfsschritt, auf der Gatter-Ebene, wird festgelegt, wie die einzelnen Blöcke realisiert werden. Sie werden
dazu in digitale Grundelemente wie Gatter, Flipflops oder auch
Speicher zerlegt. Das Verhalten der so erhaltenen Logikschaltung
kann durch Programme für die Logik-Simulation [1.11] simuliert
werden. Dabei werden im wesentlichen die Wahrheitstabellen,
welche die Funktion der digitalen Elemente beschreiben, unter
Berücksichtigung von Laufzeiten verknüpft. Als Ergebnis wird
der zeitliche Verlauf der Logikpegel in Form von Tabellen oder
Diagrammen ausgegeben [1.11] . Der elektrische Schaltungsentwurf
umfaßt die Realisierung der digitalen Grundelemente durch die
Zusammenschaltung von elektrischen Bauelementen, also durch
Transistoren, Kapazitäten, Widerstände, Verbindungsleitungen,
u.s.w. unter Berücksichtigung der technologisch bedingten Einschränkungen. Als Dimensionierungshilfe und zur Untersuchung
des Schaltungsverhaltens bei verschiedenen Temperaturen und Be-
lastungen wird die Circuit-Simulation eingesetzt. Alle bis jetzt
besprochenen Entwurfsschritte betreffen die Funktion der Schaltung, man bezeichnet deshalb diese Entwurfsschritte als funktionalen Entwurf.

Um eine entworfene Schaltung in integrierter Technik fertigen
zu können, muß sie in ein Layout umgesetzt werden, d.h. in die
Geometrie der für die Herstellung benötigten Masken. Dabei müssen durch die Technologie vorgegebene Regeln (Design Rules) für

die minimalen Abstände zwischen einzelnen geometrischen Elementen
strikt eingehalten werden. Die Umsetzung vom funktionalen Entwurf in den geometrischen Entwurf erfolgt heute fast ausschließlich manuell, wobei die Zeichenarbeit am Bildschirm von Design-
anlagen wie APPLICON, CALMA, CV, RACAL erfolgt [1.12] . Auf
solchen Anlagen kann auch eine automatische Überprüfung des geometrischen Entwurfs auf Verstöße gegen die Design Rules durchgeführt werden. Nach dem Entwurf der Maskengeometrie könnte man
mit der Herstellung der integrierten Schaltung beginnen. Ein
solches Vorgehen ist jedoch nicht ratsam, da mit hoher Wahrscheinlichkeit die Funktion der gefertigten Schaltung nicht mit der
spezifizierten Funktion übereinstimmen würde, so daß ein kosten-
spieliges Redesign notwendig wäre. Für ein fehlerhaftes Layout
kann es mehrere Ursachen geben:

1. Beim funktionalen Entwurf wird beim Übergang auf die nächst-
niedere Entwurfsebene die Eingabe für das entsprechende Simulationsprogramm manuell erstellt, da jedes Simulationsprogramm eine
andere Eingabesprache besitzt. Dabei werden leicht Fehler gemacht,
so daß schließlich die Schaltungsdaten auf den verschiedenen
Entwurfsebenen nicht mehr konsistent sind.

2. Bei der Umsetzung des elektrischen Schaltungsentwurfs in
ein Layout können leicht einige Elemente wie Transistoren, Verbindungsleitungen oder Kontaktlöcher vergessen oder falsche Elemente miteinander verbunden werden.

3. Beim Entwurf der elektrischen Schaltung können parasitäre
Elemente, welche die Funktion der Schaltung wesentlich beeinflussen können, wie Verbindungsleitungswiderstände und -kapa-
zitäten, sowie kapazitive Kopplungen zwischen Leitungen nur
grob abgeschätzt werden. Die tatsächlichen Werte können erst
nach Fertigstellung des Layouts ermittelt werden und müssen
möglicherweise durch eine Korrektur des geometrischen Entwurfs
berücksichtigt werden.

Aus den genannten Gründen ist es notwendig, die Funktion der
durch das Layout gegebenen Schaltung mit der Entwurfsspezifikation
zu vergleichen. Diesen Vergleich nennt man Entwurfsverifikati-
on. Sie kann in zwei Stufen durchgeführt werden. Einmal kann
aus dem Layout mit Hilfe eines Schaltungs-Extraktionsprogramms
die Schaltungsstruktur wiedergewonnen und mit dem beim funktionalen Entwurf dokumentierten Schaltbild verglichen werden

[1.25] (Network Comparison). Zum andern können die aus dem Layout extrahierten Schaltelemente in die Eingabebeschreibung für
ein elektrisches Simulationsprogramm umgesetzt werden, so daß
die Funktion der realisierten Schaltung einschließlich der parasitären Elemente verifiziert werden kann. Dabei ergibt sich
allerdings eine weitere Schwierigkeit: Kein Circuit-Simulator
ist heute in der Lage, eine integrierte Schaltung mit mehr als
einigen hundert Transistoren in akzeptabler Rechenzeit zu simulieren. Aus diesem Grund wurden in letzter Zeit schnellere
Verifikationsverfahren entwickelt. Diese Verfahren benötigen
als Eingabe eine Schaltungsbeschreibung auf Transistorebene
und liefern als Ergebnis das näherungsweise elektrische Verhalten (Timing-Simulation) oder das logische Verhalten (Switch-
Level-Logik-Simulation) der Schaltung. Bei großen Schaltungen
ist es oft sinnvoll, innerhalb eines Laufs die verschiedenen
Schaltungsteile mit unterschiedlicher Genauigkeit zu simulieren, um sowohl ausreichende Genauigkeit, als auch möglichst
kurze Rechenzeiten zu erzielen. Dies läßt sich durch Verei-
nigung der Algorithmen für die Circuit-, Timing- und Switch-
Level-Logik-Simulation innerhalb eines Simulators erreichen. Einen solchen Simulator, der zwar nur eine Entwurfsebene, in diesem
Fall die Transistorebene, aber verschiedene Simulationsarten umfaßt, bezeichnet man als Mixed-Mode-Simulator [1.13] . Der Aufbau eines solchen Simulators wird in Kap. 12 näher besprochen.

Zur Vermeidung der oben genannten Fehlerquellen beim Schaltungsentwurf und zur Beschleunigung des Entwurfsprozesses wird
zur Zeit weltweit daran gearbeitet, anstelle von einzelnen unabhängigen CAD-Programmen durchgängige, weitgehend automatisch
ablaufende Entwurfssysteme zu entwickeln. Diese Arbeiten werden
unter dem Begriff "Design-Automation" (DA) zusammengefaßt. Dabei werden unter anderem sog. Multi-Level-Simulatoren entwickelt,
welche die Algorithmen für eine Simulation auf verschiedenen
Entwurfsebenen in einem Programm vereinen. Dadurch wird ein durch-
gängiger funktionaler Entwurf ermöglicht, so daß eine Konsistenz
der Daten auf den verschiedenen Entwurfsebenen gewährleistet ist.
Beispiele für solche Multi-Level-Simulatoren sind die Programme
ADLIB-SABLE [1.14] für Simulationen von der System-Ebene bis zur
Logik-Ebene, MOTIS [1.15] für Simulationen mit Timing- und (Gat-
ter-) Logik-Algorithmen, SAMSON [1.16] für Simulationen auf der

Logik- und Circuit-Ebene, ISIS [1.17] für Prozeß-, Device- und
Circuit-Simulation, MEDUSA [1.18] für Device- und Circuit-Simulation und MDLGRF [1.19] für Prozeß- und Device-Simulation.

Um Fehler beim Übergang vom Transistor-Schaltbild zum Layout
zu vermeiden, wurde das Hilfsmittel des symbolischen Schaltungsentwurfs entwickelt [1.20,24]. Dabei wird das Schaltbild an einem
Graphik-Bildschirm als Stickdiagramm eingegeben, für das in Bild
1.3 ein Beispiel gezeigt wird. Ein CAD-Programm setzt dann anstelle der Verbindungen und Elemente des Stickdiagramms die realen
Layoutmaße ein. Anschließend wird das so erhaltene Grob-Layout
durch Zusammenschieben in horizontaler und vertikaler Richtung
unter Berücksichtigung der Design-Rules auf minimale Abmessungen
kompaktiert. Entsteht dabei eine schlechte Flächenausnutzung,
dann kann diese vom Designer durch Korrektur des Stickdiagramms
interaktiv korrigiert werden. Ein weiterer Vorteil eines solchen
Programms ist, daß bei technologiebedingten Änderungen der Design
Rules in kürzester Zeit ein neues Layout aus dem Stickdiagramm
generiert werden kann.

Weitere wichtige Programme eines Entwurfssystems sind Gene-
rierungsprogramme zur automatischen Belegung von PLAs, Plazierungs-
und Verdrahtungsprogramme bei Verwendung von Zellen, sowie Ex-

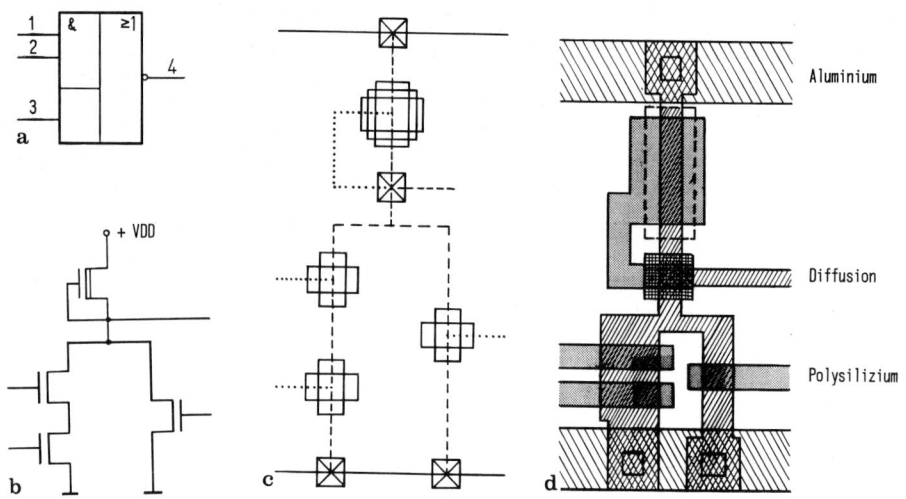

Bild 1.3. Schaltungsentwurf mit Stickdiagramm: a) Logik-Symbol,
b) Transistorschaltung, c) Stickdiagramm, d) Generier-
tes Layout

traktions- und Verifikationsprogramme. Das Hauptproblem besteht
dabei in der Verbindung der einzelnen **Programmkomponenten,** so daß
ein durchgängiges und benutzerfreundliches System entsteht. Der
Benutzer kommuniziert mit einem solchen System über eine leistungsfähige, intelligente Graphikstation, eine sog. Workstation auf
der kleinere Programme dezentral ablaufen können [1.21] . Die
umfangreiche Menge der bei einem VLSI-Entwurf anfallenden Daten
müssen durch eine leistungsfähige und schnelle Datenhaltung, die
auf einem Großrechner im Hintergrund abläuft, verwaltet, überprüft und umgesetzt werden.

Zur Zeit werden bei den meisten Herstellern von integrierten
Schaltungen solche Design-Systeme aufgebaut [1.22] . Häufig wird
dabei nur eines der in Abschn. 1.2 beschriebenen Entwurfsverfahren unterstützt, doch ist zu erwarten, daß in Zukunft verschiedene Entwurfsverfahren bei einem einzigen Chip verwendet
werden. Dies bedeutet, daß an zukünftige Design-Systeme beträchtliche Anforderungen gestellt werden müssen [1.23] .

Diese kurze Übersicht sollte verdeutlichen, welche zentrale
Rolle Simulationsprogramme sowohl beim Entwurf als auch bei der
Verifikation integrierter Schaltungen einnehmen. Insbesondere
die Programme zur elektrischen Simulation sind bei der Entwicklung digitaler und analoger Schaltungen unverzichtbar. Selbst-
verständlich sind die Programme zur elektrischen Simulation
nicht nur beim Entwurf von integrierten Schaltungen einsetzbar,
sondern auch für Schaltungen in diskreter Technik.

2   Leistungsumfang von Netzwerkanalyseprogrammen

In Abschnitt 1.3 wurde eine Unterteilung der Programme zur
Entwurfsunterstützung entsprechend dem Abstraktionsgrad des
Schaltungsentwurfs vorgenommen. In diesem und in den folgenden
Kapiteln sollen die Programme zur Unterstützung des elektrischen
Entwurfs - also auf der Transistorebene - näher betrachtet
werden. Bei der Durchsicht der Fachliteratur stellt man schnell
fest, daß eine Vielzahl solcher Programme existieren, wobei
sich diese durch ihren Leistungsumfang und durch ihre Eignung
für verschiedene Technologien unterscheiden. In diesem Kapitel
wird die weitere Untergliederung entsprechend dem Leistungsumfang vorgenommen. Die Anpassung der Programme an verschiedene
Technologien oder, allgemeiner gesagt, die Modellierung der
Schaltungselemente, um sie in einem Programm behandeln zu können, wird in Kapitel 3 behandelt.

2.1 Analysearten

Bei der Anwendung eines Programms zur Unterstützung des elektrischen Entwurfs hat der Anwender in der Regel die Wahl zwischen
verschiedenen Analysearten. Diese Analysearten kann man grob
einteilen in Analysearten, die den Nominalwert der Schaltungselemente zugrundelegen (Abschn. 2.1.1 bis 2.1.8), Analysearten
die eine herstellungsbedingte Streuung der Nominalwerte berücksichtigen (Abschn. 2.1.9 bis 2.1.10) und Analyse - Anwendungen, deren
Ziel die Ermittlung einer geeigneten Schaltungsdimensionierung
ist (Abschn. 2.1.11 bis 2.1.13). Im folgenden werden die verschiedenen Analysearten näher erläutert.

2.1.1 Gleichstrom (DC) - Analyse

Hierbei wird das Verhalten einer Schaltung bei Anregung mit
Gleichstrom oder Gleichspannung untersucht. Da in diesem Fall
Kapazitäten als Unterbrechungen, Induktivitäten als Kurzschlüsse
wirken, ist die Aufgabe gestellt, das Verhalten des verbleibenden linearen oder nichtlinearen Widerstandsnetzwerks zu berechnen. Die Lösung, d.h. die Gesamtheit der sich einstellenden
Ströme und Spannungen, wird als Arbeitspunkt (Operating Point)
bezeichnet. Durch Berechnung mehrerer Arbeitspunkte für verschiedene Werte einer Quelle an einem definierten Eingang kann die
Eingangskennlinie (Driving Point (DP) Characteristic), d.h. der
Zusammenhang von Strom und Spannung an diesem Eingang, ermittelt
werden. Ebenso kann der Zusammenhang zwischen einer Ausgangs-
größe und einer Eingangsgröße, eine Übertragungskennlinie (Trans-
fer Characteristic (TC)), berechnet werden. Durch den Arbeitspunkt sind ferner die Anfangsbedingungen (Initial Conditions
(IC)), d.h. die Spannungen an Kapazitäten und die Ströme durch
Induktivitäten im Ausgangszustand eines Netzwerks gegeben.
Diese Werte werden häufig als Ausgangsgrößen bei anderen Analysearten, z.B. bei der Wechselstromanalyse oder der Transientanalyse benötigt.

2.1.2 Wechselstrom (AC) - Analyse

Bei der Wechselstromanalyse wird das Verhalten einer Schaltung
bei Anregung mit einem sinusförmigen Signal kleiner Amplitude
berechnet. Dazu werden die nichtlinearen Kennlinien aller Schaltungselemente im Arbeitspunkt (der durch eine zusätzlich an-
liegende Gleichspannung oder einen Gleichstrom festgelegt wird)
linearisiert. Durch wiederholte AC-Analysen für verschiedene
Frequenzen eines Eingangssignals kann der Frequenzgang einer
Schaltung, z.B. eines Verstärkers oder eines Filters ermittelt
werden.

2.1.3 Rausch (Noise) - Analyse

Die Rauschanalyse kann als eine spezielle AC-Analyse aufgefaßt
werden. Dabei werden den Widerständen und Halbleiter-Bauelementen

16

eines Netzwerks geeignete Rauschquellen zugeordnet, während
alle Quellensignale auf Null gesetzt werden. Das Ergebnis der
Analyse ist die Größe der gesamten Rauschspannung am Ausgang
des Netzwerks [2.1]. Dabei wird üblicherweise vorausgesetzt,
daß die Rauschquellen nicht, oder aber voll korreliert sind.
Bei teilweiser Korrelation der Rauschsignale müssen Spezialver-
fahren angewandt werden [2.2] .

2.1.4 Einschwing- oder Transient (TR) - Analyse

Darunter versteht man die Berechnung des zeitlichen Verhaltens
eines Ausgangssignals als Antwort auf ein sich änderndes Eingangssignal oder auf einen Ausgleichsvorgang nach Einprägen
von Anfangsbedingungen. Durch Fourierzerlegung des Ergebnisses
kann das Verhalten der Schaltung im Frequenzbereich bestimmt
werden.
     Die TR-Analyse ist die wichtigste Analyseart bei der Unter-
suchung integrierter Schaltungen. Häufig wird deshalb unter dem
Begriff Schaltungssimulation in erster Linie eine Transient-
Analyse verstanden.

2.1.5 Steady-State-Analyse

Ziel der Steady-State-Analyse ist die Berechnung der Ausgangsgrößen einer Schaltung im eingeschwungenen Zustand. Diese Aufgabenstellung ist häufig bei der Untersuchung von Übertragungs-
netzwerken mit periodischer Anregung von Interesse, aber auch
bei der Ermittlung von Frequenz und Kurvenform eines Oszillator-
signals. Man könnte nun so lange eine Transientanalyse durchführen, bis alle Einschwingvorgänge abgeklungen sind. Bei Schaltungen mit schwacher Dämpfung wäre eine solche Vorgehensweise
jedoch außerordentlich rechenzeitaufwendig. Stattdessen wird
mit Hilfe der Steady-State-Analyse versucht, den eingeschwungenen Zustand direkt zu ermitteln.
     Im Laufe der letzten zehn Jahre wurden eine Anzahl verschie-
dener Steady-State-Verfahren in der Literatur angegeben: Berechnung mit Volterra-Reihen bei schwach nichtlinearen Netzwerken,
Anwendung des Newton-Algorithmus, Extrapolations-Verfahren, Gra-
dientenverfahren und das Verfahren der harmonischen Balance.

Ein Vergleich der Verfahren ist in [2.3] zu finden. Das Newton-Verfahren, das in Programm SINC-S implementiert ist, ist in [2.4] ausführlich beschrieben. Steady-State-Algorithmen sind sehr rechenzeitaufwendig. Aus diesem Grund eignen sich die bekannten Programme in erster Linie zur Analyse kleiner Netzwerke mit maximal einigen zehn Knoten.

2.1.6 Verzerrungs (Distortion) - Analyse

Die Verzerrungsanalyse wird zur Bestimmung von Harmonischen, Modulationen und Intermodulationsverzerrungen, z.B. bei Mischern, Modulatoren und Übertragungsstrecken, eingesetzt. Zur Berechnung können verschiedene Verfahren verwendet werden: das Störungsverfahren, das Verfahren nach Picard-Lindelöff und Volterra-Reihen [2.4] . Das zuletztgenannte Verfahren wird z.B. im Programm SPICE2 benutzt. Dazu werden die nichtlinearen Elemente, welche die Signalverzerrungen bewirken, durch eine Kombination aus linearen Elementen und Quellen modelliert. Für das so erhaltene Netzwerk wird eine Kleinsignalanalyse durchgeführt [2.5] . Andere Verfahren erlauben auch die Berechnung von Verzerrungen im Großsignal-Betrieb [2.6].

2.1.7 Symbolische Analyse

Bei der symbolischen Analyse werden mit Hilfe von Spezialprogrammen Formelausdrücke für eine gewünschte Netzwerkfunktion, z.B. eine Übertragungsfunktion eines linearen Netzwerks hergeleitet. Dies kann sehr nützlich sein, um das qualitative Verhalten eines Netzwerks bei Parameteränderungen zu überblicken. Außerdem entfallen die Rundungsfehler, die bei der numerischen Rechnung nicht zu vermeiden sind. Da die Algorithmen für eine symbolische Analyse sehr zeitaufwendig sind [2.7], ist ihre Anwendung nur bei kleinen Netzwerken bis etwa hundert Knoten sinnvoll. Ein Überblick über die verwendeten Algorithmen ist in [2.8] zu finden.

2.1.8 Empfindlichkeits (Sensitivity) - Analyse

Eine Abweichung der Werte der Schaltungsparameter von ihren

Nominalwerten, z.B. auf Grund von Fertigungsstreuungen oder
Alterung, kann beträchtliche Auswirkungen auf die Funktion
einer Schaltung haben. Die Größe dieser, in der Regel uner-
wünschten, Funktionsänderung in Abhängigkeit einzelner oder
mehrerer Parameteränderungen kann durch eine Empfindlichkeitsanalyse bestimmt werden. Sie ist ein wichtiges Hilfsmittel,
um zwischen verschiedenen möglichen Schaltungsalternativen zu
entscheiden.

Zur Berechnung der normalisierten Empfindlichkeitskoeffizienten [2.34].

$$S_x^F = \frac{\partial F}{\partial x} \Big/ \frac{F}{x} \ , \qquad\qquad (2.1)$$

wobei F die Schaltungsfunktion, x einen Schaltungsparameter beschreibt, gibt es verschiedene Verfahren [2.9-10] wie die Anwendung der symbolischen Analyse, die Berechnung mit Hilfe von Emp-
findlichkeitsmodellen oder mit Hilfe des "Adjoint Networks". Die
Empfindlichkeitsanalyse kann für eine DC-, AC- oder TR-Netzwerk-
funktion durchgeführt werden. Der häufigste Einsatzbereich ist
die Berechnung analoger Netzwerke.

2.1.9 Statistische Analyse

Dabei wird die Verteilung von Ausgangsgrößen bei vorgegebenen
Verteilungen und Korrelationen der Elementewerte bestimmt. Dazu
wird meist das Monte-Carlo-Verfahren angewandt, bei dem einige
hundert bis einige tausend Netzwerkanalysen durchgeführt werden.
Für jede Analyse werden durch einen Pseudozufallszahlen-Genera-
tor neue Elementewerte so bestimmt, daß die Gesamtheit der Elementewerte den vorgegebenen Verteilungen und Korrelationen entspricht [2.11] . Die Verteilungen der gewünschten Ausgangsgrößen
werden meist in Form von Histogrammen ausgegeben. Liegen Spezifikationen bezüglich dieser Ausgangsgrößen vor, dann läßt sich
der Prozentsatz der funktionsfähigen Schaltungen - also die zu
erwartende Ausbeute - durch Auszählen leicht ermitteln. Die Aus-
beutevorhersage ist insbesondere beim Entwurf integrierter Schaltungen, die ja kaum noch abgeglichen werden können, von Interesse. Voraussetzung für ein sinnvolles Ergebnis ist allerdings,
daß die fertigungsbedingten Verteilungen und Korrelationen ge-

nügend genau bekannt sind. Diese Voraussetzung ist in der Praxis nicht leicht zu erfüllen. Aus diesem Grund versucht man in letzter Zeit, diese Parameter durch Simulation des Fertigungsprozesses zu ermitteln [2.12] .

2.1.10 Worst-Case-Analyse

Sind anstelle der Verteilungen der Elementewerte nur ihre Toleranzbereiche, d.h. die maximalen Abweichungen vom Nominalwert, bekannt, dann können die minimalen und maximalen Werte berechnet werden, welche die Ausgangsgrößen annehmen können. Diese Extremwerte (worst case) werden dann erreicht, wenn die Elementewerte ihre ungünstigsten Werte einnehmen. Da bei n Elementen, die jeweils ihren Maximalwert und Minimalwert einnehmen können, 2^n mögliche Wertekombinationen auftreten können, wäre ein sehr großer Rechenaufwand nötig, wenn man alle Kombinationen berechnen wollte. Stattdessen setzt man die Empfindlichkeitsanalyse ein, um zeitsparend die beiden ungünstigsten Kombinationen der Elementewerte zu finden. Dieses Verfahren ist jedoch problematisch, wenn sich die Empfindlichkeitskoeffizienten innerhalb des Toleranzbereichs zu stark ändern [2.13] . Eine Worst-Case-Analyse wird vor allem durchgeführt, wenn eine Schaltungsausbeute von 100% gewährleistet werden muß.

2.1.11 Schaltungsoptimierung

Dabei werden die Schaltungsparameter so bestimmt, daß die Schaltung vorgegebene Kenngrößen einhält (z.B. einen Toleranzbereich für Dämpfung und Phase bei Filterschaltungen). Die Auswirkung von Änderungen der Schaltungsparameter auf die Ausgangsgrößen wird durch Empfindlichkeitsanalysen ermittelt. Da die Rechenzeiten sehr hoch sind, ist es wichtig, für die Optimierung nur wenige Schaltungsparameter auszuwählen, deren Änderung einen wesentlichen Einfluß auf die Ausgangsgrößen haben. In der Praxis zeigt sich, daß viele Schaltungsprobleme auf schlecht konditionierte Optimierungsaufgaben führen. Der Einsatz interaktiver Verfahren kann helfen, den dabei üblichen hohen Rechenzeitaufwand zu reduzieren [2.14] . Ein Überblick über die verschiedenen Optimierungsverfahren, die beim Schaltungsentwurf eingesetzt werden, ist in [2.15] zu finden.

2.1.12 Entwurfszentrierung (Design Centering)

Die Anforderungen an eine zu entwerfende Schaltung werden in
der Regel durch viele Kombinationen unterschiedlicher Nominalwerte der Entwurfsparameter erfüllt. Die Menge aller möglichen
Entwurfsparameter bilden ein, gewöhnlich zusammenhängendes, Entwurfsgebiet. Werden die Nominalwerte der Entwurfsparameter nun
so gewählt, daß sie in der Mitte des Entwurfsgebiets liegen, dann
wird die Schaltungsausbeute, wenn die Entwurfsparameter streuen,
maximal. Programme zur Entwurfszentrierung bestimmen dieses Ent-
wurfszentrum, wobei das zulässige Entwurfsgebiet durch zahlreiche
Netzwerkanalysen bestimmt wird. Wegen der dadurch verursachten
hohen Rechenzeiten kann eine Entwurfszentrierung nur für Schaltungen mit wenigen Entwurfsparametern eingesetzt werden. Ein
zusammenfassender Überblick über verschiedene Verfahren zur Entwurfszentrierung wurde in [2.16] gegeben.

2.1.13 Toleranz-Zuordnung (Tolerance Assignment, Tolerancing)

Bei der Toleranz-Zuordnung ist die Aufgabe gestellt, ausgehend
von einem Nominalentwurf die Bauelementetoleranzen einerseits
möglichst groß zu wählen, anderseits so, daß alle Schaltungen
die Funktionsspezifikation erfüllen [2.17-18]. Ziel dieses Verfahrens ist, die Fertigung einer Schaltung bei 100% Ausbeute
möglichst preiswert zu gestalten. Da bei integrierten Schaltungen
die Streuungen fertigungsbedingt sind und kaum beeinflußt werden
können, ist dieses Verfahren hauptsächlich für diskrete Schaltungen geeignet.

2.2 Aufbau eines Netzwerkanalyseprogramms

Ein typisches Netzwerkanalyseprogramm besteht wie in Bild 2.1
dargestellt ist, aus mehreren, voneinander getrennten Programm-
teilen, die unterschiedliche Aufgaben erfüllen.

Die Schaltungseingabe wird zusammen mit den Anweisungen zur
Simulationssteuerung üblicherweise vom Anwender in einer Eingabedatei abgelegt, um sie auch für nachfolgende Simulationen benutzen zu können. Beim Programmaufruf wird die Eingabe zeichen-

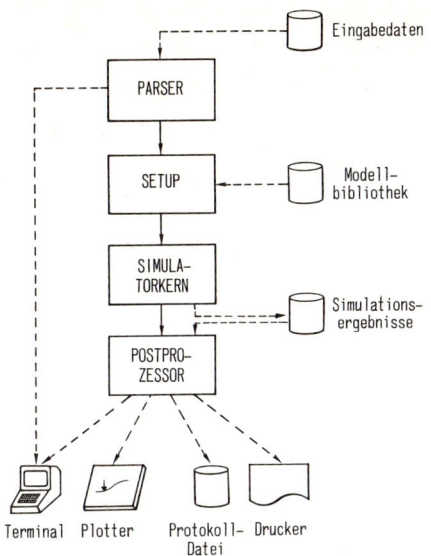

Bild 2.1. Aufbau eines
Netzwerkanalyseprogramms

weise eingelesen und auf syntaktische Korrektheit überprüft und
interpretiert. Das Teilprogramm, das diese Aufgaben durchführt,
wird als Parser bezeichnet. Ausführliche Beschreibungen des Auf-
baus und der Funktion solcher Parser sind in Lehrbüchern über
Compiler-Bau zu finden.

Im Setup-Teil eines Netzwerkanalyseprogramms werden die ein-
gelesenen und erkannten Eingabeelemente in die für die eigent-
liche Berechnung benötigten Datenstrukturen umgesetzt. Bei vielen
Programmen ist es möglich, mehrfach benötigte Teilschaltungen
als sog. Subcircuits, d.h. als abgeschlossene Blöcke zu definieren. Die Anschlüsse eines Subcircuits - manchmal sogar blockin-
terne Parameter - werden durch symbolische Namen bezeichnet. In
der eigentlichen Schaltungsbeschreibung werden die Subcircuits
mit ihrem Namen und den aktuellen Anschlußbezeichnungen und Para-
meterwerten aufgerufen. Diese Technik ermöglicht eine kompakte
und übersichtliche Beschreibung selbst größerer Schaltungen. Im
Setup-Teilprogramm wird diese Beschreibung wieder in Einzelelemente aufgelöst, "expandiert". Viele Schaltungselemente, wie Dioden und Transistoren, können bei der Netzwerkanalyse nicht direkt
behandelt werden, sondern müssen in ihrer Funktionsweise durch
Ersatzschaltungen, sogenannte Modelle, nachgebildet werden. Solche Modelle werden in Kapitel 3 ausführlich besprochen. Die Behand-

lung von Modellen ist in den einzelnen Netzwerkeanalyseprogrammen unterschiedlich. In manchen Programmen (z.B. SPICE2) sind die Modelle fest programmiert. Lediglich die Modellparameter müssen in der Eingabedatei angegeben werden. Bei anderen Programmen (z.B. SCEPTRE) kann der Anwender eigene Modelle definieren und in einer Modelldatei ablegen. Diese Modelle müssen dann aus der Datei gelesen und geeignet aufbereitet werden. Schließlich gibt es bei einigen Programmen (z.B. ASTAP, NAP2) die Möglichkeit, Modelle in Form von FORTRAN-Unterprogrammen zu beschreiben und der Eingabe beizulegen. Diese Unterprogramme müssen vor einer Simulation compiliert und mit den Objekt-Moduln des eigentlichen Analyseprogramms zu einem ausführbaren Programm zusammengebunden werden. Diese Technik ermöglicht eine große Flexibilität bei der Schaltungsbeschreibung, erfordert jedoch einen größeren Zeitaufwand als bei den anderen Verfahren. Programme, die eine solche Übersetzung von Quellcode benötigten, werden in der Übersicht in Abschn. 2.3 mit dem Stichwort "Compilierung" bezeichnet. Die Information über den Schaltungsaufbau und die verwendeten Modelle ermöglichen nun den Aufbau der Netzwerkgleichungen bzw. der Netzwerkmatrizen und die Bereitstellung der für die Simulation benötigten Daten.

Im Simulatorkern werden die Gleichungen entsprechend der vom Anwender gewünschten Analyseart gelöst. Die Simulationssteuerung richtet sich dabei nach den eingegebenen Steueranweisungen. So ist bei manchen Programmen eine wiederholte Rechnung mit jeweils geänderten Schaltungsparametern durchführbar (Alter-Modus), eine interaktive Programmunterbrechung mit der Möglichkeit, Zwischenergebnisse am Bildschirm auszugeben (Interrupt-Modus), eine Verlängerung der anfangs eingegebenen Simulationszeit (Continue-Modus), z.B. wenn eine TR-Simulation für zusätzliche Zeitpunkte gewünscht wird, oder auch das Wiederaufnehmen einer Simulation nach einem Fehlerabbruch (Restart-Modus). Alle Ergebnisse einer Rechnung können bei manchen Programmen auf Wunsch in eine eigene Ergebnisdatei geschrieben werden.

Die Simulationsergebnisse werden in einem separaten Programmteil - oder sogar durch ein unabhängiges Programm, einen Postprozessor - aufbereitet und in eine Datei, auf dem Bildschirm oder dem Schnelldrucker in Form von Tabellen oder Kurven ausgegeben. Dabei wird üblicherweise auch die Simulationseingabe, zu-

sammen mit eventuellen Fehlermeldungen und Warnungen, ausgegeben
(Echoprint). Komfortable Postprozessoren ermöglichen eine interaktive Bearbeitung der Ergebnisse an einem Graphik-Bildschirm,
z.B. durch Überlagern von Ergebnissen verschiedener Simulations-
läufe und Beschriften der Kurven, und eine Ausgabe auf einem
Mehrfarben-Plotter. Häufig besteht der Wunsch, nach einer Auswertung der Simulationsergebnisse zusätzliche Informationen, z.B.
Spannungsverläufe an Knoten auszugeben, die in der Simulationseingabe nicht gefordert waren. Wurden bei der Simulation sämtliche
Ergebnisse in eine Datei geschrieben, dann können die gewünschten
Daten bereitgestellt werden, indem nur eine zusätzliche Ergebnis-
ausgabe, aber keine neue Simulation durchgeführt wird. Der Nachteil dieses Verfahrens ist, daß bei größeren Schaltungen außerordentlich viel Speicherplatz zur Aufbewahrung aller Zwischenergebnisse benötigt wird. In der Praxis werden bei einer Schaltungs-
entwicklung oft verschiedene Simulationsprogramme eingesetzt,
selbst wenn sie teilweise die gleiche Entwurfsebene bedienen.
Der Grund liegt darin, daß jedes Programm spezifische Stärken
und Schwächen hat und somit auch typische Einsatzschwerpunkte.
Ein Anschluß dieser Programme an denselben Postprozessor ist
sehr vorteilhaft, da dann die Ergebnisse von verschiedenen Simulationsprogrammen direkt vergleichbar werden.

Die meisten Netzwerkanalyseprogramme sind heute in der Programmiersprache FORTRAN geschrieben. Ein Nachteil dieser Sprache
ist die fehlende Möglichkeit einer dynamischen Änderung von Feld-
grenzen. Festdimensionierte Felder wären für die Speicherung der
Daten der Elemente großer Schaltungen eine starke Einschränkung.
Könnten z.B. festdimensionierte Felder bis 200 Transistoren und
bis 300 Kapazitäten umfassen, dann könnte eine Schaltung mit 201
Transistoren und 50 Kapazitäten nicht simuliert werden, obwohl
noch genügend Speicherplatz vorhanden ist. Wollte man dagegen
alle Felder von vornherein so groß dimensionieren, daß selbst
große Schaltungen gerechnet werden können, dann würde viel zu
viel Speicherplatz benötigt werden. Selbst wenn der benutzte Rechner soviel Speicherplatz zur Verfügung hätte, wäre die Simulation sehr langsam, da ständig auf den externen Speicher zugegriffen werden müßte. Aus diesem Grund wird bei den moderneren
Simulationsprogrammen der größte Teil des zur Verfügung stehenden
Speicherplatzes als ein einziges Feld behandelt, in dem alle Ele-

mentedaten geordnet abgelegt werden. Die Zuordnung zwischen je-
weiligem Datum und seiner Bedeutung wird durch ein Verwaltungs-
programm innerhalb des Netzwerkanalyseprogramms, dem sog. "Memory-
Manager" hergestellt. Der Memory-Manager kann Daten innerhalb
des Feldes verschieben, umkopieren, freigeben, Plätze reservieren
und Informationen über belegte Speicherplätze liefern. Dadurch
wird es möglich, alle aktuellen Daten dicht zu packen, so daß
möglichst wenig auf den externen Speicher zugegriffen werden muß.
Dieser Vorteil muß natürlich durch einen gewissen Verwaltungs-
aufwand erkauft werden. Es ist zu erwarten, daß dieser Aufwand in
Zukunft durch die Verwendung moderner Programmiersprachen, die
eine dynamische Speicherplatzverwaltung ermöglichen, entfällt.

2.3 Zusammenstellung einiger Netzwerkanalyseprogramme

In der folgenden Übersicht wurden einige bekanntere Netzwerkanalyseprogramme zusammengestellt. Im ersten Abschnitt werden
Programme zur Circuit-Simulation aufgeführt. Im zweiten Abschnitt
folgen Programme zur Timing-, Mixed-Mode- und Switch-Level-Logik-
Simulation.
　　Für jedes Programm wird nach dem Programmnamen ein Literatur-
hinweis angegeben. Es folgen die Entwicklungsstelle, sowie das
Entwicklungsdatum. Wird der Programmname ohne Versionenbezeich-
nung angegeben, dann bezieht sich das Datum auf die erste frei-
gegebene Version bzw. die erste Veröffentlichung über das Programm. Viele der aufgeführten Programme wurden in der Zwischen-
zeit weiterentwickelt. Soweit bekannt, wird deshalb die Bezeichnung der letzten Version und ihr Entwicklungsdatum ebenfalls angegeben. Die weiteren Angaben geben einen Überblick über die möglichen Analysearten und weitere Besonderheiten, wie verwendete
Algorithmen oder Einschränkungen, die bei der Anwendung beachtet
werden sollten.

2.3.1 Programme für die Circuit-Simulation

ANP3 [2.19] ; Technische Universität Lyngby, Dänemark 1972;
　　DC, AC, TR, TC, Pol-Nullstellen-Bestimmung, Gruppenlaufzeit;
Nur für lineare Netzwerke bis 40 Knoten und 100 Zweige; Kno-

tenanalyse mit QR-Algorithmus; Umwandlung von Induktivitäten
in Kapazitäten mit Hilfe von Gyratoren

ASTAP [2.20]; IBM 1973; DC, AC, TR, TC, Monte-Carlo-Analyse (DC,
    AC, TR); statistische Analyse, Ausbeuteberechnung; Sparse-
Tableau-Algorithmus, Compilierung, FORTRAN-Benutzerfunktionen möglich

ASTEC3 [2.21] ; Franz. Atomenergie-Kommission 1974-1981; DC, AC,
    TR, Statistische Analyse, Lösung von Systemen gemischter Al-
gebro-Differentialgleichungen; Sparse-Tableau-Algorithmus,
Modellbibliothek, Makromodelle für analoge und digitale integrierte Bausteine

MSINC [2.22]; Universität Stanford, Kalifornien, 1974;
    DC, TR; Speziell für die Entwicklung von Modellen für MOS-
Transistoren, Schaltungen bis zu 100 MOS-Transistoren

NAP2 [2.23]; Technische Universität Lyngby, Dänemark, 1973-1981;
    DC, AC, TR, TC, Optimierung (DC, TR), Empfindlichkeit, Worst-
Case, Rauschanalyse, Fourierzerlegung, Einfluß von Strahlung;
Eingabemöglichkeit für Benutzerfunktionen, Leistungsumfang
ähnlich SPICE2

(SUPER)SCEPTRE [2.24]; Universität South-Florida 1967 (1975);
    DC, AC, TR, TC, Empfindlichkeit (DC), Optimierung, Worst-Case,
Monte-Carlo, in Version SUPER-SCEPTRE Möglichkeit zur Modellierung logischer und mechanischer Elemente; Zustandsvaria-
blen-Analyse bis 300 Knoten, FORTRAN-Benutzerfunktionen möglich, Compilierung

SINCS [2.25]; Universität Berkeley, Kalifornien, 1976; Steady-
    State, DC (Anfangsbedingungen), TR; für Netzwerke mit bis
zu 50 bipolaren Transistoren und bis zu 100 Knoten

SLIC(MC) Version G [2.26-27]; Universität Berkeley, Kalifornien
    1972; DC, TR, Pol-Nullstellenbestimmung, AC, Rauschanalyse,
Empfindlichkeit, Berücksichtigung individueller Elemente-
temperaturen; Monte-Carlo-Analyse (DC) und Ausbeuteberech-

nung in Version SLIC(MC), Siemens AG 1977; Knotenanalyse;
für Netzwerke mit bipolaren Transistoren

SPICE2-G6 [2.5]; Universität Berkeley, Kalifornien, 1975-1983;
    DC, AC, TR, TC, Empfindlichkeit, Verzerrung, Rauschanalyse,
Fourierzerlegung; Modifizierte Knotenanalyse, Standard-Netz-
werkanalyseprogramm

2.3.2 Programme zur Timing-, Mixed-Mode- und Switch-Level-Logik-
      Simulation

BIMOS [2.28]; Silvar-Lisco, Belgien, 1983, weiterentwickelte
    Version des Simulators LOGMOS der Universität Leuven, Bel-
gien; Switch-Level-Logik-Simulator; nur für MOS-Schaltungen
DIANA-7E [2.29]; Universität Leuven, Belgien, 1983; Mixed-Mode-
    Simulator für Circuit- und Timing-Modus; Timing-Modus nur
für MOS-Schaltungen

MOSSIM II [2.30]; Massachusetts Institute of Technology, U.S.A.,
    1982; Switch-Level-Logik-Simulator; nur für MOS-Schaltungen

MOTIS-C 2.0 [2.31]; Universität Berkeley, Kalifornien, 1979;
    Timing-Simulator für MOS-Schaltungen

SIMPIL [2.32]; Universität Berkeley, Kalifornien, 1979; Timing-
    Simulator für I^2L-Schaltungen

SPLICE 1 [2.33]; Universität Berkeley, Kalifornien, 1980-1983;
    Mixed-Mode-Simulator für Timing- und Logik-Modus; nur für
MOS-Schaltungen

2.4 Simulationsbeispiele

Zur Veranschaulichung des Ablaufs einer Netzwerkanalyse, der
Programm-Eingabe und -Ausgabe werden nachfolgend zwei Beispiele
für Simulationen mit den Programmen SPICE2 und SLICMC gezeigt.
In beiden Beispielen werden Schaltungen mit bipolaren Transi-

storen simuliert. Auf die Modellparameter der Transistoren wird
hier nicht näher eingegangen; ihre Bedeutung wird im nächsten
Kapitel ausführlich erläutert.

2.4.1 Simulation einer Verstärkerstufe mit SPICE2

Mit dem Programm SPICE2 wurde der in Bild 2.2 gezeigte einstu-
fige Transistorverstärker simuliert. Der Echoprint der Schaltungseingabe, der zur Kontrolle in der Protokolldatei nocheinmal ausgegeben wird, ist in Bild 2.3 zu sehen. Dabei wird zuerst ein
Kopf geschrieben, der Datum, Programmname, Uhrzeit, Eingabetitel

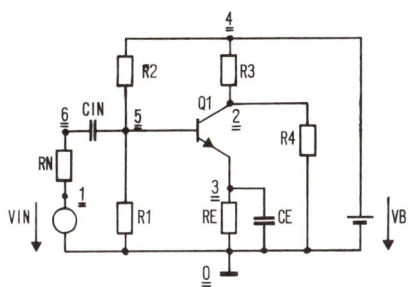

Bild 2.2. Schaltbild eines
Transistorverstärkers

```
******10/24/83 ******* SPICE2-S   (JULY 83)  *******14;21;14*****

VERSTAERKERSTUFE

INPUT LISTING          FILE;VERSTAERKER.EINGABE

**************************************************************

* EINGABEBEISPIEL FUER SPICE2
*
R1  5 0    1K
R2  5 4    10K
R3  2 4    300
RE  3 0    10
CE  3 0    0.5NF
RA  2 0    500
RIN 1 6    30
CIN 6 5    250NF
Q1  2 5 3  QMOD
*
* SPANNUNGSQUELLEN
*
VB  4 0 10V
VIN 1 0  AC 1  PULSE(0 1 1NS 1NS 1NS 5NS 12NS)
*
* TRANSISTORMODELL
*
.MODEL QMOD NPN (RB=1.6  RC=0.3  RE=0.2  BF=85  BR=9.5
+               CJE=19.6PF  CJC=8.9PF  TF=1E-21  TR=1.3E-21
+               IS=1E-14  C2=4.52  C4=6.12)
*
* SIMULATIONSSTEUERUNG
*
.AC  DEC 10 100HZ 1GHZ
.TRAN  0.2NS 15NS
.SENS  V(2)
.PLOT  AC  VM(2) VP(2)
.PRINT  TRAN V(1) V(2) V(3) V(4) V(5) V(6)
.PLOT  TRAN V(2) V(1) (0.0,6.0)
*
.END
```

Bild 2.3. Echoprint der Schaltungsbeschreibur

und den Namen der zugehörigen Eingabedatei enthält. Es folgen
zwei Kommentarzeilen, die mit einem Stern beginnen und vom Programm nicht weiter verarbeitet werden. Dann beginnt die eigent-
liche Schaltungsbeschreibung: Es werden die einzelnen Elemente
definiert, die jeweils mit ihrem Namen, den Knotennummern, an
denen ihre Anschlüsse liegen, und ihrem Wert beschrieben werden.
Fängt der Namen mit R an, dann handelt es sich um einen Widerstand, C weist auf einen Kondensator hin. Q1 ist ein Transistor,
dessen Parameter unter der Modellbeschreibung QMOD zu finden sind.
Aus der .MODEL-Anweisung ist zu entnehmen, daß es sich um einen
npn-Transistor handelt. Die Schaltung enthält zwei Spannungsquellen, die Versorgungsspannung VB mit 10V zwischen dem Knoten 4 und
dem Bezugsknoten 0 und die Signalspannungsquelle VIN zwischen den
Knoten 1 und 0. Diese Quelle kann zwei verschiedene Signale erzeugen. Für die Wechselstromanalyse (AC) wird eine sinusförmige
Spannung mit der Amplitude 1V definiert. Bei einer Einschwinganalyse (TR) soll ein Puls abgegeben werden, bei dem die Anfangsspannung bei 0V liegt, die höchste Spannung aber 1V beträgt. Der
Zeitverlauf wird durch die Zeitangaben, also dem 3. bis 7. Wert
in der Klammer, angegeben: Die Anfangsspannung soll 1 ns anliegen,
dann folgt der Spannungsanstieg innerhalb 1 ns. Die Abfallzeit
soll ebenfalls 1 ns betragen, die Zeitdauer des Spannungsmaxi-
mums jedoch 5 ns. Die Periodendauer des Pulses soll 12 ns betragen.
Damit ergibt sich ein zeitlicher Verlauf der Eingangsspannung
VIN = V(1), wie er in Bild 2.10 gezeigt ist. Die Anweisungen zur
Simulationssteuerung beginnen alle mit einem Punkt. Als erstes
wird eine AC-Analyse von 100 Hz bis 1 GHz verlangt, wobei pro
Dekade 10 Werte berechnet werden sollen. Eine Transientanalyse
(.TRAN) soll bis zur Zeit von 15 ns durchgeführt werden, wobei
alle 0,2 ns ein Ergebnis ausgegeben werden soll. Außerdem wird
eine Empfindlichkeitsanalyse (.SENS) für die am Knoten 2 anlie-
gende Ausgangsspannung V(2) gewünscht. Als Ergebnis der AC-Analyse wird ein Plot der Ausgangsspannung nach Betrag (VM) und Phase
(VP) verlangt. Als Ergebnis der Transientanalyse sollen die Werte
der Spannungen am Knoten 1 bis 6 ausgegeben werden. Zusätzlich
soll ein Plot der Ausgangsspannung V(2) und der Eingangsspannung
V(1) angefertigt werden, wobei beide Kurven im gleichen Maßstab
zwischen 0,0V und 6,0V zu zeichnen sind. Das Ende der Schaltungsbeschreibung wird durch die .END-Anweisung angegeben.

Zur Eingabekontrolle werden zunächst die verwendeten Modellparameter des Transistors ausgegeben (Bild 2.4). Darunter sind
auch Größen zu finden, die in der Modell-Anweisung nicht vorkommen. Für diese Größen wurden deshalb im Programm festgelegte Voreinstellungen eingesetzt. Die Analyse beginnt mit der Bestimmung
des Arbeitspunktes als Voraussetzung für die AC-Analyse. Die berechneten Knotenspannungen sowie die Ströme durch die Spannungsquellen und die aufgenommene Leistung werden ausgegeben (Bild 2.5).
Ebenso werden die Transistorströme und -spannungen und die für
die Aufstellung des Transistor-Kleinsignal-Ersatzschaltbildes
benötigten Parameter ausgegeben (Bild 2.6). Da in der Eingabe
keine Schaltungstemperatur spezifiziert wurde, wird für alle Ana-
lysen eine Temperatur von 27°C angenommen.

Das Ergebnis der Empfindlichkeitsanalyse zeigt Bild 2.7. In
den ersten beiden Spalten sind Name und Wert der Größen aufgeführt, deren Änderung die Ausgangsspannung V(2) beeinflussen kann.
Im oberen Teil sind dabei die Schaltungselemente zusammengefaßt,
im unteren die Parameter des Transistors Q1. Die dritte und vierte
Spalte geben an, um wieviel Volt sich die Ausgangsspannung ändert,

```
***************10/24/83 ********************  SPICE2-S   (JULY 83)  ***************14:21:14********

VERSTAERKERSTUFE
****          BJT MODEL PARAMETERS                        TEMPERATURE = 27.000 DEG C

*************************************************************************************************


          QMOD
TYPE      NPN
IS        1.00D-14
BF        85.000
NF        1.000
JLE       4.52D-14
BR        9.500
NR        1.000
JLC       6.12D-14
RB        1.600
RE        0.200
RC        0.300
CJE       1.96D-11
TF        1.00D-21
CJC       8.90D-12
TR        1.30D-21
```

Bild 2.4. Transistormodell-Parameter

wenn die jeweilige Größe um eine Einheit bzw. ein Prozent geändert wird. Zum Beispiel wird die Ausgangsspannung um etwa 3,4mV größer, wenn der Lastwiderstand RA um 1Ω zunimmt. Bei Änderung von RA um 1%, also um 5Ω , ändert sich die Ausgangsspannung um etwa 17mV. Eine Änderung von VIN oder RIN hat keinen Einfluß, weil es sich hier um die Empfindlichkeit bezüglich des Arbeitspunktes, also um eine Gleichstromberechnung handelt.

```
****************10/24/83 ************************ SPICE2-S   (JULY 83)  ********************14:21:14********

VERSTAERKERSTUFE

****              SMALL SIGNAL BIAS SOLUTION                  TEMPERATURE =   27.000 DEG C

*********************************************************************************************************


 NODE   VOLTAGE      NODE   VOLTAGE      NODE   VOLTAGE      NODE   VOLTAGE      NODE   VOLTAGE      NODE   VOLTAGE

(   1)   0.0000   (   2)   4.5317   (   3)   0.0928   (   4)  10.0000   (   5)   0.8072   (   6)   0.0000



      VOLTAGE SOURCE CURRENTS
      NAME       CURRENT

      VB       -1.915D-02
      VIN       0.000D+00

 TOTAL POWER DISSIPATION   1.91D-01  WATTS
```

Bild 2.5. Arbeitspunkt-Berechnung für die Kleinsignal-Analyse

```
****************10/24/83 ************************ SPICE2-S   (JULY 83)  ********************14:21:14********

VERSTAERKERSTUFE

****              OPERATING POINT INFORMATION                TEMPERATURE =   27.000 DEG C

*********************************************************************************************************



**** BIPOLAR JUNCTION TRANSISTORS


              Q1

MODEL     QMOD
IB        1.12D-04
IC        9.16D-03
VBE          0.714
VBC         -3.724
VCE          4.439
BETADC      81.766
GM        3.54D-01
RPI       2.34D+02
RX        1.60D+00
RO        9.97D+11
CPI       3.20D-11
CMU       4.94D-12
CBX       0.00D+00
CCS       0.00D+00
BETAAC      82.816
FT        1.53D+09
```

Bild 2.6. Transistorparameter im Arbeitspunkt

```
**************10/24/83 ********************** SPICE2-S   (JULY 83) *********************14:21:14*******

VERSTAERKERSTUFE
****              DC SENSITIVITY ANALYSIS                   TEMPERATURE =   27.000 DEG C

****************************************************************************************************
```

```
DC SENSITIVITIES OF OUTPUT V(2)

        ELEMENT        ELEMENT        ELEMENT        NORMALIZED
        NAME           VALUE          SENSITIVITY    SENSITIVITY
                                      (VOLTS/UNIT)   (VOLTS/PERCENT)

        R1             1.000D+03      -5.699D-03     -5.699D-02
        R2             1.000D+04       6.491D-04      6.491D-02
        R3             3.000D+02      -1.139D-02     -3.418D-02
        RE             1.000D+01       7.205D-02      7.205D-03
        RA             5.000D+02       3.399D-03      1.699D-02
        RIN            3.000D+01       0.000D+00      0.000D+00
        VB             1.000D+01      -8.105D-02     -8.105D-03
        VIN            0.000D+00       0.000D+00      0.000D+00
Q1
        RB             1.600D+00       8.705D-04      1.393D-05
        RC             3.000D-01       9.112D-12      2.734D-14
        RE             2.000D-01       7.205D-02      1.441D-04
        BF             8.500D+01      -9.072D-03     -7.711D-03
        JLE            4.520D-14       6.748D+11      3.050D-04
        BR             9.500D+00       8.045D-13      7.643D-14
        JLC            6.120D-14      -7.260D+03     -4.443D-12
        JS             1.000D-14      -2.212D+13     -2.212D-03
        NLE            1.500D+00      -3.734D-01     -5.601D-03
        NLC            2.000D+00       2.222D-10      4.443D-12
        JBF            0.             0.             0.
        JBR            0.             0.             0.
        VBF            0.             0.             0.
        VBR            0.             0.             0.
```

Bild 2.7. Ergebnis der Gleichstrom-Empfindlichkeitsanalyse

Das Ergebnis der Wechselstromanalyse ist in Bild 2.8 zu sehen.
Der Verlauf der Phase über der Frequenz ist durch Plus-Zeichen,
der Verlauf des Betrags durch Sterne gegeben. Der Schnittpunkt
beider Kurven ist durch X gekennzeichnet. Die Maßstäbe für die
Ordinaten der Kurven wurde vom Programm so festgelegt, daß die
Papierbreite optimal ausgenutzt wird. Entlang der Abszisse ist
neben der Frequenz noch der Zahlenwert für den Betrag angegeben.
Die Betragskurve zeigt den üblichen Abfall bei sehr niedrigen und
sehr hohen Frequenzen, sowie einen Anstieg bei hohen Frequenzen,
wie er für Systeme zweiter Ordnung typisch ist.

Als Ergebnis der Transientanalyse ist in Bild 2.9 ein Ausschnitt des Ausdrucks abgebildet, der die Knotenspannungen in Abhängigkeit von der Zeit angibt. Im Schnelldrucker-Plot Bild 2.10
wurden die Eingangsspannung V(1) und die Ausgangsspannung V(2)
zusammen in einem Bild ausgegeben. Vor Durchführung dieser Transientanalyse wurden vom Programm die Anfangsbedingungen berechnet.
Da sich das Ergebnis nicht vom Ergebnis der Arbeitspunkt-Berechnung unterscheidet, wurde es nicht nocheinmal aufgeführt. Nach
Abschluß der Rechnung wird die benötigte Rechenzeit ausgegeben;

32

das vorliegende Beispiel benötigte 2,37 Sekunden CPU-Zeit auf
einem Siemens-Rechner 7.571.

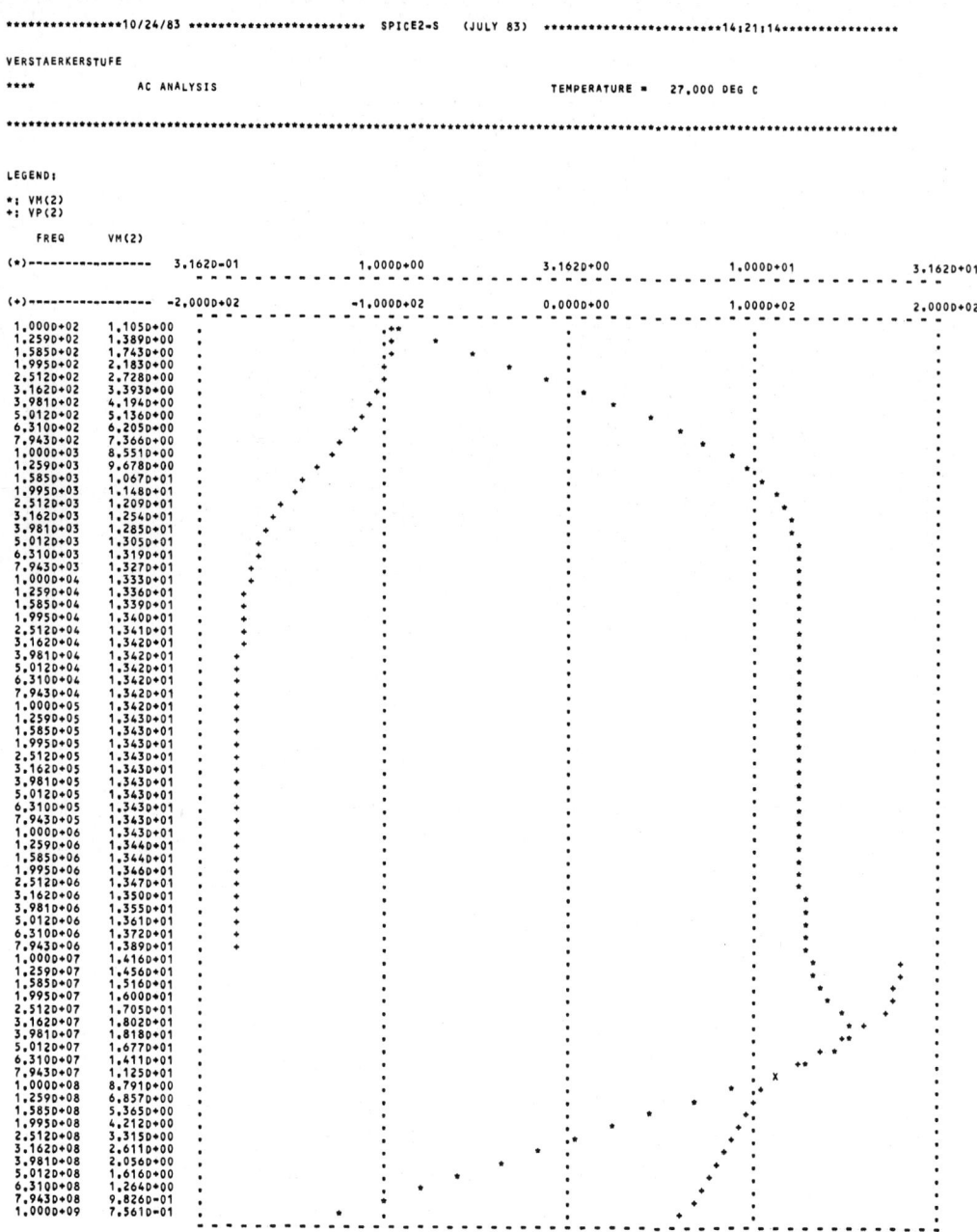

Bild 2.8. Ergebnis der Kleinsignal-Analyse: Bode-Diagramm

```
***************10/24/83 ********************  SPICE2-S  (JULY 83)  *******************14:21:14*******

VERSTAERKERSTUFE

****            TRANSIENT ANALYSIS                             TEMPERATURE =   27,000 DEG C


*******************************************************************************************************


   TIME        V(1)        V(2)        V(3)        V(4)        V(5)        V(6)

 0.000D+00    0.000D+00   4.532D+00   9.277D-02   1.000D+01   8.072D-01   0.000D+00
 2.000D-10    0.000D+00   4.532D+00   9.277D-02   1.000D+01   8.072D-01  -5.661D-11
 4.000D-10    0.000D+00   4.532D+00   9.277D-02   1.000D+01   8.072D-01  -6.073D-11
 6.000D-10    0.000D+00   4.532D+00   9.277D-02   1.000D+01   8.072D-01  -5.825D-11
 8.000D-10    0.000D+00   4.532D+00   9.277D-02   1.000D+01   8.072D-01  -5.531D-11
 1.000D-09    0.000D+00   4.532D+00   9.277D-02   1.000D+01   8.072D-01  -5.239D-11
 1.200D-09    2.000D-01   4.466D+00   9.418D-02   1.000D+01   8.287D-01   2.150D-02
 1.400D-09    4.000D-01   4.199D+00   9.813D-02   1.000D+01   8.547D-01   4.750D-02
 1.600D-09    6.000D-01   3.722D+00   1.048D-01   1.000D+01   8.814D-01   7.419D-02
 1.800D-09    8.000D-01   3.060D+00   1.147D-01   1.000D+01   9.094D-01   1.023D-01
 2.000D-09    1.000D+00   2.274D+00   1.275D-01   1.000D+01   9.393D-01   1.322D-01
 2.200D-09    1.000D+00   1.495D+00   1.430D-01   1.000D+01   9.567D-01   1.496D-01
 2.400D-09    1.000D+00   8.636D-01   1.590D-01   1.000D+01   9.737D-01   1.666D-01
 2.600D-09    1.000D+00   4.121D-01   1.753D-01   1.000D+01   9.934D-01   1.864D-01
 2.800D-09    1.000D+00   2.316D-01   1.911D-01   1.000D+01   1.028D+00   2.209D-01
 3.000D-09    1.000D+00   2.331D-01   2.062D-01   1.000D+01   1.057D+00   2.499D-01
 3.200D-09    1.000D+00   2.473D-01   2.203D-01   1.000D+01   1.069D+00   2.621D-01
 3.400D-09    1.000D+00   2.606D-01   2.337D-01   1.000D+01   1.082D+00   2.746D-01
 3.600D-09    1.000D+00   2.732D-01   2.464D-01   1.000D+01   1.093D+00   2.861D-01
 3.800D-09    1.000D+00   2.851D-01   2.584D-01   1.000D+01   1.104D+00   2.971D-01
 4.000D-09    1.000D+00   2.964D-01   2.698D-01   1.000D+01   1.114D+00   3.074D-01
 4.200D-09    1.000D+00   3.071D-01   2.805D-01   1.000D+01   1.124D+00   3.172D-01
 4.400D-09    1.000D+00   3.173D-01   2.907D-01   1.000D+01   1.133D+00   3.265D-01
 4.600D-09    1.000D+00   3.269D-01   3.004D-01   1.000D+01   1.142D+00   3.353D-01
 4.800D-09    1.000D+00   3.360D-01   3.095D-01   1.000D+01   1.150D+00   3.436D-01
 5.000D-09    1.000D+00   3.446D-01   3.181D-01   1.000D+01   1.158D+00   3.515D-01
 5.200D-09    1.000D+00   3.528D-01   3.263D-01   1.000D+01   1.166D+00   3.590D-01
 5.400D-09    1.000D+00   3.605D-01   3.341D-01   1.000D+01   1.173D+00   3.660D-01
 5.600D-09    1.000D+00   3.678D-01   3.414D-01   1.000D+01   1.179D+00   3.727D-01
 5.800D-09    1.000D+00   3.747D-01   3.484D-01   1.000D+01   1.186D+00   3.790D-01
 6.000D-09    1.000D+00   3.813D-01   3.549D-01   1.000D+01   1.192D+00   3.850D-01
 6.200D-09    1.000D+00   3.874D-01   3.612D-01   1.000D+01   1.197D+00   3.906D-01
 6.400D-09    1.000D+00   3.933D-01   3.671D-01   1.000D+01   1.203D+00   3.960D-01
 6.600D-09    1.000D+00   3.989D-01   3.726D-01   1.000D+01   1.208D+00   4.011D-01
 6.800D-09    1.000D+00   4.042D-01   3.779D-01   1.000D+01   1.213D+00   4.059D-01
 7.000D-09    1.000D+00   4.100D-01   3.830D-01   1.000D+01   1.217D+00   4.107D-01
 7.200D-09    8.000D-01   4.123D-01   3.863D-01   1.000D+01   1.204D+00   3.970D-01
 7.400D-09    6.000D-01   4.147D-01   3.872D-01   1.000D+01   1.184D+00   3.778D-01
 7.600D-09    4.000D-01   4.185D-01   3.859D-01   1.000D+01   1.160D+00   3.537D-01
 7.800D-09    2.000D-01   4.358D-01   3.823D-01   1.000D+01   1.131D+00   3.248D-01
 8.000D-09    8.285D-15   4.883D-01   3.768D-01   1.000D+01   1.101D+00   2.940D-01
 8.200D-09    0.000D+00   6.271D-01   3.701D-01   1.000D+01   1.091D+00   2.848D-01
 8.400D-09    0.000D+00   7.889D-01   3.634D-01   1.000D+01   1.084D+00   2.776D-01
 8.600D-09    0.000D+00   9.675D-01   3.568D-01   1.000D+01   1.077D+00   2.703D-01
 8.800D-09    0.000D+00   1.160D+00   3.501D-01   1.000D+01   1.070D+00   2.628D-01
 9.000D-09    0.000D+00   1.364D+00   3.433D-01   1.000D+01   1.062D+00   2.552D-01
```

Bild 2.9. Ergebnis-Ausdruck der Transientanalyse

2.4.2 Statistische Analyse mit SLICMC

Dieses Beispiel zeigt eine Monte-Carlo-Simulation der Eingangsstufe eines integrierten Differenzverstärkers mit dem Programm
SLICMC. Die Schaltung der Eingangsstufe ist in Bild 2.11 zu sehen.
Die Eingabebeschreibung, die in Bild 2.12 gezeigt ist, ist ähnlich wie bei SPICE2. Bei den Anweisungen zur Beschreibung der
Widerstände wurden zusätzlich die Temperaturkoeffizienten erster
und zweiter Ordnung angegeben. Es werden Gleichstromanalysen (DC)
für die beiden Werte 2V und 2,1V der Eingangsspannung V2 bei den

34

```
****************10/24/83 *********************** SPICE2=S   (JULY 83)  ********************14:21:14****************

VERSTAERKERSTUFE

****             TRANSIENT ANALYSIS                    TEMPERATURE =   27.000 DEG C

***********************************************************************************************

LEGEND:

*: V(2)
+: V(1)

     TIME        V(2)

(**)----------------    0.000D+00         1.500D+00         3.000D+00         4.500D+00         6.000D+00
0.000D+00    4.532D+00    *.                .                 .              *   .
2.000D-10    4.532D+00    *.                .                 .              *   .
4.000D-10    4.532D+00    *.                .                 .              *   .
6.000D-10    4.532D+00    *.                .                 .              *   .
8.000D-10    4.532D+00    *.                .                 .              *   .
1.000D-09    4.532D+00    *.                .                 .              *   .
1.200D-09    4.466D+00    . *               .                 .            *     .
1.400D-09    4.199D+00    .    *            .                 .        *         .
1.600D-09    3.722D+00    .        +        .                 .    *             .
1.800D-09    3.060D+00    .           +     .                 *                  .
2.000D-09    2.274D+00    .              +  .          *      .                  .
2.200D-09    1.495D+00    .              .  +    *            .                  .
2.400D-09    8.636D-01    .          *   .  +                 .                  .
2.600D-09    4.121D-01    .       *      .  +                 .                  .
2.800D-09    2.316D-01    .   *          .  +                 .                  .
3.000D-09    2.331D-01    .   *          .  +                 .                  .
3.200D-09    2.473D-01    .   *          .  +                 .                  .
3.400D-09    2.606D-01    .   *          .  +                 .                  .
3.600D-09    2.732D-01    .   *          .  +                 .                  .
3.800D-09    2.851D-01    .   *          .  +                 .                  .
4.000D-09    2.964D-01    .   *          .  +                 .                  .
4.200D-09    3.071D-01    .    *         .  +                 .                  .
4.400D-09    3.173D-01    .    *         .  +                 .                  .
4.600D-09    3.269D-01    .    *         .  +                 .                  .
4.800D-09    3.360D-01    .    *         .  +                 .                  .
5.000D-09    3.446D-01    .    *         .  +                 .                  .
5.200D-09    3.528D-01    .    *         .  +                 .                  .
5.400D-09    3.605D-01    .    *         .  +                 .                  .
5.600D-09    3.678D-01    .    *         .  +                 .                  .
5.800D-09    3.747D-01    .    *         .  +                 .                  .
6.000D-09    3.813D-01    .     *        .  +                 .                  .
6.200D-09    3.874D-01    .     *        .  +                 .                  .
6.400D-09    3.933D-01    .     *        .  +                 .                  .
6.600D-09    3.989D-01    .     *        .  +                 .                  .
6.800D-09    4.042D-01    .     *        .   +                .                  .
7.000D-09    4.100D-01    .     *        .   +                .                  .
7.200D-09    4.123D-01    .     *        . +                  .                  .
7.400D-09    4.147D-01    .     *        .+                   .                  .
7.600D-09    4.185D-01    .       X      .                    .                  .
7.800D-09    4.358D-01    . +     *      .                    .                  .
8.000D-09    4.883D-01    .         *  + .                    .                  .
8.200D-09    6.271D-01    .           * +.                    .                  .
8.400D-09    7.889D-01    .         +    *.                   .                  .
8.600D-09    9.675D-01    .              .*                   .                  .
8.800D-09    1.160D+00    .              . *                  .                  .
9.000D-09    1.364D+00    .              .    *               .                  .
9.200D-09    1.575D+00    .              .      *             .                  .
9.400D-09    1.792D+00    .              .        *           .                  .
9.600D-09    2.011D+00    .              .          *         .                  .
9.800D-09    2.231D+00    .              .            *       .                  .
1.000D-08    2.451D+00    .              .              *     .                  .
1.020D-08    2.668D+00    .              .                *   .                  .
1.040D-08    2.882D+00    .              .                  * .                  .
1.060D-08    3.091D+00    .              .                   .*                  .
1.080D-08    3.294D+00    .              .                   .  *                .
1.100D-08    3.490D+00    .              .                   .    *              .
1.120D-08    3.679D+00    .              .                   .      *            .
1.140D-08    3.859D+00    .              .                   .       *           .
1.160D-08    4.030D+00    .              .                   .         *         .
1.180D-08    4.193D+00    .              .                   .           *       .
1.200D-08    4.345D+00    .              .                   .             *     .
1.220D-08    4.488D+00    .              .                   .              *    .
1.240D-08    4.621D+00    .              .                   .                *  .
1.260D-08    4.744D+00    .              .                   .                 * .
1.280D-08    4.858D+00    .              .                   .                  .*
1.300D-08    4.962D+00    .              .                   .                  . *
1.320D-08    5.017D+00    . *            .                   .                  .  *
1.340D-08    4.885D+00    .    *         .  +                .                  .*
1.360D-08    4.512D+00    .        +     .                   .              *   .
1.380D-08    3.907D+00    .              .        +          .          *       .
1.400D-08    3.140D+00    .              .             +     .      *           .
1.420D-08    2.319D+00    .              .          +       *.                  .
1.440D-08    1.606D+00    .              .       +  * .                         .
1.460D-08    1.012D+00    .          *   .  X          .                        .
1.480D-08    5.587D-01    .      *    +  .             .                        .
1.500D-08    2.951D-01    .   *          .             .                        .
```

Bild 2.10. Ergebnis-Plot der Transientanalyse

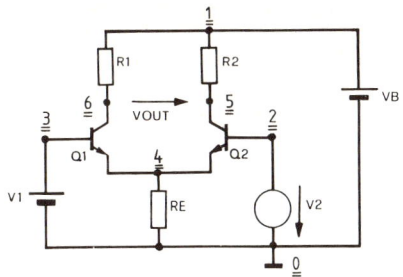

Bild 2.11. Schaltbild eines
Differenzverstärkers

```
 1.0000 BEISPIEL:DIFFERENZVERSTAERKER
 2.0000 ****************************
 3.0000 R1 1 6   250   8M 75U
 4.0000 R2 1 5   250   8M 75U
 5.0000 RE 4 0   625   8M 75U
 5.5000 *
 6.0000 Q1 6 3 4   B1
 7.0000 Q2 5 2 4   B1
 7.5000 *
 8.0000 V1 3 0   1.8V
 9.0000 V2 2 0   2V 2.1V
10.0000 VB 1 0   3V
10.5000 *
11.0000 B1=NPN BF=100,5M,50,1U,0,7,8M  RB=50,1,5M,7U
11.5000 *
12.0000 TEMP 300   270 300 330
12.5000 *
13.0000 PRINT DC
13.5000 *
14.0000 XTOLER
14.5000 *
14.6000 Y RES GLOB=NORM,10 LOC=NORM,3
15.0000 Y QGLOB  BF=UNI,10.0 ISS=10 RB=10 RC=NORM,1E1
16.0000 Y QLOC   BF=UNI,3 ISS=UNI,3 RB=NORM,3 RC=NORM,3
17.0000 Y SPEC   6 5   LOW=500MV UP=600MV
18.0000 Y MONTE NCASES=100
19.0000 Y PRINT ALL,INPAR
19.5000 *
20.0000 END
```

Bild 2.12. Schaltungseingabe für die Simulation mit SLICMC

Schaltungstemperaturen von 270K, 300K, 330K gewünscht. Dabei ist
300K die Bezugstemperatur, für welche die angegebenen Elementewerte gelten. Es ergeben sich also sechs mögliche Wertekombinationen aus Spannungen und Temperaturen, womit der mögliche Betriebsbereich der Schaltung erfaßt werden soll. Zusätzlich sollen
die Schaltungsparameter streuen, wobei Korrelationen zwischen
ihnen möglich sind, da sie ja bei integrierten Schaltungen durch
denselben Fertigungsprozeß erzeugt werden. Zur Bestimmung dieser
korrelierten Parameterwerte wird die Formel

$$z_i^r = z_i^0 \left[1 + (\gamma_z^g - \gamma_z^l) x^g + \gamma_z^l x_{z_i}^l \right] \qquad (2.2)$$

benutzt. Dabei bedeutet z_i^r den Zufallswert eines Parameters, z_i^0
den Nominalwert dieses Parameters, γ_z^g und γ_z^l den globalen und
lokalen Streubereich des Parameters (3σ-Bereich bei Normalver-

teilung), x^g eine globale Zufallszahl zwischen -1 und +1, die für alle Parameter eines Monte-Carlo-Laufs gültig ist und $x^l_{z_i}$ eine lokale Zufallszahl, die für jeden einzelnen Parameter durch einen Pseudozufallsgenerator bestimmt wird. Ist $\gamma^g_z = \gamma^l_z$, dann sind die Parameter unkorreliert, während bei $\gamma^l_z = 0$ die Parameter voll korreliert sind. Als streuende Elemente wurden in der Schaltung die Widerstände erklärt (Y RES-Anweisung), sowie die Vorwärtsstromverstärkung BF, der Sperrsättigungsstrom ISS, der Basisbahnwiderstand RB und der Kollektorbahnwiderstand RC der Transistoren. Die Parameter sollen jeweils global um 10% und lokal um 3% streuen, wobei als jeweilige Verteilung entweder eine Normalverteilung (NORM) oder eine Gleichverteilung (UNI) zugrunde gelegt werden soll. Mit der XTOLER-Anweisung wird eine statistische Analyse und Ausbeuteberechnung verlangt, wobei als Spezifikation in der Y SPEC-Anweisung eine Mindestspannung von 500mV und eine Maximalspannung von 600mV für die Ausgangsspannung VOUT zwischen den Knoten 6 und 5 definiert wird. Es wurden 1000 Monte-Carlo-Läufe (NCASES= 1000) bei Ausgabe aller Knotenspannungen (ALL) und aller Eingangsparameter (INPAR) verlangt.

Einen Auszug aus den Ergebnissen dieser Simulation zeigen die Bilder 2.13-16. In Bild 2.13 sind die Ergebnisse des 15. Monte-Carlo-Laufs angegeben, wobei alle sechs Betriebskombinationen durchgerechnet wurden. Die gesuchte Ausgangsspannung ergibt sich jeweils aus der Differenz der Spannungen an den Knoten 6 und 5. Im Kopf des Ausdrucks wird eine Kennziffer für den Zustand des Pseudozufallszahlengenerators ausgegeben. Dies erlaubt ein Wiederaufsetzen des Programms beim letzten Zustand, wenn ein Programmabbruch erfolgt sein sollte oder wenn zusätzliche Monte-Carlo-Analysen gewünscht werden, um die statistische Aussagekraft zu vergrößern. Außerdem werden jeweils die generierten Werte für die Widerstände und Transistorparameter ausgegeben. Bild 2.14 zeigt ein Histogramm der Werteverteilung für den Emitterwiderstand RE. Die Abweichung von der zu erwartenden Normalverteilung ist durch die noch zu geringe Zahl der generierten Werte zu erklären. Da einem Anwender die Auswertung der Ergebnisse, wie in Bild 2.13, nicht zugemutet werden kann, werden die Ergebnisse für die Ausgangsspannung ebenfalls in einem Histogramm dargestellt (Bild 2.15). Dazu wurde jeweils die größte, bei den sechs Betriebsparameterkombinationen auftretende Abweichung vom Mittelwert der spe-

zifizierten Ausgangsspannung, d.h. von 550mV, aufgetragen. Alle
Werte, die nicht mehr als 50mV von diesem Wert abweichen, sind
funktionierenden Schaltungen zuzuordnen, sie ergeben also die
Ausbeute. Der Rest zählt zum Ausschuß. Die ausgezählten Werte

```
              RESULTS OF THE  15. MC RUN                                 Letzte Zufallszahl des
                                                                         15. MC-Laufs
MSTRM=    870478257

DEVICE      ISS           RC           RB          BFMAX        BFLOW        BR            Zufallswerte der
                                                                                          Transistorparameter
  Q1      9.6043D-15   0.0000D-01   5.2854D 01   9.3761D 01   4.6881D 01   9.5300D-01
  Q2      9.1111D-15   0.0000D-01   5.3466D 01   9.1865D 01   4.5932D 01   9.3412D-01

  R1  =   0.2478D 03
  R2  =   0.2547D 03                                                                      Widerstände
  RE  =   0.6270D 03
                                                                                          Analyse für das
TEMPERATURE = 270.C
NUMBER OF ITERATIONS IN DC ANALYSIS =    8                                                erste Wertepaar
SOURCE V2  =  2.00000000

NODE TO DATUM VOLTAGES

   NODE     VALUE    NODE     VALUE    NODE     VALUE    NODE     VALUE
   ( 1)   3.000000 ( 2)   2.000000 ( 3)   1.800000 ( 4)   1.266656
   ( 5)   2.492853 ( 6)   2.999890

TEMPERATURE = 270.C                                                                      zweite Wertepaar
NUMBER OF ITERATIONS IN DC ANALYSIS =    4
SOURCE V2  =  2.10000000

NODE TO DATUM VOLTAGES

   NODE     VALUE    NODE     VALUE    NODE     VALUE    NODE     VALUE
   ( 1)   3.000000 ( 2)   2.100000 ( 3)   1.800000 ( 4)   1.364726
   ( 5)   2.453461 ( 6)   2.999998

TEMPERATURE = 300.0                                                                      dritte Wertepaar
NUMBER OF ITERATIONS IN DC ANALYSIS =    7
SOURCE V2  =  2.00000000

NODE TO DATUM VOLTAGES

   NODE     VALUE    NODE     VALUE    NODE     VALUE    NODE     VALUE
   ( 1)   3.000000 ( 2)   2.000000 ( 3)   1.800000 ( 4)   1.321250
   ( 5)   2.469349 ( 6)   2.999737

TEMPERATURE = 300.0                                                                      vierte Wertepaar
NUMBER OF ITERATIONS IN DC ANALYSIS =    4
SOURCE V2  =  2.10000000

NODE TO DATUM VOLTAGES

   NODE     VALUE    NODE     VALUE    NODE     VALUE    NODE     VALUE
   ( 1)   3.000000 ( 2)   2.100000 ( 3)   1.800000 ( 4)   1.419245
   ( 5)   2.429702 ( 6)   2.999994

TEMPERATURE = 330.0                                                                      fünfte Wertepaar
NUMBER OF ITERATIONS IN DC ANALYSIS =    7
SOURCE V2  =  2.00000000

NODE TO DATUM VOLTAGES

   NODE     VALUE    NODE     VALUE    NODE     VALUE    NODE     VALUE
   ( 1)   3.000000 ( 2)   2.000000 ( 3)   1.800000 ( 4)   1.379523
   ( 5)   2.445069 ( 6)   2.999458

TEMPERATURE = 330.0                                                                      sechste Wertepaar
NUMBER OF ITERATIONS IN DC ANALYSIS =    4                                               der Betriebsparameter
SOURCE V2  =  2.10000000                                                                 V2, Temperatur

NODE TO DATUM VOLTAGES

   NODE     VALUE    NODE     VALUE    NODE     VALUE    NODE     VALUE
   ( 1)   3.000000 ( 2)   2.100000 ( 3)   1.800000 ( 4)   1.477437
   ( 5)   2.405096 ( 6)   2.999983
```

Bild 2.13. Ergebnisse eines Monte-Carlo-Laufs

```
                    HISTOGRAM:     RE
                    ----------------------

MAXIMUM VALUE =   0.66993D 03        LENGTH OF INTERVAL =   0.18757D 01
MINIMUM VALUE =   0.57615D 03        NUMBER OF INTERVALS = 50
MEAN =   0.62488D 03                 STANDARD DEVIATION =   0.15380D 02


                           10        20        30        40        50        60
0.57615D 03         3 ***
0.57802D 03         0
0.57990D 03         2 **
0.58177D 03         2 **
0.58365D 03         1 *
0.58552D 03         0
0.58740D 03         3 ***
0.58928D 03         6 ******
0.59115D 03         3 ***
0.59303D 03        10 **********
0.59490D 03         3 ***
0.59678D 03        17 *****************
0.59865D 03        17 *****************
0.60053D 03        17 *****************
0.60241D 03        10 **********
0.60428D 03        22 **********************
0.60616D 03        23 ***********************
0.60803D 03        21 *********************
0.60991D 03        40 ****************************************
0.61178D 03        30 ******************************
0.61366D 03        36 ************************************
0.61554D 03        38 **************************************
0.61741D 03        40 ****************************************
0.61929D 03        47 ***********************************************
0.62116D 03        49 *************************************************
0.62304D 03        44 ********************************************
0.62491D 03        52 ****************************************************
0.62679D 03        49 *************************************************
0.62867D 03        48 ************************************************
0.63054D 03        41 *****************************************
0.63242D 03        62 **************************************************************
0.63429D 03        43 *******************************************
0.63617D 03        40 ****************************************
0.63805D 03        30 ******************************
0.63992D 03        19 *******************
0.64180D 03        15 ***************
0.64367D 03        21 *********************
0.64555D 03        24 ************************
0.64742D 03        14 **************
0.64930D 03        14 **************
0.65118D 03        13 *************
0.65305D 03        10 **********
0.65493D 03         5 *****
0.65680D 03         5 *****
0.65868D 03         5 *****
0.66055D 03         2 **
0.66243D 03         2 **
0.66431D 03         1 *
0.66618D 03         0
0.66806D 03         1 *
                    ----
                    1000 NUMBER OF MONTE CARLO RUNS
```

Bild 2.14. Histogramm für die Werteverteilung beim Emitter-
            widerstand

werden in der Ausbeuteberechnung Bild 2.16 ausgegeben. Als Ergebnis des Laufs wird die Aussage erhalten, daß mit einer Wahrscheinlichkeit von 95% die Ausbeute 48,4% $\pm$ 3,16% beträgt, also
zwischen 45,24% und 51,56% liegt. Die Präzision dieser Aussage
sollte aber nicht darüber hinwegtäuschen, daß die hier voraus-
gesetzten exakten Eingabewerte für die statistischen Parameter
γ_z^g und γ_z^l in der Praxis nur schwer zu erhalten sind.

```
                    HISTOGRAM:        VOUT
                    ---------------------

MAXIMUM VALUE =  0.71105D-01    LENGTH OF INTERVAL =  0.54677D-03
MINIMJM VALUE =  0.43767D-01    NUMBER OF INTERVALS = 50
MEAN =  0.51160D-01             STANDARD DEVIATION =  0.51910D-02

                           10        20        30        40        50        60
    0.43767D-01     46 *******************************************
    0.44313D-01     47 ***********************************************
    0.44860D-01     47 ***********************************************
    0.45407D-01     51 ***************************************************
    0.45954D-01     36 ************************************
    0.46501D-01     33 *********************************
    0.47047D-01     36 ************************************
    0.47594D-01     36 ************************************
    0.48141D-01     45 *********************************************
    0.48688D-01     44 ********************************************
    0.49234D-01     46 **********************************************
    0.49781D-01     38 **************************************
    0.50328D-01     38 **************************************
    0.50875D-01     37 *************************************
    0.51421D-01     31 *******************************
    0.51968D-01     20 ********************
    0.52515D-01     35 ***********************************
    0.53062D-01     31 *******************************
    0.53609D-01     29 *****************************
    0.54155D-01     20 ********************
    0.54702D-01     23 ***********************
    0.55249D-01     32 ********************************
    0.55796D-01     23 ***********************
    0.56342D-01     19 *******************
    0.56889D-01     24 ************************
    0.57436D-01     14 **************
    0.57983D-01     15 ***************
    0.58530D-01     19 *******************
    0.59076D-01     14 **************
    0.59623D-01     11 ***********
    0.60170D-01      7 *******
    0.60717D-01      7 ******
    0.61263D-01     15 ***************
    0.61810D-01      6 *****
    0.62357D-01      6 *****
    0.62904D-01      2 **
    0.63450D-01      2 **
    0.63997D-01      4 ****
    0.64544D-01      2 **
    0.65091D-01      4 ****
    0.65638D-01      1 *
    0.66184D-01      1 *
    0.66731D-01      2 **
    0.67278D-01      0
    0.67825D-01      0
    0.68371D-01      0
    0.68918D-01      0
    0.69465D-01      0
    0.70012D-01      0
    0.70558D-01      1
                   ----
                   1000 NUMBER OF MONTE CARLO RUNS
```

Bild 2.15. Histogramm für die Werteverteilung bei der Ausgangs-
          spannung

```
                    YIELD COMPUTATION:      VOUT
                    -----------------------------

SPECJFICATION: ULOW = 5.00000D-01
               UHIGH= 6.00000D-01
          FOR ALL OPERATING VOLTAGES NO.  1 TO NO.  2
          AND ALL TEMPERATURES NO.  1 TO NO.  3


NUMBER OF MONTE CARLO RUNS:1000
NJMBER OF MONTE CARLO RUNS WITH DEFINED VALUE: 1000
          MEETING SPECIFICATIONS:        KGUT = 484
          VIOLATING SPECIFICATIONS:      KBAD = 516
NUMBER OF MONTE CARLO RUNS WITH UNDEFINED VALUE:   0
          VIOLATING SPECIFICATIONS:    IBAD .GE.   0


RESULTING YIELD (IN PERCENT):
          48.40 .LE. YIELD .LE.  48.40

YIELD CONFIDENCE INTERVAL: ABS(ERROR) =   3.16 FOR 95 PERCENT CONFIDENCE
```

Bild 2.16. Ausbeuteberechnung

3 Modellierung elektrischer Bauelemente

Jedes Netzwerkanalyseprogramm verfügt über einen Grundvorrat von
Modellen, die das Verhalten der in einer Schaltung verwendeten
realen Bauelemente nachbilden sollen. Diese Modelle können mathematische Modelle sein, die aus einer Anzahl von Gleichungen bestehen. Sie können Tabellenmodelle sein, bei denen Kennlinien -
z.B. Strom-Spannungs-Kennlinien eines Transistors - in Form von
Tabellen abgespeichert werden. Am häufigsten werden Modelle benutzt, die aus idealen Netzwerkelementen, wie idealen Strom- und
Spannungsquellen, idealen Widerständen, Induktivitäten und Kapazitäten zusammengesetzt sind.

Ein Modell kann ein reales Bauelement nie vollkommen beschreiben, sondern bildet nur seine wesentliche Wirkungsweise nach. Aus
diesem Grund können verschiedene Modelle notwendig sein, um das
Verhalten eines Bauelements unter verschiedenen Betriebsbedingungen zu beschreiben, z.B. bei Betrieb mit Gleichstrom oder
Wechselstrom mit verschiedenen Frequenzen, bei verschiedenen
Temperaturen oder im Großsignal- oder Kleinsignalbetrieb. So
wird als Modell für einen Drahtwiderstand in diskreter Bauweise
bei niedrigen Frequenzen ein ohmscher Widerstand genügen. Bei
höheren Frequenzen muß die Induktivität der Drahtwicklung zusätzlich modelliert werden, ebenso die Kapazität der Abschlußkappen
des Widerstands. In diesem Fall wird man also aus mehreren idealen
Netzwerkelementen eine geeignete Ersatzschaltung bilden, um das
Verhalten des realen Drahtwiderstands genügend genau beschreiben
zu können. Bei der Simulation einer Schaltung werden viele Netzwerkelemente zusammengeschaltet; es entsteht ein Netzwerk als Modell der realen Schaltung. Um möglichst kurze Rechenzeiten zu erhalten und zur Erleichterung der Interpretation der Simulationsergebnisse ist es vorteilhaft, wenn die Modellierung der Schaltelemente möglichst einfach ist und sich an der physikalischen

Funktionsweise orientiert. Dies ist oft nur begrenzt möglich, insbesondere, wenn es notwendig ist, den Einfluß der räumlichen Ausdehnung der Bauelemente oder eines komplizierten Feldverlaufs zu modellieren. So läßt sich das Verhalten integrierter Transistoren nur durch eine dreidimensionale Beschreibung, d.h. durch partielle Differentialgleichungen genau beschreiben. Zur Lösung dieser Differentialgleichungen ist jedoch ein so hoher numerischer Aufwand notwendig, daß es unmöglich ist, Schaltungen mit vielen Transistoren in akzeptabler Rechenzeit zu simulieren. Man muß sich deshalb mit vereinfachten Ersatzschaltungen zufriedengeben, die den Transistor als eindimensionales Gebilde modellieren und nur die Effekte erster Ordnung physikalisch plausibel beschreiben. Die Effekte zweiter Ordnung, die für die richtige Modellierung des Schaltungsverhaltens durchaus von Bedeutung sind, werden durch eine pragmatische Erweiterung dieser Ersatzschaltungen nachgebildet. Die dazu eingeführten Parameter haben in der Regel nur die Funktion, das Verhalten des Modells an das gemessene Klemmenverhalten anzupassen ("curve fitting"), ohne daß ein unmittelbarer physikalischer Bezug besteht. Im Extremfall bildet das gesamte Modell nur das Klemmenverhalten eines Bauelements nach, ohne sich an der physikalischen Wirkungsweise zu orientieren. Solche Modelle werden "Black-Box-Modelle" genannt. Oft werden ganze Schaltungskomplexe oder sogar ganze integrierte Schaltungen (z.B. Operationsverstärker) nur durch ihr Klemmenverhalten beschrieben, wenn die innere Funktion nicht interessiert und kurze Rechenzeiten erzielt werden sollen. Diese Modelle bezeichnet man als Makromodelle.

Für die verschiedenen Bauelemente wurden zahlreiche, je nach Betriebsart und Einsatzbereich unterschiedliche Modelle entwickelt. In diesem Kapitel werden einige grundlegende Modelle behandelt, die üblicherweise bei der Gleichstrom-, Wechselstrom- und Einschwinganalyse verwendet werden. Für eine weitergehende Beschäftigung mit Problemen der Bauelementemodellierung wird auf die Literatur verwiesen. Im nächsten Abschnitt werden zuerst die benötigten Grundelemente behandelt. Anschließend wird gezeigt, wie durch Zusammenschalten dieser Grundelemente Modelle für Dioden, Bipolartransistoren und MOS-Transistoren gebildet werden können.

3.1 Modelle für Grundelemente

Für die Beschreibung der Modelle für die Grundelemente Widerstand,
Kondensator und Spule wird die Voraussetzung gemacht, daß diese
Bauelemente in einem Frequenzbereich betrieben werden, in dem ihre
geometrischen Abmessungen noch keinen Einfluß auf das Betriebsver-
halten haben. Das bedeutet, daß diese Bauelemente durch konzen-
trierte Netzwerkelemente modelliert werden können. Weiter wird
vorausgesetzt, daß die Parameter der Netzwerkelemente zeitunab-
hängig sind. Als weitere Netzwerkelemente werden unabhängige
und gesteuerte Quellen eingeführt. Bis auf die gesteuerten Quellen, die als Vierpolelemente bezeichnet werden, besitzen alle
anderen Netzwerkelemente zwei Anschlüsse. Sie heißen deshalb Zwei-
polelemente. Der Vollständigkeit halber werden nachfolgend sowohl
lineare, als auch nichtlineare Netzwerkelemente definiert. Bei
vielen Netzwerkanalyseprogrammen stehen allerdings nur lineare
Elemente zur Schaltungsbeschreibung zur Verfügung.

3.1.1 Widerstand

Das Netzwerkelement Widerstand als Modell erster Ordnung eines
realen Widerstands wird durch seine Strom-Spannungs-Kennlinie
charakterisiert. Ist diese Kennlinie eine Gerade durch den Ursprung, dann ist der Widerstand linear, andernfalls heißt er
nichtlinear (Bild 3.1). Läßt sich die Kennlinie durch eine Funktion u=R(i)(bzw. i=G(u)) beschreiben, dann heißt der Widerstand
stromgesteuert (bzw. spannungsgesteuert). Es gilt:

$$\text{Widerstand } R(i) = du/di \quad , \tag{3.1}$$
$$\text{Leitwert } \quad G(u) = di/du \quad . \tag{3.2}$$

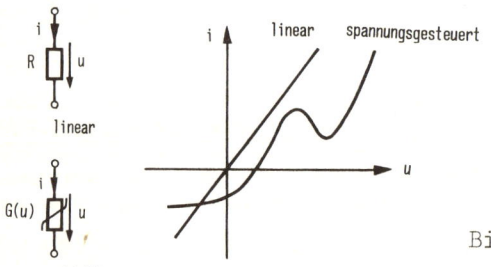

Bild 3.1. Strom-Spannungs-Kennlinie
eines Widerstands

3.1.2 Kapazität

Das Netzwerkelement Kapazität als Modell erster Ordnung für einen Kondensator wird durch seine Ladungs-Spannungs-Kennlinie beschrieben (Bild 3.2). Analog zum Widerstand unterscheidet man lineare und nichtlineare Kapazitäten. Ist die Spannung eine Funktion der Ladung, also u=u(q), dann ist die Kapazität ladungsge-
steuert. Hängt die Ladung von der Spannung ab, also q=q(u), heißt
die Kapazität spannungsgesteuert. Es gilt:

$$\text{Kapazität } C(u) = dq/du \ , \tag{3.3}$$
$$i = dq/dt = C(u) \ du/dt \ . \tag{3.4}$$

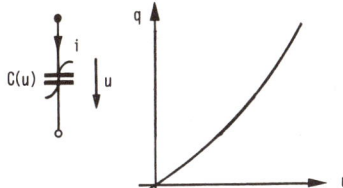

Bild 3.2. Ladungs-Spannungs-Kennlinie
einer Kapazität

3.1.3 Induktivität

Das Netzwerkelement Induktivität als Modell erster Ordnung für
eine Spule wird durch den Zusammenhang zwischen dem Strom i und
dem magnetischen Fluß φ beschrieben (Bild 3.3). Er ist linear
oder nichtlinear, stromgesteuert ($\varphi = \varphi(i)$) oder flußgesteuert
($i=i(\varphi)$). Es gilt:

$$\text{Induktivität } L(i) = d\varphi/di \ , \tag{3.5}$$
$$u = d\varphi/dt = L(i) \ di/dt \ . \tag{3.6}$$

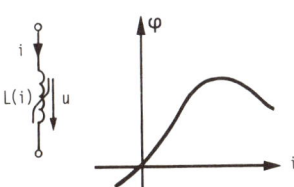

Bild 3.3. Fluß-Strom-Kennlinie einer
stromgesteuerten Induktivität

3.1.4 Unabhängige Quellen

Zur Beschreibung der Netzwerkanregungen werden zwei Netzwerkelemente definiert. Die ideale Stromquelle liefert stets den Strom $i_0(t)$; sie besitzt einen unendlich großen Innenwiderstand und die Spannung über dieser Quelle kann beliebige Werte annehmen. Die ideale Spannungsquelle hat stets die Spannung $u_0(t)$, einen verschwindenden Innenwiderstand und kann einen beliebigen Strom liefern (Bild 3.4). Durch eine äußere Beschaltung werden die beliebigen Größen der idealen Quellen festgelegt.

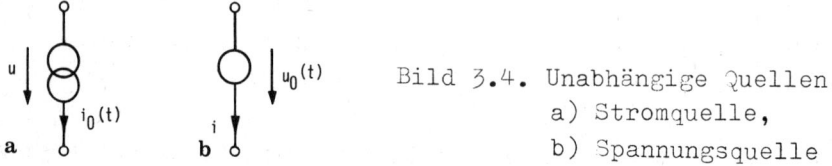

Bild 3.4. Unabhängige Quellen:
         a) Stromquelle,
         b) Spannungsquelle

3.1.5 Gesteuerte Quellen

Bei den gesteuerten Quellen sind der Quellenstrom bzw. die Quellenspannung nicht unabhängig, sondern eine Funktion eines steuernden Stroms oder einer steuernden Spannung. Dementsprechend gibt es vier Arten gesteuerter Quellen: Stromgesteuerte Stromquellen, stromgesteuerte Spannungsquellen, spannungsgesteuerte Spannungsquellen und spannungsgesteuerte Stromquellen (Bild 3.5). Die Steuerfunktion kann linear oder nichtlinear sein.

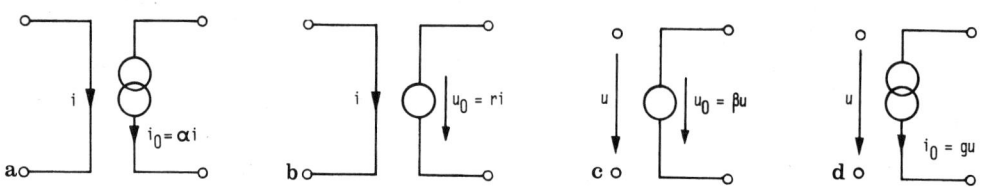

Bild 3.5. Gesteuerte Quellen: a) Stromgesteuerte Stromquelle,
         b) Stromgesteuerte Spannungsquelle, c) Spannungsgesteuerte Spannungsquelle, d) Spannungsgesteuerte Stromquelle

3.2 Modelle für Dioden

3.2.1 Modellierung des statischen Verhaltens im Durchlaßbereich

Das statische Verhalten einer Sperrschichtdiode oder einer Schottky-Diode läßt sich mit guter Näherung durch die Beziehung

$$i_D' = I_S \left[\exp\left(\frac{u_D'}{nV_T}\right) - 1 \right] \tag{3.7}$$

zwischen der inneren Diodenspannung u_D' und dem inneren Diodenstrom i_D' beschreiben, wobei I_S der für $u_D' \to -\infty$ durch Extrapolation ermittelte Sperrsättigungsstrom ist. Der Emissionskoeffizient n dient als Korrekturfaktor, der für Sperrschichtdioden den typischen Wert 2, für Schottky-Dioden den typischen Wert 1,2 annimmt [3.1]. Die Größen I_S und n können bestimmt werden, indem der Diodenstrom im Durchlaßbereich, wie in Bild 3.6 gezeigt, logarithmisch aufgetragen wird. Die Temperaturspannung V_T beträgt bei Raumtemperatur etwa 26mV und berechnet sich zu

$$V_T = kT/e \tag{3.8}$$

mit

k : Boltzmann-Konstante $1,38 \cdot 10^{-23}$ J/K
e : Elementarladung $\quad 1,6 \cdot 10^{-19}$ As
T : Absolute Sperrschichttemperatur

Dieses Modell kann durch einen ohmschen Bahnwiderstand R_D zur Beschreibung der Halbleiter- und Zuleitungswiderstände ergänzt werden.

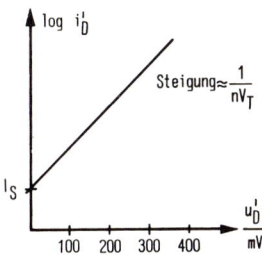

Bild 3.6. Bestimmung der Diodenparameter: Sättigungsstrom I_S und Emissionskoefizient n

3.2.2 Modellierung des statischen Verhaltens im Sperrbereich

Zur Modellierung des Sperrwiderstands einer gesperrten Diode wird
der inneren Diode ein Sperrschicht-Leckwiderstand R_L (typisch $>$
1 MΩ) parallelgeschaltet. Häufig wird die Diodenkennlinie (3.7)
im Sperrbereich vereinfacht, indem unterhalb einer Schranke mit
$u_D' < -\alpha n V_T$, wobei $\alpha = 1...5$, der Diodenstrom auf dem Wert $i_D' = -I_S$
festgehalten wird. In diesem Fall verhindert der Leckwiderstand
R_L, daß (wenn $R_D = 0$ gewählt wird) der dynamische Diodenleitwert
verschwindet, was zu numerischen Schwierigkeiten führen könnte.

Soll die Diode im Durchbruchbereich $u_D' < U_Z$ mit der Zenerspan-
nung U_Z modelliert werden, dann kann am einfachsten eine lineare
Näherung mit dem Zenerwiderstand R_Z angesetzt werden:

$$ i_D' = \frac{u_D' - U_Z}{R_Z} + I_S \quad . \qquad\qquad (3.9)$$

Diese Näherung ist in Bild 3.7 gestrichelt eingezeichnet. Eine
bessere Näherung ist eine Modellierung wie in SPICE2 mit Hilfe
einer Exponentialfunktion, deren Argument so gewählt wird, daß
für $u_D' = U_Z$ gerade ein vorgegebener Zenerstrom I_Z fließt. Zwischen
den Punkten (U_Z, I_Z) und $(u_D'=0, i_D'=0)$ kann die Kennlinie wie in
Bild 3.7 modelliert oder einfach durch eine Gerade ersetzt werden.
Außerdem ist eine genauere Modellierung mit überlagerten Exponen-
tialkennlinien möglich [3.2] , die jedoch wesentlich aufwendiger
ist.

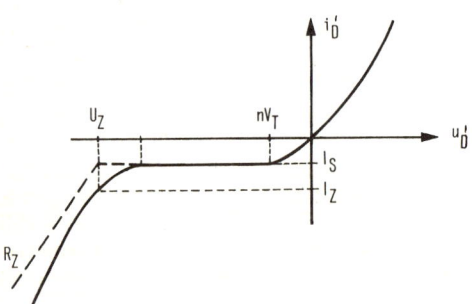

Bild 3.7. Modellierung der Diodenkennlinie

3.2.3 Modellierung des dynamischen Verhaltens

Das dynamische Verhalten der Diode wird durch zwei Mechanismen beeinflußt. Einmal durch die Kapazität der Sperrschicht, die durch die spannungsgesteuerte Kapazität

$$C_j = C_{j0} \Big/ \left(1 - \frac{u_D'}{U_j} \right)^m \, , \quad \text{für } u_D' < U_j \qquad (3.10)$$

modelliert werden kann. Dabei bedeutet U_j die Diffusionsspannung ($\approx 0,4...0,9V$), C_{j0} die Sperrschichtkapazität bei $u_D' = 0$, m den Gradienten-Koeffizienten ($\approx 0,2...0,6$). Da (3.10) bei $u_D' = U_j$ einen Pol hat, der bei der Simulation zu Schwierigkeiten führen kann, wird häufig die Sperrschichtkapazität für $u_D' > U_j/2$ durch die Tangente

$$\left. \frac{\partial C_j}{\partial u_D'} \right|_{u_D' = U_j/2} \qquad (3.11)$$

linear angenähert [3.3] . Zum anderen durch die beweglichen Ladungen $q_d = \tau\, i_D'$ aufgrund der beweglichen Minoritätsträger. Dieser Effekt kann bei Schottky-Dioden vernachlässigt werden. Die spannungsgesteuerte Diffusionskapazität ergibt sich aus

$$C_d = \frac{\partial q_D}{\partial u_D'} = \frac{\tau I_S}{nV_T} \exp\left(\frac{u_D'}{nV_T} \right) \qquad (3.12)$$

mit der Transitzeit τ , die durch Pulse-Laufzeit-Messungen bestimmt werden kann. Wegen

$$i_{Cd} = C_d \frac{du_D'}{dt} = \tau \frac{di_D'}{du_D'} \frac{du_D'}{dt} = \tau \frac{di_D'}{dt} \qquad (3.13)$$

kann statt einer nichtlinearen Kapazität auch eine Stromquelle
mit dem Strom i_{Cd} in das Diodenmodell eingesetzt werden. Durch
Zusammenfassen aller oben besprochenen Elemente erhält man das
vollständige Diodenmodell von Bild 3.8. Darin beschreibt das Di-
odensymbol den Zusammenhang zwischen i_D' und u_D' gemäß (3.7) oder
entsprechend Bild 3.7.

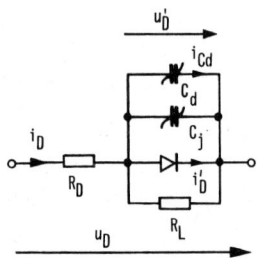

Bild 3.8. Dynamisches Diodenmodell

Zur Modellierung der Temperaturabhängigkeit der Diode muß neben
dem Einfluß der Temperatur auf I_S auch der auf C_{jo}, U_j und U_Z bekannt sein. Daß die Temperaturabhängigkeit nicht vernachlässigt
werden darf, sieht man daran, daß sich der Diodenstrom bei einer
Temperaturerhöhung um 10^oC etwa verdoppelt, wenn die Diodenspannung
konstant gehalten wird. Bei eingeprägtem Strom beträgt die Spannungsänderung etwa $-2mV/^oC$. Dieser Effekt wird deshalb zur Tempe-
raturmessung von Halbleiterschaltungen ausgenutzt. Formeln für
eine temperaturabhängige Modellierung sind in [3.4] angegeben.

3.2.4 Modellierung des Kleinsignal-Verhaltens

Ein für die Wechselstromanalyse geeignetes Diodenmodell läßt sich
aus dem allgemeinen Modell durch Linearisierung im Arbeitspunkt
($\hat{u}_D$, $\hat{i}_D$) ableiten:

$$\frac{di_D'}{du_D'} = \frac{I_S}{nV_T} \exp\left(\frac{\hat{u}_D'}{nV_T}\right) = \frac{I_S + \hat{i}_D'}{nV_T} = g_D \; , \qquad (3.14)$$

wobei man den linearisierten Diodenleitwert g_D erhält. Für die
Größe der Gesamtkapazitäten im Arbeitspunkt erhält man

$$C_{ges} = C_{jO} / \left(1 + \frac{u_D'}{U_j}\right)^m + \frac{\tau I_S}{n V_T} \exp\left(\frac{u_D'}{n V_T}\right) \qquad (3.15)$$

$$= C_{jO} / \left(1 + \frac{u_D'}{U_j}\right)^m + \tau g_D \ ,$$

so daß das Kleinsignal-Ersatzschaltbild der Diode die in Bild 3.9 dargestellte Form annimmt. Soll eine Rauschanalyse durchgeführt werden, dann sind zusätzlich Rauschquellen vorzusehen, die das thermische Widerstandsrauschen und das Schrot- und Funkelrauschen modellieren [2.5] .

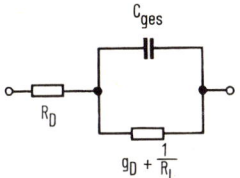

Bild 3.9. Kleinsignal-Ersatzschaltbild einer Diode

3.3 Modelle für Bipolartransistoren

Zur Modellierung von Bipolartransistoren wurden zahlreiche Modelle entwickelt, die sich hinsichtlich der Modellierungsgenauigkeit, ihres Anwendungsbereichs und ihrer Eignung für die Beschreibung eines speziellen Transistortyps (z.B. TTL, I^2L oder ECL) unterscheiden. Von allen Modellen hat sich das Ebers-Moll-Modell bei der elektrischen Simulation am meisten durchgesetzt. Um eine höhere Genauigkeit zu ermöglichen, wurde dieses Grundmodell vielfach erweitert. Von diesen verbesserten Modellen wird das weit verbreitete Gummel-Poon-Modell besprochen.

3.3.1 Ebers-Moll-Modell

Ein Bipolartransistor kann in vier verschiedenen Bereichen betrieben werden:

50

1. Im aktiv-normalen Bereich, in dem (beim hier betrachteten npn-Transistor) die Basis-Emitter-Spannung $u_{BE} > 0$, die Basis-Kollektor-Spannung $u_{BC} < 0$ ist. Dabei wird die (Basis-) Emitter-Diode im Durchlaßbereich betrieben; die (Basis-) Kollektor-Diode ist gesperrt, es fließt durch sie nur ein Sperrstrom. Der Verstärkungseffekt des Transistors kommt durch Elektronen zustande, die durch die dünne Basisschicht hindurchdiffundieren und vom Kollektor abgesaugt werden. Da die Größe dieses Stroms von der Größe des Stromes durch die Emitterdiode abhängt, läßt sich der Transistor durch eine vom Emitterstrom gesteuerte Stromquelle zwischen Basis und Kollektor modellieren.

2. Im inversen Bereich mit $u_{BE} < 0$, $u_{BC} > 0$. In diesem Fall vertauschen Emitter und Kollektor ihre Rolle, d.h. neben der Emitter- und Kollektordiode wird eine Stromquelle zwischen Basis und Emitter benötigt, um den Verstärkungseffekt zu modellieren. Wegen des unsymmetrischen Transistoraufbaus ist die Verstärkung im inversen Betrieb wesentlich geringer.

3. Im Sättigungsbereich mit $u_{BE} > 0$, $u_{BC} > 0$. Diesen Betriebsfall kann man sich als eine Überlagerung der ersten beiden Betriebsarten vorstellen.

4. Im Sperrbereich mit $u_{BE} < 0$, $u_{BC} < 0$. Auch in diesem Bereich ist die beschriebene Modellierung gültig, so daß sich schließlich für einen npn-Transistor das 1954 von EBERS und MOLL angegebene Ersatzschaltbild 3.10 ergibt [3.5] .

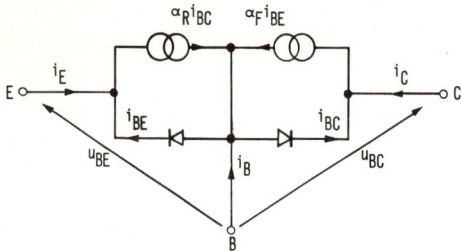

Bild 3.10.
Statisches
Ebers-Moll-Injektionsmodell

Dieses Modell wird als Injektionsmodell bezeichnet. Natürlich werden bei dem beschriebenen Modellansatz eine ganze Anzahl vereinfachender Annahmen gemacht, nämlich:

1. Der Transistor wird als eindimensionales Gebilde betrachtet; er besteht aus Raumladungszonen und ladungsneutralen Zonen.

2. Die Spannungsabfälle in den neutralen Zonen sind vernachlässigbar.

3. Die Breite der Raumladungszonen und damit die Basisbreite ist spannungsunabhängig.

4. In den Raumladungszonen und an der Oberfläche findet keine Rekombination oder Generation von Ladungsträgern statt.

5. Die Minoritätsträgerdichte in der Basis ist konstant.

Nun ist das Injektionsmodell für Simulationszwecke nicht sonderlich gut geeignet. Durch eine andere Wahl der Bezugsströme läßt es sich in das mathematisch völlig äquivalente Transportmodell Bild 3.11 umformen [3.3]. Dabei sind die Quellenströme gegeben durch

$$I_{CC} = I_S \left[\exp(u_{BE} / V_T) - 1\right] \qquad (3.16)$$

$$I_{EC} = I_S \left[\exp(u_{BC} / V_T) - 1\right] \qquad (3.17)$$

mit dem Sättigungsstrom I_S (typisch $10^{-9} \ldots 10^{-15}$A), der Stromverstärkung

$$\beta_F = \left. \frac{i_C}{i_B} \right|_{u_{BC} = 0} \qquad (3.18)$$

in Vorwärtsrichtung und der Stromverstärkung in Rückwärtsrichtung

$$\beta_R = \left. \frac{i_E}{i_B} \right|_{u_{BE} = 0} \; . \qquad (3.19)$$

Der Vorteil des Transportmodells ist sein einfacher Aufbau und seine leichte Erweiterbarkeit. Es ist physikalisch interpretierbar; seine Parameter lassen sich durch Messung einfach bestimmen.

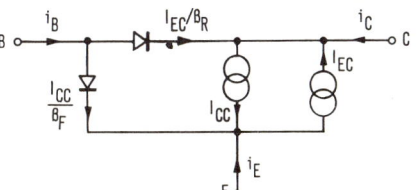

Bild 3.11. Statisches Ebers-Moll-Transportmodell

Zur Modellierung des dynamischen Verhaltens werden die Emitter-
und Kollektordiode jeweils um eine Sperrschichtkapazität und eine
Diffusionskapazität erweitert, analog zu den Diodenkapazitäten.
Die der Emitterdiode zugeordneten Kapazitäten sollen mit C_{jE} und
C_{dE} mit den Modellparametern C_{jE0}, U_{jE}, m_E, τ_F bezeichnet werden;
die der Kollektordiode zugeordneten Kapazitäten sind C_{jC} und C_{dC}
mit den Parametern C_{jC0}, U_{jC}, m_C, τ_R. Zusammen mit den statischen
Modellparametern I_S, β_F und β_R erhält man damit 11 Modellparameter.
Die meßtechnische Ermittlung dieser Parameter wird in [3.3] und
[3.6] beschrieben. Soll die Temperaturabhängigkeit des Transistors
berücksichtigt werden, dann kommen zusätzliche Parameter hinzu.
Neben der temperaturabhängigen Modellierung der Emitter- und Kollektordiode ist zu beachten, daß auch β_F und β_R ihren Wert mit der
Temperatur ändern.

Zur Ableitung des Kleinsignal-Ersatzschaltbilds 3.12 werden die
Charakteristiken der Elemente des dynamischen Transportmodells im
Arbeitspunkt linearisiert. Die Durchführung sei dem Leser als
Übung empfohlen. Wird im Kleinsignalbetrieb der Transistor - wie
üblich - im aktiv-normalen Bereich betrieben (d.h. $u_{BC} < 0$), dann
wird der Leitwert g_R der Kollektordiode näherungsweise Null und
kann vernachlässigt werden. Man erhält dann die bekannte Hybrid-
π -Ersatzschaltung nach GIACOLETTO.

Das für npn-Transistoren beschriebene Ebers-Moll-Modell ist
auch zur Modellierung von pnp-Transistoren einzusetzen, wenn die
Richtung der Dioden und gesteuerten Quellen umgedreht werden.

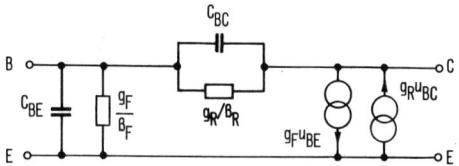

Bild 3.12. Kleinsignal-Ersatzschaltbild eines Bipolartransistors

3.3.2 Gummel-Poon-Modell

Mit dem Ebers-Moll-Modell ist schon eine für manche Anwendungs-
zwecke zufriedenstellende Transistormodellierung möglich. Für

genauere Simulationen muß dieses Modell jedoch erweitert werden.
Die dem Modell zugrundeliegenden Annahmen, daß sich der Basis-
Emitter- und der Basis-Kollektor-Bereich wie ideale eindimensio-
nale Dioden verhalten, trifft in der Praxis nicht zu. Vielmehr
beeinflussen sich diese Bereiche gegenseitig, so daß das gemessene
Transistorverhalten von dem durch das Ebers-Moll-Modell beschrie-
bene Verhalten abweicht. Die qualitativen Unterschiede in einigen
Kennlinien sind in den Bildern 3.13-16 dargestellt. Der gemessene
Verlauf ist dabei mit ausgezogenen Linien, der nach dem Ebers-Moll-
Modell berechnete Verlauf mit gestrichelten Linien dargestellt.

Diese Abweichungen vom realen Verhalten versucht das Modell
von GUMMEL und POON [3.7] zu korrigieren, indem einige wesentliche
Effekte zweiter Ordnung berücksichtigt werden. Das Gummel-Poon-
Modell für einen npn-Transistor ist in Bild 3.17 dargestellt. Die
neu hinzugekommenen Ströme I_2 und I_4 werden definiert als

$$I_2 = C_2 I_S \left\{ \exp\left[u_{B'E'} / (n_e V_T) \right] - 1 \right\} \qquad (3.20)$$

$$I_4 = C_4 I_S \left\{ \exp\left[u_{B'C'} / (n_c V_T) \right] - 1 \right\} \qquad (3.21)$$

mit den Konstanten C_2 und C_4. Trotz der Verwechselungsgefahr mit
Kapazitäten wird hier diese Bezeichnung verwendet, da sie bei vie-
len Simulationsprogrammen als Transistormodell-Parameter auftritt.
Die Größe μ bezeichnet die relative Basisladung

$$\mu = \frac{1}{2} \left(q_1 + \sqrt{q_1^2 + 4q_2^2} \right) \qquad (3.22)$$

mit den dimensionslosen Größen

$$q_1 = 1 + u_{B'C'}/V_A + u_{B'E'}/V_B \quad , \qquad (3.23)$$

$$q_2 = I_{CC}/I_{KF} + I_{EC}/I_{KR} \quad . \qquad (3.24)$$

Der Grundgedanke beim Gummel-Poon-Modell ist die Berücksichtigung der Steuerung des Transistors durch die in der Basis gespeicherte Minoritätsträgerladung. Wird sie auf die Ladung der neu-

54

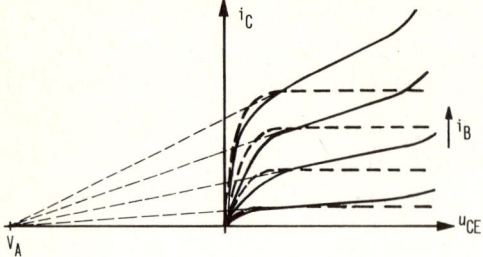

Bild 3.13. Vergleich der gemessenen i_C-u_{CE}-Kennlinien mit dem Ebers-Moll-Modell

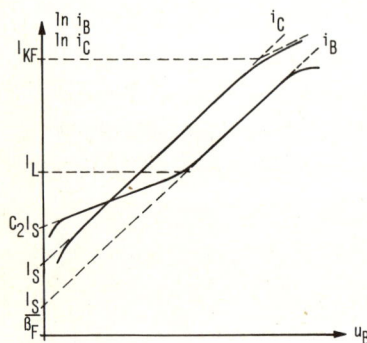

Bild 3.14. Vergleich der gemessenen i_C/i_B-u_{BE}-Kennlinien mit dem Ebers-Moll-Modell

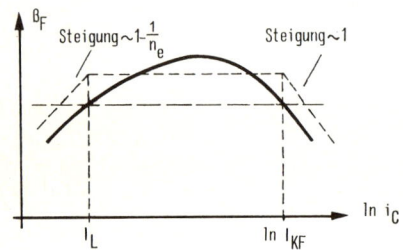

Bild 3.15. Vergleich der gemessenen β_F-$\ln i_C$-Kennlinie mit dem Ebers-Moll-Modell

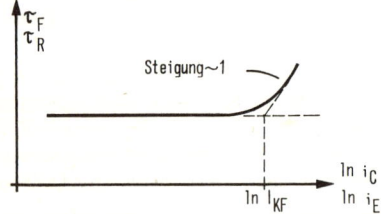

Bild 3.16. Vergleich der gemessenen τ-$\ln i$-Kennlinien mit dem Ebers-Moll-Modell

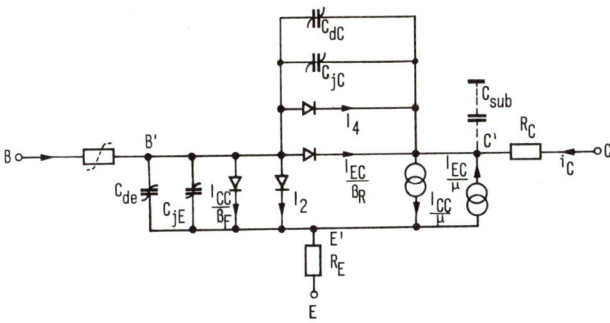

Bild 3.17. Dynamisches Gummel-Poon-(npn)-Modell

tralen Basis bezogen, dann wird das Verhältnis durch die relative Basisladung μ ausgedrückt. Für den statischen Kollektorstrom im aktiv-normalen Bereich ($I_{EC} = 0$) gilt dann bei Vernachlässigung von q_2 mit (3.16, 3.22-23) näherungsweise

$$i_C \approx \frac{I_{CC}}{\mu} = \frac{I_S}{1 + u_{B'C'}/V_A} \left[\exp\left(u_{B'E'}/V_T \right) - 1 \right]$$

$$\approx I_S \left[\exp\left(u_{B'E'}/V_T \right) - 1 \right] \left(1 - u_{B'C'}/V_A \right) \tag{3.25}$$

Mit $u_{B'C'} = u_{B'E'} - u_{C'E'}$ gilt

$$g_a = \frac{\partial i_C}{\partial u_{CE}} = \frac{i_C}{V_A} \,, \qquad \text{für } V_A \gg u_{BC} \cdot \tag{3.26}$$

Diese Beziehung beschreibt die Steigung der Ausgangskennlinien, also den Ausgangsleitwert g_a, wie in Bild 3.13 dargestellt. Diese Steigung wird durch die Basisweitenmodulation aufgrund der Spannungsabhängigkeit der Ausdehnung der Raumladungszonen verursacht. Dieser Zusammenhang wird auch als Early-Effekt bezeichnet. Die Spannung V_A ist die Earlyspannung in Vorwärtsrichtung (typisch 50...200V, so daß die Bedingung von (3.26) erfüllt ist), V_B die in Rückwärtsrichtung (typisch $V_B < V_A$). Der Early-Effekt erklärt zwar den endlichen Ausgangsleitwert, nicht jedoch den flacheren Kennlinienverlauf im Ursprung und bei kleinen Kollektor-Emitter-Spannungen. Diese Abweichung läßt sich auf die Vernachlässigung des ohmschen Kollektorbahnwiderstands R_C (typisch 2...200 Ω) zurückführen. Ebenso bewirken der stets vorhandene Basis- und Emitterwiderstand ein Abflachen der i_B-u_{BE}- und i_C-u_{BE}-Kennlinien bei größeren Basis-Emitterspannungen u_{BE} (siehe Bild 3.14) aufgrund des Spannungsabfalls am Basisbahnwiderstand R_B (typisch 2...200 Ω) und Emitterbahnwiderstand R_E (typisch 0,5...5 Ω). Die Bahnwiderstände müssen deshalb im Transistormodell Bild 3.17 berücksichtigt werden.

Weitere wesentliche Effekte, die beim Ebers-Moll-Modell vernachlässigt werden, ist das Verhalten des Transistors bei sehr niedrigen und sehr hohen Minoritätsträger-Injektionsdichten. Bei Verminderung der Durchlaßspannung weitet sich die Raumladungszone aus. Dadurch kommt es in der Raumladungszone und an der Oberfläche, wo andere Dotierungsverhältnisse herrschen, zu vermehrter Ladungsträger-Rekombination und -Generation. Bei Hochstrominjektion steigt die Minoritätsträgerdichte stark an, bis in die Größenordnung der Majoritätsträgerdichte. Zusätzliche Effekte sind eine Leitfähigkeitsmodulation in der Basis und die Abnahme der Trägerlebensdauer. Als Folge der Hochstrominjektion knickt die ln i_C-u_{BE}-Kennlinie oberhalb des Knickstroms I_{KF} bei Betrieb in Vorwärtsrichtung (I_{KR} in Rückwärtsrichtung) ab. Weitere Folgen sind das Abfallen des Verstärkungsfaktors β_F (Bild 3.15), sowie das Ansteigen der Transitzeit (Bild 3.16) oberhalb des Knickstroms. Bei niedriger Minoritätsträgerinjektion knickt die ln i_B-u_{BE}-Kennlinie ab, der durch Verlängerung ermittelte Schnittpunkt mit der Ordinate liegt nicht mehr bei I_S/β_F, sondern bei $C_2 I_S$. Die Steigung dieser Kennlinie ist bei kleinen Spannungen u_{BE} proportional zu $1/n_e V_T$. Sie kann im Modell durch eine nichtideale Diode nach (3.20) mit dem Emissionskoeffizienten n_e (typisch 1,3...2) nachgebildet werden, die bei kleinen Werten von u_{BE} den Hauptanteil des Basisstroms liefert. Der Abfall der Stromverstärkung β_F bei kleinen Kollektorströmen läßt sich durch eine Asymptote mit einer Steigung proportional (1 - $1/n_e$) annähern. In Rückwärtsrichtung werden der Knickstrom I_{KR}, der relative Sättigungsstrom C_4 und der Emissionskoeffizient n_c angesetzt, doch haben diese Parameter bei der üblichen Betriebsweise des Transistors eine untergeordnete Bedeutung. Bei Anwendung des beschriebenen Modells auf pnp-Transistoren sind im Ersatzschaltbild die Richtungen der Dioden und Stromquellen zu vertau-

schen. In den Gleichungen nehmen neben den anliegenden Spannungen
die Größen I_S, I_{KF}, I_{KR}, V_T, V_A, V_B negative Werte an.

Zur vollständigen Beschreibung des Gummel-Poon-Modells werden
insgesamt 22 Parameter benötigt, nämlich die statischen Parameter
I_S, β_F, β_R, C_2, C_4, n_e, n_c, V_A, V_B, I_{KF}, I_{KR}, R_B, R_C, R_E
und die dynamischen Parameter (analog zum Ebers-Moll-Modell) C_{jEO},
C_{jCO}, U_{jE}, U_{jC}, m_e, m_c und die Transitzeiten $\hat{\tau}_F$, $\hat{\tau}_R$, die gemäß
der Gleichung

$$\hat{\tau} = \mu\tau \qquad\qquad\qquad\qquad (3.27)$$

nun stromabhängig angesetzt werden. Sollen zusätzliche Effekte
berücksichtigt werden, wie z.B. die Temperaturabhängigkeit von
I_S, C_2, C_4, β_F, β_R, R_B, R_C, C_{jE} und C_{jC} oder das Rauschverhalten,
dann kommen weitere Parameter dazu. Allerdings sollte nicht über-
sehen werden, daß bei den meisten Simulationen kaum sämtliche Parameter spezifiziert werden müssen. Für viele Parameter werden die
im Programm vorgesehenen Voreinstellungen verwendet, d.h. diese
Parameter werden nicht explizit angegeben. Die Voreinstellungen
für einige Parameter, z.B. R_E, C_4, n_c, V_B, I_{KR} sind meist so gesetzt, daß die entsprechenden Elemente oder Ströme, z.B. (3.21)
verschwinden oder Gleichungen, z.B. (3.23) vereinfacht werden.
Setzt man $V_A = V_B = I_{KF} = I_{KR} = \infty$ und $C_2 = C_4 = 0$, dann geht bei
Vernachlässigung der Bahnwiderstände das Gummel-Poon-Modell in
das Ebers-Moll-Modell über. Natürlich gibt es dabei beliebige
Zwischenstufen. Neben dem Gummel-Poon-Modell sind in der Literatur,
z.B. [2.26] , weitere Modelle zu finden, die durch Erweiterung
des Ebers-Moll-Ersatzschaltbilds die Funktionsweise eines Bipolartransistors genauer modellieren.

Ein wesentliches Problem beim Einsatz der Modelle ist die Ermittlung der benötigten Parameter. In der Literatur werden verschiedene Meßverfahren angegeben [3.3, 3.6, 3.8-3.11] , doch scheint
eine Parameteroptimierung mit dem Ziel, das Modellverhalten an das
gemessene Transistorverhalten anzupassen, zu den zuverlässigsten
Resultaten zu führen. Um das Auffinden lokaler Nebenminima durch
das Optimierungsverfahren zu vermeiden, sollten als Nebenbedingungen realistische Wertebereiche für die einzelnen Parameter angegeben werden. Diese Bereiche können aus Meßergebnissen abgeschätzt werden.

Bis jetzt wurde der Transistor als eindimensionales Gebilde
betrachtet. Dieser Ansatz reicht insbesondere bei integrierten
Bipolartransistoren nicht aus. Zur Erläuterung werde Bild 3.18
betrachtet, das einen Schnitt durch einen Bipolartransistor zeigt.
Durch den Aufbau des Transistors bedingt, trägt sowohl ein Stromfluß in vertikaler, als auch in horizontaler (lateraler) Richtung
zur Funktionsweise des Transistors bei. Im folgenden soll der
Stromfluß vom Emitter zum Basisanschluß näher betrachtet werden.
Dieser Strom fließt im Basisgebiet unterhalb des Emitters in lateraler Richtung. Dabei ergibt sich aufgrund des Widerstands des
Basisgebiets ein Spannungsabfall. Der Basisanschluß liegt nur auf
einer Seite des Emittergebiets, so daß sich entlang der Basis-Emit-
ter-Sperrschicht eine ungleichmäßige Feldverteilung ergibt, die
wiederum zum Ansteigen der Stromdichte am basisseitigen Emitter-
rand führt (Emitter Crowding). Diese Effekte wirken sich so aus,
daß der Basisbahnwiderstand stark stromabhängig wird. Üblicherweise wird er durch eine Serienschaltung eines linearen Widerstands zur Modellierung des Bahngebiets links vom Emitter und eines stromabhängigen Bahnwiderstands zur Beschreibung des restlich-
en Bahngebiets nachgebildet. Bei einer genaueren Modellierung ist
zu berücksichtigen, daß unterschiedliche Basisbahnwiderstände bei
Gleichstrom- und Wechselstrombetrieb zu beobachten sind (Bild
3.19). Geeignete Modelle für diesen Effekt sind in [3.12] zu finden. Wie aus Bild 3.18 geschlossen werden kann, wird der Kollektorbahnwiderstand entlang des n-dotierten Gebiets aufgrund des großen
Abstands des Kollektoranschlusses zur Basis-Kollektor-Sperrschicht
relativ hoch sein. Zur Reduzierung des Bahnwiderstands wird des-

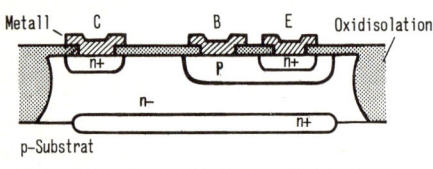

Bild 3.18. Schnitt durch einen
Bipolartransistor

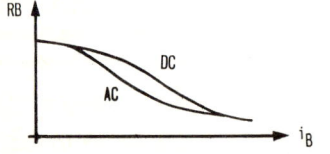

Bild 3.19. Basisbahnwiderstände bei
Gleich- und Wechselstrom

halb die gut leitende vergrabene n+ -Schicht (burried layer) vorgesehen. Sie vermindert außerdem den Einfluß des parasitären pnp-
Substrattransistors, der durch Basisgebiet, Kollektorgebiet und
Substrat gebildet wird und in kritischen Fällen (z.B. bei sehr
niedrigen Strömen oder sehr hohen Frequenzen) in die Modellierung
einbezogen werden muß. Für die meisten Anwendungen reicht jedoch
eine einfachere Modellierung aus, bei der nur die (gesperrte)
Substratdiode zwischen Kollektor und Substrat berücksichtigt
wird. In Bild 3.17 wird die Kapazität dieser Diode durch die
konstante Substratkapazität C_{sub} näherungsweise modelliert. Weitere parasitäre Einflüsse können durch kapazitive Kopplungen
zwischen den Anschlußleitungen und, bei diskreten Transistoren,
zwischen den Anschlußleitungen und einem metallischen Gehäuse
entstehen. Diese Einflüsse können durch eine geeignete Erweiterung des besprochenen Ersatzschaltbildes modelliert werden:
Soll ein Transistor bei sehr hohen Frequenzen (GHz-Bereich) betrieben werden, dann muß das Modell noch wesentlich erweitert
werden, um alle parasitären Einflüsse zu berücksichtigen [3.13] .
Bei integrierten Schaltungen sind häufig Streueffekte, wie z.B.
Randkapazitäten, und kapazitive Kopplungen zwischen Verbindungsleitungen nicht mehr vernachlässigbar. Ihre Modellierung kann
jedoch Schwierigkeiten bereiten, da wegen der relativ großen Flä-
chenausdehnung der Verbindungsleitungen ihre zweidimensionale
Anordnung bei der Aufstellung einer Ersatzschaltung aus konzentrierten Elementen berücksichtigt werden muß [3.14, 47].

Die beschriebenen Überlegungen zur Modellierung können auch
auf andere bipolare Halbleiterstrukturen übertragen werden, wenn
ihr Aufbau und ihre Anschlußbedingungen entsprechend berücksichtigt
werden. So kann z.B. aus der I^2L-Struktur Bild 3.20 das einge-
zeichnete Ersatzschaltbild abgeleitet werden, wobei für jeden
Transistor wieder das Gummel-Poon-Modell eingesetzt werden kann.
Weitere Einzelheiten zur I^2L-Modellierung werden in [3.15-16] beschrieben, die I^2L, ECL und TTL-Modellierung allgemein in [3.1] .

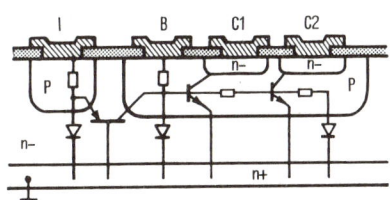

Bild 3.20. Aufbau und Modellierung
eines I^2L - Transistors

3.4 Modelle für MOS-Feldeffekttransistoren

Nach der Erläuterung von Aufbau und Funktion eines MOS-Feldeffekt-
transistors wird die Modellierung des statischen und dynamischen
Verhaltens besprochen. Diese Modelle erster Ordnung beschreiben
jedoch die in hochintegrierten Schaltungen heute verwendeten Transistoren kurzer Länge nur unvollständig. Die Effekte zweiter Ordnung werden durch spezielle Kurzkanalmodelle berücksichtigt, die
ebenfalls näher besprochen werden.

3.4.1 Aufbau und Funktion eines MOS-Feldeffekttransistors

Den Aufbau eines NMOS-Transistors zeigt Bild 3.21. In ein schwach
p-dotiertes Siliziumsubstrat (Bulk) werden zwei stark n-dotierte
Zonen, Source und Drain, etwa $x_j = 0,2...2\,\mu m$ tief eindiffundiert.
Der Bereich zwischen diesen Zonen ist durch eine dünne isolierende
Siliziumoxid-Schicht, das sog. Dünnoxid, abgedeckt. Darüber ist
eine Elektrode aufgebracht, das Gate, das ursprünglich aus Alumi-
nium, heute fast ausschließlich aus Polysilizium oder dem besser
leitenden Silizid besteht. Das Dünnoxid hat typisch eine Stärke
von $d_{ox} \approx 0,02...0,2\,\mu m$. Drain und Source haben voneinander einen
Abstand von $L = L_{geo} - 2L_d$ (typisch $20...1\,\mu m$), wobei L_{geo} die
Gate-Länge, L_d die Unterdiffusion des Source- bzw. Drain-Gebiets
unter das Gate bedeutet (typisch $0,05...1\,\mu m$).

Zum Betrieb eines NMOS-Transistors wird an Source und Drain
eine positive Spannung, an Bulk eine negative Spannung angelegt,
so daß die beiden pn-Übergänge Bulk-Source und Bulk-Drain stets
gesperrt sind. Der Transistor kann in vier Bereichen betrieben

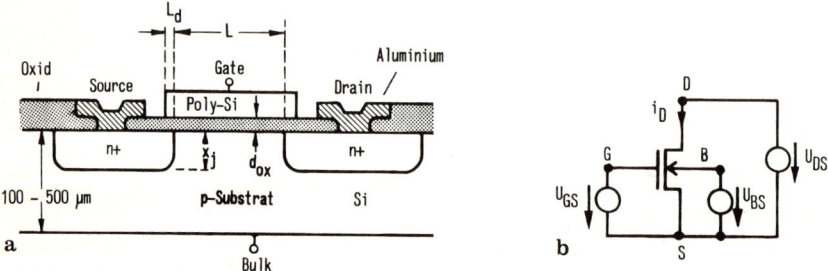

Bild 3.21. NMOS-Feldeffekttransistor: a) Aufbau, b) Betriebs-
spannungen

werden: Wird an das Gate eine stark negative Spannung angelegt, dann sammeln sich positive Ladungen (Löcher) an der Oberfläche des p-Substrats unterhalb des Gates (Akkumulation). Die Gatespannung soll nun so weit erhöht werden, bis sie einen leicht negativen Wert V_{FB} annimmt, bei dem die Löcherkonzentration im Substrat und an der Substratoberfläche unter dem Gate gleich sind. Die Gatespannung V_{FB} ist notwendig, um die Differenz der unterschiedlichen Austrittspotentiale des Gate- und Substratmaterials auszugleichen, sowie um parasitäre, stets positive Oberflächenladungen, die sich an der Grenzschicht zwischen Substrat und Dünnoxid befinden, zu neutralisieren. Da jetzt im Bändermodell keine Bandkrümmungen mehr vorhanden sind und das Oberflächenpotential Null ist, nennt man diesen Zustand den Flachband-Zustand [3.17].

Bei einer weiteren Erhöhung der Gatespannung u_G bis zu leicht positiven Werten werden die beweglichen positiven Ladungsträger aus dem in Gate-Nähe befindlichen Substratgebiet verdrängt; es entsteht eine Raumladungszone, die an frei beweglichen Ladungsträgern verarmt ist. Wird die Gate-Spannung weiter erhöht, sammeln sich durch Influenz unter der Substratoberfläche unterhalb des Gates Elektronen an, wodurch der ursprüngliche Ladungszustand des Substrats in diesem Bereich umgekehrt wird (Inversion). Ist dabei das Oberflächenpotential kleiner als $2\emptyset$, wobei $\emptyset$ das Fermipotential des Halbleiters (typisch $0,25...0,35V$) bedeutet, dann spricht man von schwacher Inversion, andernfalls von starker Inversion. Die entstandene Elektronenschicht bildet einen dünnen leitenden Kanal zwischen Source und Drain, so daß bei angelegter Drain-Source-Spannung u_{DS} ein Strom i_D fließen kann (Bild 3.22). Die Gate-Spannung, die notwendig ist, damit dieser Stromfluß einsetzt, heißt Einsatz- oder Schwellenspannung U_T. Da aufgrund der angelegten Drain-Source-Spannung die Spannungsdifferenz zwischen Gate und Source größer ist, als zwischen Drain und Source, sammeln sich in Source-Nähe mehr Elektronen an, so daß der Kanal dort dicker ist, als in Drain-Nähe. Wird u_{DS} erhöht (wobei vorausgesetzt wird, daß anfangs u_{DS} wesentlich kleiner als u_G war), dann nimmt der Drainstrom i_D zu und die Kanaltiefe in Drain-Nähe nimmt ab. Da sich der Kanal ähnlich wie ein Widerstand verhält, bezeichnet man diesen Betriebsbereich als linearen Bereich. Hat u_{DS} den Wert $(u_G - U_T)$ erreicht, dann ist $u_{GD} = U_T$, d.h. am Kanalende herrscht gerade die Bedingung, bei der starke Inversion einsetzt.

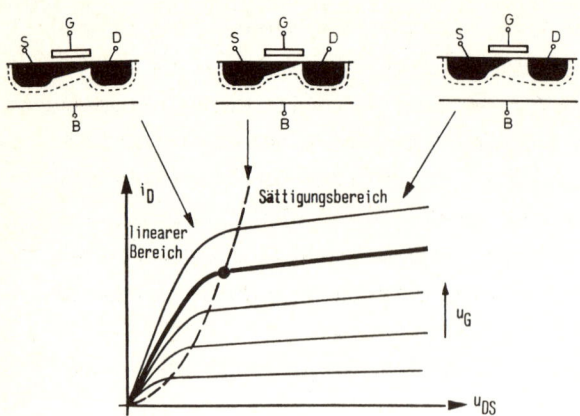

Bild 3.22. i_D-u_{DS}-Kennlinien und Betriebsbereiche eines NMOS-
Transistors

Die Kanaltiefe ist hier also Null; der Kanal schnürt sich ab
(pinch-off). Die dazu notwendige Spannung $u_{DS} = u_G - U_T$ wird als
Sättigungsspannung u_{DSAT} bezeichnet.

Bei weiterer Erhöhung von u_{DS} verkürzt sich der Kanal in
Richtung Source (Bild 3.22), wobei das Kanalende stets das Potential u_{DSAT} hat. Zwischen Drain und dem Kanalende liegt die
Spannung $u_{DS} - u_{DSAT}$; das dort herrschende elektrische Feld saugt
die Elektronen in Richtung Drain ab. Der Widerstand zwischen
Source und Drain wird hauptsächlich durch das Kanalgebiet gebildet, der Strom i_D steigt deshalb kaum noch an. Dieser Betriebsbereich wird deshalb Sättigungsbereich genannt. Erst bei wesentlich größerer Spannung u_{DS} steigt i_D stark an, wenn die Grenze
zum Durchbruch überschritten wird. Um Verwechslungen zu vermeiden,
wird hier darauf hingewiesen, daß die Definition des Sättigungs-
bereichs bei Bipolartransistoren (siehe Abschn. 3.3.1) und bei
MOSFETs unterschiedlich ist!

Die Größe der sich bei $u_{BS} = 0V$ einstellenden Schwellenspannung U_{TO} läßt sich durch den Fertigungsprozeß festlegen. Durch eine entsprechend dosierte Ionenimplantation des Kanalgebiets läßt
sie sich auf einen positiven Wert einstellen (Enhancement-Transistor), auf näherungsweise Null (Nulltransistor) oder auch auf
negative Werte (Depletion-Transistor). Depletion-Transistoren
sind stets leitend, da NMOS-Transistoren üblicherweise mit Gate-
Source-Spannungen $u_{GS} = 0...V_{DD}$ betrieben werden, wobei V_{DD} die

positive Versorgungsspannung ist, die typisch zwischen 3,5V und 10V liegt (Bild 3.23). Depletion-Transistoren werden als Lastelemente verwendet, da sie in integrierter Technik wesentlich kleiner herzustellen sind, als entsprechende Widerstände. Meist wird dabei das Gate mit Source verbunden, so daß ein Zweipol-Element entsteht (Depletion-Lasttransistor).

Die vorstehenden Erläuterungen gelten entsprechend für PMOS-Transistoren, jedoch mit umgekehrten Dotierungen und Polaritäten für Ströme und Spannungen.

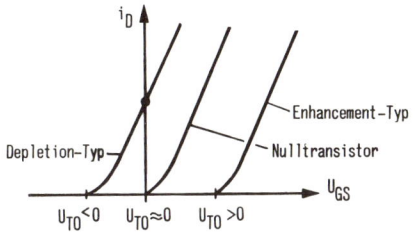

Bild 3.23.
i_D-u_{GS}-Kennlinien
verschiedener NMOS-Transistortypen

3.4.2 Modellierung des statischen Verhaltens elektrisch langer Transistoren

Zur Beschreibung des in Bild 3.22 gezeigten Kennlinienverlaufs werden in der Literatur zahlreiche Vorschläge gemacht, die entweder auf physikalischen Ansätzen beruhen oder reine Curve-fitting-Modelle sind oder aber - wie es meist der Fall ist - von einem physikalischen Grundmodell ausgehen, das dann durch empirische Korrekturterme verbessert wird. Im Gegensatz zu den Bipolartransistoren haben sich für MOS-Transistoren keine allgemein verwendeten Standardmodelle herausgebildet. Trotzdem gibt es zwischen vielen Modellen Ähnlichkeiten, da sie häufig von einem Ansatz ausgehen, wie er beim Modell von MEYER [3.18] gemacht wird.

Der Strom im linearen Bereich wird bei diesem Modell aus der Verteilung der beweglichen Ladungen entlang des Kanals ermittelt, wobei die Voraussetzung gemacht wird, daß das laterale elektrische Feld (in Kanalrichtung) gegenüber dem transversalen Feld (senkrecht zur Oxidoberfläche) vernachlässigt werden kann. Mit dieser Annahme ("gradual channel approximation") erhält man für den

Drainstrom im linearen Bereich

$$i_D = \beta \left\{ \left(u_{GS} - V_{FB} - 2\varnothing - \frac{u_{DS}}{2} \right) u_{DS} - \frac{2}{3} \gamma \left[\left(u_{DS} - u_{BS} + 2\varnothing \right)^{3/2} - \right. \right.$$

$$\left. \left. - \left(2\varnothing - u_{BS} \right)^{3/2} \right] \right\} , \quad 0 < u_{DS} < u_{DSAT}, \ u_{GS} > U_T$$

(3.28)

mit dem Fermipotential

$$\varnothing = V_T \ln \left(n_B / n_i \right) , \tag{3.29}$$

wobei V_T die in (3.8) definierte Temperaturspannung, n_B die Do-
tierungskonzentration im Substrat und n_i die Eigenleitungskonzen-
tration des Substratmaterials ist. Der Substratsteuerfaktor
beschreibt den Einfluß der Bulkspannung und berechnet sich aus

$$\gamma = \sqrt{2 \varepsilon_0 \varepsilon_{Si} \ e \ n_B} \ / \ \hat{C}_{OX} \tag{3.30}$$

mit der spezifischen Oxidkapazität $\hat{C}_{OX} = \varepsilon_0 \varepsilon_{OX} / d_{OX}$. Die relative
Dielektrizitätskonstante von Silizium ist $\varepsilon_{Si} = 11,7$; die des
Siliziumoxids $\varepsilon_{OX} = 3,7$. Der Verstärkungsfaktor β bestimmt sich
zu

$$\beta = \mu \ \hat{C}_{OX} \ \frac{W}{L} , \tag{3.31}$$

wobei W und L die effektive Gate-Weite und Gate-Länge bedeuten,
d.h. die tatsächlichen Gate-Maße nach Abzug von Unterdiffusions-
längen und fertigungsbedingten Vorhalten für die geometrischen
Maskenmaße. Die Größe μ beschreibt die Beweglichkeit der Ladungsträger. Da die Elektronenbeweglichkeit wesentlich größer als die
Löcherbeweglichkeit ist, erreicht man mit der NMOS-Technik höhere
Schaltgeschwindigkeiten als mit der PMOS-Technik. Die Trägerbeweglichkeit ist allerdings keine Konstante, sondern sie wird durch
das transversale elektrische Feld beeinflußt. Sie vermindert sich
mit zunehmender Gate-Source-Spannung u_{GS} und läßt sich durch den
Ansatz

$$\mu = \frac{\mu_0}{1 + \theta\, u_{GST}} \qquad (3.32)$$

mit guter Näherung beschreiben. Dabei ist u_{GST} die effektive Gatespannung mit

$$u_{GST} = u_{GS} - U_T \; ; \qquad (3.33)$$

θ ist der Beweglichkeitsreduktions-Koeffizient und μ_0 ist die Beweglichkeit für $u_{GST} = 0$.

Die effektive Schwellenspannung U_T eines MOS-Transistors ist nicht konstant, sondern hängt von der Bulk-Source-Spannung nach

$$U_T = V_{FB} + 2\emptyset + \sqrt{2e\, \varepsilon_0 \varepsilon_{Si}\, n_B\, (2\emptyset - u_{BS})}\ /\ \hat{C}_{OX} \qquad (3.34)$$

ab. Wird U_{TO} als die Schwellenspannung bei $u_{BS} = 0$ definiert, dann läßt sich aus (3.34) die Beziehung

$$U_T = U_{TO} + \gamma\left(\sqrt{2\emptyset - u_{BS}} - \sqrt{2\emptyset}\right) \qquad (3.35)$$

für die Schwellenspannungsverschiebung herleiten.

Zur Beschreibung des Transistorverhaltens im Sättigungsbereich können die Kennlinien am einfachsten durch Geraden angenähert werden. Mit der Abkürzung

$$i_{DSAT} = i_D\big|_{u_{DS} = u_{DSAT}} \qquad (3.36)$$

ist der Strom im Sättigungsbereich durch die Gleichung

$$i_D = i_{DSAT}\,(1 + \lambda u_{DS}) \ , \qquad u_{GST} > 0,\ u_{DS} > u_{DSAT} \qquad (3.37)$$

gegeben, wobei λ die Steigung der Kennlinien beschreibt. Sie hat ihre Ursache in der Kanalverkürzung im Sättigungsbereich bei zunehmender Drain-Source-Spannung. Diese einfache Modellierung ist für digitale Schaltungen häufig ausreichend. Bei analogen Schal-

tungen, die meist im Sättigungsbereich betrieben werden, ist oft
ein höherer Aufwand notwendig. In diesem Fall kann die Abhängigkeit von der Gate-Source-Spannung durch den Ansatz $\lambda = \lambda_o/u_{GST}$
modelliert werden. Häufig wird in (3.37) auch $(u_{DS}-u_{DSAT})$ anstelle
von u_{DS} eingesetzt [3.19] .

Gegenüber der qualitativen Einführung der Sättigungsspannung
in Abschnitt 3.4.1 wird beim Meyer-Modell der Einfluß der Bulk-
Source-Spannung berücksichtigt:

$$u_{DSAT} = u_{GS} - V_{FB} - 2\emptyset + \frac{\gamma^2}{2}\left(1 - \sqrt{1 + \frac{4}{\gamma^2}(u_{GS}-u_{BS}-V_{FB})}\right). \quad (3.38)$$

Beim Meyer-Modell wird der geringe Unterschwellenstrom, der
bei schwacher Inversion fließt, vernachlässigt. Er besteht aus der
Diffusionskomponente des Drainstroms; erst bei starker Inversion
kommt die Driftkomponente hinzu. Die Berücksichtigung des Unterschwellenstroms im Transistormodell gewinnt mit zunehmendem Einsatz der dynamischen Schaltungstechnik, die auf Ladungsspeicherung
in kleinen Kapazitäten beruht, an Bedeutung [3.20-21] .

Für eine genaue Modellierung muß, ebenso wie beim Bipolartransistor, die Temperaturabhängigkeit der Parameter einbezogen werden.
Temperaturabhängig sind die Größen n_i (und damit $\emptyset$, U_{TO}, U_T), μ
(und damit β), sowie die Sperrströme der gesperrten pn-Übergänge
zwischen Bulk-Source und Bulk-Drain [3.17,22], also der Substratdioden, die wie in Abschn. 3.3.2 modelliert werden können. Dabei
ist zu berücksichtigen, daß nicht nur die Bodenflächen, sondern
auch die Seitenflächen der Source- bzw. Drain-Diffusion zur Sperrschicht beitragen. Diese Seitenflächen lassen sich aus dem Umfang
und der Diffusionstiefe näherungsweise berechnen, wobei die Seitenflächen oft noch mit dem Korrekturfaktor $\pi/2$ multipliziert werden.

Zum Schluß sei noch darauf hingewiesen, daß die Stetigkeit
und Differenzierbarkeit eines verwendeten MOS-Modells beim Übergang vom linearen Bereich in den Sättigungsbereich sehr wichtig
ist, um bei der Simulation eines Netzwerks, das solche Modelle enthält, gute Konvergenz zu erreichen.

3.4.3 Modellierung des statischen Verhaltens von Kurzkanal-Transistoren

Das im letzten Abschnitt beschriebene Modell, das mit kleineren Modifikationen in vielen Simulatoren, wie SPICE2 [3.23] und MSINC, eingebaut ist, beschreibt mit guter Näherung MOS-Feldeffekttransistoren mit Kanallängen bis zu etwa $5\,\mu$m. Bei kürzeren Kanallängen reicht die Modellgenauigkeit nicht mehr aus, da die bei der Herleitung der Modellgleichungen gemachten Annahmen nicht erfüllt sind. Für diesen Fall werden in diesem Abschnitt zusätzliche Korrekturterme eingeführt.

Zur Erhöhung der Integrationsdichten versucht man, die MOS-Transistoren durch Skalierung immer weiter zu verkleinern. Zur Zeit werden Kanallängen von etwa $1\,\mu$m erreicht. Als physikalische Grenze werden Längen von etwa $0,2\,\mu$m angesehen [3.24], die aber erst in Zukunft hergestellt werden können. Bei der Skalierung werden die geometrischen Abmessungen, die Ströme, Spannungen und Kapazitäten um einen Faktor α kleiner; die Dotierung, Stromdichte und die Widerstände werden jedoch α-mal größer. In der Praxis weicht man allerdings von dieser etwas naiven Vorgehensweise bei einzelnen Parametern ab, um das Gesamtverhalten zu optimieren. Erreicht man nun Kanallängen unter etwa $2,5\,\mu$m, dann stellt man neue Effekte fest, die sich nur durch eine (mehrdimensionale) Device-Simulation genauer beschreiben lassen. Da diese Simulationsmodelle für eine Circuit-Simulation viel zu ineffizient sind und zu viel Speicherplatz benötigen würden, versucht man, diese Effekte durch Korrekturterme näherungsweise zu beschreiben. Dabei ist wichtig, daß diese erweiterten Kurzkanalmodelle übersichtlich bleiben und daß die physikalsche Interpretierbarkeit nicht verloren geht. Die einzelnen Korrekturterme sollten sich gegenseitig möglichst wenig beeinflussen, damit bei der Parameterbestimmung mit Hilfe von Optimierungsprogrammen (curve fitting) eindeutige Parametersätze gefunden werden können [3.35] . Ein geeignetes Verfahren zur Bestimmung der Modellparameter aus den gemessenen Kennlinien mit Hilfe des Levenberg-Marquardt-Algorithmus wird in [3.25, 41-42] beschrieben.

Im folgenden wird ein kurzer Überblick über die bei Kurzkanaltransistoren auftretenden Effekte und ihre Abhängigkeiten gegeben. Die physikalischen Ursachen dieser Effekte werden in [3.26,49,1.7] besprochen. Die wichtigsten zu beobachtenden Effekte sind:

Änderung der Schwellenspannung durch:

Verminderung bei kurzen Kanälen (Verkleinern von L);

Erhöhung durch schmale Kanäle (Verkleinern von W);

Abhängigkeit von der Drainspannung;

Verminderung des Einflusses der Bulkvorspannung bei kurzen Kanälen;

Erhöhte Temperaturabhängigkeit aufgrund höherer Kanaldotierung.

Reduzierung der Trägerbeweglichkeit durch:

Abhängigkeit von der Gate-Spannung;

Sättigung der Driftgeschwindigkeit aufgrund sehr hoher Feldstärken in Drain-Nähe und dadurch verursachte Verminderung von u_{DSAT}.

Auswirkungen von Ladungsträgern hoher Energie (Hot Electron Effect):

Injektion von Elektronen hoher Energie ins Gateoxid, wodurch als Langzeiteffekt eine Erhöhung der Schwellenspannung hervorgerufen wird;

Lawinenmultiplikation von Ladungsträgern;

Erhöhter Substratstrom (Löcherstrom) durch Stoßionisation, der bei CMOS-Schaltungen zum Zünden parasitärer Thyristoren (npnp-Übergang) führen kann (Latch-up), sowie die Durchbruchspannung erniedrigt [3.27, 43].

Geometrieabhängigkeit der Parameter:

Während bei Transistoren mit langen Kanälen der Drainstrom i_D proportional zur Gate-Weite W und umgekehrt proportional zur Länge L ist, gilt diese Proportionalität bei Kurzkanaltransistoren nicht mehr.

Verstärkter Einfluß der parasitären Source- und Drain-Widerstände aufgrund flacherer Diffusionsgebiete.

Der Effekt der Geometrieabhängigkeit der Parameter ist bis jetzt noch nicht zufriedenstellend in den Modellen berücksichtigt worden. Deshalb benutzt man für die praktische Anwendung verschiedene Modellparametersätze, die jeweils nur für einen eingeschränkten Geometriebereich Gültigkeit haben. Die Modellparametersätze werden außerdem noch entsprechend dem beschriebenen Transistortyp (NMOS, PMOS, Enhancement, Depletion, Schwellenspannung), sowie nach der Gültigkeit für verschiedene Temperaturen unterteilt. Die Modellierung der oben beschriebenen Effekte kann hier nur angedeutet werden; für eine genaue Beschreibung wird auf die Literatur verwiesen. Folgende Lösungsansätze sind zu finden:

Korrektur der Schwellenspannung und des Substratsteuerfaktors zur Berücksichtigung der Kanalgeometrie und des Bulk-Einflusses [3.28-29,31-32,48].

Ergänzung der Gleichung für die Schwellenspannung (3.35) durch einen Summanden ($-\alpha_1 u_{DS}$) zur Berücksichtigung des Einflusses der Drain-Source-Spannung [3.22,30-31,34].

Multiplikation des Terms $u_{DS}^2/2$ in der Stromformel (3.28) mit einem Faktor α_2 oder $\alpha_2(u_{BS})$ zur Korrektur des Bulk-Einflusses [3.28-30].

Korrektur der Sättigungsspannung und der Kanallängenmodulation [3.22,28-31,34,48].

Berücksichtigung der Geschwindigkeitssättigung der Ladungsträger [3.22,28,30-31,34,48,50].

Modellierung des Unterschwellenstroms bei schwacher Inversion durch einen Exponentialansatz [3.28-29,34].

Die beiden in [3.28] beschriebenen SPICE2-Modelle "MOS2" und "MOS3" sind schon relativ kompliziert. Die in [3.30] und insbesondere [3.31] beschriebenen Modelle sind einfacher zu handhaben. Die in [3.33] zu findende Modellierung berücksichtigt weitere Kurzkanaleffekte, auf die hier nicht eingegangen wurde. Alle hier erwähnten Modelle sollen Transistoren bis zu etwa $1\,\mu m$ Kanallänge genügend genau beschreiben.

Eine weitere Möglichkeit zur Beschreibung der statischen Kennlinien besteht in der Speicherung der Kennlinien in Form von Tabellen. Für die Schwellenspannung $U_T(u_{BS})$ ist eine eindimensionale Tabelle, für den Drainstrom $i_D(u_{GS}, u_{DS}, u_{BS})$ eine dreidimensionale Tabelle notwendig, was zu einem erheblichen Speicherbedarf führt [3.36-37]. Um nicht in der Tabelle enthaltene Werte ermitteln zu können, müssen geeignete Interpolationsalgorithmen eingesetzt werden (z.B. Spline-Interpolation [3.51]). Neben dem Drainstrom wird auch der Leitwert, d.h. die Steigung der Kennlinie im momentanen Lösungspunkt, benötigt, um eine lineare Ersatzschaltung aus einer Stromquelle mit Innenwiderstand für den jeweiligen Betriebszustand aufstellen zu können. Deshalb wird üblicherweise vor der Durchführung der eigentlichen Simulation eine zusätzliche Leitwerttabelle $g_{DS}(u_{GS}, u_{DS}, u_{BS})$ angelegt. Der Vorteil des Tabellenmodells, das auch für die Beschreibung des dynamischen Verhaltens erweitert werden kann [3.38], ist die Möglichkeit zur leichten Anpassung an sich ändernde Transistorcharakteristiken und eine Zeiteinsparung (Faktor 2 - 4) beim Zugriff auf Tabellenwerte, verglichen mit der Auswertung eines analytischen Modells.

3.4.4 Dynamische Modellierung und Ersatzschaltbilder

Zur vollständigen Modellierung eines MOS-Transistors müssen außer den statischen Kennlinien die kapazitiven Effekte berücksichtigt werden. Eine Anordnung von konzentrierten Kapazitäten, welche die verschiedenen kapazitiven Kopplungen nachbilden sollen, wird in Bild 3.24 gezeigt. Dabei ist C_{OV} die Source- bzw. Drain-Überlappkapazität mit

$$C_{OV} = \alpha L_d W \hat{C}_{OX} , \qquad \alpha \geq 1 , \qquad (3.39)$$

wobei mit dem Faktor α der Einfluß der inhomogenen Randfelder berücksichtigt werden kann. Die Kapazitäten C_{BS} und C_{BD} sind die Sperrschichtkapazitäten der gesperrten Bulk-Source und Bulk-Drain-pn-Übergänge. Sie werden wie in Abschn. 3.4.2 modelliert. Weiter sind Kapazitäten zwischen Gate-Bulk C_{GB}, Gate-Kanal C_{GK} und Bulk-Kanal C_{BK} eingezeichnet. Dabei besteht das Problem darin, die mit dem Kanal verbundenen Kapazitäten so auf Source, Drain und Bulk aufzuteilen, daß das kapazitive Verhalten durch die Potentiale der äußeren Knoten beschrieben werden kann. Da sich der leitende Kanal mit den angelegten Spannungen verändert, sind die betreffenden Kapazitäten stark spannungsabhängig.

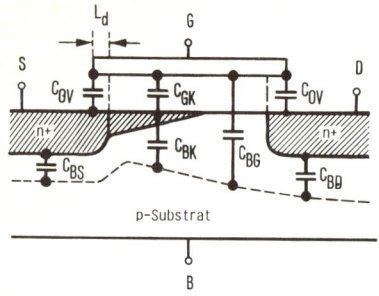

Bild 3.24. Kapazitäten eines MOS-Transistors

Beim Meyer-Modell [3.18] wird die Spannungsabhängigkeit wie in Bild 3.25 gezeigt, modelliert. Bei abgeschaltetem Transistor gibt es keinen Kanal, deshalb liegt die Gesamtkapazität zwischen Gate

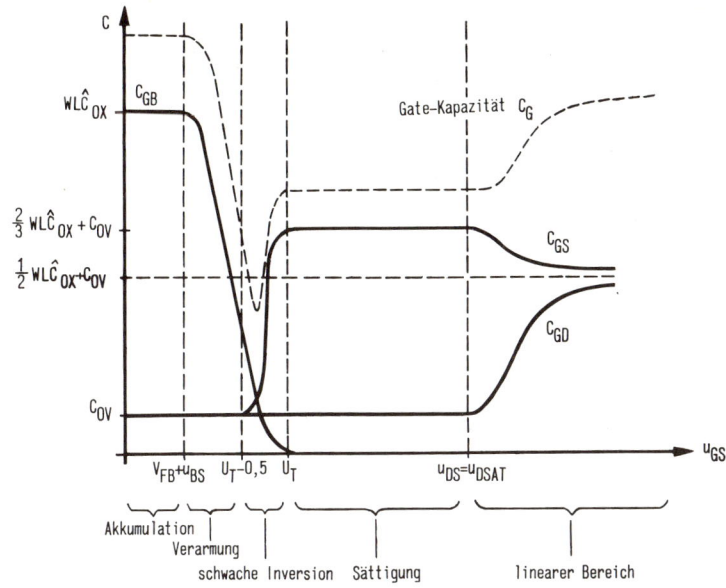

Bild 3.25. Spannungsabhängigkeit der MOS-Transistor-Kapazitäten

und Bulk. Im linearen Bereich ist der Kanal voll ausgebildet, C_{GK} läßt sich je zur Hälfte auf Source und Drain aufteilen. Im Sättigungsbereich hat sich der Kanal verkürzt; die Gate-Source-Kapazität erreicht ein Maximum, wobei zwischen Gate und Drain nur die Überlappkapazität liegt. Nach [3.22] können die Kapazitäten des Meyer-Modells durch folgende Gleichungen beschrieben werden:

Akkumulationsbereich ($u_{GS} \leq V_{FB} + u_{BS}$):

$$C_{GS} = C_{GD} = C_{OV} \, , \tag{3.40}$$

$$C_{GB} = \hat{C}_{OX} W L \, , \tag{3.41}$$

$$C_{BS} = C_{jSO}/(1 - u_{BS}/U_j)^m \, , \tag{3.42}$$

$$C_{BD} = C_{jDO}/(1 - u_{BD}/U_j)^m \, . \tag{3.43}$$

Verarmungsbereich ($V_{FB} + u_{BS} \leq u_{GS} < U_T - 0{,}5V$):

$$C_{GS} = C_{GD} = C_{OV} \, , \tag{3.44}$$

$$C_{GB} = \hat{C}_{OX} W L / \left[1 + \frac{4}{\gamma^2} (u_{GS} - u_{BS} - V_{FB}) \right]^{1/2} \quad , \tag{3.45}$$

C_{BS}, C_{BD} wie oben .

Schwache Inversion ($U_T - 0,5V \leq u_{GS} \leq U_T$):

$$C_{GS} = C_{OV} + \frac{2}{3} \hat{C}_{OX} W L (1 - 4 u_{GST}^2 / V^2) \quad , \tag{3.46}$$

$$C_{GD} = C_{OV} \quad , \tag{3.47}$$

$$C_{GB} = \hat{C}_{OX} W L \left[1 - (4 \frac{u_{GST}}{V} + 0,5)^2 \right] / \left[1 + \frac{4}{\gamma^2} (u_{GS} - u_{BS} - V_{FB}) \right] \quad , \tag{3.48}$$

$$C_{BS} = \left[c_{jSO} / (1 - u_{BS} / U_j)^m \right] \left[1 + \frac{2}{3} C_{GB} \frac{WL}{\mu m^2} (1 - 4 u_{GST}^2 / V^2) / c_{jSO} \right], \tag{3.49}$$

wobei der zweite Faktor in eckigen Klammern die Bulk-Kanalkapazität C_{BK} berücksichtigt.

C_{BD} wie oben .

Sättigungsbereich ($u_{GS} > U_T$, $u_{DS} \geq u_{DSAT}$):

$$C_{GS} = C_{OV} + \frac{2}{3} \hat{C}_{OX} W L \quad , \tag{3.50}$$

$$C_{GD} = C_{OV} \quad , \tag{3.51}$$

$$C_{GB} = 0 \quad , \tag{3.52}$$

$$C_{BS} = \left[c_{jSO} / (1 - u_{BS} / U_j)^m \right] \left[1 + \frac{2}{3} C_{GB} \frac{WL}{\mu m^2} / c_{jSO} \right] \quad , \tag{3.53}$$

C_{BD} wie oben .

Linearer Bereich ($u_{GS} > U_T$, $0 < u_{DS} < u_{DSAT}$):

$$C_{GS} = C_{OV} + \frac{2}{3} \hat{C}_{OX} W L \left[u_{DSAT} (3 u_{DSAT} - 2 u_{DS}) \right] / (2 u_{DSAT} - u_{DS})^2, \tag{3.54}$$

$$C_{GD} = C_{OV} + \frac{2}{3} \hat{C}_{OX} W L \left[(u_{DSAT} - u_{DS})(3 u_{DSAT} - u_{DS}) \right] / (2 u_{DSAT} - u_{DS})^2 \quad , \tag{3.55}$$

$$C_{GB} = 0 \quad ,$$

$$C_{BS} = \left[C_{jSO}/(1-u_{BS}/U_j)^m \right] \left[1 + \frac{2}{3} \frac{C_{GB}}{C_{jSO}} \frac{W\,L}{\mu m^2} u_{DSAT}(3u_{DSAT}-2u_{DS}) \right] /$$

$$/\,(2u_{DSAT}-u_{DS})^2 \,, \qquad\qquad (3.56)$$

$$C_{BD} = \left[C_{jDO}/(1-u_{BD}/U_j)^m \right] \left[1 + \frac{2}{3} \frac{C_{GB}}{C_{jDO}} \frac{W\,L}{\mu m^2} (u_{DSAT}-u_{DS}) \cdot \right.$$

$$\left. \cdot\,(3u_{DSAT}-u_{DS}) / (2u_{DSAT}-u_{DS})^2 \right] \,. \qquad (3.57)$$

C_{jSO}, C_{jDO} sind die Source- und Drain-Sperrschichtkapazitäten bei
OV Spannung; C_{OX} die spezifische Oxidkapazität in $F/\mu m^2$. Mit den
oben definierten Kapazitäten kann das Ersatzschaltbild 3.26 für
einen NMOS-Feldeffekttransistor aufgestellt werden. Die eingezeichneten Source- und Drain-Widerstände R_S und R_D können bei
Langkanaltransistoren meist vernachlässigt werden.

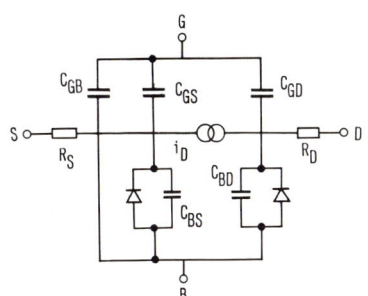

Bild 3.26. Dynamisches Modell eines
NMOS-Feldeffekttransistors

Das dynamische Meyer-Modell wird in vielen Simulationsprogrammen verwendet, teilweise mit einer vereinfachten Beschreibung der
Spannungsabhängigkeiten von Bild 3.25, z.B. durch eine stückweis
lineare Näherung. Bei der Anwendung des Modells auf Schaltungen,
welche die Ladungsspeicherung ausnutzen, zeigt sich jedoch, daß
fehlerhafte Simulationsergebnisse erhalten werden. Dies ist darauf
zurückzuführen, daß beim dynamischen Meyer-Modell das Prinzip der
Ladungserhaltung verletzt wird. Die auftretenden Unstetigkeiten
bezüglich der Ladung können außerdem zu Instabilitäten beim Lösen nichtlinearer Gleichungen mit Hilfe des iterativen Newton-
Algorithmus führen (siehe Abschn. 8.2). Die Ursache dieser Schwierigkeiten liegt darin, daß die Kanalkapazitäten von allen Spannungen des MOS-Transistors abhängen und deshalb nicht durch Zwei-

pol-Kapazitäten modelliert werden können, da diese ja nur von ihren Klemmenspannungen gesteuert werden [3.39] . Neuere Modelle, wie in [3.40,29,31] verwenden deshalb die Ladungen des Transistors als Zustandsvariable. Unterschiede ergeben sich bei diesen Modellen bezüglich der Aufteilung der Kanalladung auf Drain und Source. Die einzelnen Kapazitäten berechnen sich aus $C_{\alpha\beta} = \partial q_\alpha / \partial u_{\alpha\beta}$. Dabei ist nun $C_{\alpha\beta} \neq C_{\beta\alpha}$, d.h. die Kapazität läßt sich nun nicht mehr durch ein reziprokes Zweipolelement darstellen. Für eine genauere Beschreibung wird der Leser auf [3.39] verwiesen.

Zur Aufstellung des Kleinsignal-Modells werden die Elemente des Großsignal-Ersatzschaltbildes 3.26 im Arbeitspunkt linearisiert. Die Stromquelle i_D des Großsignal-Modells wird dabei durch zwei Stromquellen mit den Strömen $g_1 \cdot u_{GS}$ und $g_2 \cdot u_{BS}$ mit

$$g_1 = \partial i_D / \partial u_{GS} \tag{3.58}$$

$$g_2 = \partial i_D / \partial u_{BS} \tag{3.59}$$

ersetzt, wobei beide Gleichungen für die Arbeitspunkt-Spannungen ausgewertet werden. Die Abhängigkeit von u_{DS} wird mit Hilfe des Leitwerts

$$g_3 = \partial i_D / \partial u_{DS}$$

beschrieben, der zwischen dem inneren Drain- und Source-Anschluß liegt. Die Substratdioden werden ähnlich wie in Abschn. 3.2.2 durch ihren Sperrwiderstand mit parallelliegender Sperrschichtkapazität modelliert [3.22].

Beispiel 3.1

Gesucht ist die Abhängigkeit der Schwellenspannung vom Source-Potential eines NMOS-Feldeffekttransistors bei Raumtemperatur, wenn das Bulk-Potential V_B = -2,5V beträgt und die Versorgungsspannung V_{DD} = 5V ist. Weiter werde der Drainstrom berechnet, der bei u_{DS} = 1,2V; u_{BS} = -3V und u_{GS} = 3V fließt. Die Daten des Transistors sind: W = 60 μm; L = 5 μm; L_d = 0,4 μm; x_j = 0,8 μm;

$d_{OX} = 0,1 \ \mu m$; $n_B = 2 \cdot 10^{15} cm^{-3}$; $n_i = 1,43 \cdot 10^{10} cm^{-3}$; $\mu_0 = 600 cm^2 \cdot V^{-1} s^{-1}$; $\Theta = 0,05 V^{-1}$; $V_{FB} = -1V$; $\lambda = 0,12 V^{-1}$.

Zur Berechnung der Schwellenspannungsverschiebung nach (3.35) wird der Substratsteuerfaktor γ, sowie das Fermipotential $\emptyset$ benötigt. Vorher werde aber die spezifische Oxidkapazität $\hat{C}_{OX}$ berechnet:

$$\hat{C}_{OX} = \frac{\varepsilon_0 \varepsilon_{OX}}{d_{OX}} = \frac{8,854 \cdot 10^{-14} \ As \cdot 3,7}{0,1 \cdot 10^{-4} cm \ V cm} = 32,76 \ \frac{nF}{cm^2}$$

Die Größen γ und $\emptyset$ lassen sich mit (3.30) und (3.29) ermitteln:

$$\gamma = \frac{\sqrt{2 \ \varepsilon_0 \ \varepsilon_{Si} \ e \ n_B}}{\hat{C}_{OX}} =$$

$$= \frac{\sqrt{2 \cdot 8,854 \cdot 10^{-14} \ AsV^{-1} cm^{-1} \cdot 11,7 \cdot 1,6 \cdot 10^{-19} \ As \cdot 2 \cdot 10^{15} \ cm^{-3}}}{32,76 \ nF \ cm^{-2}} =$$

$$= 0,786 \ \sqrt{V} \quad ,$$

$$\emptyset = \frac{kT}{e} \ln \frac{n_B}{n_i} = 0,0259 \ V \cdot \ln \frac{2 \cdot 10^{15}}{1,43 \cdot 10^{10}} = 0,307 \ V \quad .$$

Durch Umformen von (3.34) und Einsetzen von $u_{BS} = 0$ erhält man für die Schwellenspannung U_{TO} den folgenden Ausdruck:

$$U_{TO} = V_{FB} + 2\emptyset + \gamma \sqrt{2\emptyset} =$$

$$= -1 \ V + 2 \cdot 0,307 \ V + 0,786 \ V \cdot \sqrt{2 \cdot 0,307} = 0,23 \ V \quad .$$

Mit $u_{BS} = V_B - u_S$ und einem möglichen Potential zwischen $0 \ V$ und V_{DD} kann dann aus (3.34) der Bereich für U_T berechnet werden:

$$U_T = U_{TO} + \gamma (\sqrt{2\emptyset - V_B + u_S} - \sqrt{2\emptyset}) =$$

$$= 0,23 \ V + 0,786 \sqrt{V} \ (\sqrt{3,114 \ V + u_S} - \sqrt{0,614 \ V}) \quad .$$

Das Ergebnis ist in Bild 3.27 aufgetragen. Durch Anlegen einer Bulkvorspannung wurde die Schwellenspannung U_T in einen günstigeren Bereich verschoben.

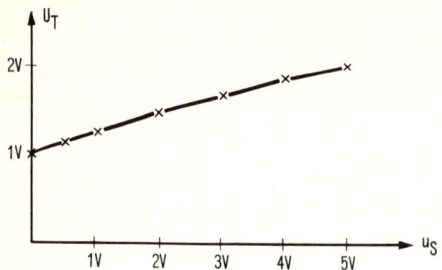

Bild 3.27. Schwellenspannungsverschiebung bei der Schaltung von Beispiel 3.1

Zur Berechnung des Stroms muß zuerst festgestellt werden, in welchem Betriebsbereich sich der Transistor befindet. Dazu wird die Sättigungsspannung aus (3.38) berechnet:

$$u_{DSAT} = u_{GS} - V_{FB} - 2\phi + \frac{\gamma^2}{2}\left[1 - \sqrt{1 + \frac{4}{\gamma^2}(u_{GS} - u_{BS} - V_{FB})}\right] =$$

$$= 3V + 1V - 0,614V + 0,309V\left[1 - \sqrt{1 + 6,475\cdot(3+3+1)}\right] = 1,592V.$$

Da die Drain-Source-Spannung kleiner als die Sättigungsspannung ist, wird der Transistor im linearen Bereich betrieben; der Strom wird also nach (3.28) berechnet. Mit dem Verstärkungsfaktor β, der sich nach (3.31) und (3.32) zu

$$\beta = \frac{\mu_0}{1 + \Theta(u_{GS} - U_T)} = \hat{C}_{OX}\frac{W}{L - 2L_d} =$$

$$= \frac{600\,cm^2\,V^{-1}\,s^{-1}}{1 + 0,05\,(3 - 1,107)}\cdot 32,76\cdot10^{-9}\frac{As}{V\,cm^2}\frac{60}{5 - 0,8} = 0,257\frac{mA}{V^2}$$

ergibt, wobei U_T für ein Source-Potential von $u_S = V_B - u_{BS} = 0,5\,V$ aus Bild 3.27 entnommen wurde, läßt sich der Drainstrom ermitteln:

$$i_D = \beta \left\{ \left(u_{GS} - V_{FB} - 2\emptyset - \frac{u_{DS}}{2} \right) u_{DS} - \frac{2}{3}\gamma \left[\left(u_{DS} - u_{BS} + 2\emptyset \right)^{3/2} - \right.\right.$$

$$\left.\left. - \left(2\emptyset - u_{BS} \right)^{3/2} \right] \right\} =$$

$$= 0,257\text{mA} \left[(3 + 1 - 0,614 - 0,6)\cdot 1,2 - \frac{2}{3}\cdot 0,786 \cdot \right.$$

$$\left. \cdot \left(\sqrt{1,2 + 3 + 0,614}^3 - \sqrt{0,614 + 3}^3 \right) \right] = 362\,\mu\text{A}$$

3.5 Makromodellierung

Unter Makromodellierung versteht man das Aufstellen eines relativ
einfachen Modells für eine meist umfangreiche Teilschaltung, wobei das Klemmenverhalten des Modells möglichst gut mit dem Verhalten der modellierten Teilschaltung übereinstimmen soll. Es
ist dabei nicht gefordert, daß das Modell das Verhalten im Inneren der Schaltung wiedergibt. Die Art der Makromodellierung
hängt vom Anwendungszweck ab. So kann ein Makromodell, das nur
die logische Funktion eines Logikgatters beschreiben soll, einfacher aufgebaut sein, als ein Makromodell, das die Abhängigkeit
der Gatterlaufzeit von der Belastung des Gatters und von der
Flankensteilheit der Eingangssignale wiedergeben soll. Im ersten
Fall kann eine Wahrheitstabelle zur Makromodellierung ausreichen. Im zweiten Fall kann der zu modellierende Zusammenhang
z.B. durch eine Gleichung oder in Form einer Ersatzschaltung beschrieben werden. Da systematische Verfahren zur Herleitung von
Makromodellen fehlen, ist eine genaue Kenntnis der Funktionsweise der zu modellierenden Schaltung notwendig. Neben Makromodellen für Logikgatter - sie werden in Abschn. 11.3 näher
besprochen - sind auf dem Gebiet der analogen Schaltungen zahlreiche Makromodelle für Operationsverstärker in der Literatur
zu finden. Die vorgeschlagenen Modelle unterscheiden sich hinsichtlich der modellierten Effekte und damit in ihrer Komplexität und in ihrer Eignung für bestimmte Simulatoren. So wird
bei dem in [3.44] beschriebenen Modell vorausgesetzt, daß ein
Programm wie SCEPTRE zur Verfügung steht, das einen Anschluß
für FORTRAN-Unterprogramme hat. Andere Makromodelle, z.B.
[3.45] , wurden für Programme entwickelt, bei denen in einer

Bibliothek Anwendermodelle abgelegt werden können. Die Struktur des Makromodells muß der Struktur der modellierten Schaltung keinesfalls ähnlich sein. Häufig wird ein Makromodell aus
verschiedenen Teilnetzwerken aufgebaut, die jeweils verschiedene Effekte modellieren. Als Beispiel wird das Makromodell
nach WEIL et al. [3.46] für einen Operationsverstärker in Bild
3.28 gezeigt. In der ersten Stufe werden der Eingangswider-
stand, das nichtlineare Verhalten der Eingangsströme, sowie
Offsetstrom und -spannung nachgebildet. In Stufe zwei wird
durch die obere Stromquelle der Verstärkungsfaktor, durch die
untere Stromquelle die Gleichtaktunterdrückung modelliert. Stufe drei bildet mit R_t und C_t die untere Grenzfrequenz nach. Die
Dioden dienen zur Begrenzung der Spannungsamplitude sowie zur
Modellierung der Anstiegssteilheit (Slew Rate). Schließlich
wird durch Stufe vier der Ausgangsleitwert sowie eine Strombe-
grenzung festgelegt. Dieses Modell mag auf den ersten Blick
kompliziert erscheinen. Bedenkt man jedoch, daß ein Operationsverstärker eine große Anzahl von Transistoren enthält und wie
groß ein genaues Modell wäre, bei dem jeder Transistor durch
das Gummel-Poon-Modell ersetzt würde, dann ist leicht einzuse-
hen, welche Vereinfachung dieses Makromodell bedeutet. Das besprochene Makromodell kommt mit Standard-Elementen aus. Es
ließe sich beträchtlich vereinfachen, wenn stattdessen - wie in
manchen anderen Modellen - nichtlineare gesteuerte Quellen verwendet würden. In diesem Fall könnte das Modell jedoch nur in
Programmen eingesetzt werden, die dem Anwender zur Beschreibung
der Quellensteuerung nichtlineare Funktionen erlauben.

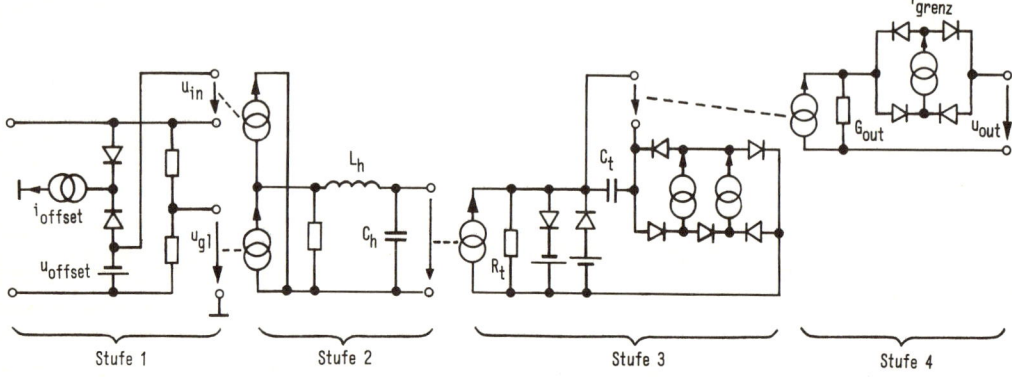

Bild 3.28. Makromodell eines Operationsverstärkers

4   Netzwerkgraph und topologische Matrizen

Die Struktur eines Netzwerks läßt sich vorteilhaft entweder zeichnerisch darstellen, in Form von Graphen, oder mathematisch durch topologische Matrizen beschreiben. Mit Hilfe einer solchen Beschreibung können die Gleichungen des betrachteten Netzwerks formuliert werden. Im vorliegenden Kapitel werden verschiedene Formen zur Strukturbeschreibung eines Netzwerks eingeführt.

4.1   Grundlegende Definitionen

In diesem Abschnitt sollen einige Grundbegriffe erläutert werden, die zur Beschreibung der Topologie eines Netzwerks notwendig sind. Der Begriff "Topologie" bezeichnet dabei die Eigenschaften eines Netzwerks, die sich nur auf seine Struktur beziehen, also unabhängig von den im Netzwerk enthaltenen Elementen sind. Die Struktur des Netzwerks läßt sich durch einen linearen Graphen darstellen. So wird z.B. die Struktur des Netzwerks Bild 4.1a durch den Graphen 4.1b deutlich gemacht. Die Stellen, an denen im Netzwerk die Netzwerkelemente miteinander verbunden sind, werden im Graphen durch dicke Punkte, die sogenannten Knoten (Ecken) markiert. Den Elementen des Netzwerks entsprechen im Graphen die sogenannten Zweige (Kanten). Dabei sind Zweige, die in einen Knoten münden, mit diesem inzident. Der Graph Bild 4.1b ist ungerichtet (nicht

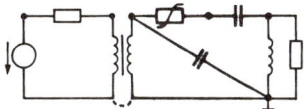   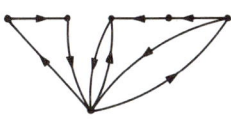

Bild 4.1. Netzwerkstruktur: a) Netzwerk, b) Ungerichteter Graph,
          c) Gerichteter Graph

orientiert), da seine Zweige nicht mit einer Zählrichtung versehen
sind. Dagegen ist der Graph in Bild 4.1c gerichtet. Der Pfeil bezeichnet dabei die positive Zählrichtung für Strom und Spannung
für das Netzwerkelement, das diesem Zweig zugeordnet ist. Es ist
möglich, Zweigströmen und Zweigspannungen unterschiedliche Zählrichtungen zuzuweisen. In diesem Fall – der hier nicht weiter betrachtet werden soll – werden zwei Graphen, ein Stromgraph und
ein Spannungsgraph benötigt. Hat das Netzwerk in Bild 4.1a keine
durchgehende Masseverbindung, dann besteht der zugehörige Graph
in Bild 4.1b aus zwei separaten Teilen; er heißt dann nicht zusammenhängend. Wird dagegen eine durchgehende Masseverbindung
vorgesehen (gestrichelt gezeichnet) dann ist der zugehörige Graph
Bild 4.1c zusammenhängend oder verbunden. Dieser Begriff soll nun
etwas exakter definiert werden. Dazu müssen jedoch erst die Begriffe "Teilgraph" und "Pfad" eingeführt werden:

Definition 4.1: Teilgraph
Ein Teilgraph ist eine Teilmenge der Zweige und Knoten eines
Graphen. Ein echter Teilgraph enthält weniger Zweige und Knoten
als der Graph.

Definition 4.2: Pfad
Ein Pfad ist ein Teilgraph mit einer geordneten Folge von Zweigen,
wobei

 1. mit allen seinen Knoten bis auf zwei genau zwei Zweige
inzident sind,

 2. mit jedem der zwei verbleibenden Knoten genau ein Zweig
inzident ist,

 3. es keinen echten Teilgraph dieses Teilgraphen gibt, der
die gleichen Anschlußknoten hat und die Bedingungen 1 und 2 erfüllt.

Definition 4.3: Zusammenhängender Graph
Ein Graph heißt zusammenhängend, wenn es zwischen jeweils zwei
Knoten wenigstens einen Pfad gibt.

Es werden im folgenden weitere wichtige Begriffe definiert,
die für die Aufstellung einiger Sätze benötigt werden. Dabei wird
mit n die Gesamtzahl der Knoten eines Graphen, mit b die Anzahl
seiner Zweige bezeichnet.

Definition 4.4: Schnittmenge (cut set)
Eine Menge von Zweigen eines zusammenhängenden Graphen heißt eine Schnittmenge, wenn

    1. durch Entfernen dieser Zweige der Graph in zwei getrennte Teile zerfällt,

    2. das Entfernen aller Zweige dieser Menge bis auf einen den Graph zusammenhängend läßt.

Beispiel 4.1
In dem in Bild 4.2 dargestellten Graphen sind gestrichelt verschiedene Zweigmengen eingezeichnet. Eine Schnittmenge bilden die Zweigmengen I $= \{2, 3, 5, 8\}$ und II $= \{6, 7, 8\}$. Bei der Schnittmenge II wird nach Entfernen der Zweige 6, 7 und 8 der zweite separate Teil des Graphen nur durch den verbleibenden isolierten Knoten gebildet. Die Zweigmenge III $= \{1, 2, 5, 6, 7, 8\}$ ist keine Schnittmenge, da der Graph nach Entfernen dieser Zweige in drei isolierte Teile zerfällt.

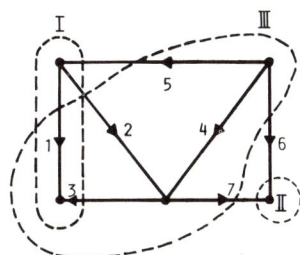

Bild 4.2. Zur Definition von Schnittmengen

Definition 4.5: Schleife (loop)
Eine Schleife ist ein verbundener Teilgraph, bei dem jeder Knoten mit genau zwei Zweigen dieses Teilgraphen inzident ist. Eine Schleife entsteht also durch Verbinden der Abschlußknoten eines Pfads.

Beispiel 4.2
Die Zweigmengen $\{2, 3, 5, 7, 10, 12, 15, 16\}$ und $\{3, 11, 4, 8, 17, 7\}$ des Graphen Bild 4.3a bilden Schleifen. Dagegen bildet die Zweigmenge $\{2, 3, 7, 8, 10, 13, 14, 17\}$ in Bild 4.3b keine Schleife (Zweige 3, 7, 13, 14 sind mit einem Knoten inzident). Auch die

Zweigmenge {1, 2, 3, 4, 9, 11, 12, 14} bildet keine Schleife (nicht zusammenhängender Teilgraph).

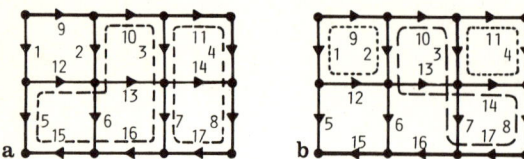

Bild 4.3. Zur Definition von Schleifen: a) Schleifen, b) Gegen-
beispiel

Definition 4.6: Masche
Eine Masche ist eine Schleife eines planaren Graphen, in deren Inneren sich keine anderen Zweige befinden.

Beispiel 4.3
Die Zweigmengen {1, 2, 9, 12} und {3, 4, 11, 14} in Bild 4.3b bilden je eine Masche.

Definition 4.7: Baum, Wald
Ein Baum T eines Graphen ist ein zusammenhängender Teilgraph, der alle Knoten des Graphen enthält, aber keine Schleifen. Alle Zweige, die nicht zum Baum gehören, bilden den Cobaum. Die im Baum enthaltenen Zweige heißen Baumzweige (tree branches), die Zweige des Cobaums Verbindungszweige (links).

In einem nicht zusammenhängenden Graphen kann in jedem separaten Teil ein Baum gewählt werden. Die Menge aller Bäume heißt Wald.

Beispiel 4.4
In Bild 4.4 ist ein vollständiger Graph abgebildet, d.h. jeder Knoten des Graphs ist mit jedem anderen Knoten durch einen Zweig verbunden. In den Graphen ist ein Baum mit dicken Linien eingezeichnet. Insgesamt gibt es 125 verschiedene Bäume für dieses Beispiel, da die Anzahl aller Bäume eines vollständigen Graphen n^{n-2} beträgt [4.1] .

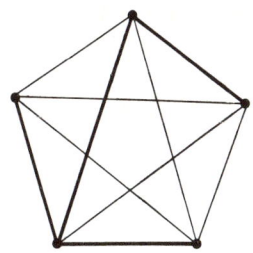

Bild 4.4. Vollständiger Graph mit Baum

Mit diesen Definitionen lassen sich die folgenden wichtigen Sätze formulieren. Dabei wird ein Graph mit n Knoten und b Zweigen vorausgesetzt, in dem ein Baum festgelegt wurde.

Satz 4.1: Fundamentalschleife
   1. Zwischen jedem Knotenpaar gibt es genau einen Pfad entlang von Baumzweigen.
   2. Es gibt n-1 Baumzweige und b-n+1 Verbindungszweige im Graphen.
   3. Jeder Verbindungszweig und der aus Baumzweigen bestehende Pfad zwischen den Knoten des Verbindungszweigs bestimmen genau eine Schleife, eine sogenannte Fundamentalschleife.
Beweis:
   1. Gäbe es zwei Wege, dann würden die Baumzweige eine Schleife bilden, was ein Widerspruch zu Def. 4.7 wäre.
   2. Um zwei Knoten miteinander zu verbinden, wird ein Baumzweig benötigt. Kommt ein dritter Knoten hinzu, dann muß ein zweiter Baumzweig eingeführt werden. Diese Konstruktion läßt sich fortsetzen, bis bei n Knoten n-1 Baumzweige gewählt wurden. Da der Graph insgesamt b Zweige besitzt, bleiben als Verbindungszweige b-(n-1) Zweige übrig.
   3. Jeder Verbindungszweig ist mit zwei Knoten inzident. Zwischen diesen Knoten gibt es noch genau einen Pfad aus Baumzweigen, so daß genau eine Fundamentalschleife gebildet wird.

Satz 4.2: Fundamentalschnittmenge
Jeder Baumzweig bestimmt eindeutig eine Schnittmenge, die sonst nur noch Verbindungszweige enthält. Eine solche Schnittmenge heißt Fundamentalschnittmenge.

84

Beweis:
Es sind zwei verschiedene Fälle zu betrachten:

1. Der betrachtete Baumzweig hat einen Knoten, mit dem sonst nur Verbindungszweige inzident sind. In diesem Fall bilden diese Verbindungszweige zusammen mit dem Baumzweig die gesuchte Fundamentalschnittmenge. Da jede andere Schnittmenge mindestens einen weiteren Baumzweig enthält, gibt es keine weitere Fundamentalschnittmenge, die den betrachteten Baumzweig enthält.

2. Der betrachtete Baumzweig hat zwei Knoten, mit denen weitere Baumzweige inzident sind. Dann bilden nach Entfernen des betrachteten Baumzweigs die übrigen Baumzweige zwei isolierte Teile. Diese Teile werden nur durch Verbindungszweige miteinander verknüpft (sonst hätte eine Schleife aus Baumzweigen vorgelegen). Diese Verbindungszweige bilden nach Def. 4.4 eine Schnittmenge; sie ergeben zusammen mit dem entfernten Baumzweig eine Fundamentalschnittmenge. Sie ist eindeutig, da alle sonstigen Verbindungszweige zusammen mit den verbliebenen Baumzweigen Schleifen bilden, infolgedessen zu anderen Schnittmengen gehören.

Satz 4.3: Unabhängige Ströme und Spannungen
1. Die Baumzweig-Spannungen sind voneinander unabhängig.
2. Die Verbindungszweig-Ströme sind voneinander unabhängig.
3. Genau n-1 Knotenspannungen sind voneinander unabhängig.
Beweis:
1. Nach der Kirchhoffschen Spannungsregel können in einer Schleife aus k Zweigen nur k-1 Spannungen unabhängig festgelegt werden. Die Spannung im k-ten Zweig liegt dann fest (Summe der Schleifenspannungen muß Null ergeben). Da die Baumzweige keine Schleifen bilden, sind ihre Spannungen unabhängig voneinander wählbar.

2. Nach der Kirchhoffschen Stromregel ist die Summe aller in einen Knoten fließenden Ströme jederzeit Null. Damit sind die Ströme bis auf einen frei wählbar. Die Kirchhoffsche Stromregel gilt auch für erweiterte Knoten, d.h. geschlossene Hüllen, wie sie in Bild 4.2 eingezeichnet sind. Da es keine Schnittmengen nur aus Verbindungszweigen gibt, können die Ströme in Verbindungszweigen unabhängig voneinander gewählt werden.

3. Ein Knoten des Netzwerks werde als Bezugsknoten gewählt. Dann werde ein Baum so konstruiert, daß jeder Zweig, der einen

Knoten direkt mit dem Bezugsknoten verbindet, als Baumzweig gewählt wird. Hat ein Knoten keine direkte Verbindung zum Bezugsknoten, dann wird der Graph durch einen entsprechenden Zweig,
der als Baumzweig bestimmt wird, erweitert. (Dieser Zweig würde
einem Element mit dem Widerstand unendlich oder dem Leitwert
Null entsprechen.) Nach dieser Konstruktion sind die Knotenspannungen mit den Baumzweig-Spannungen identisch und die Unabhängigkeit folgt aus 1.

Satz 4.4: Anzahl unabhängiger Gleichungen
    1. Für ein Netzwerk können b-n+1 unabhängige Spannungsglei-
chungen aufgestellt werden.
    2. Es können n-1 unabhängige Stromgleichungen aufgestellt
werden.
Beweis:
    1. Durch die unabhängigen Baumzweig-Spannungen werden die
Spannungen der Verbindungszweige bestimmt, wenn die Kirchhoffsche
Spannungsregel auf die b-n+1 Fundamentalschleifen angewandt wird.
    2. Durch die unabhängigen Verbindungszweig-Ströme werden die
Baumzweig-Ströme festgelegt, wenn die (erweiterte) Kirchhoffsche
Stromregel auf die n-1 Fundamentalschnittmengen angewandt wird.

Satz 4.5: Unabhängige Maschengleichungen
Die b-n+1 Spannungsgleichungen entlang den Maschen eines ebenen
Netzwerks sind unabhängig. Für die Aufstellung dieser Gleichungen
braucht kein Baum festgelegt zu werden.
Beweis:
    1. Zuerst muß bewiesen werden, daß jedes ebene Netzwerk
b-n+1 Maschen hat. Dies kann nach [4.1] durch vollständige In-
duktion gezeigt werden. Es ist leicht zu überprüfen, daß die Aussage für ein Netzwerk mit einer Masche gilt: Das einfachste Netzwerk enthält zwei Knoten und zwei Zweige. Wird ein Zweig in zwei
Zweige durch Einführen eines zusätzlichen Knotens unterteilt, dann
bleibt die Differenz zwischen Zweiganzahl und Knotenanzahl gleich.
Gilt die Aussage für ein Netzwerk mit k Maschen, dann kann dieses
Netzwerk auf k+1 Maschen entweder durch einen zusätzlichen Zweig
zwischen zwei Knoten erweitert werden - in diesem Fall gilt die
Aussage. Eine andere Erweiterungsmöglichkeit ist das Einführen
von m neuen Knoten, die dann über m+1 neue Zweige mit zwei schon

vorhandenen Knoten verbunden werden müssen. Auch in diesem Fall gilt die Aussage. Damit ist sie für alle k gültig.

2. Die Unabhängigkeit folgt daraus, daß in jeder neuen Masche mindestens ein neuer Zweig liegt.

Mit Hilfe von Satz 4.4 kann die Anzahl der Gleichungen bestimmt werden, die zur vollständigen Beschreibung eines Netzwerks benötigt werden. Neben den Gleichungen, die durch die Netzwerkstruktur gegeben sind, die also aus der Zusammenschaltung der Netzwerkelemente folgen, müssen die Elementebeziehungen der einzelnen Netzwerkelemente berücksichtigt werden. Damit erhält man

$b-n+1$	unabhängige Spannungsgleichungen,
$n-1$	unabhängige Stromgleichungen,
b	Zweigbeziehungen (Elementebeziehungen),
$2b$	Gleichungen insgesamt.

4.2 Topologische Matrizen

Die im letzten Abschnitt behandelten Graphen ermöglichen die anschauliche Darstellung der Struktur von Netzwerken. Für eine Anwendung auf dem Rechner sind sie jedoch ungeeignet. Für diesen Zweck müssen sie in anderer Form beschrieben werden. Eine solche Beschreibung sind die topologischen Matrizen.

4.2.1 Inzidenzmatrizen $\underline{A}_a$ und $\underline{A}$

Inzidenzmatrizen geben an, welche Zweige eines Graphen mit welchem Knoten inzident sind. Entsprechen die Knoten den Zeilen, die Zweige den Spalten einer Matrix, so kann für einen orientierten Graphen die vollständige Inzidenzmatrix $\underline{A}_a$ nach folgender Definition für die Matrixelemente $a_{\mu\nu}$ aufgestellt werden:

$$a_{\mu\nu} = \begin{cases} 1, & \text{wenn Zweig } \nu \text{ vom Knoten } \underline{\mu} \text{ wegführt,} \\ -1, & \text{wenn Zweig } \nu \text{ zum Knoten } \underline{\mu} \text{ hinführt,} \\ 0, & \text{wenn Zweig } \nu \text{ mit Knoten } \underline{\mu} \text{ nicht inzident ist.} \end{cases} \quad (4.1)$$

Anmerkung: Knotenbezeichnungen werden in diesem Text doppelt unterstrichen, um sie von Matrizen und Vektoren, die einfach unterstrichen sind, zu unterscheiden.

Beispiel 4.5
Der orientierte Graph Bild 4.5 soll durch eine vollständige Inzidenzmatrix beschrieben werden. Dazu werden die Zeilen durch die Knotennummern, die Spalten durch die Zweignummern bezeichnet. Nach Anwendung von (4.1) erhält man

$$
\underline{A}_a =
\begin{array}{c}
\\
\underline{\underline{1}} \\
\underline{\underline{2}} \\
\underline{\underline{3}} \\
\underline{\underline{4}} \\
\underline{\underline{5}} \\
\underline{\underline{6}}
\end{array}
\begin{array}{ccccccccccc}
1 & 2 & 3 & 4 & 5 & 6 & 7 & 8 & 9 & 10 & \leftarrow \text{Zweig}\\
\left[\begin{array}{cccccccccc}
1 & 0 & 1 & 1 & 0 & 0 & 1 & 0 & 0 & 0 \\
-1 & -1 & 0 & 0 & 0 & 0 & 0 & 0 & 0 & 0 \\
0 & 1 & -1 & 0 & 1 & 0 & 0 & 0 & 1 & 0 \\
0 & 0 & 0 & 0 & 0 & -1 & -1 & 0 & 0 & 1 \\
0 & 0 & 0 & 0 & 0 & 0 & 0 & -1 & -1 & -1 \\
0 & 0 & 0 & -1 & -1 & 1 & 0 & 1 & 0 & 0
\end{array}\right]
\end{array} \cdot
$$

$\uparrow$
Knoten

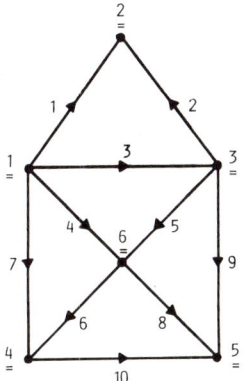

Bild 4.5. Gerichteter Netzwerkgraph

Eine genauere Betrachtung der in diesem Beispiel aufgestellten Inzidenzmatrix zeigt, daß die Summe aller Elemente einer Spalte stets Null ist. Daß dies stets so sein muß, folgt aus der Überlegung, daß jeder Zweig von einem Knoten ausgehen und in einem Knoten münden muß. Dies bedeutet, daß die Zeilen der vollständigen Inzidenzmatrix $\underline{A}_a$ linear abhängig sind, d.h. eine beliebige Zeile

kann gestrichen werden, ohne daß Information über die Struktur
des zugrundeliegenden Graphen verlorengeht. Die dann erhaltene
Matrix heißt "Reduzierte Inzidenzmatrix" $\underline{A}$. Wird im folgenden
nur von "Inzidenzmatrix" gesprochen, dann ist stets die reduzierte Inzidenzmatrix gemeint. Ausgehend von der vollständigen
Inzidenzmatrix von Beispiel 4.5 können sechs unterschiedliche
reduzierte Inzidenzmatrizen erhalten werden, je nachdem, welche
Zeile gestrichen wird. Der Knoten, welcher der gestrichenen Zeile
zugeordnet wird, heißt "Bezugsknoten". Ein solcher Bezugsknoten
im Graphen kann z.B. dem Masseknoten des zugehörigen Netzwerks
entsprechen. Da die vollständige Inzidenzmatrix n Zeilen und b
Spalten besitzt, hat die reduzierte Inzidenzmatrix die Dimension
(n-1) x b.

Mit Hilfe der Inzidenzmatrix können nun sehr einfach Gleichungen für die Ströme und Spannungen eines Netzwerks formuliert
werden. Da die Zeilen der Inzidenzmatrix alle Zweige enthalten,
die in einen Knoten münden, kann die Kirchhoffsche Stromregel
in der Form

$$\underline{A}\ \underline{i}_b = \underline{0} \tag{4.2}$$

geschrieben werden, wobei $\underline{i}_b$ der Vektor aller Zweigströme ist.
Da jede Spalte die Knoten eines Zweigs enthält, lassen sich die
Zweigspannungen durch die Knotenspannungen in der Form

$$\underline{u}_b = \underline{A}'\ \underline{u}_n \tag{4.3}$$

ausdrücken. Dabei ist $\underline{A}'$ die transponierte Inzidenzmatrix, $\underline{u}_b$
ist der Vektor der Zweigspannungen, $\underline{u}_n$ ist der Vektor der Knotenspannungen.

Beispiel 4.6
Für den Graphen Bild 4.5 gilt mit der vollständigen Inzidenzmatrix
von Beispiel 4.5 nach Wahl des Knoten $\underline{6}$ als Bezugsknoten (damit
ist $u_{\underline{6}}=0$):

$$
\begin{bmatrix}
1 & 0 & 1 & 1 & 0 & 0 & 1 & 0 & 0 & 0 \\
-1 & -1 & 0 & 0 & 0 & 0 & 0 & 0 & 0 & 0 \\
0 & 1 & -1 & 0 & 1 & 0 & 0 & 0 & 1 & 0 \\
0 & 0 & 0 & 0 & 0 & -1 & -1 & 0 & 0 & 1 \\
0 & 0 & 0 & 0 & 0 & 0 & 0 & -1 & -1 & -1
\end{bmatrix}
\begin{bmatrix}
i_1 \\ i_2 \\ i_3 \\ i_4 \\ i_5 \\ i_6 \\ i_7 \\ i_8 \\ i_9 \\ i_{10}
\end{bmatrix}
=
\begin{bmatrix}
0 \\ 0 \\ 0 \\ 0 \\ 0 \\ 0 \\ 0 \\ 0 \\ 0 \\ 0
\end{bmatrix} .
$$

Für die Zweigspannungen erhält man nach (4.3)

$$
\begin{bmatrix}
u_1 \\ u_2 \\ u_3 \\ u_4 \\ u_5 \\ u_6 \\ u_7 \\ u_8 \\ u_9 \\ u_{10}
\end{bmatrix}
=
\begin{bmatrix}
1 & -1 & 0 & 0 & 0 \\
0 & -1 & 1 & 0 & 0 \\
1 & 0 & -1 & 0 & 0 \\
1 & 0 & 0 & 0 & 0 \\
0 & 0 & 1 & 0 & 0 \\
0 & 0 & 0 & -1 & 0 \\
1 & 0 & 0 & -1 & 0 \\
0 & 0 & 0 & 0 & -1 \\
0 & 0 & 1 & 0 & -1 \\
0 & 0 & 0 & 1 & -1
\end{bmatrix}
\begin{bmatrix}
u_{\underline{1}} \\ u_{\underline{2}} \\ u_{\underline{3}} \\ u_{\underline{4}} \\ u_{\underline{5}}
\end{bmatrix} .
$$

Ein Vorteil bei der Anwendung von Inzidenzmatrizen ist, daß (4.2) und (4.3) unabhängig von der Wahl eines Baumes gelten. Wird trotzdem ein Baum des betrachteten Graphen gewählt, dann sind weitere Aussagen möglich. Dazu werde nocheinmal Bild 4.5 betrachtet. Der Graph hat n=6 Knoten; damit ist die Anzahl der Baumzweige nach Satz 4.1: n-1=5. Die Spannungen der Baumzweige, die sich nach (4.3) berechnen, sind nach Satz 4.3 unabhängig voneinander. Das bedeutet, daß die Baumzweige durch fünf linear unabhängige Zeilen von $\underline{A}'$, also unabhängige Spalten von $\underline{A}$ gegeben sind. Am einfachsten läßt sich die Unabhängigkeit der ausgewählten Spalten zeigen, indem sie durch Vertauschen der Zeilen- und Spaltennummern so angeordnet werden, daß sich eine (obere) Dreiecksmatrix ergibt. Da dann in jeder neuen Spalte ein weiteres Element in einer neuen Zeile hinzukommt, ist es klar, daß keine Spalte aus einer Linearkombination der anderen Spalten abgeleitet werden kann. Die den Baumzweigen zugeordnete Teilmatrix wird mit $\underline{A}_t$ bezeichnet.

Beispiel 4.7

Die Zweige 1, 2, 4, 6, 8 des Graphen Bild 4.5 bilden einen Baum. Werden die zugehörigen Spalten der Inzidenzmatrix in geeigneter Reihenfolge angeschrieben, dann erhält man die Dreiecksform

$$
\underline{A}_t = \begin{array}{c} \\ \underline{1} \\ \underline{2} \\ \underline{3} \\ \underline{4} \\ \underline{5} \end{array}
\begin{array}{ccccc}
4 & 1 & 2 & 6 & 8 \leftarrow \text{Baumzweige} \\
\left[\begin{array}{ccccc}
1 & 1 & 0 & 0 & 0 \\
0 & -1 & -1 & 0 & 0 \\
0 & 0 & 1 & 0 & 0 \\
0 & 0 & 0 & -1 & 0 \\
0 & 0 & 0 & 0 & -1
\end{array}\right]
\end{array} \quad .
$$

Ein anderer möglicher Baum wird duch die Zweige 2, 3, 5, 7, 9 gebildet. Durch eine geeignete Anordnung kann die Dreiecksmatrix

$$
\underline{A}_t = \begin{array}{c} \\ \underline{3} \\ \underline{2} \\ \underline{5} \\ \underline{1} \\ \underline{4} \end{array}
\begin{array}{ccccc}
5 & 2 & 9 & 3 & 7 \\
\left[\begin{array}{ccccc}
1 & 1 & 1 & -1 & 0 \\
0 & -1 & 0 & 0 & 0 \\
0 & 0 & -1 & 0 & 0 \\
0 & 0 & 0 & 1 & 1 \\
0 & 0 & 0 & 0 & -1
\end{array}\right]
\end{array}
$$

aufgestellt werden.

Nun hätten in diesem Beispiel auch andere mögliche Bäume gewählt werden können. Es stellt sich damit die Frage, wieviele Bäume zu einem gegebenen Graphen gehören. Diese Frage wird durch die folgenden Sätze beantwortet.

Satz 4.6: Determinante von $\underline{A}$

Die Inzidenzmatrix $\underline{A}$ hat den Rang (n-1) und die Determinante der Teilmatrix $\underline{A}_t$ ist gegeben durch

$$ \det \underline{A}_t = \pm 1 \quad . \tag{4.4} $$

Beweis:

Folgt unmittelbar aus der Konstruktion von $\underline{A}$ aus $\underline{A}_a$ und der Tatsache, daß die Spalten und Zeilen von $\underline{A}_t$ so angeordnet werden können, daß sich eine Dreiecksmatrix ergibt. Die Determinante einer Dreiecksmatrix ergibt sich bekanntlich aus dem Produkt ihrer Diagonalelemente, die bei der Inzidenzmatrix stets ± 1 sind.

Satz 4.7: Spalten von $\underline{A}_t$

Die Spalten jeder nichtsingulären Teilmatrix $\underline{A}_t$ von $\underline{A}$ der Dimension $(n-1)\times(n-1)$ gehören zu Baumzweigen des zugrundeliegenden Graphen.

Beweis:

Nach Satz 4.6 hat $\underline{A}$ den Rang $(n-1)$. Da ein Baum des Graphen alle Knoten enthält (Def. 4.7), muß auch $\underline{A}_t$ $(n-1)$ Zeilen haben. Die Anzahl der Spalten folgt aus der Anzahl $(n-1)$ der Baumzweige. Da Baumzweige durch linear unabhängige Spalten beschrieben werden, ist diese Teilmatrix nichtsingulär.

Satz 4.8: Anzahl Bäume

Die Anzahl aller möglichen Bäume eines Graphen ist durch det $(\underline{A}\underline{A}')$ gegeben.

Beweis:

Nach Satz 4.6 ist der Rang der quadratischen Matrix $(\underline{A}\underline{A}')$ gleich $(n-1)$. Die Determinante einer nichtsingulären $(n-1)$-Teilmatrix $\underline{A}_t$ ist $+1$ oder -1. Da sich der Wert dieser Determinante nicht ändert, wenn $\underline{A}_t$ transponiert wird (folgt aus Darstellungsmöglichkeit als Dreiecksmatrix), gilt: det $(\underline{A}_t\underline{A}_t')=1$. Die Aufgabe besteht nun darin, die Anzahl aller solcher Produkte (die nach Satz 4.7 zu je einem Baum gehören) zu ermitteln. Nach dem Satz von Binet-Cauchy [4.2] ist die Summe solcher Produkte gerade det $(\underline{A}\underline{A}')$.

4.2.2 Fundamentalschleifenmatrix $\underline{B}$

Die Fundamentalschleifenmatrix $\underline{B}$ beschreibt, welche Zweige in den einzelnen Fundamentalschleifen eines Graphen enthalten sind. Dazu muß im Graphen zuerst ein Baum gewählt werden. Bei der Fundamentalschleifenmatrix entsprechen die Zeilen den Fundamentalschleifen, die mit $l\mu$ bezeichnet werden sollen, die Spalten den Zweigen des Graphen. Die Elemente der Matrix werden durch

$$
b_{\mu\nu} = \begin{cases} 1, \text{ wenn Zweig } \nu \text{ in Schleife } l\mu \text{ mit gleicher} \\ \quad \text{Orientierung,} \\ -1, \text{ wenn Zweig } \nu \text{ in Schleife } l\mu \text{ mit entgegen-} \\ \quad \text{gesetzter Orientierung,} \\ 0, \text{ wenn Zweig } \nu \text{ nicht in Schleife } l\mu \text{ liegt.} \end{cases} \quad (4.5)
$$

definiert. Da jede Fundamentalschnittmenge genau einen Verbindungszweig enthält (Satz 4.1), hat $\underline{B}$ bei geeigneter Anordnung der Zweige die Form:

$$
\underline{B} = \left[\, \underline{E} \;\vline\; \underline{F} \,\right] \; \} \; \text{b-n+1 Fundamentalschleifen} \quad .
$$

$$
\text{n-1 Baumzweige} \qquad\qquad (4.6)
$$
$$
\text{b-n+1 Verbindungszweige}
$$

Dabei wurde vorgesetzt, daß die Orientierung der Fundamentalschleifen mit der Orientierung der sie definierenden Verbindungszweige übereinstimmt, so daß die Matrix $\underline{B}$ aus der Einheitsmatrix $\underline{E}$ und der sogenannten Fundamentalmatrix $\underline{F}$ zusammengesetzt ist.

Beispiel 4.8

Für den Graphen Bild 4.5 werde der erste Baum des Beispiels 4.7 gewählt, wie Bild 4.6 zeigt. In das Bild wurden die b-n+1=5 Fundamentalschleifen 13, 15, 17, 19, 110 (entsprechend den definierenden Verbindungszweigen) eingezeichnet. Mit (4.5) und (4.6) erhält man für die Fundamentalschleifenmatrix:

		Verbindungszweige						Baumzweige			
		3	5	7	9	10	1	2	4	6	8
	13	1	0	0	0	0	-1	1	0	0	0
	15	0	1	0	0	0	1	-1	-1	0	0
$\underline{B}=$	17	0	0	1	0	0	0	0	-1	-1	0
	19	0	0	0	1	0	1	-1	-1	0	-1
	110	0	0	0	0	1	0	0	0	1	-1

$\uparrow$ Fundamentalschleifen $\qquad\qquad\qquad\qquad \underline{F}$

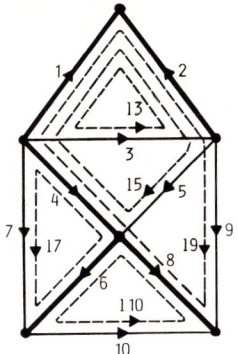

Bild 4.6. Netzwerkgraph von Bild 4.5
mit Fundamentalschleifen

Da jede Zeile der Fundamentalschnittmengenmatrix die Zweige
enthält, die in einer Schleife liegen, kann mit Hilfe dieser Matrix die Kirchhoffsche Spannungsregel formuliert werden:

$$\underline{B} \ \underline{u}_b = \underline{0} \ . \tag{4.7}$$

Die Spalten der $\underline{B}$-Matrix geben an, welche Schleifenströme - also
welche unabhängigen Verbindungszweig-Ströme - durch die einzelnen
Zweige fließen, so daß sich der Gesamtstrom in den Zweigen aus
der Überlagerung der Verbindungszweig-Ströme ergibt:

$$\underline{i}_b = \underline{B}' \ \underline{i}_l \ . \tag{4.8}$$

Dabei ist $\underline{B}'$ die transponierte Fundamentalschleifenmatrix, $\underline{i}_l$
der Vektor der Verbindungszweig-Ströme. Wird der Zweigstrom-Vektor
$\underline{i}_b$ entsprechend der Unterteilung von $\underline{B}$ in Verbindungszweig-Ströme
$\underline{i}_l$ und Baumzweig-Ströme $\underline{i}_t$ unterteilt, also

$$\underline{i}_b = \left[\underline{i}_l \ \vdots \ \underline{i}_t \right]' \ , \tag{4.9}$$

dann folgt aus (4.8) die Beziehung

$$\underline{i}_t = \underline{F}' \ \underline{i}_l \ , \tag{4.10}$$

also die Berechnung der abhängigen Baumzweig-Ströme aus den unabhängigen Verbindungszweigströmen. Werden die Zweigspannungen entsprechend in Verbindungszweig-Spannungen $\underline{u}_l$ und Baumzweig-Span-

nungen $\underline{u}_t$ unterteilt, dann folgt aus (4.7):

$$\begin{bmatrix} \underline{E} & | & \underline{F} \end{bmatrix} \begin{bmatrix} \underline{u}_1 \\ \hline \underline{u}_t \end{bmatrix} = \underline{u}_1 + \underline{F}\,\underline{u}_t = \underline{0}$$

oder

$$\underline{u}_1 = -\underline{F}\,\underline{u}_t \qquad\qquad\qquad\qquad (4.11)$$

Damit können die abhängigen Verbindungszweig-Spannungen aus den unabhängigen Baumzweig-Spannungen ermittelt werden.

Beispiel 4.9

Für den Graphen Bild 4.6 erhält man mit der Fundamentalmatrix $\underline{F}$ aus Beispiel 4.8 durch Einsetzen in (4.11):

$$\underbrace{\begin{bmatrix} u_3 \\ u_5 \\ u_7 \\ u_9 \\ u_{10} \end{bmatrix}}_{\underline{u}_1} = - \underbrace{\begin{bmatrix} -1 & 1 & 0 & 0 & 0 \\ 1 & -1 & -1 & 0 & 0 \\ 0 & 0 & -1 & -1 & 0 \\ 1 & -1 & -1 & 0 & -1 \\ 0 & 0 & 0 & 1 & -1 \end{bmatrix}}_{\underline{F}} \underbrace{\begin{bmatrix} u_1 \\ u_2 \\ u_4 \\ u_6 \\ u_8 \end{bmatrix}}_{\underline{u}_t} \quad .$$

Man verifiziere dieses Ergebnis durch Vergleich mit Bild 4.6! Durch Anwendung von (4.10) erhält man für die Ströme:

$$\underbrace{\begin{bmatrix} i_1 \\ i_2 \\ i_4 \\ i_6 \\ i_8 \end{bmatrix}}_{\underline{i}_t} = \underbrace{\begin{bmatrix} -1 & 1 & 0 & 1 & 0 \\ 1 & -1 & 0 & -1 & 0 \\ 0 & -1 & -1 & -1 & 0 \\ 0 & 0 & -1 & 0 & 1 \\ 0 & 0 & 0 & -1 & -1 \end{bmatrix}}_{\underline{F}'} \underbrace{\begin{bmatrix} i_3 \\ i_5 \\ i_7 \\ i_9 \\ i_{10} \end{bmatrix}}_{\underline{i}_1} \quad .$$

4.2.3 Fundamentalschnittmengenmatrix $\underline{Q}$

Die Fundamentalschnittmengenmatrix $\underline{Q}$ beschreibt, welche Zweige in
den einzelnen Fundamentalschnittmengen eines Graphen enthalten
sind. Auch hierzu muß zuerst ein Baum gewählt werden. Bei der
Fundamentalschnittmengenmatrix entsprechen die Zeilen den Fundamentalschnittmengen, die mit $t\mu$ bezeichnet werden. Die Spalten
entsprechen den Zweigen, die wie bei der $\underline{B}$-Matrix angeordnet werden sollen, so daß zuerst die Verbindungszweige aufgeführt werden
und dann die Baumzweige folgen. Die Elemente der Matrix werden
durch

$$q_{\mu\nu} = \begin{cases} 1, \text{ wenn Zweig } \nu \text{ in Schnittmenge } \mu \text{ mit gleicher Orientierung,} \\ -1, \text{ wenn Zweig } \nu \text{ in Schnittmenge } \mu \text{ mit entgegengesetzter Orientierung,} \\ 0, \text{ wenn Zweig } \nu \text{ nicht in Schnittmenge } \mu \end{cases} \quad (4.12)$$

definiert. Da jede Fundamentalschnittmenge genau einen Baumzweig
enthält, hat die Matrix $\underline{Q}$ die Form

$$\underline{Q} = \left[\underline{Q}_1 \mid \underline{E} \right] \} \text{ n-1 Fundamentalschnittmengen}$$

n-1 Baumzweige $\qquad (4.13)$
b-n+1 Verbindungszweige

Dabei wird vorausgesetzt, daß die Richtung der Fundamentalschnittmengen mit der Orientierung der sie definierenden Baumzweige übereinstimmt.

Beispiel 4.10
In Bild 4.7 ist der bekannte Graph mit dem Baum aus Beispiel 4.8
zu sehen, wobei jetzt die Schnittmengen t1, t2, t4, t6, t8 entsprechend den definierenden Baumzweigen eingezeichnet sind. Mit
(4.12) und (4.13) erhält man für die Fundamentalschnittmengenmatrix:

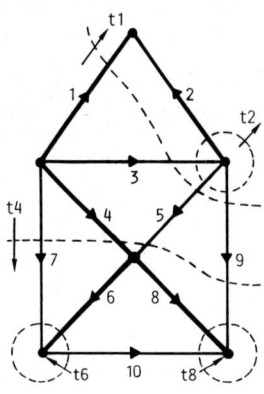

Bild 4.7. Netzwerkgraph von Bild 4.5
mit Fundamentalschnittmengen

		Verbindungszweige					Baumzweige			
		3	5	7	9	10	1	2	4	6	8
	t1	1	-1	0	-1	0	1	0	0	0	0
	t2	-1	1	0	1	0	0	1	0	0	0
$\underline{Q}$ =	t4	0	1	1	1	0	0	0	1	0	0
	t6	0	0	1	0	-1	0	0	0	1	0
	t8	0	0	0	1	1	0	0	0	0	1

↑

Fundamentalschnittmengen

Da in jeder Zeile die Zweige stehen, die in einer Schnittmenge
- also in einem "erweiterten Knoten" - enthalten sind, kann die
Kirchhoffsche Stromregel durch

$$\underline{Q} \; \underline{i}_b = \underline{0} \tag{4.14}$$

formuliert werden. In jeder Spalte sind die Schnittmengen enthalten, in denen der jeweilige Zweig liegt. Da die Schnittmengen
durch die Baumzweige definiert werden, die Baumzweig-Spannungen
aber unabhängige Netzwerkvariable sind (Satz 4.3), können die
Zweigspannungen aus den Baumzweig-Spannungen bestimmt werden:

$$\underline{u}_b = \underline{Q}' \; \underline{u}_t \; . \tag{4.15}$$

Aus (4.15) und (4.7) folgt:

$$\underline{B} \; \underline{u}_b = \underline{B} \; \underline{Q}' \; \underline{u}_t = \underline{0} \; , \tag{4.16}$$

und zwar für alle Werte von $\underline{u}_t$. Werden für $\underline{u}_t$ nacheinander die
Einheitsvektoren $[1, 0,..., 0]'$, $[0, 1, 0...0]'$, $[0,...0, 1]'$
eingesetzt, dann zeigt sich, daß alle Elemente der ersten, zweiten,
..., b-n+1-ten Zeile verschwinden müssen.

Daraus folgt, daß

$$\underline{B} \underline{Q}' = \underline{0} . \tag{4.17}$$

Eine analoge Argumentation unter Verwendung von (4.14) und (4.8)
ergibt

$$\underline{Q} \underline{B}' = \underline{0} .$$

Aus (4.17) folgt mit der Unterteilung der Matrizen in Verbindungs-
und Baumzweige

$$\underline{B} \underline{Q}' = \begin{bmatrix} \underline{E} & \vdots & \underline{F} \end{bmatrix} \begin{bmatrix} \underline{Q}_1' \\ --- \\ \underline{E} \end{bmatrix} = \underline{Q}_1' + \underline{F} = 0 \tag{4.18}$$

oder

$$\underline{Q}_1 = - \underline{F}' , \tag{4.19}$$

so daß schließlich

$$\underline{Q} = \begin{bmatrix} - \underline{F}' & \vdots & \underline{E} \end{bmatrix} . \tag{4.20}$$

Damit kann mit Kenntnis der Fundamentalschleifenmatrix sofort die
Fundamentalschnittmengenmatrix aufgestellt werden und umgekehrt.
Ein Vergleich der Matrizen $\underline{B}$ und $\underline{Q}$ aus den Beispielen 4.8 und 4.10
zeigt die Gültigkeit von (4.19).

4.2.4 Maschenmatrix $\underline{M}$

Die Maschenmatrix $\underline{M}$ beschreibt, welche Zweige in den einzelnen
Maschen eines Graphen enthalten sind. Die Zeilen der Maschenmatrix
entsprechen dabei den Maschen des Graphen, die Spalten den Zweigen.
Die Elemente der Maschenmatrix werden durch die Definition

98

$$
m_{\mu\nu} = \begin{cases} 1, & \text{wenn Zweig } \nu \text{ in Masche } \mu \text{ mit gleicher} \\ & \text{Orientierung,} \\ -1, & \text{wenn Zweig } \nu \text{ in Masche } \mu \text{ mit entgegen-} \\ & \text{gesetzter Orientierung,} \\ 0, & \text{wenn Zweig } \nu \text{ nicht in Masche } \mu \text{ liegt,} \quad (4.21) \end{cases}
$$

festgelegt.

Beispiel 4.11

Wieder werde der Graph 4.5 betrachtet, der in Bild 4.8 mit willkürlich durchnumerierten und mit einer Orientierung versehenen
b−n+1=5 Maschen m1 bis m5 eingezeichnet ist. Durch Anwendung von
(4.21) erhält man

	1	2	3	4	5	6	7	8	9	10	← Zweige
m1	1	−1	−1	0	0	0	0	0	0	0	
m2	0	0	1	−1	1	0	0	0	0	0	
m3	0	0	0	1	0	1	−1	0	0	0	
m4	0	0	0	0	−1	0	0	−1	1	0	
m5	0	0	0	0	0	−1	0	1	0	−1	

$\underline{M} =$, ↑ Maschen

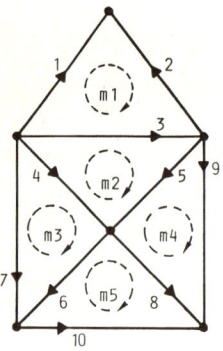

Bild 4.8. Netzwerkgraph von Bild 4.5 mit Maschen

Da in einer Zeile der Maschenmatrix die in der jeweiligen
Masche enthaltenen Zweige stehen, kann die Kirchhoffsche Spannungsregel auch in der Form

$$\underline{M}\,\underline{u}_b = \underline{0} \qquad (4.22)$$

formuliert werden. In den Spalten der Maschenmatrix stehen alle
Maschen, zu denen der jeweilige Zweig gehört. Stellt man sich Maschenströme vor, die in den einzelnen Maschen zirkulieren, dann
berechnen sich die Zweigströme aus der Überlagerung der in den
Zweigen fließenden Maschenströme, also

$$\underline{i}_b = \underline{M}' \, \underline{i}_m \, .$$
(4.23)

Dabei ist $\underline{i}_m$ der Vektor der Maschenströme.

4.2.5 Zusammenfassung

In diesem Abschnitt werden die im vorliegenden Kapitel aufgestellten Gleichungen in Tab. 4.1 zusammengefaßt, um ihre
Anwendung zu erleichtern.

4.3 Generieren der topologischen Matrizen auf dem Rechner

4.3.1 Aufstellen der Inzidenzmatrix

Die Aufstellung der Inzidenzmatrix aus der Schaltungsbeschreibung
ist einfach. Dazu müssen lediglich alle Zweige und Knoten mit positiven, ganzen Zahlen durchnummeriert und in einer Verbindungs-
tabelle mit Einträgen (k,i,j) gespeichert werden. Dabei bedeutet
k die Zweignummer, i die Nummer des Anfangsknotens, j die Nummer
des Endknotens des Zweiges. Diese Zahlenanordnung enthält die
gleiche Information wie die Spalten der Inzidenzmatrix, spart aber
Speicherplatz. Bei einem Netzwerk mit 100 Knoten und 500 Zweigen
werden beispielsweise 500 · 3 = 1500 Einträge benötigt. Eine vollständige Speicherung der Inzidenzmatrix würde dagegen Platz für
100 · 500 = 50000 Einträge benötigen, wobei die meiste Information
aus Nullen bestünde.

4.3.2 Generieren eines Baumes

Bei der Aufstellung der Fundamentalschleifen- und Fundamentalschnittmengenmatrix muß von einem Baum ausgegangen werden. Ein

	Zweigstrom $\underline{i}_b$	Zweigspannung $\underline{u}_b$	Verbindungszweigstrom $\underline{i}_l$	Baumzweigspannung $\underline{u}_t$	Maschenstrom $\underline{i}_m$	Knotenspannung $\underline{u}_n$
Zweigspannung $\underline{u}_b =$	Elementebeziehung (Impedanz)	$\underline{E}$	–	$\underline{Q}'$	–	$\underline{A}'$
Zweigstrom $\underline{i}_b =$	$\underline{E}$	Elementebeziehung (Admittanz)	$\underline{B}'$	–	$\underline{M}'$	–
Verbindungszweigspannung $\underline{u}_l =$	–	–	Elementebeziehung (Impedanz)	$-\underline{F}$	–	–
Baumzweigstrom $\underline{i}_t =$	–	–	$\underline{F}'$	Elementebeziehung (Admittanz)	–	–
Kirchhoffsche Spannungsregel $0 =$	–	$\underline{M}, \underline{B}$	–	–	–	–
Kirchhoffsche Stromregel $0 =$	$\underline{A}, \underline{Q}$	–	–	–	–	–

Tabelle 4.1. Beziehungen zwischen Netzwerkgrößen

solcher Baum kann auf dem Rechner durch einen geeigneten Algorithmus gefunden werden.

Ein wichtiger Gesichtspunkt bei der Auswahl von Baumzweigen ist, daß diese so gewählt werden, daß durch Elemente, die in den entsprechenden Zweigen des Netzwerks liegen, die Kirchhoffschen Regeln nicht verletzt werden. Da die Spannungen der Baumzweige unabhängige Variablen sind, wird man mit oberster Priorität solche Zweige als Baumzweige wählen, bei denen die Spannungen unabhängig sind. Aus diesem Grund müssen alle Spannungsquellen eines Netzwerks in Baumzweigen liegen. Stromquellen müssen dagegen in Verbindungszweigen liegen, da die Ströme der Verbindungszweige unabhängig sind (Satz 4.3). Eine solche Wahl ist bei physikalisch vernünftigen Netzwerken stets möglich, da es andernfalls Schleifen aus Spannungsquellen bzw. Schnittmengen aus Stromquellen enthalten muß. Ein solches Netzwerk würde entweder die Kirchhoffschen Regeln verletzen (inkonsistentes Netzwerk) oder es können Quellen entfernt werden, ohne daß sich die Strom- und Spannungsverteilung im Netzwerk ändert. Da das Verhalten von Kapazitäten durch ihre Spannungen, das von Induktivitäten durch ihre Ströme eindeutig gegeben ist, werden Kapazitäten vorzugsweise Baumzweige, Induktivitäten vorzugsweise Verbindungszweige zugewiesen. Bei der Festlegung eines Baumes werden deshalb die Baumzweige nach fallender Priorität folgenden Elementen zugeordnet: unabhängigen Spannungsquellen, gesteuerten Spannungsquellen, Kapazitäten, Widerständen, Induktivitäten. Ein nach dieser Prioritätenliste gewählter Baum heißt Normalbaum.

Da Baumzweige den unabhängigen Spalten der Inzidenzmatrix entsprechen und diese nach Abschnitt 4.2.1 eine Dreiecksmatrix bilden, brauchen nur die unabhängigen Spalten gemäß der geforderten Priorität bestimmt werden. Dazu wird durch den nachfolgend beschriebenen Algorithmus die Inzidenzmatrix in eine gestaffelte Matrix (Zeilenstufenform) transformiert. Die Baumzweige werden dann durch (n-1) Spalten bestimmt, die eine Dreiecksmatrix ergeben.

Algorithmus 4.1: Elementare Zeilenoperation [4.3]

1. Aufstellen der Inzidenzmatrix mit Anordnung der Spalten nach Prioritäten.

2. Transformation in gestaffelte Form durch Vertauschen zweier Zeilen,

Multiplikation einer Zeile mit einer Konstanten ungleich Null,
Ersetzen der i-ten Zeile durch die Summe der Zeile i und dem
α-fachen der Zeile j mit $i \neq j$ und $\alpha = $ const. $\neq 0$.

Beispiel 4.12

Die Inzidenzmatrix für das Netzwerk Bild 4.9 hat die Form

$$
\begin{array}{c}
\begin{array}{ccccccc}
u_0 & C & & R & & L & \\
\end{array} \\
\begin{array}{ccccccc}
2 & 5 & 6 & 1 & 3 & 4 & 7
\end{array} \leftarrow \text{Zweig} \\
\begin{array}{c}
\underline{1} \\
\underline{2} \\
\underline{3} \\
\underline{4}
\end{array}
\begin{bmatrix}
1 & -1 & 0 & -1 & 0 & 1 & 0 \\
0 & 0 & 0 & 1 & -1 & 0 & 0 \\
-1 & 0 & -1 & 0 & 0 & 0 & 0 \\
0 & 0 & 0 & 0 & 1 & -1 & -1
\end{bmatrix} ,
\end{array}
$$

wobei die erste Spalte dem Zweig mit der Spannungsquelle u_0 zugeordnet wurde. Dann folgen die Zweige 5 und 6, die Kapazitäten enthalten, dann der resistive Zweig 1 und die Zweige mit Induktivitäten 3, 4 und 7. Als Bezugsknoten wurde der Knoten 5 gewählt.
Zur Überführung dieser Matrix in Zeilenstufenform werden die folgenden Elementaroperationen durchgeführt: 1. Ersetzen der Zeile 3
durch die Summe der Zeilen 1 und 3. Dies ergibt

$$
\begin{array}{ccccccc}
2 & 5 & 6 & 1 & 3 & 4 & 7
\end{array}
$$

$$
\begin{bmatrix}
1 & -1 & 0 & -1 & 0 & 1 & 0 \\
0 & 0 & 0 & 1 & -1 & 0 & 0 \\
0 & -1 & -1 & -1 & 0 & 1 & 0 \\
0 & 0 & 0 & 0 & 1 & -1 & -1
\end{bmatrix} .
$$

Durch Vertauschen der 2. und 3. Zeile erhält man schließlich das
gewünschte Ergebnis:

$$
\begin{array}{ccccccc}
2 & 5 & 6 & 1 & 3 & 4 & 7
\end{array}
$$

$$
\begin{bmatrix}
1 & -1 & 0 & -1 & 0 & 1 & 0 \\
0 & -1 & -1 & -1 & 0 & 1 & 0 \\
0 & 0 & 0 & 1 & -1 & 0 & 0 \\
0 & 0 & 0 & 0 & 1 & -1 & -1
\end{bmatrix} .
$$

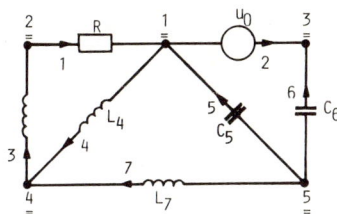

Bild 4.9. Netzwerk für Beispiele
4.12 und 4.13

Streng genommen spricht man nur dann von einer Matrix in Zeilenstufenform (row echelon form), wenn alle ersten von Null verschiedenen Elemente einer Zeile positiv sind. Das heißt, daß eigentlich
die zweite Zeile der erhaltenen Matrix noch mit (-1) multipliziert
werden müßte. Dies ist jedoch für den hier beabsichtigten Zweck
ohne Bedeutung und wird deshalb weggelassen. Die Baumzweige entsprechen nun vier unabhängigen Spalten der erhaltenen Matrix, die
zusammen eine Dreiecksmatrix bilden können. Es sind dies z.B. die
den Zweigen 2, 5, 1, 3 zugeordneten Spalten. Weitere mögliche
Bäume werden durch die Zweige 2, 5, 1, 4 oder 2, 5, 1, 7 oder 2,
6, 1, 3 oder 2, 6, 1, 4 oder 2, 6, 1, 7 gebildet. Dies sind alles
gleichwertige Normalbäume, da ja die Reihenfolge, in der die kapazitiven Zweige und die, in der die induktiven Zweige angeordnet
werden, nach den bis jetzt behandelten Kriterien beliebig ist.

Wie Beispiel 4.12 zeigt, können in der Regel mehrere Normalbäume in einem Netzwerk gewählt werden. Die gesamte Anzahl der Normalbäume ist offensichtlich gleich dem Produkt der Stufentiefen
der von der Inzidenzmatrix abgeleiteten Zeilenstufenmatrix, wobei
die Zweige nicht berücksichtigt werden, die zu Spannungsquellen
gehören (denen ja stets Baumzweige zugeordnet werden müssen).
Als Stufentiefe wird dabei die Anzahl der Spalten verstanden, bei
denen die von Null verschiedenen Elemente bis zur gleichen Stufe
reichen. Im Beispiel ist die Stufentiefe der zweiten Stufe (Zweige
5 und 6) gleich zwei, die der dritten Stufe (Zweig 1) gleich eins,
die der vierten Stufe (Zweige 3, 4, 7) gleich drei. Das Produkt
dieser Stufentiefen ist sechs, also gleich der Anzahl der gefundenen Normalbäume.

Bei der Behandlung von Lösungsverfahren in Kap. 7 wird
sich zeigen, daß der Aufwand zur Lösung von Gleichungssystemen
umso größer ist, je mehr von Null verschiedene Elemente in der zugehörigen Koeffizientenmatrix enthalten sind. Aus diesem Grund bevorzugt man bei Analyseverfahren, bei denen zur Formulierung der

Netzwerkgleichungen die Fundamentalschnittmengen- oder Fundamentalschleifenmatrix verwendet wird, denjenigen Normalbaum, der die
meisten Nullelemente in der Fundamentalmatrix $\underline{F}$ ergibt. Um den
optimalen Normalbaum zu finden, wird allen Zweigen des Netzwerks
ein Knotengewicht zugeordnet, das sich aus der Anzahl aller Zweige
ergibt, die mit den Anfangs- und Endknoten des betrachteten Zweiges
inzident sind. Innerhalb der Gruppe gleichartiger Elemente werden
die Zweige in der Inzidenzmatrix nach fallendem Knotengewicht angeordnet. Nach Transformation in Zeilenstufenform wird der optimale Normalbaum durch die Zweige gebildet, die der ersten Spalte
jeder Stufe zugeordnet sind [4.4] .

Beispiel 4.13
Die Knotengewichte der Zweige des Netzwerks Bild 4.9 des letzten
Beispiels betragen:

Zweig	1	2	3	4	5	6	7
Gewicht	4	4	3	5	5	3	4

•

Daraus folgt die Reihenfolge der Zweige für das Aufstellen der
Inzidenzmatrix: 2, 5, 6, 1, 4, 7, 3. Der günstigste Baum bezüglich
der Anzahl der von Null verschiedenen Elemente der Fundamentalmatrix ist damit der Normalbaum mit den Zweigen 2, 5, 1, 4; der
ungünstigste der mit den Zweigen 2, 6, 1, 3. Zur Kontrolle werden
die zugehörigen Fundamentalmatrizen nach (4.6) aufgestellt, wobei
von Null verschiedene Elemente durch ein Kreuz markiert werden.

$$\underline{F}_{2514} = \begin{array}{c} 13 \\ 16 \\ 17 \end{array} \overset{\begin{array}{cccc} 1 & 2 & 4 & 5 \end{array}}{\left[\begin{array}{cccc} x & & x & \\ & x & & x \\ & & x & x \end{array}\right]} \; , \qquad \underline{F}_{2613} = \begin{array}{c} 14 \\ 15 \\ 17 \end{array} \overset{\begin{array}{cccc} 1 & 2 & 3 & 6 \end{array}}{\left[\begin{array}{cccc} x & & x & \\ & x & & x \\ x & x & x & x \end{array}\right]} \; .$$

$$\underbrace{\hspace{3cm}}_{\text{6 Elemente}} \qquad\qquad \underbrace{\hspace{3cm}}_{\text{8 Elemente}}$$

4.3.3 Aufstellen der topologischen Matrizen $\underline{Q}$ und $\underline{B}$

Für die Entwicklung eines Algorithmus zum Aufstellen der topologischen Matrizen benötigen wir den

Satz 4.9
Es gilt:

$$\underline{A}\,\underline{B}' = \underline{B}\,\underline{A}' = \underline{0} \qquad\qquad\qquad (4.24)$$

Beweis [4.2] :
Die Matrizen sollen nocheinmal angeschrieben werden, wobei die
ν-te Zeile von $\underline{A}$ und die μ-te Spalte von $\underline{B}'$ näher betrachtet wird.

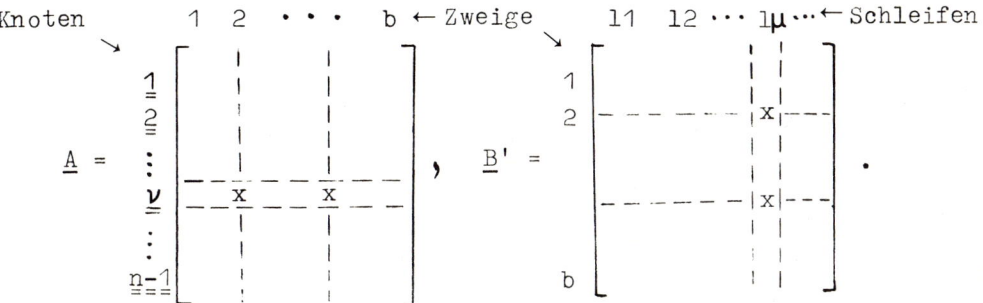

Die ν-te Zeile von $\underline{A}$ entspricht Knoten $\underline{\nu}$, die μ-te Spalte von
$\underline{B}'$ der Schleife 1μ . Es gibt nun zwei Möglichkeiten: 1. Knoten $\underline{\nu}$
ist nicht in Schleife 1μ enthalten. Keiner der Zweige der Schleife
kann dann mit $\underline{\nu}$ inzident sein. Das bedeutet, daß für jedes von
Null verschiedene Element in der Spalte von $\underline{B}'$ das entsprechende
Element in der Zeile von $\underline{A}$ Null ist, so daß das Produkt dieser
Elemente verschwindet. 2. Knoten $\underline{\nu}$ ist in der Schleife 1μ enthalten. Dann liegen genau zwei mit $\underline{\nu}$ inzidente Zweige in der
Schleife. Haben diese Zweige bezüglich des Knotens gleiche Orientierung (beide Einträge in Zeile ν von $\underline{A}$ haben gleiches Vorzeichen), dann ist die Orientierung bezüglich der Schleife verschieden. Sind sie bezüglich $\underline{\nu}$ unterschiedlich orientiert, dann sind
die Vorzeichen der beiden Einträge in der Spalte μ von $\underline{B}'$ gleich.
Das hat zur Folge, daß in beiden Fällen die Summe der Produkte
der zusammengehörigen Elemente von $\underline{A}$ und $\underline{B}'$ Null ergibt.
    Da diese Argumentation für beliebige Zeilen ν und Spalten μ
gilt, ist $\underline{A}\,\underline{B}' = \underline{0}$. Wegen $(\underline{A}\,\underline{B}')' = \underline{B}\underline{A}'$ gilt auch der zweite Teil
des Satzes.

Für die weitere Herleitung werde die Inzidenzmatrix gemäß Abschn. 4.2.1 nach Baumzweigen und Verbindungszweigen unterteilt und als

$$\underline{A} = \left[\underline{A}_l \mid \underline{A}_t \right] \tag{4.25}$$

geschrieben. Damit gilt mit (4.24) und (4.6):

$$\underline{A} \, \underline{B}' = \left[\underline{A}_l \mid \underline{A}_t \right] \begin{bmatrix} \underline{E} \\ \hline \underline{F}' \end{bmatrix} = \underline{A}_l + \underline{A}_t \, \underline{F}' = \underline{0} \quad . \tag{4.26}$$

Daraus folgt für die Fundamentalmatrix $\underline{F}$:

$$\underline{F}' = -\underline{A}_t^{-1} \, \underline{A}_l \quad . \tag{4.27}$$

Eingesetzt in (4.20) erhält man für die Fundamentalschnittmengen-matrix:

$$\underline{Q} = \left[\underline{A}_t^{-1} \, \underline{A}_l \mid \underline{E} \right] = \underline{A}_t^{-1} \left[\underline{A}_l \mid \underline{A}_t \right] = \underline{A}_t^{-1} \, \underline{A} \quad . \tag{4.28}$$

Die Fundamentalschleifenmatrix läßt sich mit der Kenntnis von $\underline{F}'$ nach (4.27) sofort aufstellen oder aber von der Fundamentalschnitt-mengenmatrix ableiten.

Bei der praktischen Berechnung von (4.28) vermeidet man die Invertierung von $\underline{A}_t$, da eine direkte numerische Matrixinvertie-rung stets ineffizient ist. Stattdessen benutzt man die Tatsache, daß sich jede nichtsinguläre quadratische Matrix $\underline{X}$ durch die in Alg. 4.1 definierten Elementaroperationen in die Einheitsmatrix überführen läßt.

Zur mathematischen Beschreibung der Durchführung dieser Ele-mentaroperationen werden üblicherweise sogenannte Elementarmatri-zen $\hat{\underline{E}}_\nu$ benutzt. Diese Elementarmatrizen gehen aus der Einheits-matrix durch Anwendung einer Elementaroperation hervor. Die Multi-plikation einer solchen Elementarmatrix mit der Matrix $\underline{X}$ ist der Anwendung der zugehörigen Elementaroperation direkt auf $\underline{X}$ äqui-valent.

Beispiel 4.14

In der Matrix $\underline{X}$ soll das Zweifache der ersten Zeile auf die dritte Zeile addiert werden. Es werde nun eine Elementarmatrix $\hat{\underline{E}}_a$ definiert, die durch genau diese Elementaroperation aus der Einheitsmatrix entsteht. $\hat{\underline{E}}_a$ ist deshalb bei Annahme einer Dimension von drei:

$$\hat{\underline{E}}_a = \begin{bmatrix} 1 & 0 & 0 \\ 0 & 1 & 0 \\ 2 & 0 & 1 \end{bmatrix} \; .$$

Linksmultiplikation mit der 3 x 3-Matrix $\underline{X}$ ergibt

$$\begin{bmatrix} 1 & 0 & 0 \\ 0 & 1 & 0 \\ 2 & 0 & 1 \end{bmatrix} \begin{bmatrix} x_{11} & x_{12} & x_{13} \\ x_{21} & x_{22} & x_{23} \\ x_{31} & x_{32} & x_{33} \end{bmatrix} = \begin{bmatrix} x_{11} & x_{12} & x_{13} \\ x_{21} & x_{22} & x_{23} \\ 2x_{11}+x_{31} & 2x_{12}+x_{32} & 2x_{13}+x_{33} \end{bmatrix} ,$$

also genau das Ergebnis, das durch direkte Anwendung der Elementaroperation auf $\underline{X}$ erhalten worden wäre. Sollen nur die ersten beiden Zeilen vertauscht werden, dann würde eine Elementarmatrix $\hat{\underline{E}}_b$ der Form

$$\hat{\underline{E}}_b = \begin{bmatrix} 0 & 1 & 0 \\ 1 & 0 & 0 \\ 0 & 0 & 1 \end{bmatrix}$$

benötigt.

Es werden nun geeignete Elementarmatrizen $\hat{\underline{E}}_1$, ... , $\hat{\underline{E}}_m$ gewählt, welche die Matrix $\underline{A}_t$ in die Einheitsmatrix überführen; also

$$\hat{\underline{E}}_m \cdot \hat{\underline{E}}_{m-1} \cdots \hat{\underline{E}}_2 \cdot \hat{\underline{E}}_1 \cdot \underline{A}_t = \underline{E} \qquad (4.29)$$

oder nach Rechtsmultiplikation von $\underline{A}_t^{-1}$

$$\underline{A}_t^{-1} = \hat{\underline{E}}_m \cdots \hat{\underline{E}}_2 \cdot \hat{\underline{E}}_1 \; . \qquad (4.30)$$

Einsetzen von (4.30) in (4.28) ergibt

$$\underline{Q} = \left[\underline{A}_t^{-1}\underline{A}_1 \mid \underline{E} \right] = \hat{\underline{E}}_m \cdots \hat{\underline{E}}_2\hat{\underline{E}}_1 \cdot \left[\underline{A}_1 \mid \underline{A}_t \right] = \hat{\underline{E}}_m \cdots \hat{\underline{E}}_2\hat{\underline{E}}_1 \cdot \underline{A} \quad . \quad (4.31)$$

Die Fundamentalschnittmengenmatrix $\underline{Q}$ wird also aus der Inzidenzmatrix $\underline{A}$ erhalten, indem auf $\underline{A}$ so lange Elementaroperationen angewandt werden, bis die Teilmatrix $\underline{A}_t$ in eine Einheitsmatrix übergeführt ist.

Beispiel 4.15

Es soll nocheinmal die Inzidenzmatrix von Beispiel 4.12 betrachtet
werden, die entsprechend dem in Beispiel 4.13 gefundenen opti-
malen Normalbaum in Teilmatrizen $\underline{A}_1$ und $\underline{A}_t$ unterteilt wird:

$$\underline{A} = \begin{array}{ccccccc} 3 & 6 & 7 & 1 & 2 & 4 & 5 \\ \left[\begin{array}{ccc|cccc} 0 & 0 & 0 & -1 & 1 & 1 & -1 \\ -1 & 0 & 0 & 1 & 0 & 0 & 0 \\ 0 & -1 & 0 & 0 & -1 & 0 & 0 \\ 1 & 0 & -1 & 0 & 0 & -1 & 0 \end{array}\right] \end{array} \quad .$$

$$\underbrace{}_{\underline{A}_1} \quad \underbrace{}_{\underline{A}_t}$$

Um $\underline{A}_t$ in die Einheitsmatrix überzuführen, werden folgende Elementaroperationen angewandt: Die zweite Zeile wird zur ersten
Zeile, die mit (-1) multiplizierte dritte Zeile zur zweiten, die
mit (-1) multiplizierte vierte zur dritten und die erste zur
vierten Zeile. Damit erhält man das Zwischenergebnis

$$\begin{array}{ccccccc} 3 & 6 & 7 & 1 & 2 & 4 & 5 \\ \left[\begin{array}{ccc|cccc} -1 & 0 & 0 & 1 & 0 & 0 & 0 \\ 0 & 1 & 0 & 0 & 1 & 0 & 0 \\ -1 & 0 & 1 & 0 & 0 & 1 & 0 \\ 0 & 0 & 0 & -1 & 1 & 1 & -1 \end{array}\right] \end{array} \quad .$$

Nun braucht nur noch die (neue) letzte Zeile mit (-1) multipliziert und mit der negativen ersten Zeile, der zweiten und der

dritten Zeile addiert zu werden, so daß schließlich das Endergebnis

$$
\begin{array}{ccc|cccc}
3 & 6 & 7 & 1 & 2 & 4 & 5 \\
\end{array}
$$

$$
\left[
\begin{array}{ccc|cccc}
-1 & 0 & 0 & 1 & 0 & 0 & 0 \\
0 & 1 & 0 & 0 & 1 & 0 & 0 \\
-1 & 0 & 1 & 0 & 0 & 1 & 0 \\
0 & 1 & 1 & 0 & 0 & 0 & 1 \\
\end{array}
\right] = \underline{Q}
$$

$$
\underbrace{}_{-\underline{F}'} \quad \underbrace{}_{\underline{E}}
$$

lautet. Mit der Kenntnis der negativen transponierten Fundamentalmatrix kann sofort die Fundamentalschleifenmatrix angeschrieben
werden:

$$
\begin{array}{c}
\\
13 \\
\underline{B} = 16 \\
17
\end{array}
\begin{array}{ccc|cccc}
3 & 6 & 7 & 1 & 2 & 4 & 5 \\
\left[\begin{array}{ccc|cccc}
1 & 0 & 0 & 1 & 0 & 1 & 0 \\
0 & 1 & 0 & 0 & -1 & 0 & -1 \\
0 & 0 & 1 & 0 & 0 & -1 & -1 \\
\end{array}\right]
\end{array} \quad .
$$

$$
\underbrace{}_{\underline{E}} \quad \underbrace{}_{\underline{F}}
$$

Ein Vergleich der erhaltenen Fundamentalmatrix mit der Matrix
$\underline{F}_{2514}$, deren Struktur in Beispiel 4.13 direkt vom Netzwerk Bild
4.9 aufgestellt wurde, zeigt die Übereinstimmung der Matrix-
struktur.

5 Anwendung der topologischen Matrizen zur Formulierung der Netzwerkgleichungen für lineare resistive Netzwerke

Nach der Einführung der topologischen Matrizen zur Beschreibung von Netzwerkstrukturen in Kapitel 4 wird nun gezeigt, wie zusammen mit den Elementebeziehungen verschiedene Formulierungen der Netzwerkgleichungen abgeleitet werden können. Vor- und Nachteile der einzelnen Beschreibungsarten werden diskutiert. Dabei werden vorerst nur Netzwerke betrachtet, die aus linearen Widerständen, Strom- und Spannungsquellen bestehen, also lineare resistive Netzwerke. Diese Einschränkung ist vorteilhaft, da dabei die Formulierung der Netzwerkgleichungen recht einfach ist; anderseits ist eine Erweiterung zur Einbeziehung nichtlinearer und dynamischer Elemente ohne Schwierigkeiten möglich.

5.1 Knotenanalyse

Für die Beschreibung eines linearen resistiven Netzwerks hat sich die Einführung des sogenannten allgemeinen Zweigs bewährt, der in Bild 5.1 dargestellt ist. Er enthält eine unabhängige Strom- und

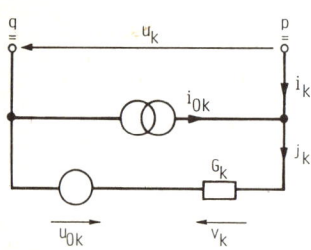

Bild 5.1. Zur Definition des allgemeinen Zweigs

Spannungsquelle sowie einen Widerstand in Leitwertform. Zweigstrom und Zweigspannung des k-ten Zweigs sollen mit i_k und u_k bezeichnet werden, Strom und Spannung des Leitwerts G_k seien j_k und v_k. Hat das Netzwerk b allgemeine Zweige, dann lassen sich die Vektoren

$$\underline{u}_b = [u_1, \ldots, u_k, \ldots, u_b]' \qquad (5.1)$$

$$\underline{i}_b = [i_1, \ldots, i_k, \ldots, i_b]' \qquad (5.2)$$

$$\underline{v}_b = [v_1, \ldots, v_k, \ldots, v_b]' \qquad (5.3)$$

$$\underline{j}_b = [j_1, \ldots, j_k, \ldots, j_b]' \qquad (5.4)$$

für die Ströme und Spannungen sowie die Quellenvektoren

$$\underline{u}_0 = [u_{01}, \ldots, u_{0k}, \ldots, u_{0b}]' \qquad (5.5)$$

$$\underline{i}_0 = [i_{01}, \ldots, i_{0k}, \ldots, i_{0b}]' \qquad (5.6)$$

definieren. Neben den Leitwerten des allgemeinen Zweigs, für die

$$j_k = G_k v_k \qquad (5.7)$$

gilt, seien noch spannungsgesteuerte Stromquellen zugelassen, die nach Abschn. 3.1.5 durch die Gleichung

$$j_k = g_{km} v_m \qquad (5.8)$$

beschrieben werden. Es werde nun die sogenannte Zweigadmittanz-matrix $\underline{Y}_b$ der Dimension b x b mit den Elementen

$$Y_{km} \in \{G_k, g_{km}, 0\} \qquad (5.9)$$

so definiert, daß die Elementebeziehungen für die Leitwerte bzw. gesteuerten Stromquellen des Netzwerks in der Form

$$\underline{j}_b = \underline{Y}_b \underline{v}_b \qquad (5.10)$$

geschrieben werden können. Für die Ströme und Spannungen des allgemeinen Zweigs gelten die Beziehungen

$$\underline{i}_b = \underline{i}_b - \underline{i}_0 \ , \tag{5.11}$$

$$\underline{u}_b = \underline{v}_b - \underline{u}_0 \ . \tag{5.12}$$

Durch Einsetzen von (5.10) und (5.12) in (5.11) erhält man

$$\underline{i}_b = \underline{Y}_b \ (\underline{u}_b + \underline{u}_0) - \underline{i}_0 \ . \tag{5.13}$$

Aus dieser Gleichung können nun unter Verwendung der Kirchhoff-schen Stromregel (4.2) und der Beziehung zwischen Zweig- und Knotenspannung (4.3) die Zweiggrößen $\underline{i}_b$, $\underline{u}_b$ eliminiert werden, so daß die Netzwerkgleichungen in der Form

$$\underline{A} \ \underline{Y}_b \ \underline{A}' \ \underline{u}_n = \underline{A} \ (\underline{i}_0 - \underline{Y}_b \ \underline{u}_0) \tag{5.14}$$

erhalten werden. Zur Vereinfachung der Schreibweise werden die Knotenadmittanzmatrix $\underline{Y}_n$ und der äquivalente Quellenstromvektor $\underline{i}_{0n}$ definiert:

$$\underline{Y}_n = \underline{A} \ \underline{Y}_b \ \underline{A}' \ , \tag{5.15}$$

$$\underline{i}_{0n} = \underline{A} \ (\underline{i}_0 - \underline{Y}_b \ \underline{u}_0) \ . \tag{5.16}$$

Damit läßt sich (5.14) in der Kurzform

$$\underline{Y}_n \ \underline{u}_n = \underline{i}_{0n} \tag{5.17}$$

schreiben.

Die physikalische Bedeutung der Größen $\underline{Y}_n$ und $\underline{i}_{0n}$ soll nun näher untersucht werden. Dazu werde ein allgemeiner Zweig betrachtet, der z.B. zwischen den Knoten $\underline{p}$ und $\underline{q}$ eines Netzwerks angeordnet sein soll. Für diesen Zweig werde (5.15) aufgestellt, wobei nur die Beiträge der im betrachteten Zweig enthalten Elemente angeschrieben werden:

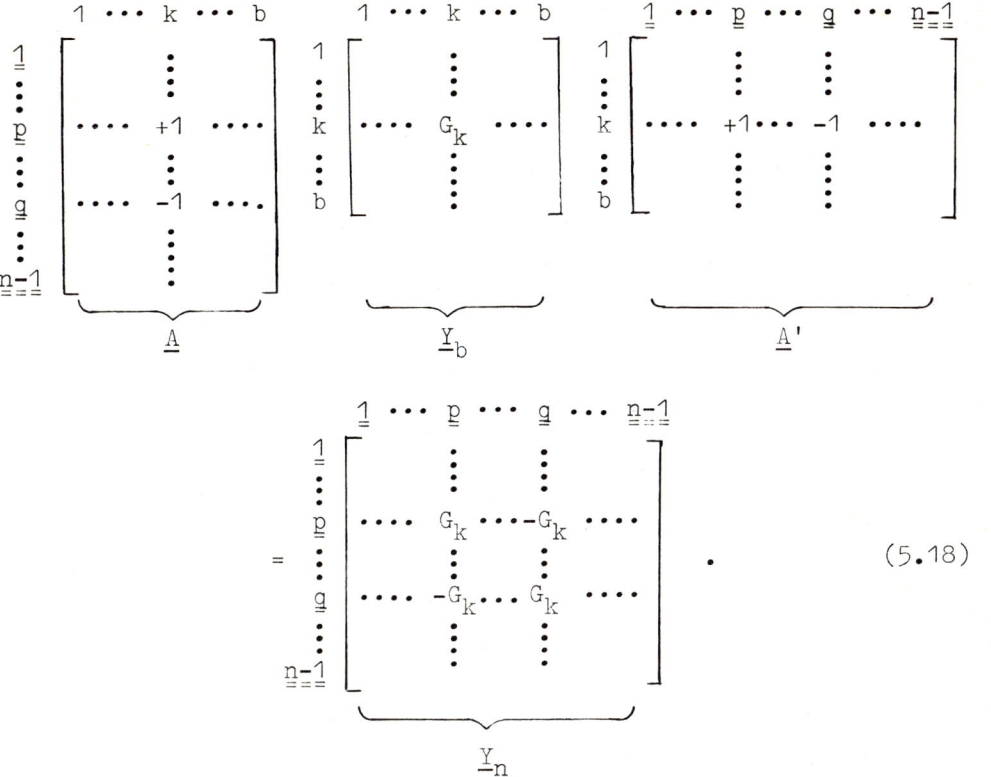

$$(5.18)$$

Daraus kann sofort das Bildungsgesetz für die Knotenadmittanzmatrix abgelesen werden: Jeder Leitwert ergibt vier Einträge in der Matrix; zwei mit positiven Vorzeichen auf der Hauptdiagonalen in der den Anschlußknoten zugeordneten Zeilen (Spalten); zwei mit negativen Vorzeichen an den Plätzen, die der Zeile für den einen Knoten und der Spalte für den anderen Knoten zugeordnet sind. Diese Einträge können sofort aus der Eingabebeschreibung für ein Netzwerkprogramm, das üblicherweise die Form

$$\underbrace{Rk}_{\text{Name}} \quad \underbrace{p \quad q}_{\text{Knoten}} \quad \underbrace{10}_{\text{Wert des Widerstands in Ohm (Beispiel)}}$$

hat, aufgestellt werden. Damit ist es also nicht notwendig, die Inzidenzmatrix und die Zweigadmittanzmatrix aufzustellen und daraus die Knotenadmittanzmatrix zu berechnen. Für den Quellenstromvektor erhält man aus (5.16) für das Beispiel als Beitrag einer Stromquelle, wobei

$$\underline{i}_0 = \begin{bmatrix} \cdots & i_{0k} & \cdots \end{bmatrix}' \quad,$$

$$\underline{u}_0 = \begin{bmatrix} \cdots & u_{0k} & \cdots \end{bmatrix}' \quad,$$

das Ergebnis

$$\underline{i}_{0n} = \begin{matrix} \underline{1} \\ \vdots \\ \underline{p} \\ \vdots \\ \underline{q} \\ \vdots \\ \underline{n-1} \end{matrix} \begin{bmatrix} \vdots \\ \vdots \\ (i_{0k} - G_k u_{0k}) \\ \vdots \\ -(i_{0k} - G_k u_{0k}) \\ \vdots \\ \vdots \end{bmatrix} \quad . \tag{5.19}$$

Auch dieses Ergebnis läßt sich anschaulich interpretieren, wenn die Spannungsquelle und der Serienwiderstand im allgemeinen Zweig in eine Stromquelle mit Parallelwiderstand umgewandelt werden, wie in Bild 5.2 gezeigt. Ein Vergleich mit (5.19) zeigt, daß die Elemente dieses Vektors offensichtlich aus den Strömen der beiden Quellen bestehen, die positiv gezählt werden, wenn sie zum betrachteten Anschlußknoten hinfließen. Aus (5.19) folgen sofort die Sonderfälle für Zweige ohne Spannungsquelle ($u_{0k} = 0$), ohne Stromquelle ($i_{0k} = 0$), oder für Zweige, die nur einen Widerstand enthalten ($u_{0k} = i_{0k} = 0$).

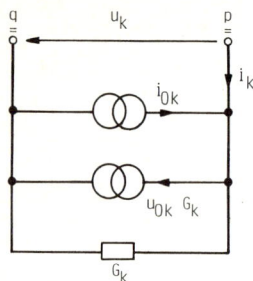

Bild 5.2. Allgemeiner Zweig nach Quellenumwandlung

Beispiel 5.1
Für das Netzwerk Bild 5.3 sollen die Knotengleichungen aufgestellt werden. Es kann in sechs allgemeine Zweige zerlegt werden, wobei

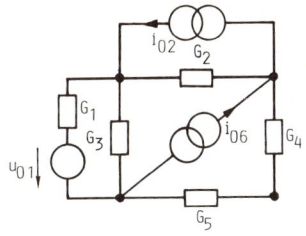

Bild 5.3. Netzwerk von Beispiel 5.1

in Zweig 1 die Stromquelle fehlt, in Zweig 2 die Spannungsquelle,
in Zweig 3, 4 und 5 beide Quellen und in Zweig 6 die Spannungsquelle und der Leitwert. In dem Netzwerk werde Knoten $\underline{4}$ als Bezugsknoten gewählt. Nach (5.18) kann sofort die Knotenadmittanzmatrix angeschrieben werden:

$$
\underline{Y}_n = \begin{array}{c} \underline{1} \\ \underline{2} \\ \underline{3} \end{array}
\begin{array}{ccc} \underline{\underline{1}} & \underline{\underline{2}} & \underline{\underline{3}} \\
\left[\begin{array}{ccc}
G_1 + G_2 + G_3 & -G_2 & 0 \\
-G_2 & G_2 + G_4 & -G_4 \\
0 & -G_4 & G_4 + G_5
\end{array}\right] \end{array} \cdot
$$

Die Leitwerte G_2 und G_4 ergeben je vier Matrixeinträge, G_3 und G_5
nur einen, da die restlichen Einträge in der (nicht benötigten)
Zeile und Spalte für den Bezugsknoten enthalten sind.

Für die Aufstellung von $\underline{Y}_n$ von Hand kann aus dem Beispiel eine einfache Regel abgeleitet werden: Die Hauptdiagonale enthält
die Summe der Leitwerte, die mit den jeweiligen Knoten verbunden
sind; auf den übrigen Plätzen stehen die Leitwerte mit negativen
Vorzeichen, welche die entsprechenden Knoten verbinden.

Der äquivalente Knotenstromvektor kann ebenfalls sofort angeschrieben werden, wenn die Elemente von Zweig 1 in eine Stromquelle
mit Innenwiderstand umgewandelt werden. Man erhält:

$$
\underline{i}_{0n} = \left[i_{02} + G_1 u_{01} \; , \; i_{06} - i_{02} \; , \; 0 \right]' \; .
$$

Beim ersten Eintrag wird der Summand $G_1 u_{01}$ positiv gezählt, weil
die Spannungsquelle u_{01} entgegengesetzt wie bei der Definition des
allgemeinen Zweigs gerichtet ist.

Bis jetzt wurde nur die Aufstellung der Knotenadmittanzmatrix für Leitwerte G_k behandelt. Der Beitrag von spannungsgesteuerten Stromquellen nach (5.8) kann analog hergeleitet werden. Eine solche Quelle, wie sie in Bild 5.4 dargestellt ist, wobei die Stromquelle zwischen den Knoten $\underline{p}$ und $\underline{q}$, die steuernde Spannung u_m zwischen den Knoten $\underline{r}$ und $\underline{s}$ liegt, wird bei der Eingabebeschreibung für ein Netzwerkanalyseprogramm üblicherweise in der Form

VCCSk   p   q   r   s   0,1

Name   Quellen-   Steuer-   Wert des Steuerleitwerts

knoten   knoten   in Siemens (Beispiel)

beschrieben. Für den Beitrag zur Knotenadmittanzmatrix erhält man folgendes Muster:

$$\underline{Y}_n = \begin{array}{c} \\ \underline{p} \\ \\ \underline{q} \\ \\ \end{array} \begin{bmatrix} & \vdots & & \vdots & \\ \cdots & g_{km} & \cdots & -g_{km} & \cdots \\ & \vdots & & \vdots & \\ \cdots & -g_{km} & \cdots & g_{km} & \cdots \\ & \vdots & & \vdots & \end{bmatrix} \cdot \qquad (5.20)$$

Im Gegensatz zum Muster (5.18) ist dieses Muster nicht symmetrisch zur Hauptdiagonalen.

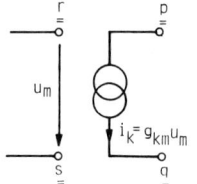

Bild 5.4. Spannungsgesteuerte Stromquelle

Die Knotenanalyse wurde in der Vergangenheit häufig verwendet, um die Gleichungen der zu berechnenden Netzwerke aufzustellen. Für die Berechnung der Lösungen kleinerer Netzwerke von Hand ist sie auch heute noch das einfachste Verfahren. Ihre Vorteile sind:

1. Die Netzwerkgleichungen (5.17) können unmittelbar aus der Schaltungseingabe aufgestellt werden.

2. Die Elemente der Hauptdiagonalen von Y_n sind ungleich Null und größer als die restlichen Elemente derselben Zeile oder Spalte. Diese Diagonaldominanz ist eine wünschenswerte Eigenschaft, die zu einer Vereinfachung der Lösungsalgorithmen führt, wie in Kap. 7 näher besprochen wird.

3. Bei großen Netzwerken enthält die Knotenadmittanzmatrix viele Nullelemente, sie ist relativ dünn besetzt. Der Besetzungsgrad, d.h. der Anteil der von Null verschiedenen Elemente, ist bei nicht zu kleinen Schaltungen geringer als 30% und kann bei sehr großen Schaltungen 5% und weniger erreichen. Dies kann ausgenutzt werden, um die Lösung der Netzwerkgleichungen zu beschleunigen.

Als Nachteile der Knotenanalyse sind zu nennen:

1. Als Ergebnis der Analyse werden nur Knotenspannungen erhalten. Zweigspannungen können daraus einfach ermittelt werden. Verlangt der Anwender jedoch die Ausgabe von Zweigströmen, dann müssen diese erst mit Hilfe der Elementebeziehungen aus den Zweigspannungen berechnet werden.

2. Die Knotenanalyse ist nicht bei Schaltungen mit stromgesteuerten Widerständen oder stromgesteuerten Quellen einsetzbar, da für solche Elemente keine Admittanzbeschreibung existiert. Auch ideale Übertrager lassen sich nicht in die Analyse einbeziehen. Als Ausweg wurden verschiedene Netzwerkerweiterungen vorgeschlagen, z.B. mit kleinen Hilfsleitwerten, die das Verhalten des Netzwerks nur wenig ändern, aber Quellenumwandlungen erlauben. Allerdings kann dies zu numerischen Problemen bei der Lösung der Netzwerkgleichungen führen. Ein weiterer Trick ist das Zwischenschalten eines Gyratorpaars mit dem Gyrationsleitwert 1S vor ein stromgesteuertes Element. Dadurch werden die Strom- und Spannungsverteilungen im Netzwerk nicht geändert; das stromgesteuerte Element besitzt zusammen mit einem Gyrator jedoch eine Admittanzdarstellung, ebenso wie der zweite Gyrator allein [4.5]. Nachteilig dabei ist, daß für jedes eingefügte Hilfsgyratorpaar ein Knoten zusätzlich eingeführt werden muß (als zweiter Knoten wird der Bezugsknoten gewählt).

5.2 Modifizierte Knotenanalyse

Die Nachteile der Knotenanalyse vermeidet die Modifizierte Knotenanalyse (MNA), die allerdings komplizierter ist. Dieses Verfahren
wird heute bei modernen Analyseprogrammen am häufigsten zur Aufstellung der Netzwerkgleichungen verwendet.

Zur Herleitung der Gleichungen der Modifizierten Netzwerkanalyse soll nun vorausgesetzt werden, daß in jedem Zweig des
Netzwerks nur ein Element enthalten ist. Diese Elemente können
unabhängige oder gesteuerte Strom- und Spannungsquellen sein oder
beliebige lineare oder auch nichtlineare strom- oder spannungsgesteuerte Widerstände. Unter der Einschränkung, daß (in diesem
Kapitel) nur lineare Elemente behandelt werden, lassen sich alle
Elemente mindestens durch eine der beiden Gleichungen

$$i_k = \sum_{\rho=1}^{b} y_{k\rho} u_\rho + \sum_{\sigma=1}^{b} h_{k\sigma} i_\sigma - i_{0k} \text{ , wobei } h_{kk} = 0 \qquad (5.21)$$

$$u_m = \sum_{\rho=1}^{b} z_{m\rho} i_\rho + \sum_{\sigma=1}^{b} h_{m\sigma} u_\sigma - u_{0m} \text{ , wobei } h_{mm} = 0 \qquad (5.22)$$

beschreiben. Die Indizes k, m bezeichnen die Nummer des beschriebenen Zweigs, $y_{k\rho}$ ist eine Zweigadmittanz wie bei der Knotenanalyse, $z_{m\rho}$ bezeichnet eine Zweigimpedanz (im vorliegenden Fall also
entweder einen Widerstand R oder Übertragungswiderstand bei stromgesteuerten Spannungsquellen), $h_{k\sigma}$ bzw. $h_{m\sigma}$ sind dimensionslose
Übertragungsfaktoren zur Beschreibung stromgesteuerter Stromquellen bzw. spannungsgesteuerter Spannungsquellen. Die Elemente des
Netzwerks werden nun in zwei Klassen unterteilt, je nachdem, ob
sie durch (5.21) (Klasse 1) oder (5.22) (Klasse 2) beschrieben
werden. Die Gleichungen aller Elemente des Netzwerks lassen sich
dann in Matrixform schreiben:

$$\underline{i}_1 = \underline{Y}_1 \underline{u}_1 + \underline{Y}_2 \underline{u}_2 + \underline{H}_{11} \underline{i}_1 + \underline{H}_{12} \underline{i}_2 - \underline{i}_0 \qquad (5.23)$$

$$\underline{u}_2 = \underline{Z}_1 \underline{i}_1 + \underline{Z}_2 \underline{i}_2 + \underline{H}_{21} \underline{u}_1 + \underline{H}_{22} \underline{u}_2 - \underline{u}_0 \text{ .} \qquad (5.24)$$

Dabei bezeichnen die Indizes 1, 2 die Klassenzugehörigkeit der Elemente bzw. ihrer Ströme und Spannungen. Damit gilt

$$\underline{u}_b = \left[\underline{u}_1 , \underline{u}_2 \right]' \tag{5.25}$$

$$\underline{i}_b = \left[\underline{i}_1 , \underline{i}_2 \right]' \, . \tag{5.26}$$

Die Zweigadmittanzen und -impedanzen sowie die Übertragungsfaktoren wurden in Matrizenschreibweise zusammengefaßt mit

$$\underline{Y}_1 = (y_{k\rho}) \quad , \text{ wobei } i_k, u_\rho \in (\text{Klasse } 1)$$

$$\underline{Y}_2 = (y_{k\rho}) \quad , \text{ wobei } i_k \in (\text{Klasse } 1), u_\rho \in (\text{Klasse } 2)$$

$$\underline{H}_{11} = (h_{k\sigma}) \quad , \text{ wobei } i_k; i_\sigma \in (\text{Klasse } 1)$$

$$\underline{H}_{12} = (h_{k\sigma}) \quad , \text{ wobei } i_k \in (\text{Klasse } 1), i_\sigma \in (\text{Klasse } 2)$$

$$\underline{Z}_1 = (z_{m\rho}) \quad , \text{ wobei } u_m \in (\text{Klasse } 2), i_\rho \in (\text{Klasse } 1)$$

$$\underline{Z}_2 = (z_{m\rho}) \quad , \text{ wobei } u_m, i_\rho \in (\text{Klasse } 2)$$

$$\underline{H}_{21} = (h_{m\sigma}) \quad , \text{ wobei } u_m \in (\text{Klasse } 2), u_\sigma \in (\text{Klasse } 1)$$

$$\underline{H}_{22} = (h_{m\sigma}) \quad , \text{ wobei } u_m, u_\sigma \in (\text{Klasse } 2).$$

Wird die Inzidenzmatrix entsprechend der Klasseneinteilung in Teilmatrizen $\underline{A}_1$ und $\underline{A}_2$ unterteilt, dann können (4.2) und (4.3) wie folgt geschrieben werden:

$$\left[\underline{A}_1 \; \vdots \; \underline{A}_2 \right] \left[\begin{array}{c} \underline{i}_1 \\ \hline \underline{i}_2 \end{array} \right] = \underline{0} \, , \tag{5.27}$$

$$\left[\begin{array}{c} \underline{u}_1 \\ \hline \underline{u}_2 \end{array} \right] = \left[\begin{array}{c} \underline{A}_1' \\ \hline \underline{A}_2' \end{array} \right] \underline{u}_n \, . \tag{5.28}$$

Elimination von $\underline{i}_1$, $\underline{u}_1$, $\underline{u}_2$ aus den fünf Gleichungen (5.23-24, 27-28) ergibt die modifizierten Knotengleichungen:

$$\left[\begin{array}{c|c} \underline{A}_1\underline{Y}_1\underline{A}_1' + \underline{A}_1\underline{Y}_2\underline{A}_2' & (\underline{E}-\underline{A}_1\underline{H}_{11}\underline{A}_1^{-1})\underline{A}_2+\underline{A}_1\underline{H}_{12} \\ \hline (\underline{E}-\underline{H}_{22})\underline{A}_2'-\underline{H}_{21}\underline{A}_1' & -\underline{Z}_2+\underline{Z}_1\underline{A}_1^{-1}\underline{A}_2 \end{array}\right] \left[\begin{array}{c} \underline{u}_n \\ \hline \underline{i}_2 \end{array}\right] = \left[\begin{array}{c} \underline{A}_1\underline{i}_0 \\ \hline -\underline{u}_0 \end{array}\right] \quad (5.29)$$

Als eine erste Probe der Korrektheit dieses Ergebnisses soll ein Netzwerk ohne gesteuerte Quellen und ohne Spannungsquellen betrachtet werden. In diesem Fall können alle Widerstände in Leitwertform beschrieben werden, d.h. der Klasse 1 zugeordnet werden, so daß $\underline{Y}_1 = \underline{Y}_b$ und $\underline{A}_1 = \underline{A}$. Alle Matrizen, die den Index 2 enthalten, sind Null. Damit geht (5.29) in (5.14) über. Die Gleichungen der Modifizierten Knotenanalyse enthalten also die Knotengleichungen als Spezialfall.

Eine Aufstellung der modifizierten Knotengleichungen nach (5.29) wäre außerordentlich rechenzeitaufwendig. Eine Herleitung der Beiträge einzelner Elemente zur Gesamtmatrix in (5.29), wobei analog wie im letzten Abschnitt vorgegangen wird, zeigt, daß auch hier jedes Element ein typisches Muster erzeugt. Durch die Überlagerung der Muster der einzelnen Elemente kann (5.29) sehr schnell direkt aus der Eingabebeschreibung aufgestellt werden. Das in (5.18) beschriebene Muster für einen Leitwert und das Muster (5.20) für eine spannungsgesteuerte Stromquelle ist auch für die Modifizierte Knotenanalyse gültig.

Wird die Ausgabe des Stroms durch einen Widerstand verlangt, dann wird in die Matrix eines der folgenden Muster eingetragen, je nachdem, ob der Widerstand in Admittanzform (Bild 5.5)

$$\begin{array}{c} \quad\quad \underline{p} \quad\quad \underline{q} \quad\quad k \\ \begin{array}{c} \underline{p} \\ \underline{q} \\ k \end{array} \left[\begin{array}{cc|c} 0 & 0 & 1 \\ 0 & 0 & -1 \\ \hline G_k & -G_k & -1 \end{array}\right] \end{array} \quad ; \text{ kein Beitrag zur rechten Seite} \quad (5.30)$$

$(u_p - u_q)G_k = i_k$ Bild 5.5. Widerstand (Admittanz-Darstellung)

oder Impedanzform (Bild 5.6) beschrieben wird:

$$
\begin{array}{cc}
 & \begin{array}{ccc} \underline{\underline{p}} & \underline{\underline{q}} & k \end{array} \\
\begin{array}{c} \underline{\underline{p}} \\[14pt] \underline{\underline{q}} \\[14pt] k \end{array} &
\left[
\begin{array}{cc|c}
0 & 0 & 1 \\
0 & 0 & -1 \\
\hline
-1 & 1 & R_k
\end{array}
\right]
\end{array}
\quad ; \ \text{kein Beitrag zur rechten Seite .} \quad (5.31)
$$

$u_p - u_q = R_k i_k$ Bild 5.6. Widerstand (Impedanz-Darstellung)

Eine unabhängige Spannungsquelle (Bild 5.7) erzeugt als Einzel-zweig das Muster

$$
\begin{array}{cc}
 & \begin{array}{ccc} \underline{\underline{p}} & \underline{\underline{q}} & k \end{array} \\
\begin{array}{c} \underline{\underline{p}} \\[14pt] \underline{\underline{q}} \\[14pt] k \end{array} &
\left[
\begin{array}{cc|c}
0 & 0 & 1 \\
0 & 0 & -1 \\
\hline
1 & -1 & 0
\end{array}
\right]
\end{array}
\quad ; \
\left[
\begin{array}{c}
0 \\
0 \\
\hline
u_{0k}
\end{array}
\right]
\ . \qquad (5.32)
$$

rechte Seite

$u_p - u_q = u_{0k}$ Bild 5.7. Unabhängige Spannungsquelle

Eine spannungsgesteuerte Spannungsquelle (Bild 5.8) führt zu folgenden Einträgen:

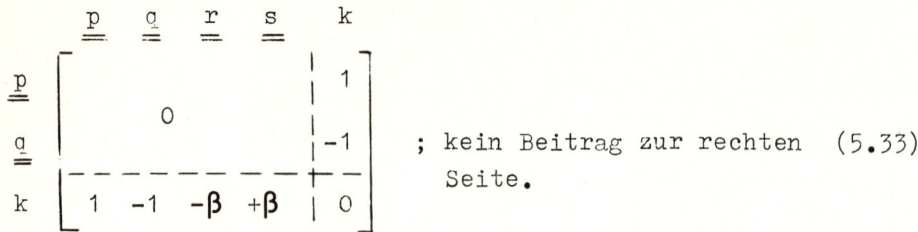

$$\begin{array}{c} \\ \underline{\underline{p}} \\ \underline{\underline{q}} \\ \\ k \end{array} \begin{array}{ccccc} \underline{\underline{p}} & \underline{\underline{q}} & \underline{\underline{r}} & \underline{\underline{s}} & k \\ \left[\begin{array}{cccc|c} & & & & 1 \\ & 0 & & & -1 \\ \hline 1 & -1 & -\beta & +\beta & 0 \end{array}\right] \end{array}$$

; kein Beitrag zur rechten Seite. (5.33)

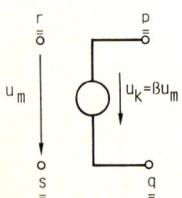

Bild 5.8. Spannungsgesteuerte Spannungsquelle

Eine stromgesteuerte Stromquelle (Bild 5.9) erzeugt das Muster

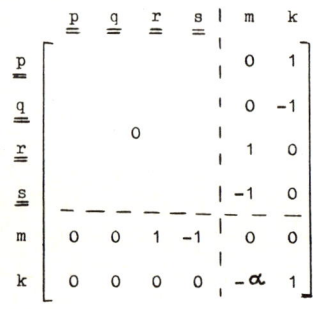

$$\begin{array}{c} \\ \underline{\underline{p}} \\ \underline{\underline{q}} \\ \underline{\underline{r}} \\ \underline{\underline{s}} \\ m \\ k \end{array} \begin{array}{ccccccc} \underline{\underline{p}} & \underline{\underline{q}} & \underline{\underline{r}} & \underline{\underline{s}} & m & k \\ \left[\begin{array}{cccc|cc} & & & & 0 & 1 \\ & & & & 0 & -1 \\ & 0 & & & 1 & 0 \\ & & & & -1 & 0 \\ \hline 0 & 0 & 1 & -1 & 0 & 0 \\ 0 & 0 & 0 & 0 & -\alpha & 1 \end{array}\right] \end{array}$$

; kein Beitrag zur rechten Seite. (5.34)

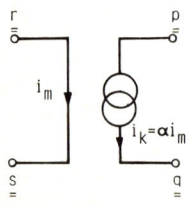

Bild 5.9. Stromgesteuerte Stromquelle

Als letzte gesteuerte Quelle ist noch die stromgesteuerte Spannungsquelle (Bild 5.10) zu behandeln. Sie wird durch folgende Einträge beschrieben:

123

$$
\begin{array}{c|ccccc|cc}
 & \underline{p} & \underline{g} & \underline{r} & \underline{s} & m & k \\
\underline{p} & & & & & 0 & 1 \\
\underline{q} & & & 0 & & 0 & -1 \\
\underline{r} & & & & & 1 & 0 \\
\underline{s} & & & & & -1 & 0 \\
\hline
m & 0 & 0 & 1 & -1 & 0 & 0 \\
k & 1 & -1 & 0 & 0 & -r & 0
\end{array}
$$

; kein Beitrag zur rechten   (5.35)
Seite.

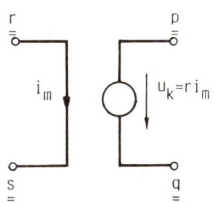

Bild 5.10. Stromgesteuerte Spannungsquelle

Bei Bedarf können in die Matrix auch weitere Elemente eingebaut werden, etwa die äußeren Knotenspannungen und Zweigströme von Makromodellen, die in der Form

$$\underline{f}(\underline{u}_n, \underline{i}_b) = \underline{0} \tag{5.36}$$

beschrieben werden [4.6] . Bei Programmen, welche die Möglichkeit zur Analyse von Schalter-Kondensator-Filtern (Switched Capacitor Circuits, SCC) bieten, lassen sich Schalter oder Umschalter ohne Schwierigkeiten einschließen [4.7] . Zur Beschreibung der Schalter- stellung wird eine Schaltvariable δ eingeführt, welche nur die Werte 0 und 1 annehmen kann (Bild 5.11, 12). Für einen einfachen Schalter erhält man das Muster

$$
\begin{array}{c|cc|c}
 & \underline{p} & \underline{q} & k \\
\underline{p} & & & \delta \\
\underline{q} & & 0 & -\delta \\
\hline
k & \delta & -\delta & 1-\delta
\end{array}
$$

; kein Beitrag zur rechten Seite, (5.37)

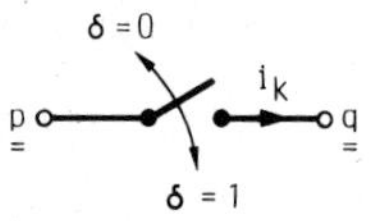

Bild 5.11. Schalter

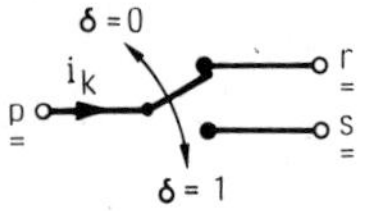

Bild 5.12. Umschalter

für einen Umschalter das Muster

$$
\begin{array}{c}
\begin{array}{cccc}
\underline{p} & \underline{r} & \underline{s} & k
\end{array}\\
\begin{array}{c}\underline{p}\\[6pt] \underline{r}\\[6pt] \underline{s}\\[6pt] k\end{array}
\left[
\begin{array}{ccc|c}
 & & & 1 \\
 & 0 & & \delta-1 \\
 & & & -\delta \\
\hline
1 & \delta-1 & -\delta & 0
\end{array}
\right]
\end{array}
\quad ; \text{ kein Beitrag zur rechten } \quad (5.38)\ \text{Seite.}
$$

Wegen der aufgrund der Einführung von Schaltvariablen auftretenden Unstetigkeiten können bei der Lösung der Netzwerkgleichungen numerische Schwierigkeiten auftreten. Es hat sich gezeigt, daß ein günstigeres Verhalten erreicht werden kann, wenn als Netzwerkvariable die Ladung q_k anstelle des Stroms i_k eingeführt wird. Dadurch werden jedoch die Muster (5.37) und (5.38) nicht beeinflußt.

Zusammenfassend läßt sich sagen, daß die Modifizierte Knotenanalyse ein sehr allgemeines und leicht zu handhabendes Verfahren zur Formulierung von Netzwerkgleichungen ist.

Beispiel 5.2

Im Netzwerk Bild 5.13a sollen der Strom i_2 und die Spannung u_3 berechnet werden. Da das Netzwerk eine stromgesteuerte Stromquelle enthält, werden die Netzwerkgleichungen mit Hilfe der Modifizierten Knotenanalyse aufgestellt. Die Bezeichnung der Knoten und Zweige ist aus dem zugehörigen Netzwerkgraphen Bild 5.13b zu ersehen. Als Bezugsknoten werde der Knoten $\underline{0}$ gewählt. Die Einträge für die Matrix auf der linken Seite und den Vektor auf der

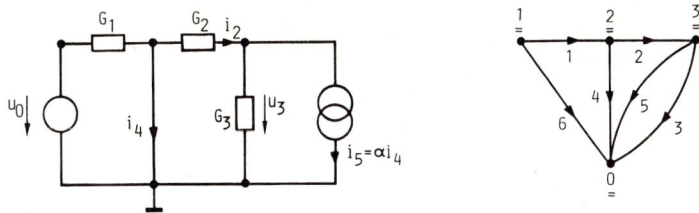

Bild 5.13. Zu Beispiel 5.3: a) Netzwerk, b) Graph

rechten Seite von (5.29) werden mit Hilfe der Elementemuster aufgestellt. Für G_1 und G_3 wird (5.18) verwendet. Für den Leitwert
G_2, dessen Strom ermittelt werden soll, muß (5.30) benutzt werden. Die Einträge für die Spannungsquelle folgen aus (5.32), die
für die stromgesteuerte Stromquelle aus (5.34). Damit ergibt
sich das Gleichungssystem

$$
\begin{array}{c@{\quad}c@{\;}c@{\;}c@{\;}c@{\;}c@{\;}c@{\;}c}
 & \underline{\underline{1}} & \underline{\underline{2}} & \underline{\underline{3}} & 2 & 4 & 5 & 6 \\
\underline{\underline{1}} & G_1 & -G_1 & 0 & 0 & 0 & 0 & 1 \\
\underline{\underline{2}} & -G_1 & G_1 & 0 & 1 & 1 & 0 & 0 \\
\underline{\underline{3}} & 0 & 0 & G_3 & -1 & 0 & 1 & 0 \\
2 & 0 & G_2 & -G_2 & -1 & 0 & 0 & 0 \\
4 & 0 & 1 & 0 & 0 & 0 & 0 & 0 \\
5 & 0 & 0 & 0 & 0 & -\alpha & 1 & 0 \\
6 & 1 & 0 & 0 & 0 & 0 & 0 & 0
\end{array}
\begin{bmatrix}
u_{\underline{\underline{1}}} \\ u_{\underline{\underline{2}}} \\ u_{\underline{\underline{3}}} \\ i_2 \\ i_4 \\ i_5 \\ i_6
\end{bmatrix}
=
\begin{bmatrix}
0 \\ 0 \\ 0 \\ 0 \\ 0 \\ 0 \\ u_0
\end{bmatrix} ,
$$

dessen Gültigkeit durch Ausmultiplizieren und Vergleich mit
Bild 5.13 überprüft werden kann.

5.3 Maschenanalyse

Bei der Maschenanalyse werden als unbekannte Größen anstelle der
Knotenspannungen nun die Maschenströme $\underline{i}_m$ gewählt. Für die Aufstellung der Netzwerkgleichungen werde wie bei der Knotenanalyse

der allgemeine Zweig gewählt, wobei der Widerstand nun in Impedanzform beschrieben werden soll, so daß mit den Definitionen (5.1-6) gilt:

$$\underline{u}_b = \underline{Z}_b(\underline{i}_b + \underline{i}_0) - \underline{u}_0 \cdot \qquad (5.39)$$

Dabei ist $\underline{Z}_b$ die Zweigimpedanzmatrix, die als Elemente Zweigwiderstände Z_k oder Steuerwiderstände r_k von stromgesteuerten Spannungsquellen enthält, so daß

$$\underline{v}_b = \underline{Z}_b \, \underline{i}_b \cdot \qquad (5.40)$$

Einsetzen von (4.22-23) ergibt

$$\underline{M} \, \underline{Z}_b \, \underline{M}' \, \underline{i}_m = \underline{M}(\underline{u}_0 - \underline{Z}_b \, \underline{i}_0) \qquad (5.41)$$

oder

$$\underline{Z}_m \, \underline{i}_m = \underline{u}_{0m} \, , \qquad (5.42)$$

mit der Maschenimpedanzmatrix $\underline{Z}_m = \underline{M} \, \underline{Z}_b \, \underline{M}'$ und der äquivalenten Maschenquellenspannung $\underline{u}_{0m} = \underline{u}_0 - \underline{Z}_b \, \underline{i}_0 \cdot$

Ein Vergleich von (5.41-42) mit (5.14-15) zeigt die Verwandtschaft der Maschenanalyse mit der Knotenanalyse. Auch die Vor- und Nachteile der Maschenanalyse sind analog zu denen der Knotenanalyse: Für die Aufstellung der Gleichungen ist keine Baumwahl erforderlich, jedoch können nur Elemente mit Impedanzbeschreibung zugelassen werden. Der Hauptnachteil ist jedoch die zusätzliche Einschränkung, daß die Maschenanalyse nur bei ebenen Netzwerken angewandt werden kann. Aus diesem Grund wird sie in modernen Netzwerkanalyseprogrammen nicht eingesetzt.

5.4 Schleifenanalyse

Die Beschränkung der Maschenanalyse auf ebene Netzwerke wird aufgehoben, wenn als unbekannte Größen statt der (b-n+1) Maschenströme die (b-n+1) Ströme der Fundamentalschleifen, d.h. die Verbindungszweigströme $\underline{i}_1$ gewählt werden. Aus (4.7-8) und der Impedanzbeschreibung (5.39) folgt nach Elimination der Zweiggrößen

$$\underline{B}\,\underline{Z}_b\,\underline{B}'\,\underline{i}_1 = \underline{B}(\underline{u}_0 - \underline{Z}_b\,\underline{i}_0) \qquad (5.43)$$

oder

$$\underline{Z}_s\,\underline{i}_1 = \underline{i}_{0s} \qquad (5.44)$$

mit der Schleifenimpedanzmatrix $\underline{Z}_s = \underline{B}\,\underline{Z}_b\,\underline{B}'$ und dem äquivalenten Schleifenquellenstrom $\underline{i}_{0s} = \underline{u}_0 - \underline{Z}_b\,\underline{i}_0$.

Die Schleifenanalyse wird in der Praxis nur selten angewandt, da vor Aufstellung von (5.43) ein Baum gewählt und die Fundamentalschleifenmatrix generiert werden muß. Als Lösung von (5.43) werden die Verbindungszweig-Ströme erhalten, aus denen erst wieder die interessierenden Größen berechnet werden müssen.

5.5 Schnittmengenanalyse

Werden als unbekannte Größen in den Netzwerkgleichungen nach Festlegen eines Baumes die Baumzweig-Spannungen $\underline{u}_t$ gewählt, dann lassen sich diese Gleichungen mit (4.14-15) und der Zweigbeschreibung (5.13) in Admittanzform als

$$\underline{Q}\,\underline{Y}_b\,\underline{Q}'\,\underline{u}_t = \underline{Q}(\underline{i}_0 - \underline{Y}_b\,\underline{u}_0) \qquad (5.45)$$

oder

$$\underline{Y}_q\,\underline{u}_t = \underline{i}_{0q} \qquad (5.46)$$

schreiben, wobei $\underline{Y}_q = \underline{Q}\,\underline{Y}_b\,\underline{Q}'$ die Schnittmengenadmittanzmatrix und $\underline{i}_{0q} = \underline{i}_0 - \underline{Y}_b\,\underline{u}_0$ der äquivalente Schnittmengen-Quellenstrom ist. Die Nachteile der Schnittmengenanalyse entsprechen denen der Schleifenanalyse.

5.6 Gemischte Analyse

Ein Nachteil der Knoten- und Schnittmengen- oder Maschen- und Schleifenanalyse ist, daß alle Zweige des Netzwerks entweder in Admittanzform oder in Impedanzform beschreibbar sein müssen. Diese Voraussetzung ist nicht erfüllt, wenn alle Arten von gesteuerten Quellen zugelassen werden. Der gemischten Analyse [5.1] liegt die Idee zugrunde, das Netzwerk so in zwei Teilnetzwerke zu zerlegen, daß das eine nur Widerstände mit Admittanzbeschreibung, das andere nur Widerstände mit Impedanzbeschreibung enthält. Dabei empfiehlt es sich zur Verbesserung der Lösungsgenauigkeit, große lineare Widerstände als Admittanzen, kleine aber als Impedanzen zu beschreiben. Auf das Admittanz-Netzwerk wird die Schnittmengenanalyse, auf das Impedanz-Netzwerk die Schleifenanalyse angewandt. Dabei muß vorausgesetzt werden, daß ein Baum derart gewählt werden kann, daß die Zweige aller Fundamentalschleifen, die durch Verbindungszweige des Admittanz-Netzwerks definiert werden, in diesem Teilnetzwerk liegen.

Unter dieser Voraussetzung können die Zweige der Fundamentalmatrix in Baumzweige ty bzw. tz und Verbindungszweige ly bzw. lz des Admittanz- bzw. Impedanz-Netzwerks unterteilt werden, so daß

$$
\underline{F} = \begin{array}{c} \\ ly \\ lz \end{array} \begin{array}{cc} ty \quad\; tz \\ \left[\begin{array}{c|c} \underline{F}_{yy} & \underline{O} \\ \hline \underline{F}_{zy} & \underline{F}_{zz} \end{array} \right] \end{array} \quad . \tag{5.47}
$$

Nach entsprechender Unterteilung der Ströme und Spannungen, Quellenströme und -spannungen, sowie der Zweigmatrizen erhält man durch Anschreiben aller im Netzwerk geltenden Gleichungen die Tableauform

$$
\begin{bmatrix}
\underline{E}_{1z} & \underline{0} & \underline{0} & \underline{0} & \underline{0} & \underline{0} & \underline{0} & -\underline{Z}_1 \\
\underline{0} & \underline{E}_{ty} & \underline{0} & \underline{0} & \underline{0} & \underline{0} & -\underline{Y}_t & \underline{0} \\
\underline{0} & \underline{0} & \underline{E}_{tz} & \underline{0} & \underline{0} & -\underline{Z}_t & \underline{0} & \underline{0} \\
\underline{0} & \underline{0} & \underline{0} & \underline{E}_{1y} & -\underline{Y}_1 & \underline{0} & \underline{0} & \underline{0} \\
\underline{0} & \underline{0} & \underline{0} & \underline{0} & \underline{E}_{1y} & \underline{0} & \underline{F}_{yy} & \underline{0} \\
\underline{0} & \underline{0} & \underline{0} & \underline{0} & \underline{0} & \underline{E}_{tz} & \underline{0} & -\underline{F}'_{zz} \\
\underline{0} & \underline{E}_{ty} & \underline{0} & -\underline{F}'_{yy} & \underline{0} & \underline{0} & \underline{0} & -\underline{F}'_{zy} \\
\underline{E}_{1z} & \underline{0} & \underline{F}_{zz} & \underline{0} & \underline{0} & \underline{0} & \underline{F}_{zy} & \underline{0}
\end{bmatrix}
\begin{bmatrix}
\underline{u}_{1z} \\ \underline{i}_{ty} \\ \underline{u}_{tz} \\ \underline{i}_{1y} \\ \underline{u}_{1y} \\ \underline{i}_{tz} \\ \underline{u}_{ty} \\ \underline{i}_{1z}
\end{bmatrix}
=
\begin{bmatrix}
\underline{Z}_1\underline{i}_{01z} - \underline{u}_{01z} \\
\underline{Y}_t\underline{u}_{0ty} - \underline{i}_{0ty} \\
\underline{Z}_t\underline{i}_{0tz} - \underline{u}_{0tz} \\
\underline{Y}_1\underline{u}_{01y} - \underline{i}_{01y} \\
0 \\
0 \\
0 \\
0
\end{bmatrix}.
$$

$$(5.48)$$

Dabei bedeuten die $\underline{E}_{\rho\sigma}$ Einheitsmatrizen der Dimension $\rho\sigma \times \rho\sigma$. Die erste und dritte Zeile von (5.48) wurden durch Aufteilung von (5.39) aufgestellt; die zweite und vierte Zeile folgen aus (5.13). Die fünfte bis achte Zeile folgen aus (4.11), (4.14) und (5.47).

Die gesuchten Netzwerkgleichungen sollen lediglich die Unbekannten $\underline{u}_{ty}$ und $\underline{i}_{1z}$ enthalten. Dazu wird (5.48) durch elementare Zeilenoperationen so umgeformt, daß sich die in (5.48) gepunktet angedeutete Form einer oberen Blockdreiecks-Matrix ergibt. Die letzten beiden Gleichungen beschreiben dann die Netzwerkgleichungen in der Hybridform

$$
\begin{bmatrix}
\underline{Y}_t + \underline{F}'_{yy}\,\underline{Y}_1\,\underline{F}_{yy} & -\underline{F}'_{zy} \\
\underline{F}_{zy} & \underline{Z}_1 + \underline{F}_{zz}\,\underline{Z}_t\,\underline{F}'_{zz}
\end{bmatrix}
\begin{bmatrix}
\underline{u}_{ty} \\ \underline{i}_{1z}
\end{bmatrix}
=
$$

$$
=
\begin{bmatrix}
\underline{F}'_{yy}\,(\underline{Y}_1\underline{u}_{01y} - \underline{i}_{01y}) - (\underline{Y}_t\underline{u}_{0ty} - \underline{i}_{0ty}) \\
- (\underline{Z}_1\underline{i}_{1z} - \underline{u}_{1z}) - \underline{F}_{zz}\,(\underline{Z}_t\underline{i}_{0tz} - \underline{u}_{0tz})
\end{bmatrix}
$$

$$(5.49)$$

oder kürzer

$$
\begin{bmatrix} \underline{Q}_y \; \underline{Y}_b \; \underline{Q}'_y & -\underline{F}'_{zy} \\[2mm] \underline{F}_{zy} & \underline{B}_z \; \underline{Z}_b \; \underline{B}'_z \end{bmatrix}
\begin{bmatrix} \underline{u}_{ty} \\[2mm] \underline{i}_{lz} \end{bmatrix}
=
\begin{bmatrix} \underline{Q}_y \; (\underline{i}_{0y} - \underline{Y}_b \underline{u}_{0y}) \\[2mm] \underline{B}_z \; (\underline{u}_{0z} - \underline{Z}_b \underline{i}_{0z}) \end{bmatrix}
\qquad (5.50)
$$

mit

$$
\underline{Y}_b = \begin{bmatrix} \underline{Y}_l & 0 \\ 0 & \underline{Y}_t \end{bmatrix} \quad , \quad
\underline{Z}_b = \begin{bmatrix} \underline{Z}_l & 0 \\ 0 & \underline{Z}_t \end{bmatrix} \quad , \quad
\underline{Q}_y = \begin{bmatrix} -\underline{F}_{yy} & \vdots & \underline{E} \end{bmatrix} \quad ,
$$

$$
\underline{B}_z = \begin{bmatrix} \underline{E} & \vdots & \underline{F}_{zz} \end{bmatrix} \quad , \quad
\underline{i}_{0y} = \begin{bmatrix} \underline{i}_{0ly} \\ \underline{i}_{0ty} \end{bmatrix} \quad , \quad
\underline{u}_{0y} = \begin{bmatrix} \underline{u}_{0ly} \\ \underline{u}_{0ty} \end{bmatrix} \quad ,
$$

$$
\underline{i}_{0z} = \begin{bmatrix} \underline{i}_{0lz} \\ \underline{i}_{0tz} \end{bmatrix} \quad , \quad
\underline{u}_{0z} = \begin{bmatrix} \underline{u}_{0lz} \\ \underline{u}_{0tz} \end{bmatrix} \quad .
$$

Aufgrund der vorgeschriebenen speziellen Baumwahl und der
notwendigen Sortierung nach Verbindungszweigen und Baumzweigen
wird dieses Verfahren nur selten angewandt. Ein Beispiel ist in
[5.2] zu finden.

5.7 Sparse-Tableau-Analyse

Bei der Aufstellung der Hybridgleichungen (5.49) liegt die Frage
nahe, ob es nicht möglich ist, die Ausgangsgleichungen (5.48)
selbst zur Netzwerkbeschreibung zu verwenden. Dies kann tatsächlich sinnvoll sein, wenn zur Lösung des Gleichungssystems ein
Sparse-Matrix-Algorithmus verwendet wird, der durch Ausnützen des
geringen Besetzungsgrades des Gleichungssystems die Rechenzeit
reduziert, die zur Lösung des Gleichungssystems benötigt wird. Dabei wird man allerdings von einem Gleichungsschema ausgehen, bei
dem im Gegensatz zur Aufstellung von (5.48) keine Einschränkungen
gemacht werden müssen. Weiter sollte ein solches Gleichungssystem
einen möglichst geringen Besetzungsgrad aufweisen; es wird deshalb "Sparse-Tableau" genannt.

Es gibt verschiedene Möglichkeiten, ein solches Tableau aufzustellen. Die allgemeinste Form erhält man, wenn die Kirchhoffschen Stromregeln (4.2), die Kirchhoffschen Spannungsregeln (4.3) und die Zweiggleichungen angeschrieben werden, wobei die Elemente sowohl in Admittanz- als auch in Impedanzform auftreten können. Mit geeignet gewählten Matrizen $\underline{Z}_i$ und $\underline{Y}_u$ erhält man dann das Sparse-Tableau

$$
\begin{array}{c}
n-1 \left\{ \vphantom{\begin{bmatrix} A \\ O \\ Z \end{bmatrix}} \right. \\
b \left\{ \vphantom{\begin{bmatrix} A \\ O \\ Z \end{bmatrix}} \right. \\
b \left\{ \vphantom{\begin{bmatrix} A \\ O \\ Z \end{bmatrix}} \right.
\end{array}
\begin{bmatrix}
\underline{A} & \underline{O} & \underline{O} \\
\underline{O} & \underline{E} & -\underline{A}' \\
\underline{Z}_i & \underline{Y}_u & \underline{O}
\end{bmatrix}
\begin{bmatrix}
\underline{i}_b \\
\underline{u}_b \\
\underline{u}_n
\end{bmatrix}
=
\begin{bmatrix}
\underline{O} \\
\underline{O} \\
\underline{s}_O
\end{bmatrix}
. \qquad (5.51)
$$

Das Tableau besteht aus $2b + n-1$ Gleichungen, darin bezeichnet $\underline{s}_O$ einen Vektor, der die Quellenströme und -spannungen enthält. Die Lösung von (5.51) liefert sämtliche Zweigströme und Zweigspannungen.

Die Vorteile der Sparse-Tableau-Analyse (STA) sind:

1. Direkte Aufstellung der Tableau-Gleichungen aus der Schaltungseingabe,

2. Einbau aller vorkommenden Elementemodelle ist möglich,

3. Berücksichtigung von Funktionen (Modellen), die vom Benutzer eingegeben werden, sind ohne Schwierigkeiten möglich, da diese Gleichungen nur hinter die Tableau-Gleichungen geschrieben werden müssen,

4. Geringer Besetzungsgrad des Gleichungssystems.

Die auftretenden Nachteile sind:

1. Große Komplexität aufgrund der großen Gleichungsanzahl,

2. der Einsatz hochentwickelter Sparse-Matrix-Algorithmen wird notwendig, um die Struktur des Gleichungssystems und den geringen Besetzungsgrad voll ausnützen zu können.

Aufgrund der angeführten Vorteile wird die Sparse-Tableau-Analyse bei modernen Netzwerkanalyse-Programmen häufig eingesetzt.

Beispiel 5.3

Das Netzwerk Bild 5.13a soll jetzt durch Gleichungen in der Form von (5.51) beschrieben werden. Dazu werde angenommen, daß die

Widerstände in den Zweigen 1 und 2 nun als Impedanzen R_1 und R_2 vorliegen. In Zweig 4 werde ebenfalls zuerst ein Widerstand R_4 angenommen, der jedoch die Größe 0 Ohm hat und deswegen im Tableau nicht erscheint. Die Elementegleichungen lauten:

$$R_1 \, i_1 - u_1 = 0,$$
$$R_2 \, i_2 - u_2 = 0,$$
$$G_3 \, u_3 - i_3 = 0,$$
$$R_4 \, i_4 - u_4 = 0 \qquad \text{und damit: } -u_4 = 0,$$
$$i_5 - \alpha \, i_4 = 0,$$
$$u_6 = u_0.$$

Zusammen mit der Inzidenzmatrix, die, ausgehend vom Graphen Bild 5.13b sofort angeschrieben werden kann, erhält man das Sparse-Tableau

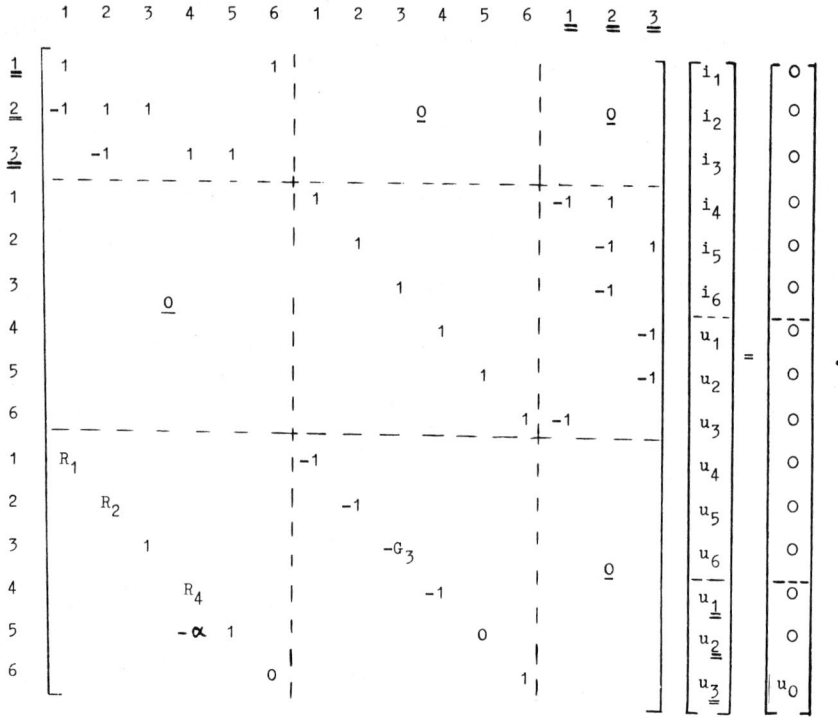

Dabei sind alle fehlenden Einträge Null. Teilmatrizen, die nur Nullelemente enthalten, werden durch $\underline{0}$ bezeichnet.

Eine weitere Möglichkeit zur Aufstellung der Sparse-Tableau-Gleichungen besteht darin, für die Beschreibung der Kirchhoffschen Regeln statt (4.2-3) die Gleichungen (4.7) und (4.14) zu verwenden. Dies hat jedoch den Nachteil, daß im Netzwerk ein Baum gewählt werden muß, um die Fundamentalmatrix aufstellen zu können. Ein Vorteil ist, daß der linke obere Teil des Tableaus aus einer Einheitsmatrix besteht. Dies kann bei großen Netzwerken eine beträchtliche Verringerung der zur Gleichungslösung benötigten Rechenzeit bewirken. Mit der zugrundeliegenden Einteilung der Zweige in Baum- und Verbindungszweige können die Elementegleichungen von (5.51) in entsprechende Gruppen zerlegt werden:

$$\underline{u}_t = \underline{Z}_{tt}\underline{i}_t + \underline{Z}_{tl}\underline{i}_l + \underline{H}_{utt}\underline{u}_t + \underline{H}_{ult}\underline{u}_l - \underline{u}_0 \tag{5.52}$$

$$\underline{i}_t = \underline{Y}_{tt}\underline{u}_t + \underline{Y}_{tl}\underline{u}_l + \underline{H}_{itt}\underline{i}_t + \underline{H}_{itl}\underline{i}_l \tag{5.53}$$

$$\underline{u}_l = \underline{Z}_{lt}\underline{i}_t + \underline{Z}_{ll}\underline{i}_l + \underline{H}_{ult}\underline{u}_t + \underline{H}_{ull}\underline{u}_l \tag{5.54}$$

$$\underline{i}_l = \underline{Y}_{lt}\underline{u}_t + \underline{Y}_{ll}\underline{u}_l + \underline{H}_{ilt}\underline{i}_t + \underline{H}_{ill}\underline{i}_l - \underline{i}_0 \; . \tag{5.55}$$

Die Matrizen $\underline{Y}_{\kappa\zeta}$ und $\underline{Z}_{\kappa\zeta}$ sind geeignete Admittanz- und Impedanzmatrizen, $\underline{H}_{u\kappa\zeta}$ und $\underline{H}_{i\kappa\zeta}$ sind geeignet gewählte Matrizen zur Beschreibung spannungsgesteuerter Spannungsquellen und stromgesteuerter Stromquellen. Mit diesen Gleichungen kann das folgende Tableau der Dimension 2b x 2b aufgestellt werden [4.4] :

$$
\begin{array}{c}
n-1\left\{\rule{0pt}{1em}\right. \\
b-n+1\left\{\rule{0pt}{1em}\right. \\
\\
b\left\{\rule{0pt}{4em}\right. \\
\end{array}
\left[
\begin{array}{cccc}
\underline{E} & \underline{0} & \underline{0} & -\underline{F}' \\
\underline{0} & \underline{E} & \underline{F} & \underline{0} \\
\hline
\underline{Z}_{tt} & \underline{H}_{utl} & \underline{H}_{utt}-\underline{E} & \underline{Z}_{tl} \\
\underline{H}_{itt}-\underline{E} & \underline{Y}_{tl} & \underline{Y}_{tt} & \underline{H}_{itl} \\
\underline{Z}_{lt} & \underline{H}_{ull}-\underline{E} & \underline{H}_{ult} & \underline{Z}_{ll} \\
\underline{H}_{ilt} & \underline{Y}_{ll} & \underline{Y}_{lt} & \underline{H}_{ill}-\underline{E}
\end{array}
\right]
\left[
\begin{array}{c}
\underline{i}_t \\
\underline{u}_l \\
\hline
\underline{u}_t \\
\underline{i}_l
\end{array}
\right]
=
\left[
\begin{array}{c}
\underline{0} \\
\underline{0} \\
\hline
\underline{u}_0 \\
\underline{0} \\
\underline{0} \\
\underline{i}_0
\end{array}
\right] \cdot \tag{5.56}
$$

Beispiel 5.4

Die Gleichungen des Netzwerks Bild 5.13a sollen nun in der Form des Tableaus (5.56) geschrieben werden, wobei die in Beispiel 5.3 aufgestellten Elementegleichungen verwendet werden. Die Baumzweige des Graphen Bild 5.13b werden mit dem Algorithmus 4.1 bestimmt, wobei die Zweige, die zu gleichen Elementen gehören, nach fallendem Knotengewicht geordnet werden. Damit erhält man als Baumzweige die Zweige 3,4 und 6; diese Wahl führt zu einer Fundamentalmatrix mit minimalem Besetzungsgrad (siehe Beispiel 4.13). Mit dieser Unterteilung in Baum- und Verbindungszweige lassen sich die Gleichungen der Elemente in Zweig 4 und 6 mit (5.52), in Zweig 3 mit (5.53), in den Zweigen 1 und 2 mit (5.54) und in Zweig 5 mit (5.55) beschreiben. Damit kann das Tableau sofort angeschrieben werden. Man erhält

$$
\begin{array}{cccccccccccc}
3 & 4 & 6 & 1 & 2 & 5 & 3 & 4 & 6 & 1 & 2 & 5
\end{array}
$$

$$
\begin{bmatrix}
1 & & & & & & & & & 0 & -1 & 1 \\
& 1 & & & \underline{0} & & & \underline{0} & & -1 & 1 & 0 \\
& & 1 & & & & & & & 1 & 0 & 0 \\
& & & 1 & & & 0 & 1 & -1 & & & \\
& \underline{0} & & & 1 & & 1 & -1 & 0 & & \underline{0} & \\
& & & & & 1 & -1 & 0 & 0 & & & \\
& & & & & & 0 & -1 & 0 & & & \\
& \underline{0} & & & \underline{0} & & 0 & 0 & 1 & & \underline{0} & \\
-1 & 0 & 0 & & \underline{0} & & G_3 & 0 & 0 & & \underline{0} & \\
& \underline{0} & & -1 & 0 & 0 & R_1 & 0 & 0 & & & \\
& & & 0 & -1 & 0 & 0 & R_2 & 0 & & & \\
0 & \alpha & 0 & & \underline{0} & & & \underline{0} & & 0 & 0 & -1
\end{bmatrix}
\begin{bmatrix}
i_3 \\ i_4 \\ i_6 \\ u_1 \\ u_2 \\ u_5 \\ u_3 \\ u_4 \\ u_6 \\ i_1 \\ i_2 \\ i_5
\end{bmatrix}
=
\begin{bmatrix}
0 \\ 0 \\ 0 \\ 0 \\ 0 \\ 0 \\ 0 \\ u_0 \\ 0 \\ 0 \\ 0 \\ 0
\end{bmatrix}\ .
$$

Das Tableau enthält 26 Elemente, die ungleich Null sind, im Gegensatz zu 33 Elementen, die im Tableau von Beispiel 5.3 eingetragen sind. Außerdem ist jetzt die Tableaugröße reduziert; es sind insgesamt 144 Elemente im Tableau eingetragen gegenüber 225 Elementen im letzten Beispiel.

6 Gleichungsformulierung für die Wechselstromanalyse

Die Vorgehensweise zur Formulierung der Netzwerkgleichungen für die Kleinsignal-AC-Analyse hat große Ähnlichkeit mit der Formulierung der Netzwerkgleichungen für lineare resistive Netzwerke. Bei den im letzten Kapitel betrachteten Impedanzen und Admittanzen handelte es sich um reelle Größen, also um reelle Widerstände und Leitwerte. Bei Wechselstrom-Netzwerken nehmen die Elemente der Admittanz- und Impedanz-Matrizen komplexe Werte an. Anstelle der Quellenströme $i_0(t)$ und -spannungen $u_0(t)$ treten nun die komplexen Amplituden $\bar{I}(\omega)$ und $\bar{U}(\omega)$ der harmonischen Eingangssignale, zwischen denen bekanntlich der Zusammenhang

$$u(t) = \hat{u}\cos(\omega t + \xi_u) = \mathrm{Re}\left\{\bar{U}\,e^{j\omega t}\right\} \quad , \quad \bar{U} = \hat{u}\,e^{j\xi_u} \qquad (6.1)$$

$$i(t) = \hat{i}\cos(\omega t + \xi_i) = \mathrm{Re}\left\{\bar{I}\,e^{j\omega t}\right\} \quad , \quad \bar{I} = \hat{i}\,e^{j\xi_i} \qquad (6.2)$$

besteht. Dabei ist $\hat{u}$(bzw. $\hat{i}$) die Spannungsamplitude (bzw. Stromamplitude), ξ_u (bzw. ξ_i) der Phasenwinkel der Spannung (bzw. des Stroms) und ω die Kreisfrequenz. Die Formulierung der Netzwerkgleichungen kann nun analog zur Gleichungsformulierung bei linearen resistiven Netzwerken erfolgen, wenn für eine Kapazität C in die Zweigadmittanzmatrix der Eintrag $j\omega C$ eingesetzt wird, für eine Induktivität L der Eintrag $1/j\omega L$.

Beispiel 6.1
Für das Netzwerk Bild 6.1a sollen die Knotengleichungen aufgestellt werden, die zur Durchführung einer Wechselstromanalyse benötigt werden. Mit Hilfe der Knoten- und Zweigdefinition von Bild 6.1b läßt sich die Inzidenzmatrix aufstellen:

$$\underline{\underline{A}} = \begin{array}{c} \\ \underline{\underline{1}} \\ \underline{\underline{2}} \\ \underline{\underline{3}} \end{array} \begin{array}{ccccc} 1 & 2 & 3 & 4 & 5 \\ \begin{bmatrix} 1 & 1 & 0 & 0 & 0 \\ 0 & -1 & 1 & 0 & 0 \\ 0 & 0 & 0 & 1 & 1 \end{bmatrix} \end{array} .$$

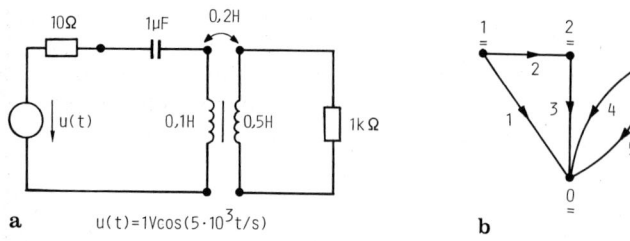

a $u(t)=1V\cos(5\cdot10^3 t/s)$ b

Bild 6.1. Zu Beispiel 6.1: a) AC-Netzwerk, b) Graph

Zur **Aufstellung der Zweigadmittanzmatrix wird die reziproke** Induktivitätsmatrix Γ benötigt, welche die gekoppelten Induktivitäten beschreibt. Mit

$$\underline{L} = \begin{bmatrix} 0,1 & 0,2 \\ 0,2 & 0,5 \end{bmatrix} \cdot H$$

wird

$$\underline{\Gamma} = \underline{L}^{-1} = \frac{1 \cdot H^{-1}}{0,1 \cdot 0,5 - 0,2 \cdot 0,2} \begin{bmatrix} 0,5 & -0,2 \\ -0,2 & 0,1 \end{bmatrix} = \begin{bmatrix} 50 & -20 \\ -20 & 10 \end{bmatrix} \cdot H^{-1} .$$

Die Zweigadmittanzmatrix $\underline{Y}_b$ berechnet sich dann mit $\omega = 5 \cdot 10^3 s^{-1}$ zu

$$\underline{Y}_b = \begin{array}{c} 1 \\ 2 \\ 3 \\ 4 \\ 5 \end{array} \begin{array}{ccccc} 1 & 2 & 3 & 4 & 5 \\ \begin{bmatrix} 0,1 & & & & \\ & j5 \cdot 10^{-3} & & & \\ & & -j10^{-2} & j4 \cdot 10^{-3} & \\ & & j4 \cdot 10^{-3} & -j2 \cdot 10^{-3} & \\ & & & & 10^{-3} \end{bmatrix} \end{array} \cdot S .$$

Die Knotenadmittanzmatrix wird nach (5.15) aufgestellt und lautet:

$$\underline{Y}_n = \begin{bmatrix} 0,1+j5\cdot 10^{-3} & -j5\cdot 10^{-3} & 0 \\ -j5\cdot 10^{-3} & -j5\cdot 10^{-3} & j4\cdot 10^{-3} \\ 0 & j4\cdot 10^{-3} & 10^{-3}-j2\cdot 10^{-2} \end{bmatrix} \cdot S .$$

Der äquivalente Knotenquellenstrom bestimmt sich analog (5.16) zu $\underline{I}_{0n} = \underline{A}(\underline{I}_0 - \underline{Y}_b\underline{U}_0)$, wobei $\underline{I}_0$, $\underline{U}_0$ die Vektoren der komplexen Amplituden der Strom- und Spannungsquellen sind. Man erhält

$$\underline{I}_{0n} = \begin{bmatrix} 0,1A & ; & 0 & ; & 0 \end{bmatrix}' ,$$

so daß schließlich die Knotengleichungen die Form

$$\begin{bmatrix} 100+j5 & -j5 & 0 \\ 5 & 5 & -4 \\ 0 & j4 & 1-j20 \end{bmatrix} \begin{bmatrix} \underline{U}_1/V \\ \underline{U}_2/V \\ \underline{U}_3/V \end{bmatrix} = \begin{bmatrix} 100 \\ 0 \\ 0 \end{bmatrix}$$

annehmen.

Die Knotenadmittanzmatrix kann ebenso wie bei linearen resistiven Netzwerken mit Hilfe der typischen Elementemuster aufgestellt werden.

7 Auflösung linearer Gleichungssysteme

Nach dem Aufstellen der Netzwerkgleichungen mit Hilfe der in
den beiden letzten Kapiteln besprochenen Verfahren besteht die
nächste Aufgabe im Lösen dieser Gleichungssysteme. Da die hierbei eingesetzten Verfahren von der jeweiligen Form der Netzwerkgleichungen unabhängig sind, soll im folgenden die Auflösung eines allgemeinen Systems gekoppelter Gleichungen

$$\underline{A}\,\underline{x} = \underline{b} \qquad\qquad\qquad\qquad (7.1)$$

betrachtet werden. Dabei ist $\underline{A}$ eine $n \times n$-Matrix (a_{ij}) (die hier
nicht die Bedeutung einer Inzidenzmatrix hat!), $\underline{x}$ ein Vektor
von n Unbekannten, die berechnet werden sollen; $\underline{b}$ bezeichnet einen Vektor bekannter Größen auf der rechten Seite. Hierbei bedeutet n nicht die Anzahl der Knoten des Netzwerks, die diesem
Gleichungssystem zugrunde liegen, sondern die Anzahl der Gleichungen des Systems. Trotz der Gefahr einer Verwechslung mit
vorher verwendeten Größen wird die in (7.1) gewählte Bezeichnung
in diesem Kapitel verwendet, da sie in der Literatur über numerische Mathematik allgemein eingeführt ist.

Um Gleichungen der Form (7.1) zu lösen, können viele unterschiedliche Verfahren verwendet werden, die sich zwei Klassen
von Algorithmen zuordnen lassen:

1. der Klasse der iterativen Verfahren oder Relaxationsverfahren. Dabei wird eine Folge von Näherungslösungen konstruiert, die gegen die Gleichungslösung streben soll. Um Konvergenz zu sichern, müssen Nebenbedingungen erfüllt sein. Diese
Verfahren werden bei der Circuit-Simulation praktisch nicht verwendet, sie haben aber Bedeutung für die Simulation sehr großer
Netzwerke. Sie werden deshalb in Kapitel 11 näher behandelt.

2. der Klasse der direkten Verfahren. Ein bekanntes Verfahren ist die Cramersche Regel, die aber nur bei der symbolischen Analyse kleiner Netzwerke angewandt wird, da sich die benötigten Determinanten direkt aus dem Netzwerk ermitteln lassen. Zum Beispiel ist die Determinante der Knotenadmittanzmatrix $\underline{Y}_n$ gegeben durch

$$\det\{\underline{Y}_n\} = \sum_\psi (\text{Produkte der Admittanzen der Baumzweige}) \quad , \quad (7.2)$$

wobei ψ eine Summation über alle möglichen Bäume des Netzwerks bedeutet [7.1] . Die numerische Berechnung der Determinanten zur Lösung von größeren Gleichungssystemen wäre viel zu aufwendig, da dazu $2n!(n-1)$ Multiplikationen benötigt würden. Bei einem Gleichungssystem mit 10 Unbekannten wären das schon mehr als $6,5 \cdot 10^7$ Multiplikationen!

Die Verfahren, die sich in der Praxis am besten bewährt haben und deshalb allgemein eingesetzt werden, sind die Gauß-Elimination und die LU-Zerlegung, eine Modifikation der Gauß-Elimination. Diese Verfahren werden in den nächsten Abschnitten ausführlich besprochen, ebenso wie Sparse-Matrix-Verfahren, welche die dünne Besetzung eines Gleichungssystems zur Verringerung des Lösungsaufwands ausnutzen.

7.1 Gleichungsauflösung durch Variablen-Elimination

7.1.1 Gauß-Algorithmus

Das Prinzip der Gauß-Elimination besteht darin, (7.1) durch elementare Zeilenoperationen so umzuformen, daß die Matrix $\underline{A}$ in eine obere Dreiecksmatrix $\underline{U}$ übergeführt wird. Das entstandene Gleichungssystem läßt sich dann von unten her problemlos auflösen. Es werden also zwei Schritte durchgeführt: die Vorwärtselimination, bei der eine Unbekannte x_k in den Zeilen $k+1,\ldots,n$ eliminiert wird, und die Rücksubstitution.

140

Beispiel 7.1
Das Gleichungssystem

$$a_{11} x_1 + a_{12} x_2 + a_{13} x_3 = b_1$$

$$a_{21} x_1 + a_{22} x_2 + a_{23} x_3 = b_2$$

$$a_{31} x_1 + a_{32} x_2 + a_{33} x_3 = b_3$$

soll durch Gauß-Elimination gelöst werden. Dazu wird:
    Zeile 1 mit $(-a_{21}/a_{11})$ multipliziert und zu Zeile 2 addiert,
    Zeile 1 mit $(-a_{31}/a_{11})$ multipliziert und zu Zeile 3 addiert.
Man erhält

$$a_{11} x_1 + a_{12} x_2 + a_{13} x_3 = b_1$$

$$a_{22}^{(1)} x_2 + a_{23}^{(1)} x_3 = b_2^{(1)} \quad ,$$

$$a_{32}^{(1)} x_2 + a_{33}^{(1)} x_3 = b_3^{(1)}$$

wobei $a_{ij}^{(1)} (b_i^{(1)})$ die durch diesen Prozeß erhaltenen Koeffizienten (Elemente der rechten Seite) eines Gleichungssystems sind, das gegenüber dem Ausgangssystems um eine Dimension reduziert ist.
    Durch Multiplikation von Zeile 2 mit $(-a_{32}^{(1)}/a_{22}^{(1)})$ und Addition zu Zeile 3 erhält man die Dreiecksform

$$a_{11} x_1 + a_{12} x_2 + a_{13} x_3 = b_1$$

$$a_{22}^{(1)} x_2 + a_{23}^{(1)} x_3 = b_2^{(1)} \quad .$$

$$a_{33}^{(2)} x_3 = b_3^{(2)}$$

Daraus werden die Unbekannten durch Rücksubstitution rekursiv berechnet:

$$x_3 = \frac{b_3^{(2)}}{a_{33}^{(2)}} \quad ,$$

$$x_2 = \frac{1}{a_{22}^{(1)}} \cdot (b_2^{(1)} - a_{23}^{(1)} x_3) = \frac{1}{a_{22}^{(1)}} \cdot (b_2^{(1)} - a_{23}^{(1)} \frac{b_3^{(2)}}{a_{33}^{(2)}}) \quad ,$$

$$x_1 = \frac{1}{a_{11}} \cdot (b_1 - a_{12} x_2 - a_{13} x_3) =$$

$$= \frac{1}{a_{11}} \left[b_1 - \frac{a_{12}}{a_{22}^{(1)}} \cdot (b_2^{(1)} - a_{23}^{(1)} \frac{b_3^{(2)}}{a_{33}^{(2)}}) - a_{13} \frac{b_3^{(2)}}{a_{33}^{(2)}} \right] \quad .$$

Die Elimination von Koeffizienten des Gleichungssystems wurde im Beispiel dadurch erreicht, daß beim k-ten Eliminationsschritt neue Koeffizienten nach dem Schema

$$a_{ij}^{(k)} = a_{ij}^{(k-1)} - \frac{a_{ik}^{(k-1)}}{a_{kk}^{(k-1)}} \cdot a_{kj}^{(k-1)} \tag{7.3}$$

$$b_i^{(k)} = b_i^{(k-1)} - \frac{a_{ik}^{(k-1)}}{a_{kk}^{(k-1)}} \cdot b_k^{(k-1)} \tag{7.4}$$

mit $k = 1, \ldots, n$ und $i, j = k+1, \ldots, n$

berechnet werden. Der Aufwand zur Lösung des Gleichungssystems läßt sich mit guter Näherung aus der Anzahl der durchzuführenden langen Operationen, d.h. der Multiplikationen und Divisionen abschätzen. Additionen und Subtraktionen werden vernachlässigt, da sie nur einen geringen Teil der Gesamtrechenzeit benötigen. Bei der Vorwärtselimination sind $n^3/3 + n^2/2 - (5n)/6$ lange Operationen auszuführen. Das entstehende Gleichungssystem in oberer Dreiecksform kann mit $n(n+1)/2$ Operationen gelöst werden, so daß insgesamt $n^3/3 + n^2 - n/3$ lange Operationen durchzuführen sind [7.2].

Zur Beschreibung des Gauß-Algorithmus lassen sich die in Abschn. 4.3.3 eingeführten Elementarmatrizen gut verwenden. Zuerst wird die Koeffizientenmatrix $\underline{A}$ von links mit Elementarma-

142

trizen $\overset{\wedge}{\underset{=}{E}}{}^{V}_{\sigma}$ (V soll die Elementarmatrizen zur Vorwärtselimination bezeichnen) multipliziert, bis eine obere Dreiecksmatrix $\underline{U}$ entsteht, diese wird dann solange von links mit Elementarmatrizen $\overset{\wedge}{\underset{=}{E}}{}^{R}_{\rho}$ (R bedeutet Rücksubstitution) multipliziert, bis die Einheitsmatrix entsteht. Ersetzt man nun das Produkt der Elementarmatrizen durch eine Permutationsmatrix $\underline{P}$, also

$$\underline{P} = \underline{P}_R \cdot \underline{P}_V = (\ldots \underline{E}^R_\rho \ldots \underline{E}^R_2 \cdot \underline{E}^R_1) \cdot (\ldots \underline{E}^V_\sigma \ldots \underline{E}^V_2 \cdot \underline{E}^V_1) \qquad (7.4)$$

und definiert eine zusammengesetzte Matrix aus $\underline{A}$ und $\underline{b}$, da ja auch die rechte Seits mit (7.4) modifiziert wird, dann kann der Gauß-Algorithmus durch

$$\underline{P} \left[\underline{A} \mid \underline{b} \right] = \left[\underline{PA} \mid \underline{Pb} \right] = \left[\underline{E} \mid \underline{x} \right] \qquad (7.5)$$

beschrieben werden.

Gleichung 7.5 dient nur zur kompakten Beschreibung des Gauß-Algorithmus; zur praktischen Durchführung werden Elementaroperationen nach (7.3,4) angewandt. Da jedoch $\underline{P} = \underline{A}^{-1}$, kann aus (7.5) ein zweckmäßiger Algorithmus zur expliziten Berechnung der Inversen einer Matrix abgeleitet werden. Dazu wird der Vektor $\underline{b}$ in (7.5) durch die Einheitsmatrix ersetzt. Auf diese zusammengesetzte Matrix wird der Gauß-Algorithmus angewandt, bis $\underline{A}$ durch die Einheitsmatrix ersetzt ist:

$$\underline{P} \left[\underline{A} \mid \underline{E} \right] = \left[\underline{PA} \mid \underline{P} \right] = \left[\underline{E} \mid \underline{A}^{-1} \right] \ . \qquad (7.6)$$

Die rechte Teilmatrix besteht dann aus der Inversen. Da dabei der Gauß-Algorithmus auf n rechte Seiten angewandt wird, ist der Aufwand größer, als bei nur einer rechten Seite. Insgesamt sind $4n^3/3 + n^2 - n/3$ lange Operationen durchzuführen. Dieser Aufwand kann durch Vermeiden von überflüssigen Operationen mit den Nullelementen der Einheitsmatrix auf n^3 lange Operationen reduziert werden [7.3]. Dies ist bedeutend weniger, als für eine direkte Invertierung einer Matrix benötigt wird. Die direkte numerische Matrix-Invertierung ist stets zu vermeiden!

7.1.2 LU-Zerlegung

Bei den meisten Netzwerkanalyseprogrammen wird anstelle des
Gauß-Algorithmus die LU-Zerlegung, eine Modifikation des Gauß-
Algorithmus, verwendet. In der deutschsprachigen Literatur wird
dieser Algorithmus häufig als LR-Algorithmus bezeichnet. Dabei
wird die Koeffizientenmatrix $\underline{A}$ in eine linke untere Dreiecksma-
trix (Subdiagonalmatrix) $\underline{L}$ und eine rechte obere Dreiecksmatrix
(Superdiagonalmatrix) $\underline{U}$ zerlegt. Aus der Definition (7.4) der
Matrix $\underline{P}_V$ zur Vorwärtselimination folgt

$$\underline{P}_V \, \underline{A} = \underline{U} \, . \tag{7.7}$$

Da alle $\underline{E}_\sigma^V$ untere Dreiecksmatrizen sind, ist auch $\underline{P}_V$ eine untere
Dreiecksmatrix. Nun ist die Inverse einer solchen Matrix wieder
eine linke untere Dreiecksmatrix. Deswegen gilt weiter

$$\underline{A} = \underline{P}_V^{-1} \, \underline{U} = \underline{L} \, \underline{U} \, . \tag{7.8}$$

Der Gauß-Algorithmus enthält also implizit die Faktorisierung
(7.8) der Matrix $\underline{A}$. Bei der LU-Zerlegung werden nun die Matrizen
$\underline{L}$ und $\underline{U}$ explizit berechnet. Dies ist vorteilhaft, wenn ein Gleichungssystem mehrmals für verschiedene rechte Seiten gelöst wer-
den soll.
Für die Faktorisierung der Matrix $\underline{A}$ werden $n^3/3 - n/3$ lange
Operationen benötigt, unabhängig davon, welche der später behandelten Algorithmen verwendet werden. Das Gleichungssystem
kann dann als

$$\underline{L} \, \underline{U} \, \underline{x} = \underline{L} \, \underline{y} = \underline{b} \tag{7.9}$$

geschrieben werden. Die Lösung des Systems wird in zwei Schritten durchgeführt:
1. Lösung von $\underline{L} \, \underline{y} = \underline{b}$ durch Vorwärtssubstitution mit $n^2/2$
langen Operationen,
2. Lösung von $\underline{U} \, \underline{x} = \underline{y}$ durch Rücksubstitution mit $n^2/2$ langen Operationen.
Insgesamt werden also $n^3/3 + n^2 - n/3$ Operationen benötigt,

genausoviele wie beim Gauß-Algorithmus! Soll jedoch das Gleichungssystem für m rechte Seiten gelöst werden, dann sind nur
die Substitutionsschritte zu wiederholen, da die Faktorisierung
der Matrix $\underline{A}$ unabhängig von den rechten Seiten ist. Es werden
also in diesem Fall nur $n^3/3 + mn^2 - n/3$ lange Operationen gegenüber $m(n^3/3 + n^2 - n/3)$ Operationen beim Gauß-Algorithmus benötigt. Es stellt sich nun die Frage, ob nicht die Berechnung
der Inversen $\underline{A}^{-1}$ mit Hilfe des Gauß-Algorithmus von Vorteil wäre,
da sie nur mit den rechten Seiten multipliziert werden muß. Da
dazu jedoch jedesmal n^2 Multiplikationen auszuführen sind, ergibt sich eine Gesamtzahl von $4n^3/3 + mn^2 - n/3$ langen Operationen. Ein Vergleich der Anzahl der Operationen bei den verschiedenen Algorithmen und bei unterschiedlicher Anzahl von
Gleichungen und rechten Seiten zeigt Tabelle 7.1. Der günstigste
Algorithmus ist die LU-Zerlegung für m >1. Für m ≥ 5 ist die
Gleichungslösung mit Hilfe der Inversen günstiger als der Gauß-
Algorithmus. Weiter ist der Tabelle zu entnehmen, daß die Anzahl der auszuführenden Operationen mit wachsendem n sehr schnell
ansteigen, entsprechend der Komplexität von $O(n^3)$ der Algorith-

Tabelle 7.1. Vergleich des Rechenaufwands bei verschiedenen
Algorithmen

n	m	LU	Gauß	Inverse
5	1	65	65	190
	5	165	325	290
	20	540	1300	665
20	1	3060	3060	11060
	5	4660	15300	12660
	20	10660	61200	18660
100	1	343300	343300	1343300
	5	383300	1700000	1383300
	20	533000	6900000	1533300

men. Es werde nun angenommen, daß ein Gleichungssystem auf einem Großrechner, der $1\mu s$ pro Gleitkomma-Operation benötigt, gelöst werden soll. Dann würde mit dem LU-Algorithmus bei $n=100$ eine Rechenzeit von etwa 0,35 Sekunden benötigt werden (ohne die Zeit, die gebraucht wird, um auf die Daten zuzugreifen und sie abzuspeichern). Bei $n=1000$ werden schon 5,6 Minuten benötigt, bei $n=10000$ jedoch 10573 Jahre. Das bedeutet, daß diese Algorithmen für die Lösung sehr großer Systeme mit mehr als 1000 Gleichungen nicht geeignet sind. Wir werden jedoch in Abschn. 7.2 Maßnahmen kennenlernen, mit denen die Lösungszeit wesentlich verkürzt werden kann.

Es bleibt nun noch zu behandeln, wie die LU-Faktorisierung einer Matrix $\underline{A}$ durchgeführt wird. Die Bestimmungsgleichung (7.8) lautet in ausführlicher Form

$$
\begin{bmatrix}
l_{11} & 0 & \cdots & & 0 \\
l_{21} & l_{22} & 0 & \cdots & 0 \\
\vdots & & \ddots & & \vdots \\
& & & \ddots & 0 \\
l_{n1} & l_{n2} & \cdots & & l_{nn}
\end{bmatrix}
\begin{bmatrix}
u_{11} & u_{12} & \cdots & & u_{1n} \\
0 & u_{22} & \cdots & & u_{2n} \\
\vdots & & \ddots & & \vdots \\
\vdots & & & \ddots & \vdots \\
0 & 0 & \cdots & 0 & u_{nn}
\end{bmatrix}
=
\begin{bmatrix}
a_{11} & a_{12} & \cdots & a_{1n} \\
a_{21} & a_{22} & \cdots & a_{2n} \\
\vdots & \vdots & & \vdots \\
\vdots & \vdots & & \vdots \\
a_{n1} & a_{n2} & \cdots & a_{nn}
\end{bmatrix}
$$

$$(7.10)$$

Durch Ausmultiplizieren der linken Seite und Vergleich mit der rechten Seite werden n^2 Gleichungen für n^2+n Unbekannten erhalten, da beide Dreiecksmatrizen Elemente in der Hauptdiagonalen haben. Deshalb können n Unbekannten frei gewählt werden. Folgende Wahl ist üblich:

$l_{kk} = 1$, $k = 1,\ldots,n$: Doolittle-Zerlegung

oder

$u_{kk} = 1$, $k = 1,\ldots,n$: Crout-Zerlegung

oder, falls $\underline{A}$ symmetrisch, positiv definit: $\underline{U} = \underline{L}'$, d.h.

$l_{kk} = u_{kk}$ $\quad$: Cholesky-Zerlegung.

Da die Bedingung für die Cholesky-Zerlegung bei einer Schaltungs-
berechnung meist nicht erfüllt ist, wird entweder die Doolittle-
oder die Crout-Zerlegung gewählt. Für die Doolittle-Zerlegung
erhält man aus (7.10) die Gleichungen

$$
\begin{aligned}
u_{11} &= a_{11} \\
&\vdots \\
u_{1n} &= a_{1n}
\end{aligned}
\tag{7.11}
$$

$$
\begin{aligned}
l_{21}\, u_{11} &= a_{21} \quad\longrightarrow\quad l_{21} = a_{21}/a_{11} \\
&\vdots \qquad\qquad\qquad\; \vdots \\
l_{n1}\, u_{11} &= a_{n1} \quad\longrightarrow\quad l_{n1} = a_{n1}/a_{11}
\end{aligned}
\tag{7.12}
$$

$$
\begin{aligned}
l_{21}u_{12}+u_{22} &= a_{22} \longrightarrow u_{22} = a_{22}-l_{21}u_{12} = a_{22}-a_{21}a_{12}/a_{11} \\
&\vdots \qquad\qquad\quad \vdots \qquad\qquad\qquad\qquad \vdots \\
l_{21}u_{1n}+u_{2n} &= a_{2n} \longrightarrow u_{2n} = a_{2n}-l_{21}u_{1n} = a_{2n}-a_{21}a_{1n}/a_{11}
\end{aligned}
\tag{7.13}
$$

u.s.w., allgemein

$$
u_{kj} = a_{kj} - \sum_{p=1}^{k-1} l_{kp}\, u_{pj} \quad , \quad j = k,\ldots,n
\tag{7.14}
$$

$$
l_{ik} = (a_{ik} - \sum_{p=1}^{k-1} l_{ip}\, u_{pk})/u_{kk} \quad , \quad i = k+1,\ldots,n
\tag{7.15}
$$

mit der Definition

$$
\sum_{p=1}^{0} = 0 \; .
\tag{7.16}
$$

Aus (7.11) lassen sich die Elemente der ersten Zeile von $\underline{U}$ berechnen, aus (7.12) die Elemente der ersten Spalte von $\underline{L}$, aus
(7.13) die Elemente der zweiten Zeile von $\underline{U}$. Wird nach diesem
Schema fortgefahren, d.h. werden abwechselnd Zeilen von $\underline{U}$ und
Spalten von $\underline{L}$ berechnet, dann kann das aktuelle Element aus den
vorher berechneten Elementen bestimmt werden. Das neu berech-

nete Element kann sofort in der Matrix $\underline{A}$ gespeichert werden, da das betreffende Element dieser Matrix bei der weiteren Berechnung nicht mehr benötigt wird. Auf diese Weise läßt sich Speicherplatz einsparen. Am Ende der Rechnung enthält $\underline{A}$ die Elemente von $\underline{L}$ (außer l_{kk}) und $\underline{U}$, die ungleich Null sind:

$$\underline{A} \longrightarrow \begin{bmatrix} u_{11} & u_{12} & u_{13} & \cdot & \cdot & \cdot & u_{1n} \\ l_{21} & u_{22} & u_{23} & \cdot & \cdot & \cdot & u_{2n} \\ l_{31} & l_{32} & u_{33} & \cdot & \cdot & \cdot & u_{3n} \\ \cdot & \cdot & & & & & \cdot \\ \cdot & \cdot & & & & & \cdot \\ \cdot & \cdot & & & & & \cdot \\ l_{n1} & l_{n2} & \cdot & \cdot & \cdot & l_{nn-1} & u_{nn} \end{bmatrix} \cdot \qquad (7.17)$$

Ein Vergleich von (7.13) mit (7.3) zeigt die Übereinstimmung der Gauß-Elimination mit der LU-Zerlegung. Durch die spezielle Vorgehensweise liefert die LU-Zerlegung jedoch kleinere Rundungsfehler. Außerdem ist sie für die Anwendung von Sparse-Matrix-Algorithmen besser geeignet.

Zum Abschluß dieses Abschnitts soll der Doolittle-Algorithmus als Struktogramm angegeben werden. Da die berechneten neuen Elemente anstelle der alten Elemente gespeichert werden, wie in (7.17) gezeigt, und später nicht mehr modifiziert werden, kommt man im Struktogramm mit Koeffizienten $a_{\mu\nu}$ aus. Die LU-Zerlegung wird durch das Struktogramm Bild 7.1a beschrieben, die Vorwärts-

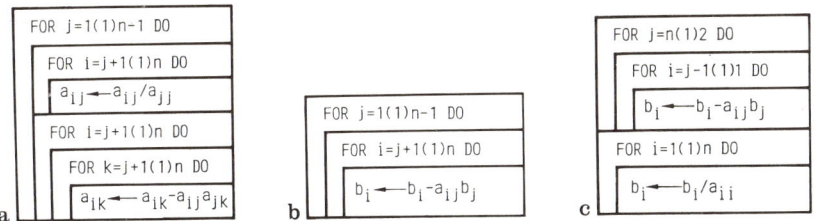

Bild 7.1. Struktogramme zur Gleichungsauflösung: a) LU-Zerlegung nach Doolittle, b) Vorwärtssubstitution, c) Rücksubstitution

148

substitution wird in Bild 7.1b gezeigt, die Rücksubstitution in Bild 7.1c. Nach Beendigung des Algorithmus sind die Werte der Unbekannten x_i in dem Feld gespeichert, das ursprünglich die Elemente b_i auf der rechten Seite enthielt.

7.1.3 Rechengenauigkeit

Gauß-Elimination und LU-Zerlegung können nur dann wie beschrieben durchgeführt werden, wenn alle Diagonalelemente a_{kk}, durch die dividiert wird, von Null verschieden sind. Diese Elemente a_{kk} werden "Pivotelemente" genannt. Verschwindende Pivotelemente treten bei der Modifizierten Knotenanalyse und bei der Sparse-Tableau-Analyse häufig auf. Dies war auch bei den Beispielen 5.2 und 5.4 der Fall. Eine Abhilfe durch Umstellen des Gleichungssystems, d.h. durch Vertauschen von Zeilen oder Spalten der Koeffizientenmatrix, so daß ein von Null verschiedenes Element an die Diagonalposition gelangt, ist bei nichtsingulären Matrizen $\underline{A}$ jedoch stets möglich.

Beispiel 7.2
Das Gleichungssystem

$$2x_1 - 4x_2 + 3x_3 = 6$$
$$x_1 - 2x_2 + x_3 = 2$$
$$3x_1 + 4x_2 - 2x_3 = 1$$

soll durch Gauß-Elimination gelöst werden. Nach dem ersten Eliminationsschritt erhält man

$$2x_1 - 4x_2 + 3x_3 = 6$$
$$-\frac{1}{2}x_3 = -1$$
$$10x_2 - \frac{13}{2}x_3 = -8$$

mit einem verschwindenden Koeffizienten $a_{22}^{(1)}$. Vertauschen der zweiten und dritten Zeile bringt das Gleichungssystem in die gewünschte Form.

Nun kann ein Vertauschen von Zeilen oder Spalten auch dann notwendig werden, wenn alle Pivotelemente ungleich Null sind. Dies läßt sich am besten anhand eines Beispiels zeigen.

Beispiel 7.3
Das Gleichungssystem

$$\begin{bmatrix} 0,0001 & 0,1 \\ 10 & 1 \end{bmatrix} \begin{bmatrix} x_1 \\ x_2 \end{bmatrix} = \begin{bmatrix} 1 \\ 0,001 \end{bmatrix}$$

hat die exakte Lösung $x_1 = -1$, $x_2 = 10,001$. Zur Berechnung der Lösung stehe ein Rechner zur Verfügung, bei dem Gleitkommarechnungen mit vier Dezimalen Genauigkeit durchgeführt werden. Für die Lösung des Gleichungssystems mit Hilfe des Gauß-Algorithmus wird die erste Zeile des Systems durch 0,0001 dividiert und mit 10 multipliziert. Das Ergebnis wird von der zweiten Zeile subtrahiert. Man erhält

$$-9999 x_2 = -99999,999 .$$

Im Rechner werden jedoch zur Durchführung der Gleitkomma-Division die Zahlen normalisiert dargestellt, so daß das Ergebnis in Wirklichkeit

$$-0,9999 \cdot 10^4 x_2 = -0,9999 \cdot 10^5$$

lautet. Daraus ergibt sich $x_2 = 10$ und damit aus der ersten Zeile: $x_1 = 0$. Dies ist ein völlig unbrauchbares Ergebnis!
Wird das Gleichungssystem jedoch umgestellt, also

$$\begin{bmatrix} 10 & 1 \\ 0,0001 & 0,1 \end{bmatrix} \begin{bmatrix} x_1 \\ x_2 \end{bmatrix} = \begin{bmatrix} 0,001 \\ 1 \end{bmatrix} ,$$

dann ergibt die Gauß-Elimination nach dem ersten Schritt

$$0,9999 \cdot 10^{-1} x_2 = 0,9999 .$$

Wieder erhält man $x_2 = 10$. Eingesetzt in die erste Zeile folgt

$$x_1 = (0,001 - 10)/10 = -0,9999,$$

d.h. das korrekte Ergebnis im Rahmen der Genauigkeit der Zahlendarstellung.

Das Beispiel zeigt, daß durch Rundung bei der Maschinenrechnung beträchtliche Fehler auftreten können, wenn der Betrag eines Pivotelements sehr klein ist. Dies ist plausibel, da der Gauß-Algorithmus ja bei verschwindendem Pivotelement versagt. Doch auch bei harmloser aussehenden Gleichungssystemen können durch Rundungsfehler völlig falsche Ergebnisse berechnet werden [7.4-5]. Ein solcher Fall wird im nächsten Beispiel gezeigt.

Beispiel 7.4
Das Gleichungssystem

$$\begin{bmatrix} 5 & 2,0001 \\ 10 & 4,0003 \end{bmatrix} \begin{bmatrix} x_1 \\ x_2 \end{bmatrix} = \begin{bmatrix} 10,6000 \, 3 \\ 21,2000 \, 9 \end{bmatrix}$$

hat die exakte Lösung $x_1 = 2$; $x_2 = 0,3$. Aber schon eine leichte Änderung der Koeffizienten, wie sie bei der Rechnung durch Rundungsfehler entsteht, führt zu einer ganz anderen Lösung. Werden im Beispiel auf der rechten Seite nur die ersten vier Dezimalen berücksichtigt, dann ergibt sich die Lösung $\bar{x}_1 = 2,12$; $\bar{x}_2 = 0$. Wird nun diese Lösung zur Kontrolle in das ursprüngliche Gleichungssystem eingesetzt, dann erhält man das Residuum

$$\underline{r} = \underline{b} - \underline{A}\,\bar{\underline{x}} = \begin{bmatrix} 3 \cdot 10^{-5} \\ 9 \cdot 10^{-5} \end{bmatrix} \quad .$$

Diese kleinen Werte täuschen eine Lösungsgenauigkeit vor, die gar nicht besteht!

Gleichungssysteme, die ein solches pathologisches Verhalten haben, nennt man "schlecht konditioniert". Um eine korrekte Lösung zu erhalten, müssen sie mit höherer Stellenzahl gerechnet werden. In der Praxis besteht das Problem nun darin, solche Gleichungssysteme zu erkennen. In der Literatur sind zwar eine

ganze Anzahl von Konditionsmaßen zu finden, z.B. in [7.6] ,
doch haben diese den Nachteil, daß zur Berechnung der Kondition
entweder die Determinante $\det\{\underline{A}\}$ oder die Inverse $\underline{A}^{-1}$ (also
die gesuchte Lösung!) oder der größte und kleinste Eigenwert von
$\underline{A}$ bekannt sein muß. Dies macht die Berechnung der Konditions-
maße so aufwendig, daß diese Untersuchung in der Praxis unter-
bleibt.

Die durch Rundung auftretenden Fehler lassen sich reduzieren,
indem einmal das Gleichungssystem in eine Form gebracht wird,
die zum Lösen möglichst wenig Rechenoperationen erfordert. Die
dafür entwickelten Techniken werden in Abschnitt 7.2 besprochen.
Zum anderen sollten die Pivotelemente möglichst groß sein. Die
Auswahl solcher Elemente bezeichnet man als "Pivotisierung".
Hierzu gibt es verschiedene Verfahren:

1. Die Zeilen-Pivotsuche. Dabei werden Zeilen miteinander
vertauscht; das nächste Pivotelement wird in der Zeile r gewählt,
für die

$$\left| a_{rk}^{(k)} \right| = \max_{j} \left| a_{jk}^{(k)} \right| \quad , \quad j = k+1,\ldots,n \; . \tag{7.18}$$

2. Die Spalten-Pivotsuche. Sie entspricht in der Wirkung der
Zeilen-Pivotsuche. Statt Zeilen werden hierbei Spalten von $\underline{A}$
miteinander vertauscht.

3. Die vollständige Pivotsuche. Dabei werden Zeilen und Spalten miteinander vertauscht; das bedeutet, das nächste Pivotelement wird in der Zeile r, Spalte s gewählt, für die

$$\left| a_{rs}^{(k)} \right| = \max_{i,j} \left| a_{ij}^{(k)} \right| \quad , \quad i,j = k+1,\ldots,n \; . \tag{7.19}$$

Zur vollständigen Pivotsuche ist ein beträchtlicher Aufwand nötig, da die gesamte Teilmatrix rechts und unterhalb der aktuellen Pivotposition durchsucht werden muß. Dies führt zu beträchtlich verlängerten Rechenzeiten gegenüber der partiellen Pivotsuche (nach Zeilen oder Spalten). In den meisten Fällen wird
die Genauigkeit auch nicht so sehr verbessert, daß der Aufwand
gerechtfertigt wäre [7.7]. Doch lassen sich auch hier Ausnahmen
von der Regel finden.

Beispiel 7.5

Das Gleichungssystem

$$\begin{bmatrix} 10 & 10000 \\ 10 & 1 \end{bmatrix} \begin{bmatrix} x_1 \\ x_2 \end{bmatrix} = \begin{bmatrix} 100000 \\ 0{,}001 \end{bmatrix}$$

ergibt bei einer Berechnung mit dem Gauß-Algorithmus mit Zeilen-
Pivotsuche auf einem Rechner mit vier Dezimalstellen als Lösung
$x_1 = 0$, $x_2 = 10$. Dabei wurde keine Zeilenvertauschung vorgenommen,
da die Elemente der ersten Spalte gleich groß sind. Die exakte
Lösung ist die gleiche, wie in Beispiel 7.3, da die beiden Glei-
chungssysteme identisch sind. Es wurde lediglich die erste Zeile
des Gleichungssystems von Beispiel 7.3 mit 10^6 multipliziert.
Eine vollständige Pivotsuche hätte die korrekte Lösung ergeben.

Soll nur eine partielle Pivotsuche (meist Zeilen-Pivotsuche)
durchgeführt werden, dann ist eine Äquilibrierung der Gleichungen
zweckmäßig. Dabei wird jede Zeile mit einem Faktor multipliziert,
so daß

$$0{,}1 \leq \max_j \left| a_{ij} \right| \leq 1, \qquad i = 1, \ldots, n \; . \tag{7.20}$$

Diese Maßnahme bewirkt häufig, daß durch Zeilenpivotisierung eine geeignete Eliminationsreihenfolge gefunden wird. Es gibt allerdings auch Beispiele, bei denen auch diese Vorgehensweise
keinen Erfolg bringt [7.8] . Eine anfängliche Äquilibrierung kann
nach einigen Eliminationsschritten bereits wirkungslos sein.
Deshalb empfiehlt es sich, in der Praxis eine Äquilibrierung
auch während der Elimination für die Restmatrix einzuführen.
Dieses Verfahren wird "dynamische Skalierung" genannt. Es kann
die Genauigkeit der Lösung beträchtlich verbessern [7.9] . Dabei werden beim k-ten Eliminationsschritt alle Zeilen äquili-
briert, deren Elemente $a_{ik} \neq 0$ mit $i = k+1, \ldots, n$.
Eine Pivotsuche kann in zwei Fällen unterbleiben:
1. bei symmetrischen, positiv definiten Matrizen $\underline{A}$, d.h.
bei Matrizen, bei denen alle Eigenwerte positiv sind.
2. bei diagonaldominanten Matrizen, d.h. wenn

$$\left|a_{kk}\right| \geqq \sum_{\substack{j=1 \\ j\neq i}}^{n} a_{ij} \quad . \qquad (7.21)$$

Diese Bedingung ist bei der Knotenanalyse erfüllt. Deshalb kann man sich dort bei der Pivotisierung auf die Elemente der Hauptdiagonalen beschränken. Bei verschiedenen Programmen wird diese einfache Pivotisierung auch bei der modifizierten Knotenanalyse angewandt. Allerdings kann dabei ein Diagonalelement sehr klein oder sogar Null sein. Dies ist beim Gleichungssystem von Beispiel 5.2 der Fall. Doch selbst wenn alle Diagonalelemente von Null verschieden sind, kann bei einem Eliminationsschritt ein Diagonalelement a_{ii} ausgelöscht werden, wenn

$$a_{ii} = a_{ik}\, a_{ki}/a_{kk} \quad . \qquad (7.22)$$

Um solche Schwierigkeiten zu bewältigen, können verschiedene Maßnahmen vorgesehen werden:

1. Es wird immer dann eine (partielle oder vollständige) Pivotsuche durchgeführt, wenn der Betrag des aktuellen Pivotelements auf der Hauptdiagonalen kleiner als eine vorgegebene Schranke ist. Dieses Verfahren wird Schwellenpivotisierung (threshold pivoting) genannt.

2. Das Gleichungssystem wird so umgeordnet, daß die Nullelemente am rechten unteren Ende der Hauptdiagonalen angeordnet sind. Bei der Modifizierten Knotenanalyse ist dies oft von vornherein der Fall. Während der Elimination werden diese Nullelemente in der Regel durch Elemente ersetzt, die ungleich Null sind. Sollte dies nicht der Fall sein, dann wird die Elimination mit Fehlerabbruch beendet.

3. Zeilen und Spalten des Gleichungssystems werden vor der Elimination so vorsortiert, daß in der Hauptdiagonalen keine Nullelemente vorhanden sind. Allerdings ist dazu ein zusätzlicher Aufwand nötig, da eine Baumsuche und eine Unterteilung der Netzwerkzweige in verschiedene Klassen durchgeführt werden muß [7.10] .

4. Modifikation des vorliegenden Gleichungssystems, indem das ungeeignete Pivotelement durch eine Eins ersetzt wird. Die neu eingeführten Pivotelemente können als Elemente einer Diago-

nalmatrix $\underline{D}$ aufgefaßt werden. Anstelle des Originalproblems wird also die Aufgabe

$$(\underline{A} + \underline{D})\ \underline{x} = \underline{b} \tag{7.23}$$

gelöst. Die erhaltene Lösung wird mit Hilfe der Iteration

$$(\underline{A} + \underline{D})\ \underline{x}^{(i+1)} = \underline{b} + \underline{D}\ \underline{x}^{(i)} \tag{7.24}$$

auf die Lösung des Originalproblems zurückgeführt [7.11]. Diese Iteration wird solange durchgeführt, bis $|x^{(i+1)} - x^{(i)}| \leq \varepsilon$, wobei ε eine vorgegebene Fehlerschranke ist.

7.1.4 Nachiteration

Bei der numerischen Auflösung eines Gleichungssystems liefert der Rechner aufgrund von Rundungsfehlern anstelle der exakten Lösung $\underline{x}$ stets nur eine Näherungslösung $\bar{\underline{x}}$ mit

$$\bar{\underline{x}} = \underline{x} - \Delta \underline{x}. \tag{7.25}$$

Durch Einsetzen dieser Lösung in das Gleichungssystem kann das Residuum

$$\underline{r} = \underline{b} - \underline{A}\ \bar{\underline{x}} \tag{7.26}$$

berechnet werden. Das Problem hierbei ist, daß durch die Subtraktion von zwei annähernd gleich großen Zahlen eine Auslöschung der führenden Stellen eintritt. Das Ergebnis von (7.26) wird damit durch die letzten Stellen bestimmt. Sie sind jedoch aufgrund der Rundungsfehler unzuverlässig. Um einen sinnvollen Wert zu erhalten, muß der Residuenvektor mit erhöhter Genauigkeit, z.B. mit doppelter Stellenzahl berechnet werden. Die Lösung des Gleichungssystems wird akzeptiert, wenn mit einer gegebenen Fehlerschranke δ das Residuum

$$|\underline{r}| \leq \delta \tag{7.27}$$

ist. Andernfalls wird wegen

$$\underline{r} = \underline{A}\ \underline{x} - \underline{A}\ \bar{\underline{x}} = \underline{A}\ \Delta \underline{x} \tag{7.28}$$

das Gleichungssystem

$$\underline{A}\ \Delta \underline{x} = \underline{r} \tag{7.29}$$

gelöst und eine korrigierte Lösung $\underline{x} = \bar{\underline{x}} + \Delta \underline{x}$ ermittelt.

Leider ergibt der Vergleich (7.27) nur bei gut konditionierten Gleichungssystemen ein aussagekräftiges Abbruchkriterium. Wie Beispiel 7.4 gezeigt hat, kann dieses Kriterium bei

schlecht konditionierten Gleichungssystemen erfüllt sein, obwohl die Lösung völlig falsch ist. Aber gerade bei schlecht konditionierten Gleichungssystemen wäre eine Verbesserung der Lösung notwendig! Da die Nachiteration da versagt, wo sie eigentlich benötigt wird, wird sie bei der Schaltungssimulation kaum
noch angewandt. Allerdings wurden neuerdings vielversprechende
Verfahren entwickelt [7.12] , die mit Hilfe der Intervallrech-
nung scharfe Grenzen für eine Lösung ermitteln können. Der
Rechenaufwand ist dabei dreimal so groß, wie bei einer herkömmlichen Rechnung. Bis jetzt wurden diese Verfahren bei der Schaltungssimulation nicht eingesetzt.

7.2 Sparse-Matrix-Algorithmen

7.2.1 Verfahren zur Reduzierung des Rechenaufwands

Eine Matrix wird als dünn besetzt oder spärlich (sparse) bezeichnet, wenn die Anzahl der Nullelemente groß gegenüber der
Anzahl der von Null verschiedenen Elemente ist. Da bei großen
Netzwerken nicht jeder Knoten mit allen anderen Knoten über ein
Element verbunden ist, erhält man bei der Gleichungsformulierung
typischerweise Matrizen mit nur etwa 3 - 30% von Null verschiedenen Elementen. Von diesen Elementen sind wiederum etwa 80%
entweder +1 oder -1 (siehe etwa Beispiel 5.3). Aus diesem Grund
bestehen die meisten langen Operationen, die bei einer Gleichungsauflösung durchgeführt werden, aus Multiplikationen mit
0, +1, -1, Division von Null durch ein Element ungleich Null
oder Divisionen durch +1 oder -1. Diese Operationen ergeben
(bis auf das Vorzeichen) keine neue Information. Es wird deshalb beträchtlich Rechenzeit eingespart, wenn die Gleichungsauflösung so organisiert wird, daß

    1. keine Operationen mit Nullelementen durchgeführt werden,

    2. keine Multiplikationen und Divisionen mit ± 1 durchgeführt
werden,

    3. Vorzeichenwechsel gespeichert und erst am Ende der Rech-
nung eingeführt werden,

    4. die Anzahl der auszuführenden Operationen minimiert wird.
Durch diese Techniken läßt sich die Komplexität der Berechnung

156

von $O(n^3)$ bei der Gauß-Elimination oder der LU-Zerlegung auf $O(n^{1,2})$ bis $O(n^{1,6})$ reduzieren. Außerdem kann beträchtlich Speicherplatz eingespart werden, wenn nur die Elemente, die ungleich Null sind, abgespeichert werden. Allerdings wird zusätzlicher Speicherplatz benötigt, da Information über die Anordnung der Elemente in der Matrix benötigt wird.

Beispiel 7.6

Die Gesamtrechenzeit zur Auflösung eines Gleichungssystems der Ordnung n = 100000 sei bei Anwendung der LU-Zerlegung proportional n^3. Durch Einsatz eines Sparse-Matrix-Algorithmus soll die Rechenzeit auf $O(n^{1,6})$ reduziert werden. Damit ergeben sich folgende Rechenzeiten, wenn die durchschnittliche Rechenzeit pro Operation mit 1µs angesetzt wird:

LU-Zerlegung: $\qquad (10^5)^3 \cdot 10^{-6}s = 10^9 s \approx 31,7$ Jahre

Sparse-Matrix-Algorithmus: $(10^5)^{1,6} \cdot 10^{-6}s = 10^2 s \approx 1,7$ Minuten.

Bei einer vollen Speicherung der Koeffizientenmatrix würden $(10^5)^2 = 10^{10}$ Speicherplätze benötigt werden. Bei Speicherung ohne Nullelemente ist der benötigte Platz etwa proportional n, also um einen Faktor 10^5 geringer.

Bei der Vorwärtselimination des Gauß-Algorithmus (entsprechend bei der LU-Zerlegung) werden Matrixelemente nach (7.3) verändert. Immer dann, wenn ein Element $a_{ij} = 0$ ist, aber $a_{ik} \neq 0$ und $a_{kj} \neq 0$, wird bei dem betreffenden Eliminationsschritt ein Nullelement durch ein Element ersetzt, das ungleich Null ist. An diesem Platz (i,j) der Koeffizientenmatrix entsteht ein sogenanntes "Füllelement" (fill in), d.h. der Besetzungsgrad der Matrix erhöht sich. Die Vorteile der dünn besetzten Matrizen können durch solche Elementeauffüllungen schnell verlorengehen. Aus diesem Grund ist es wesentlich, die Gleichungslösung so durchzuführen, daß möglichst wenige Füllelemente erzeugt werden. Dadurch wird gleichzeitig die Anzahl der durchzuführenden Rechenoperationen verringert, obwohl eine Strategie zur Minimierung der Füllelemente nicht unbedingt auf ein Minimum der Anzahl der Rechenoperationen führt. Das folgende Beispiel soll diese Zusammenhänge verdeutlichen.

Beispiel 7.7

Ein in der Literatur häufig angeführtes Beispiel setzt ein Gleichungssystem mit einer Koeffizientenmatrix voraus, wie sie in Bild 7.2a dargestellt ist [7.13-15]. Dabei bezeichnen Kreuze Elemente, die von Null verschieden sind. Durch eine symbolische Gauß-Elimination oder eine symbolische LU-Zerlegung (d.h. ohne daß Zahlenwerte gegeben sind) findet man, daß nach Elimination der Koeffizienten a_{21}, a_{31}, a_{41} in der ersten Spalte sechs Füllelemente entstehen, d.h. die reduzierte 3 x 3-Matrix $(a_{ij}^{(1)})$ ist vollbesetzt. Dabei werden 9 Elementewerte neu bestimmt, wozu 12 lange Operationen durchgeführt werden müssen. Reduzierung zu einer 2 x 2-Matrix bedeutet zusätzliche 6 lange Operationen; nach zwei weiteren Operationen wird die gesamte Matrix in eine obere Dreiecksmatrix übergeführt. Insgesamt werden also 20 lange Operationen benötigt; 6 Füllelemente werden generiert.

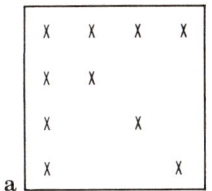 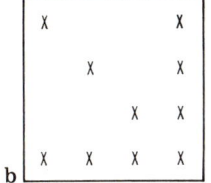

Bild 7.2. Zu Beispiel 7.6: a) Struktur der Ausgangsmatrix, b) Struktur nach Umordnung

Nun werde das Gleichungssystem so umgeordnet, daß die Koeffizientenmatrix die Struktur wie in Bild 7.2b annimmt. Zur Transformation in eine Superdiagonalform werden nur insgesamt sechs lange Operationen benötigt, es entstehen keine Füllelemente. Diese zweite Eliminationsreihenfolge ist offensichtlich viel günstiger als die erste. Die Vorteile wurden lediglich durch eine andere Pivotisierungsreihenfolge, d.h. durch Umordnung von Zeilen und Spalten erreicht.

Die Ergebnisse des Beispiels legen nahe, zur Lösung von Gleichungssystemen die Pivotisierungsreihenfolge so zu wählen, daß sich eine minimale Anzahl von Füllelementen ergibt. Leider ist dieses Ziel aus zwei Gründen nicht zu erreichen:

158

1. Bei einer allgemeinen, unsymmetrischen Koeffizientenmatrix müßten zur Ermittlung der optimalen Reihenfolge alle
möglichen Permutationen von Zeilen und Spalten durchprobiert
werden, also $(n!)^2$ Möglichkeiten. Dies ist aus Gründen der
Rechenzeit bei großen Matrizen unrealisierbar.

Anmerkung: Solche kombinatorischen Probleme heißen NP-voll-
ständig (Nicht Polynominal). Das bedeutet, daß kein Algorithmus
bekannt ist, mit dem ein solches Problem in einer Anzahl von
Schritten gelöst werden kann, die durch ein Polynom in der Größe
des Problems (hier durch n) beschränkt ist. Zu dieser Klasse gehören viele bekannte Aufgabenstellungen, insbesondere das Problem der optimalen Wegesuche (Travelling Salesman Problem, Rou-
ting). Zwischen den Problemen dieser Klasse besteht eine Verwandtschaft derart, daß, wenn eines dieser Probleme mit einem
Algorithmus polynomialer Komplexität gelöst werden könnte, dann
auch alle anderen mit einem solchen Algorithmus zu lösen wären.
Dies läßt vermuten, daß auch in Zukunft kein solcher Algorithmus
gefunden werden kann. Für die Praxis bedeutet dies, daß zur Lösung solcher Probleme heuristische Ansätze gemacht werden müssen,
die zwar zu keiner optimalen Lösung führen, aber die Rechenzeit
auf ein akzeptables Maß reduzieren.

2. Eine Strategie zur Minimierung der Füllelemente ist nicht
ausreichend, da auch die Größe der Pivotelemente aus Gründen der
Rechengenauigkeit (Abschn. 7.1.3) berücksichtigt werden muß.

Aus diesem Grund sind alle bekannten Algorithmen mit ak-
zeptablen Rechenzeiten bei allgemeinen Matrizen suboptimal. Diese Algorithmen können nach Apriori-Strategien und lokalen Strategien unterteilt werden.

Apriori-Strategien (Preordering) sind den lokalen Strategien
unterlegen. Sie sind nur aus zwei Gründen zu rechtfertigen:

1. Zur Partitionierung sehr großer Matrizen in Blockform.
Dies hat zum Ziel, sehr große Gleichungssysteme in kleinere Gleichungssysteme zu zerlegen, die dann unabhängig voneinander behandelt werden können. Diese Vorgehensweise wird in Kap. 11
näher besprochen.

2. Einsatz von Programmpaketen zur Gleichungslösung, die
keine Sparse-Matrix-Algorithmen enthalten. In diesem Fall ist
ein Preordering ohne großen Aufwand durchzuführen. Es hat sich
gezeigt [7.13] , daß bereits eine Sortierung der Zeilen einer

Matrix nach

    abnehmender Anzahl von Nullelementen oder

    einer Apriori-Anwendung des Markowitz-Kriteriums (siehe

    unten)

eine Reduzierung der Anzahl der Füllelemente um den Faktor
vier ergeben kann.

    Von den lokalen Strategien, d.h. den Strategien, bei denen
das nächste Pivotelement erst während der Rechnung bestimmt wird,
sollen drei Vorgehensweisen genannt werden:

    1. Als Pivotelement wird das betragsgrößte Element in der
Zeile (oder Spalte) gewählt, welche die meisten Nullelemente enthält.

    2. Minimierung der Anzahl der Füllelemente beim folgenden
Eliminationsschritt. Gibt es mehrere gleichwertige Möglichkeiten,
dann wird das Pivotelement gewählt, das in der verbleibenden,
reduzierten Matrix die wenigsten Elemente außerhalb der Hauptdiagonalen ergibt. Dieses Schema setzt voraus, daß vor jedem Eliminationsschritt eine symbolische Elimination zur Bestimmung der
Anzahl der Füllelemente für alle möglichen Pivotkanditaten durchgeführt wird. Dies bedeutet einen beträchtlichen Aufwand.

    3. Minimierung der Anzahl der Operationen beim nächsten Schritt
mit Hilfe des Markowitz-Kriteriums [7.16]. Die durchzuführenden
Operationen können dem Struktogramm Bild 7.1a entnommen werden:
Zuerst werden in der zu behandelnden Teilmatrix alle Elemente der
Pivotzeile mit Ausnahme des Pivotelements durch a_{jj} dividiert.
Dann werden alle Elemente a_{ik} in allen Zeilen verändert, die ein
von Null verschiedenes Element in der Pivotspalte haben. Dabei
wird das Pivotelement selbst nicht mitgezählt. Jedesmal werden
eine Multiplikation und eine Subtraktion ausgeführt. Wird mit r_i
die Anzahl der Elemente der Pivotzeile i, mit c_j die Anzahl der
Elemente der Pivotspalte j bezeichnet, wobei nur die zu zerle-
gende Teilmatrix betrachtet wird, dann ist die Gesamtzahl der
bei Wahl des Pivotelements a_{jj} auszuführenden langen Operationen

$$n_{jj} = (r_i-1) + (c_j-1)(r_i-1) = c_j (r_i-1), \quad i = j. \qquad (7.30)$$

Diese Abschätzung gilt auch bei Wahl eines beliebigen Elements
a_{ij} als Pivotelement, da jedes Element durch Vertauschen von
Zeilen und Spalten in Diagonalposition gebracht werden kann. Als

nächstes Pivotelement wird demnach das Element gewählt, das die minimale Anzahl $\min\{n_{ij}\}$ von langen Operationen ergibt. Da die Höchstzahl möglicher Füllelemente gleich $(c_j-1)(r_i-1)$ ist, liefert (7.30) eine obere Schranke für diesen Wert. Sollten mehrere Pivotelemente auf die gleiche minimale Anzahl langer Operationen führen, dann wird aus Gründen der Rechengenauigkeit das betragsmäßig größte Element gewählt.

Neben den beschriebenen Verfahren gibt es viele andere, oft **wesentlich kompliziertere Strategien, die meist die lokale Mini**mierung der Anzahl der Füllelemente mit der Minimierung der Anzahl der Operationen zu kombinieren versuchen. Interessanterweise ergeben sich nur in seltenen Fällen so große Einsparungen im Vergleich zum Markowitzkriterium, daß sich der Aufwand lohnt [7.13] . Aus diesem Grund wird die Markowitz-Strategie in der Praxis weitaus am häufigsten eingesetzt. Dabei werden manchmal bei der Ermittlung von r_i auch die Elemente der rechten Seite des Gleichungssystems mitgezählt [7.17] .

Beispiel 7.8

Für die 4 x 4-Matrix Bild 7.3a soll mit Hilfe des Markowitz-Kri-

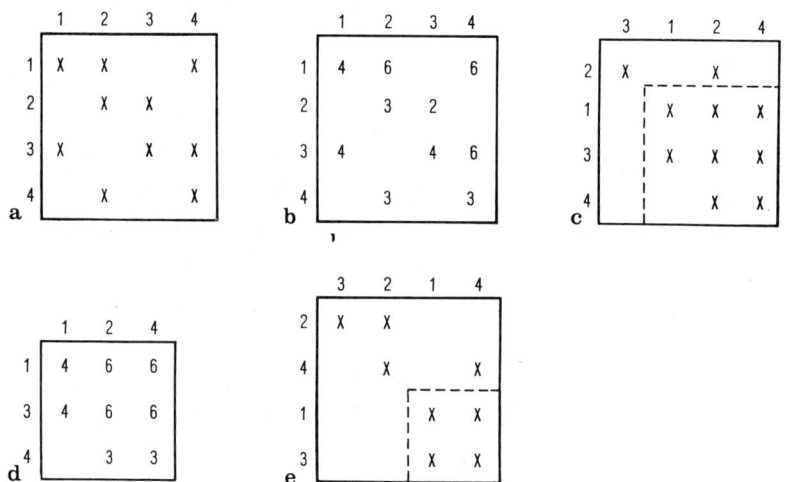

Bild 7.3. Zu Beispiel 7.7: a) Struktur der Ausgangsmatrix,
b) Gewichtung der Elemente nach dem Markowitz-Kriterium, c) Matrix nach einem Eliminationsschritt,
d) Gewichtung der reduzierten Matrix, e) Matrix nach dem zweiten Eliminationsschritt

teriums eine geeignete Pivotisierungs-Reihenfolge ermittelt werden. Werden in die Matrix anstelle der Elemente die entsprechend
(7.30) ermittelten n_{ij} eingetragen, dann erhält man Bild 7.3b.
Als erstes Pivotelement wird demnach das Element a_{23} gewählt.
Nach Umordnung der Zeilen und Ausführung eines Eliminations-
schritts ergibt sich ein Elementemuster nach Bild 7.3c. Für die
verbleibende 3 x 3-Teilmatrix wird nun die Anzahl der langen Operationen wieder ermittelt und an den Plätzen der Elemente eingetragen (Bild 7.3d). Als nächstes Pivotelement sind also a_{42}
und a_{44} gleichwertig; es sollte das betragsmäßig größte Element
gewählt werden, dies sei z.B. a_{42}. Nach dem nächsten Eliminationsschritt erhält man eine Matrixstruktur wie in Bild 7.3e.
Die weitere Anwendung des Markowitz-Kriteriums liefert nun kein
Auswahlkriterium für das Pivotelement mehr, da die verbleibende
2 x 2-Teilmatrix vollbesetzt ist.

7.2.2 Hinweise zum praktischen Einsatz der Verfahren

Um die Anforderungen bezüglich der Rechengenauigkeit zu erfüllen,
wird bei der Knotenanalyse die Pivotsuche mit Hilfe des Markowitz-Kriteriums häufig auf die Hauptdiagonale beschränkt (Diagonaldominanz!).

Für die Vorgehensweise bei der Modifizierten Knotenanalyse
wurde folgendes Verfahren vorgeschlagen [7.18] : 1. Zuerst werden alle Elemente als Pivots gewählt, in deren Zeile oder Spalte sonst nur Nullelemente stehen (Singletons). Sie gehören zu
Spannungs- oder Stromquellen, die mit dem Bezugsknoten verbunden
sind. Diese Elemente stehen symmetrisch zur Hauptdiagonalen,
haben stets den Wert ±1 und erzeugen keine Füllelemente. Durch
die Wahl eines solchen Elements als Pivotelement wird eine vorhandene Diagonaldominanz zerstört. Sie wird jedoch wiederherge-
stellt, wenn sofort darauf das symmetrisch zur Hauptdiagonalen
liegende Element als Pivot gewählt wird. 2. Anstelle von einem
Nullelement in der Hauptdiagonalen wird durch Zeilenvertauschung
mit einer Zeile der unteren Teilmatrix ein Element mit dem Wert
±1 auf diesen Platz gebracht. Dieses Element wird als nächstes
Pivotelement gewählt. 3. Die restlichen Pivotelemente werden
entlang der Hauptdiagonalen nach dem Markowitzkriterium gewählt.
Erzeugt ein Eliminationsschritt in der Hauptdiagonalen ein Nullelement, dann wird nach Punkt 2 verfahren.

Bei der Pivotisierung nach Punkt 3, wie auch beim Sparse-
Tableau-Verfahren sollte ein Pivotelement nur dann akzeptiert
werden, wenn sein Betrag größer als eine vorgegebene Schranke
ist (threshold pivoting), wenn zum Beispiel

$$\left| a_{kk}^{(k)} \right| \geqq \alpha \cdot \max_i \left| a_{ki}^{(k)} \right| \qquad , \ 0 \leqq \alpha \leqq 1, \tag{7.31}$$

wobei der Wert α üblicherweise zwischen 0,1 und 0,25 gewählt
wird.

Auch beim Sparse-Tableau-Verfahren kann die Pivotsuche auf
die Hauptdiagonale beschränkt werden, wenn die Gleichungen nach
(5.56) aufgestellt werden. In diesem Fall ist die Hauptdiagonale
in der Regel besetzt; andernfalls müssen die Maßnahmen angewendet
werden, die in Abschn. 7.1.3 beschrieben werden. Da die linke
obere Teilmatrix von (5.56) schon aus der Einheitsmatrix besteht,
können Füllelemente nur in der rechten unteren Teilmatrix auftreten. Aber auch die Tableau-Gleichungen (5.51) können so geschrieben werden, daß zur Verringerung der Anzahl von Fülleleme-
menten eine Einheitsmatrix als linke obere Teilmatrix auftritt.
Bei geeigneter Wahl der Netzwerkelemente und Pivotisierung entlang der Hauptdiagonalen lassen sich die Knotengleichungen aus
den Sparse-Tableau-Gleichungen ableiten.

Beispiel 7.9

Es werde ein Netzwerk betrachtet, dessen Elemente in Admittanzform (5.13) beschrieben werden. Durch Vertauschen der ersten und
dritten Zeile in (5.51) nimmt das Tableau die Form

$$\begin{bmatrix} \underline{E} & -\underline{Y}_b & \underline{0} \\ \underline{0} & \underline{E} & -\underline{A}' \\ \underline{A} & \underline{0} & \underline{0} \end{bmatrix} \begin{bmatrix} \underline{i}_b \\ \underline{u}_b \\ \underline{u}_n \end{bmatrix} = \begin{bmatrix} \underline{Y}_b \underline{u}_0 - \underline{i}_0 \\ \underline{0} \\ \underline{0} \end{bmatrix}$$

an. Nun wird die Matrix in Superdiagonalform transformiert, wobei die natürliche Pivotisierungsreihenfolge entlang der Hauptdiagonalen gewählt wird. Das heißt, daß die erste Zeile des Gleichungssystems mit $(-\underline{A})$ von links multipliziert und zur dritten
Zeile addiert wird. In der dritten Zeile, zweiten Spalte wird
dadurch ein Element $\underline{A}\underline{Y}_b$ erzeugt. Durch Multiplikation der zweiten
Zeile von links mit $(-\underline{A}\underline{Y}_b)$ und Addition zur dritten Zeile er-

hält man schließlich

$$\begin{bmatrix} \underline{E} & -\underline{Y}_b & \underline{0} \\ \underline{0} & \underline{E} & -\underline{A}' \\ \underline{0} & \underline{0} & \underline{A}\underline{Y}_b\underline{A}' \end{bmatrix} \begin{bmatrix} \underline{i}_b \\ \underline{u}_b \\ \underline{u}_n \end{bmatrix} = \begin{bmatrix} \underline{Y}_b\underline{u}_0 - \underline{i}_0 \\ \underline{0} \\ \underline{A}(\underline{i}_0 - \underline{Y}_b\underline{u}_0) \end{bmatrix} \quad .$$

Ein Vergleich mit (5.14) zeigt, daß in der letzten Zeile des Gleichungssystems genau die Knotengleichungen stehen. Da die gewählte Pivotisierungsreihenfolge sicherlich nicht mit der Reihenfolge übereinstimmt, die bei Anwendung des Markowitzkriteriums bestimmt würde, kann geschlossen werden, daß das Sparse-Tableau-Verfahren für die Anwendung von Sparse-Matrix-Algorithmen geeigneter ist, als das Knotenverfahren.

7.2.3 Datenstrukturen für dünn besetzte Matrizen

Bei der Lösung eines Gleichungssystems mit Pivotsuche (z.B. nach dem Markowitz-Kriterium, müssen sehr häufig die gleichen Operationen wiederholt werden, wie zum Beispiel:
    Zählen der von Null verschiedenen Elemente in Zeilen und Spalten,
    Durchsuchen von Zeilen und Spalten nach solchen Elementen,
    Einfügen von Füllelementen in die Matrix,
    Vertauschen von Zeilen und Spalten der Matrix,
    Reduzieren der Matrix durch Weglassen einer Zeile und Spalte.
Die Daten sollten deshalb so im Speicher angeordnet und miteinander verbunden werden, daß auf sie schnell zugegriffen werden kann. Dazu muß allerdings neben den von Null verschiedenen Elementen Zusatzinformation gespeichert werden, so daß ein Widerspruch zur Forderung nach minimalem Speicherbedarf besteht. Man muß deshalb bei der Entwicklung geeigneter Datenstrukturen einen Kompromiß schließen. In der Literatur, z.B. [7.19-20] , sind verschiedene Beispiele zu finden, die verdeutlichen, welche Überlegungen und Randbedingungen bei der Software-Entwicklung eines Sparse-Matrix-Packets zu berücksichtigen sind. Welche Datenstruktur am besten geeignet ist, hängt sowohl von der speziellen Form der behandelten Matrix und der gewählten LU-Zerlegung ab, als auch von den Adressierungs- und Zugriffsmöglichkeiten bei dem

eingesetzten Rechner. So sollten die Daten so organisiert sein,
daß beim Ausführen der oben beschriebenen Operationen die benötigten Daten im Speicher nahe beieinanderstehen, so daß bei
Maschinen mit virtuellem Speicherkonzept zeitaufwendige Seitenwechsel (paging) weitgehend reduziert werden. Ein Überblick über
verschiedene Datenstrukturen ist in [7.13] zu finden. Prinzipiell
können zwei Arten der Datenorganisation für Sparse-Matrix-Algorithmen unterschieden werden, nämlich die statische und die dynamische Speicherung.

Bei der statischen Speicherorganisation wird die Datenstruktur während der Rechnung nicht verändert. Das bedeutet, daß
schon vor Durchführen des Sparse-Matrix-Algorithmus die Anzahl
und Anordnung der auftretenden Füllelemente bekannt sein muß, so
daß von vornherein der benötigte Speicherplatz reserviert werden
kann. Dies ist aber nur dann möglich, wenn die Pivotisierungsreihenfolge vor der Rechnung bestimmt werden kann, etwa durch
eine

Apriori-Strategie,

symbolische Pivotisierung in einem Vorlauf zur eigentlichen
Rechnung,

Pivotisierung entlang der Hauptdiagonalen in der natürlichen
Reihenfolge bei diagonaldominanten Matrizen. Bei diesem Vorgehen besteht allerdings die Gefahr, daß durch Auslöschung ein
Pivotelement verschwindet. In diesem Fall würde der Algorithmus
versagen, da eine Änderung der Pivotisierung nicht durchgeführt
werden kann. Man kann sich dann nur durch Modifizieren der Matrix behelfen, indem das Nullelement durch ein Element ungleich
Null ersetzt wird (siehe Abschn. 7.1.3).

Bei der statischen Speicherorganisation werden lediglich drei
eindimensionale Felder zur Speicherung der Daten benötigt: ein
Feld, in dem die von Null verschiedenen Elemente fortlaufend
zeilenweise (oder spaltenweise) abgelegt werden; ein Feld, in
dem die Spaltennummern (Zeilennummern) dieser Elemente stehen
und ein Feld mit Verweisen (Pointer) auf das jeweils erste Element einer Zeile (bzw. Spalte).

Beispiel 7.10

Die Koeffizientenmatrix

$$\begin{bmatrix} 8 & 5 & 0 & -4 \\ 0 & -3 & 0 & 1 \\ 2 & 0 & 7 & 0 \\ 0 & 0 & -2 & 6 \end{bmatrix}$$

soll in einer statischen Datenstruktur gespeichert werden. Dazu muß berücksichtigt werden, daß die Nullelemente an den Plätzen (3,2) und (3,4) während der Gauß-Elimination oder einer LU-Zerlegung durch Füllelemente ersetzt werden. Es wird ein eindimensionales Feld VALU (Typ REAL) für die Elemente der Matrix, ein eindimensionales Feld IIPT (Typ INTEGER) für die Zeilenanfang-Pointer und ein eindimensionales Feld ICOL (Typ INTEGER) für die Spaltennummern benötigt:

Adresse	1	2	3	4	5	6	7	8	9	10	11
VALU (·)	8	5	-4	-3	1	2	0	7	0	-2	6
IIPT (·)	1	4	6	10							
ICOL(·)	1	2	4	2	4	1	2	3	4	3	4

In VALU (7) und VALU (9) werden später die Füllelemente gespeichert.

Der Vorteil der statischen Speicherorganisation besteht in dem relativ geringen Zusatzspeicheraufwand für ICOL und IIPT und die einfache Zugriffsmöglichkeit. Soll eine LU-Zerlegung mit Pivotisierung entlang der Hauptdiagonalen durchgeführt werden, dann können die Zugriffzeiten dadurch verkürzt werden, indem die Elemente gleich in der benötigten Reihenfolge abgespeichert werden, also abwechselnd zeilen- und spaltenweise [7.14] .

Beispiel 7.11

Die Koeffizientenmatrix von Beispiel 7.10 kann zur Verkürzung der Zugriffszeiten bei der LU-Zerlegung mit Pivotisierung entlang der Hauptdiagonalen mit Hilfe der folgenden eindimensionalen Felder gespeichert werden:

Adresse	1	2	3	4	5	6	7	8	9	10	11
VALU($\cdot$)	8	-3	7	6	5	-4	2	1	0	0	-2
INDEX($\cdot$)	1	2	3	4	2	4	3	4	3	4	4
UCOL($\cdot$)	5	8	10								
LCOL($\cdot$)	7	9	11								

Dabei enthält VALU(1:4) die Pivotelemente. Es folgen abwechselnd die Elemente einer Zeile rechts von einem Pivotelement und der Spalte unterhalb des Pivotelements. Das Feld INDEX enthält die Spaltennummern der zeilenweise angeordneten Elemente und die Zeilennummern der spaltenweise aufgeführten Elemente. Feld UCOL enthält die Adressen des Feldes INDEX, bei denen die Spaltennumerierung beginnt, ICOL bezeichnet entsprechend den Beginn der Zeilennumerierung.

Eine andere statische Speichertechnik ist die Bit-Map-Technik, bei der ein Abbild der Matrix gespeichert wird, wobei für jedes von Null verschiedene Element ein Bit auf Eins, für jedes Nullelement ein Bit auf Null gesetzt wird. Wegen der Notwendigkeit, auch für Nullelemente Information zu speichern und der Schwierigkeit von Bitmanipulationen in höheren Programmiersprachen wird diese Technik nur selten verwendet.

Bei der dynamischen Speicherorganisation werden alle von Null verschiedenen Elemente in Form von verketteten Listen [7.21] gespeichert. Dadurch besteht die Möglichkeit, Elemente beliebig hinzuzufügen oder wegzulassen, sowie Pivotelemente auszuwählen. Um alle Elemente einer Zeile oder Spalte schnell durchsuchen zu können, sind die Elemente zeilen- und spaltenweise miteinander verkettet. Die Aufeinanderfolge der Elemente im Speicher spielt dabei im Prinzip keine Rolle; sie beeinflußt jedoch die Zugriffszeit, da durch ungeeignete Anordnung häufiger Seitenwechsel im Speicher (paging) notwendig wird. Erzeugte Füllelemente werden einfach hinten angehängt. Üblicherweise werden orthogonal verkettete Listen verwendet [7.20] .

Bei den verketteten Listen, wie sie in SPICE2 aufgebaut werden, werden zur Beschreibung eines Matrixelements folgende Einträge benötigt [7.22] :

der Wert eines Matrixelements (VALU),

die Zeile der Matrix (IROW),

die Spalte der Matrix (ICOL),

ein Zeiger auf das nächste Element derselben Spalte (JPT),

ein Zeiger auf das nächste Element derselben Zeile (IPT).

Zusätzlich müssen Zeilenanfangszeiger IIPT und Spaltenanfangszeiger JJPT gespeichert werden. Diese Information reicht aus, um Elemente beliebig hinzufügen oder löschen zu können, ohne daß nachfolgende Elemente umgespeichert werden müssen. Dies soll anhand des folgenden Beispiels gezeigt werden.

Beispiel 7.12

Die Koeffizientenmatrix von Beispiel 7.10 soll in Form einer orthogonal verketteten Liste gespeichert werden. Zur Verdeutlichung werden die zu einem Element gehörenden Einträge und die Zeiger auf die Nachbarelemente in Bild 7.4 übersichtlich dargestellt. Zur Speicherung werden also die folgenden Daten benötigt:

Adresse	1	2	3	4	5	6	7	8	9
VALU($\cdot$)	8	5	-4	-3	1	2	7	-2	6
IROW($\cdot$)	1	1	1	2	2	3	3	4	4
ICOL($\cdot$)	1	2	4	2	4	1	3	3	4
JPT($\cdot$)	6	4	5	0	9	0	8	0	0
IPT($\cdot$)	2	3	0	5	0	7	0	9	0
IIPT($\cdot$)	1	4	6	8					
JJPT($\cdot$)	1	2	7	3					

Die Zeiger enthalten alle die Adresse des Elements, auf das sie deuten. Es seien nun folgende Aufgaben gestellt:

1. Ermittlung der Adresse k eines Elements in Zeile μ, Spalte ν . Diese Aufgabe wird gelöst, indem die Elemente der Reihe nach durchsucht werden, entsprechend ihrer Verknüpfung

168

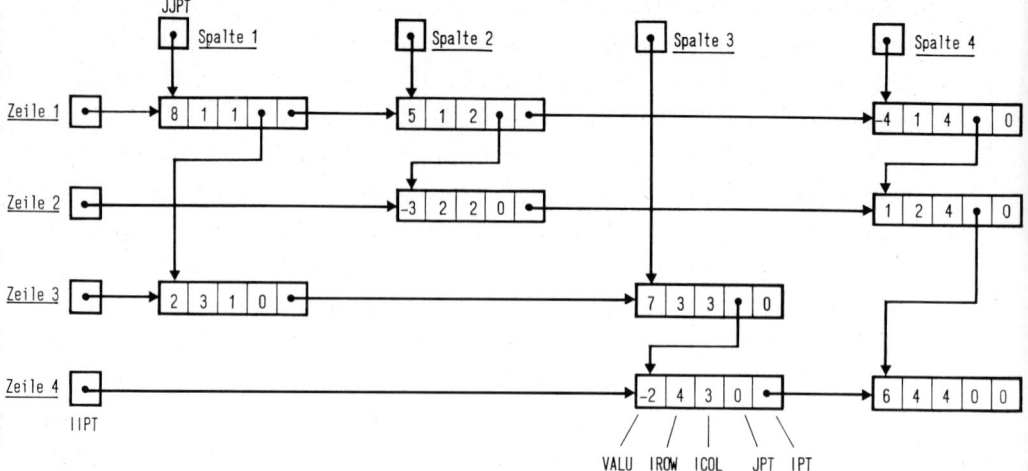

Bild 7.4. Aufbau einer verketteten Liste

durch die Zeiger. Mit der Suche wird beim ersten Element der
Zeile μ oder beim ersten Element der Spalte ν begonnen. Um
die Suchzeit zu verkürzen, kann bei Elementen oberhalb der Hauptdiagonalen eine Spaltensuche, sonst eine Zeilensuche durchgeführt werden. Ist zufällig das erste Element das gesuchte, d.h.
stimmt die Zeilennummer IROW(k) mit μ bei der Spaltensuche
(ICOL(k) mit ν bei der Zeilensuche) überein, dann ist k die
gesuchte Adresse. Sonst wird das nächste Element aufgesucht und
dessen Zeilennummer (bzw. Spaltennummer) überprüft, u.s.w., bis
entweder das gesuchte Element gefunden ist oder bis ein Element
mit einer Zeilennummer IROW(k) $> \mu$ (bzw. Spaltennummer ICOL(k)
$> \nu$) ermittelt wurde. Im letzten Fall gibt es das gesuchte Element nicht. Ein Struktogramm dieses Algorithmus zeigt Bild 7.5.

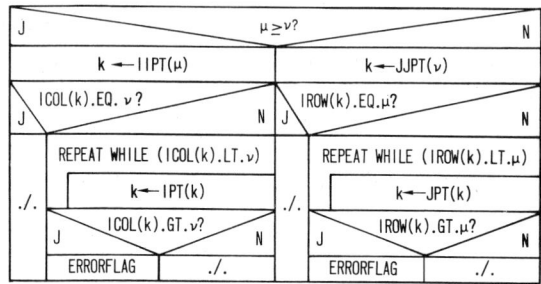

Bild 7.5. Struktogramm: Suche der Adresse eines Elements

2. Einfügen eines Füllelements in Zeile μ , Spalte ν.
In diesem Fall wird das neue Element unter der nächsten noch
nicht belegten Adresse k eingetragen. Der Speicherplatz IROW(k)
wird mit dem Wert μ überschrieben, ICOL(k) mit dem Wert ν.
Als nächstes wird die richtige Zeilenverkettung hergestellt. Dazu werden die Elemente der Zeile μ durchsucht, bis ein Element
mit einem Zeiger IPT(·) gefunden wird, das auf ein Element mit
höherer Spaltennummer als ν deutet. In diesem Fall muß das Füllelement zwischen die beiden Elemente eingefügt werden. Dies läßt
sich erreichen, indem der Wert von IPT(·) in IPT(k) übernommen
und IPT(·) der Wert k zugewiesen wird. Eine etwas abweichende
Behandlung ist notwendig, wenn das Füllelement am Anfang oder am
Ende einer Zeile eingetragen wird. Im ersten Fall ist keine Suche
notwendig, im letzten Fall muß darauf geachtet werden, daß wegen
IPT(·) = 0 der Zugriff auf nicht existierende Elemente vermieden
wird. Ein Struktogramm des Algorithmus ist in Bild 7.6 zu finden.
Die noch durchzuführende Spaltenverkettung ist analog zur Zeilenverkettung und wird deshalb nicht weiter beschrieben.

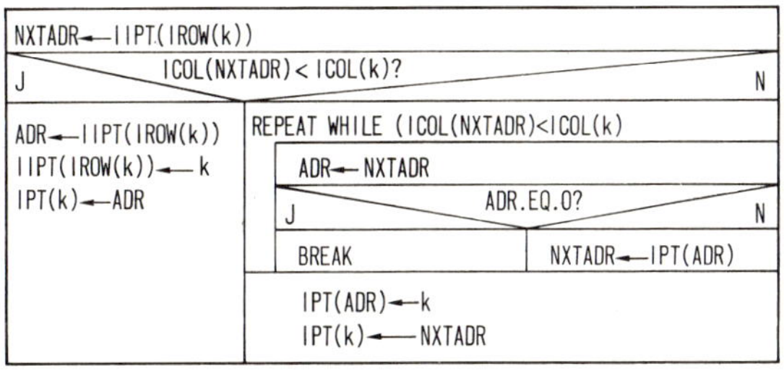

Bild 7.6. Struktogramm: Zeilenverkettung eines Füllelements

3. Löschen eines Elements mit der Adresse k. Auch hierbei kann
der Algorithmus zum Entfernen der Spaltenverkettung vom entsprechenden Algorithmus für das Entfernen der Zeilenverkettung abgeleitet werden. Ein Element wird aus der Zeilenverkettung heraus-
genommen, indem das vorhergehende Element (mit IPT(·) = k) aufgesucht und IPT(k) in IPT(·) eingetragen wird. Damit zeigt der
Zeilenzeiger des vorhergehenden Elements sofort auf das nachfolgende Element. Soll das erste Element einer Zeile entfernt
werden, dann muß der Zeilenanfangszeiger IIPT(IROW(k)) mit dem
neuen Wert versorgt werden. Das Struktogramm Bild 7.7 beschreibt
diesen Algorithmus.

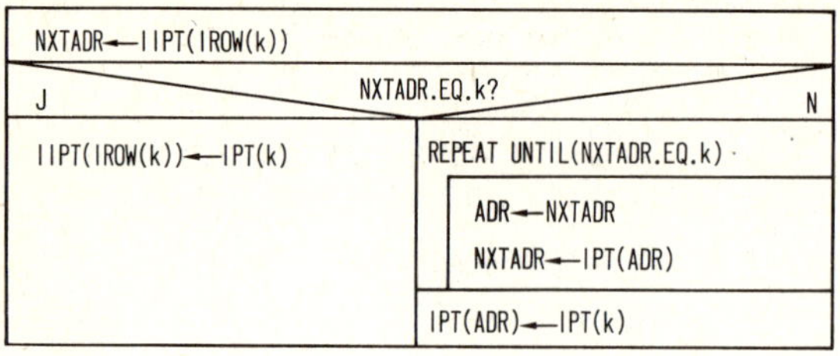

```
┌─────────────────────────────────────────────────────┐
│ NXTADR←IIPT(IROW(k))                                  │
├──────────────────┬────────────────────────────────────┤
│ J    NXTADR.EQ.k?                                   N │
├──────────────────┼────────────────────────────────────┤
│ IIPT(IROW(k))←IPT(k) │ REPEAT UNTIL(NXTADR.EQ.k) ·    │
│                  │   ┌──────────────────────────────┐ │
│                  │   │ ADR←NXTADR                    │ │
│                  │   │ NXTADR←IPT(ADR)               │ │
│                  │   └──────────────────────────────┘ │
│                  │ IPT(ADR)←IPT(k)                   │
└──────────────────┴────────────────────────────────────┘
```

Bild 7.7. Struktogramm: Löschen eines Elements

Mit diesen Algorithmen kann nun ein Schritt der Gauß-Elimination anhand des obenstehenden Speicherinhalts durchgespielt werden. Nach Eintragen der Füllelemente an den Plätzen (3,2) und (3,4) und Entfernen der Verkettung des Elements an Platz (3,1) enthält der Speicher folgende Daten:

Adresse	1	2	3	4	5	6	7	8	9	10	11
VALU(·)	8	5	-4	-3	1	2	7	-2	6	-1,25	1
IROW(·)	1	1	1	2	2	3	3	4	4	3	3
ICOL(·)	1	2	4	2	4	1	3	3	4	2	4
JPT(·)	0	4	5	10	11	0	8	0	0	0	9
IPT(·)	2	3	0	5	0	10	11	9	0	7	0
IIPT(·)	1	4	10	8							
JJPT(·)	1	2	7	3							

7.2.4 Generierung ausführbaren Programmcodes

Häufig müssen die Netzwerkgleichungen wiederholt gelöst werden, z.B. bei einer Transientanalyse oder einer Frequenzanalyse. Dabei bleibt die Struktur der Matrix gleich, die Werte der Elemente und die rechte Seite ändern sich jedoch. In diesem Fall lohnt es sich, in einer relativ zeitaufwendigen Vorverarbeitung eine LU-Zerlegung durchzuführen und alle dazu erforderlichen Operationen als Programmcode abzulegen. Dieser Code braucht bei der wiederholten Lösung des Gleichungssystems nur aufgerufen werden. Für

die Generierung des Programmcodes gibt es verschiedene Möglichkeiten:

1. Kompilierter Code. Bei dieser Methode wird ein schleifen-
freier Code erzeugt, der sehr schnell abläuft. Zum Beispiel müssen für eine LU-Zerlegung nach Doolittle bei Beispiel 7.10 die
folgenden Operationen ausgeführt werden:

$$
\begin{aligned}
a_{31} &\leftarrow a_{31}/a_{11} \\
a_{32} &\leftarrow -a_{31}a_{12} \\
a_{34} &\leftarrow -a_{31}a_{14} \\
a_{32} &\leftarrow a_{32}/a_{22} \\
a_{34} &\leftarrow a_{34}-a_{32}a_{24} \\
a_{43} &\leftarrow a_{43}/a_{33} \\
a_{44} &\leftarrow a_{44}-a_{43}a_{34} \;\; .
\end{aligned}
\tag{7.32}
$$

Diese Operationen können direkt als FORTRAN-Code geschrieben
werden, der mit der in Beispiel 7.11 eingeführten Bezeichnungs-
weise lautet:

$$
\begin{aligned}
\text{VALU}(6) &= \text{VALU}(6)\,/\,\text{VALU}(1) \\
\text{VALU}(7) &= -\text{VALU}(6)*\text{VALU}(2) \\
\text{VALU}(9) &= -\text{VALU}(6)*\text{VALU}(3) \\
\text{VALU}(7) &= \text{VALU}(7)\,/\,\text{VALU}(4) \\
\text{VALU}(9) &= \text{VALU}(9)-\text{VALU}(7)*\text{VALU}(5) \\
\text{VALU}(10) &= \text{VALU}(10)\,/\,\text{VALU}(8) \\
\text{VALU}(11) &= \text{VALU}(11)-\text{VALU}(10)*\text{VALU}(9) \;\; .
\end{aligned}
\tag{7.33}
$$

Zum Ablaufen muß dieser Code durch Aufruf eines FORTRAN-Compilers
in Maschinencode übersetzt werden, was wieder Zeit benötigt.
Stattdessen kann anstelle von FORTRAN-Code auch ablauffähiger
Maschinencode direkt generiert werden. Der Vorteil dieser Methode
ist, daß der Code sehr schnell abläuft, da Schleifen, Verzwei-
gungen und Abfragen von Indizes fehlen. Nachteilig ist, daß der
übersetzte Code außerordentlich lang ist, so daß er auf externen
Speicher ausgelagert werden muß. Die Wartezeiten, die während

des Transfers vom externen Speicher in den Arbeitsspeicher an-
fallen, sind groß gegenüber den Ablaufzeiten des Codes, so daß
die Verarbeitungszeit beträchtlich verlangsamt wird. Darüberhinaus ist die Code-Erstellung durch die Vorverarbeitung sehr
aufwendig.

2. Interpretierbarer Code. Bei diesem Verfahren werden durchzuführende Operationen durch eine Liste beschrieben, die eine
Kennung für die jeweilige Operation (OPCODE), sowie die Adresse
der Operanden enthält. Der OPCODE sei dabei unter Berücksichtigung aller bei der LU-Zerlegung, der Vorwärts- und Rücksubstitution auftretenden Operationen wie in Tab. 7.2 definiert:

Tabelle 7.2. Definition OPCODE

Operation	OPCODE
$a_{kk} \leftarrow 1/a_{kk}$	1
$a_{ij} \leftarrow a_{ij}/a_{kk}$	2
$a_{ik} \leftarrow a_{ik} * a_{kj}$	3
$a_{ij} \leftarrow a_{ik} * a_{kj}$	4
$a_{ij} \leftarrow a_{ij} - a_{ik} * a_{kj}$	5
STOP	6

Damit kann die LU-Zerlegung der Matrix von Beispiel 7.10 durch
eine eindimensionale Liste (LIST) beschrieben werden [7.23] :

Eintrag	OPCODE	Zieladr.	Operand1	Operand2	Operand3
LIST(1):(4)	2	6	6	1	
LIST(5):(8)	4	7	6	2	
LIST(9):(12)	4	9	6	3	
LIST(13):(16)	2	7	7	4	
LIST(17):(21)	5	9	9	7	5
LIST(22):(25)	2	10	10	8	
LIST(26):(30)	5	11	11	10	9
LIST(31)	6				

Die Liste wurde hier nicht fortlaufend angeschrieben, sondern
in einzelne Zeilen unterteilt, um die Korrespondenz zu (7.33)
zu verdeutlichen. In der Spalte OPCODE ist der Schlüssel für
die in (7.33) durchgeführten Operationen entsprechend Tab. 7.2
eingetragen. In der Spalte Zieladresse stehen die Indizes der
linken Seite von (7.33); die Operanden 1 bis 3 bezeichnen die
Indizes auf der rechten Seite. Die Liste kann durch einen sehr
einfachen Interpreter abgearbeitet werden. Er ist fest programmiert, da die tatsächlich auszuführenden Operationen durch die
Elemente der Liste LIST gesteuert werden. Das Struktogramm des
Interpreters zeigt Bild 7.8. Der Vorteil des interpretierbaren
Codes ist, daß die Generierung der Liste LIST einfacher ist, als
die Generierung von FORTRAN- oder Maschinencode. Außerdem wird
zur Speicherung der Liste nur etwa halb so viel Platz benötigt,
als zum Abspeichern des generierten Codes. Nachteilig ist jedoch,
daß die Laufzeit bei diesem Verfahren etwa doppelt so groß ist,
wie beim Verfahren mit kompilierten Code [7.24] .

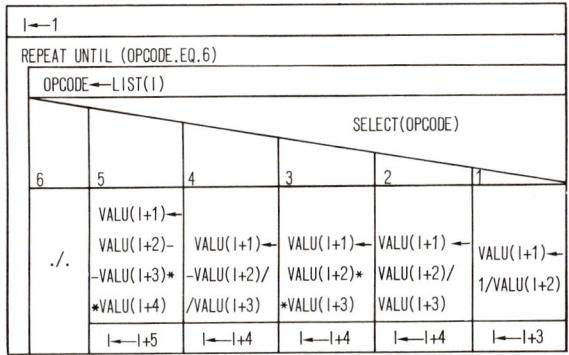

Bild 7.8. Struktogramm: Listeninterpreter

7.2.5 Maßnahmen zur Beschleunigung der Gleichungsauflösung

Durch die Generierung ausführbaren Codes kann die wiederholte
Auflösung von Gleichungssystemen, deren Struktur sich dabei nicht
verändert, beträchtlich beschleunigt werden. Darüberhinaus gibt
es jedoch weitere Möglichkeiten, den Lösungsprozeß zu beschleunigen. Eine genauere Untersuchung des Lösungsablaufs von Glei-

chungssystemen, wie sie bei der Transientanalyse dynamischer
Netzwerke mit nichtlinearen Elementen auftreten, zeigt, daß ver-
schiedene Typen von Operationen vorkommen, die sich in der Häu-
figkeit ihrer Ausführung stark unterscheiden. Die Ursache dieses
Verhaltens liegt darin, daß die Lösung nichtlinearer dynamischer
Netzwerke iterativ durch die Lösungen einer Folge von linearen
Netzwerken angenähert wird. Dies wird in den folgenden Kapiteln
noch ausführlich dargestellt werden. Bei diesem Lösungsprozeß
müssen zeitabhängige Matrixelemente verarbeitet werden, deren
Werte sich selten ändern, aber auch Elemente, die von den unbekannten Netzwerkgrößen $\underline{x}$ (also von Spannungen und Strömen oder
auch Ladungen und magnetischen Flüssen) abhängen und sich innerhalb einer Iterationsschleife häufig ändern. Es kann nun dadurch
Zeit bei der Gleichungsauflösung gespart werden, indem die durchzuführenden Operationen so organisiert werden, daß Elemente,
deren Werte sich häufig ändern, später verarbeitet werden, als
Elemente, deren Werte sich selten ändern oder aber konstant
bleiben.

Werden zum Beispiel die Zeilen und Spalten der Matrix $\underline{A}$ so
angeordnet, daß die von den Unbekannten $\underline{x}$ abhängigen Größen in
einer rechten unteren Teilmatrix $\underline{A}_{22}(x)$ angeordnet sind, dann
braucht nach der Berechnung einer neuen Näherung für $\underline{x}$ nur für
die Teilmatrix $\underline{A}_{22}(x)$ eine neue LU-Zerlegung durchgeführt werden [7.24] :

$$\begin{bmatrix} \underline{A}_{11} & \underline{A}_{12} \\ \underline{A}_{21} & \underline{A}_{22}(x) \end{bmatrix} = \begin{bmatrix} \underline{L}_{11} & \underline{O} \\ \underline{L}_{21} & \underline{L}_{22}(x) \end{bmatrix} \begin{bmatrix} \underline{U}_{11} & \underline{U}_{12} \\ \underline{O} & \underline{U}_{22}(x) \end{bmatrix} . \qquad (7.34)$$

In der Praxis wird heute jedoch ein anderes Verfahren angewandt: Entsprechend einem Vorschlag in [7.25] können die Matrixelemente und die Operationen mit ihnen in Variabilitäts-Typen eingeteilt
werden, wie sie in Tab. 7.3 definiert sind. Alle auszuführenden
Operationen werden nach dem Element mit dem höchsten Typ klas-
sifiziert, das verarbeitet wird. Zum Beispiel wird der Operation

$$a_{ij} \leftarrow a_{ij} - a_{ik}(\underline{x}) \cdot a_{kj}$$

Typ 4 zugewiesen, da a_{ij} und a_{kj} vom Typ 2 und a_{ik} vom Typ 4

Tabelle 7.3. Variabilitäts-Typen

Typ	Elementewert
0	0
1	+1 oder -1
2	konstant, nicht 0, ±1
3	zeitabhängig
4	abhängig von $\underline{x}$

ist. Bei der Code-Generierung werden nun die Operationen so aufgeteilt, daß alle Operationen vom Typ 1 zuerst, dann alle Operationen vom Typ 2, dann die vom Typ 3 und schließlich die Operationen vom Typ 4 durchgeführt werden. Dies kann zum Teil schon dadurch erreicht werden, daß bei der Pivotsuche nach dem Markowitz-Kriterium die Elemente zusätzlich entsprechend den Typen der mit ihnen auszuführenden Operationen gewichtet werden [7.26]. Die Zuordnung einer geeigneten Reihenfolge zu den Operationen hat zur Folge, daß bei Änderung eines Elements von einem bestimmten Typ alle Operationen niedrigeren Typs nicht mehr wiederholt werden müssen, was zu einer beträchtlichen Rechenzeiteinsparung führt.

Eine weitere Beschleunigung des Lösungsalgorithmus kann erreicht werden, indem Operationen vom Typ 4 ausgelassen werden, wenn sie nur eine geringfügige Änderung des Lösungsvektors ergeben würden. Wie in [7.27] gezeigt wurde, ist dies dann der Fall, wenn die Größe eines Pivotelements eine geeignet gewählte Schranke überschreitet. Allerdings muß dabei kontrolliert werden, ob die Lösungsgenauigkeit nicht nachteilig beeinflußt wird. Dieses Verfahren wird zwar zur Zeit bei keinem der eingeführten Netzwerkanalyse-Programme eingesetzt, doch zeigt dieser Vorschlag eine interessante Analogie zum Verfahren der Ereignissteuerung, das bei der Simulation logischer Schaltungen (siehe Kap. 11) zu den Standardtechniken gehört.

Weitere mögliche Verfahren, mit denen Rechenzeit bei der Gleichungsauflösung eingespart werden kann - auf die aber hier nicht näher eingegangen werden soll - beruhen auf der Verwendung von Vektor-Code, der auf geeigneten Rechern wie die CRAY-1 eine gleichzeitige Durchführung mehrerer Rechenoperationen erlaubt [7.28-29] . Eine andere Alternative wäre der Einsatz von Spezialrechnern, welche die Algorithmen zur Gleichungsauflösung "festverdrahtet", d.h. in Hardware enthalten [7.30] . Dies würde eine außerordentlich schnelle Ausführung der Algorithmen ermöglichen. Ob sich eine solche Vorgehensweise in der Praxis einführen wird, bleibt abzuwarten.

8 Analyse nichtlinearer resistiver Netzwerke

Bei elektronischen Schaltungen und insbesondere bei integrierten Schaltungen ist ein großer Teil der Elemente nichtlinear. Die Modellierung solcher Elemente wie Transistoren und Dioden wurde in Kap. 3 behandelt. Die statischen Kennlinien der nichtlinearen Elemente können durch (3.1) oder (3.2) beschrieben werden, wobei die Stetigkeit dieser Funktionen hier vorausgesetzt wird. Mit diesem Ansatz kann, wie im nächsten Abschnitt gezeigt wird, ein System nichtlinearer Gleichungen zur Beschreibung solcher Schaltungen aufgestellt werden. Dieses System wird nur in seltenen Ausnahmefällen geschlossen lösbar sein. Aus diesem Grund werden in diesem Kapitel als numerische Lösungsverfahren die Fixpunkt-Iteration, der Newton-Algorithmus und der Sekanten-Algorithmus besprochen. Weiter werden Hinweise gegeben, wie Schwierigkeiten überwunden werden können, die bei der praktischen Anwendung dieser Algorithmen auftreten können.

8.1 Knotengleichungen nichtlinearer resistiver Netzwerke

Wie bei der Herleitung der Knotengleichungen für lineare Netzwerke werde vorausgesetzt, daß alle Widerstände des Netzwerks in Admittanzform beschrieben werden können. Mit der in Kap. 5 eingeführten Schreibweise für die Ströme und Spannungen des allgemeinen Zweigs lauten die Elementebeziehungen für die nichtlinearen Leitwerte:

$$\underline{j}_b = \underline{g}(\underline{v}_b) \ , \tag{8.1}$$

wobei die nichtlinearen Elementecharakteristiken $G_\nu(v_\nu)$ in dem Vektor $\underline{g}(\underline{v}_b)$ zusammengefaßt wurden. Mit (5.11-12) und (4.2-3) erhält man, analog zur Herleitung der Knotengleichungen für lineare Netzwerke, die Knotengleichungen für Netzwerke mit nichtlinearen Elementen

$$\underline{A}\, \underline{g}(\underline{A}'\, \underline{u}_n + \underline{u}_0) = \underline{A}\, \underline{i}_0 \qquad (8.2)$$

oder auch in allgemeiner Schreibweise

$$\underline{f}(\underline{u}_n) = \underline{A}\, \underline{g}(\underline{A}'\, \underline{u}_n + \underline{u}_0) - \underline{A}\, \underline{i}_0 = \underline{0}\ . \qquad (8.3)$$

In analoger Weise kann auch mit den anderen Verfahren zur Formulierung von Netzwerkgleichungen ein System nichtlinearer Gleichungen abgeleitet werden. Da, wie später gezeigt wird, bei der praktischen Anwendung die nichtlinearen Netzwerkgleichungen gar nicht benötigt werden, kann auf die Herleitung der Gleichungen bei Anwendung dieser Verfahren verzichtet werden. Es genügt die Feststellung, daß nichtlineare resistive Netzwerke durch Gleichungssysteme der Form

$$\underline{f}(\underline{x}) = \underline{0} \qquad (8.4)$$

beschrieben werden, wobei $\underline{x}$ der Vektor der zu ermittelnden Netzwerkgrößen ist.

Beispiel 8.1
Für das Netzwerk Bild 8.1a sollen die Knotengleichungen aufgestellt werden. Der nichtlineare Widerstand soll durch die Gleichung

$$j_1 = \alpha v_1^3\ ,$$

das statische Verhalten der Diode durch

$$i_2 = I_s \left[\exp\left(\frac{u_2}{V_T} \right) - 1 \right]$$

beschrieben werden. Das Netzwerk besteht aus drei allgemeinen Zweigen, damit kann ein Netzwerkgraph wie in Bild 8.1b der Gleichungsformulierung zugrunde gelegt werden. Mit den so definierten positiven Zählrichtungen lassen sich die benötigten Matri-

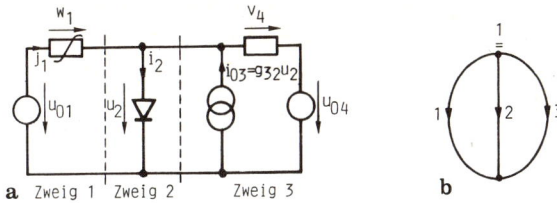

a Zweig 1 | Zweig 2 | Zweig 3   **b**

Bild 8.1. Zu Beispiel 8.1: a) Nichtlineares resistives Netzwerk,
b) Netzwerkgraph

zen und Vektoren sofort anschreiben, wobei die bei der Definition des allgemeinen Zweigs eingeführten Zählrichtungen (siehe
Bild 5.1) beachtet werden müssen. Man erhält

$$\underline{A} = \begin{bmatrix} 1 & 1 & 1 \end{bmatrix} \ ,$$

$$\underline{u}_n = u_1 \ ,$$

$$\underline{g} = \left[\alpha v_1^3 \ , \ I_S(e^{u_2/V_T} - 1), \ G_4 v_4 \right]' \ ,$$

$$\underline{u}_0 = \left[-u_{01}, \ 0, \ -u_{04} \right]' \ ,$$

$$\underline{i}_0 = \left[0, \ 0, \ g_{32} u_2 \right]' \ .$$

Mit

$$\underline{A}' \, \underline{u}_n = \left[u_1, \ u_1, \ u_1 \right]'$$

folgt durch Einsetzen in (8.2):

$$\begin{bmatrix} 1 & 1 & 1 \end{bmatrix} \begin{bmatrix} \alpha(u_1 - u_{01})^3 \\ I_S(e^{u_1/V_T} - 1) \\ G_4(u_1 - u_{04}) \end{bmatrix} = \begin{bmatrix} 1 & 1 & 1 \end{bmatrix} \begin{bmatrix} 0 \\ 0 \\ g_{32} u_1 \end{bmatrix}$$

oder

$$f(u_1) = \alpha(u_1 - u_{01})^3 + I_S \exp(u_1/V_T) + (G_4 - g_{32})u_1 - (G_4 u_{04} + I_S) =$$
$$= 0 \ .$$

Nach dem Formulieren der Netzwerkgleichungen in der Form
(8.3) wird man sich die Fragen stellen:

1. Gibt es überhaupt eine Lösung dieser Gleichungen (Existenz)?

2. Gibt es nur eine Lösung (Eindeutigkeit)?

3. Wie kann sie berechnet werden?

Bei linearen algebraischen Gleichungen ist eine notwendige und
hinreichende Bedingung für die Existenz und Eindeutigkeit einer
Lösung, daß die Koeffizientenmatrix nichtsingulär ist. Bei nichtlinearen Gleichungen können solche globalen Aussagen nicht gemacht werden. Die Gleichungen physikalisch sinnvoll modellierter
Schaltungen können durchaus mehrere Lösungen haben. Zum Beispiel
hat ein Flipflop drei statische Arbeitspunkte (von denen nur
zwei stabil sind, wie durch eine Untersuchung des dynamischen
Verhaltens gezeigt werden kann). Für einige Schaltungsklassen
können jedoch aufgrund der Schaltungsstruktur und der enthaltenen
Elemente Aussagen bezüglich der Existenz und Eindeutigkeit von
Lösungen gemacht werden [8.1-2] .

Einfacher wird die Beantwortung der gestellten Fragen, wenn
man sich auf die Klasse der nichtlinearen Gleichungen beschränkt,
die in Form einer kontrahierenden Abbildung geschrieben werden
können. Diese Klasse ist zwar begrenzt, doch können andere Gleichungen durch eine einfache Transformation in eine Form übergeführt werden, welche die Eigenschaften kontrahierender Abbil-
dungen zumindest in einem begrenzten Bereich besitzen. Nichtlineare Gleichungen sind nur in wenigen Ausnahmefällen geschlossen lösbar. In weitaus den meisten Fällen müssen die Lösungen
iterativ bestimmt werden. Dabei ist das Fixpunkt-Konzept von
fundamentaler Bedeutung.

8.2 Fixpunkt-Iteration und Newton-Algorithmus

Es sei ein System von n nichtlinearen Gleichungen der Form

$$\underline{x} = \underline{h}(\underline{x}) \qquad\qquad (8.5)$$

zu lösen. Zu diesem Zweck werde, ausgehend von einem beliebigen
Anfangsvektor $\underline{x}^{(0)}$, eine Folge von Vektoren nach folgender

Vorschrift konstruiert:

$$\underline{x}^{(1)} = \underline{h}(\underline{x}^{(0)})$$
$$\underline{x}^{(2)} = \underline{h}(\underline{x}^{(1)})$$
$$\underline{x}^{(3)} = \underline{h}(\underline{x}^{(2)})$$

. .
. .
. . ,

also allgemein

$$\underline{x}^{(j+1)} = \underline{h}(\underline{x}^{(j)}) \quad , \quad j = 0,1,2,\ldots \quad . \tag{8.6}$$

Diese Folge konvergiert nun gegen eine Lösung, den sogenannten Fixpunkt, wenn $\underline{h}(\underline{x})$ eine "kontrahierende Abbildung" beschreibt.

Definition 8.1: Kontrahierende Abbildung
Eine Funktion $\underline{h}(\underline{x})$ beschreibt eine kontrahierende Abbildung $\underline{h}: R^n \rightarrow R^n$, wenn es eine positive Konstante $L < 1$ gibt, so daß

$$\| \underline{h}(\underline{x}) - \underline{h}(\underline{y}) \| \leq L \| \underline{x} - \underline{y} \| \quad , \quad \forall \underline{x}, \underline{y} \in R^n. \tag{8.7}$$

Damit gilt der folgende Satz, dessen Beweis in $[8.3]$ zu finden ist:

Satz 8.1: Fixpunkt-Iteration
Ist $\underline{h}(\underline{x})$ eine kontrahierende Abbildung, dann konvergiert die Folge der Iterationen (8.6) zu einem eindeutigen Fixpunkt $\underline{x}=\underline{x}^*$.

Um den Begriff der kontrahierenden Abbildung besser zu verstehen, werde der eindimensionale Fall betrachtet. Dann gilt für eine Funktion $h(x)$ bei Anwendung des Mittelwertsatzes:

$$\left| h(x) - h(y) \right| = \left| dh(x)/dx \right|_{x=\rho} \cdot \left| x - y \right| \quad , \tag{8.8}$$

wobei die Ableitung an einer geeigneten Stelle $\rho \in [x, y]$ ausgewertet wird. Das bedeutet, daß $h(x)$ nach (8.7) dann eine kontrahierende Abbildung ist, wenn

$$|dh(x)/dx| \leq L < 1 \quad , \quad \forall x \qquad (8.9)$$

ist; d.h. h(x) ist eine kontrahierende Abbildung, wenn der Betrag der Ableitung überall kleiner als eins ist. Durch Anwendung der Maximumnorm

$$\|\underline{A}\| \quad = \quad \max_{i} \sum_{j} |a_{ij}| \qquad (8.10)$$

kann diese Aussage leicht auf den mehrdimensionalen Fall erweitert werden [8.4] .

Beispiel 8.2
Es sollen folgende Funktionen daraufhin überprüft werden, ob
sie eine kontrahierende Abbildung beschreiben:

$$\underline{h}_1(\underline{x}) = \begin{bmatrix} -0,3 & 0,6 \\ 0,2 & -0,1 \end{bmatrix} \begin{bmatrix} x_1 \\ x_2 \end{bmatrix} + \begin{bmatrix} 0,7 \\ 0,4 \end{bmatrix} ,$$

Mit (8.9-10) folgt

$$\|\underline{h}_1(\underline{x})\| \quad = \quad \left\| \begin{matrix} -0,3 & 0,6 \\ 0,2 & -0,1 \end{matrix} \right\| \quad = 0,9 \ ,$$

also liegt eine kontrahierende Abbildung vor. Für die Funktion
[8.4]

$$h_2(x) = \ln(e^x + 1)$$

erhält man

$$\|dh_2(x)/dx\| \quad = \quad |e^x/(1 + e^{-x})| \quad = 1/ \ |1 + e^{-x}| \ < 1.$$

Trotzdem ist $h_2(x)$ keine kontrahierende Abbildung, da die Norm
Werte annehmen kann, die beliebig nahe an eins liegen. Damit
kann keine Konstante angegeben werden, für die (8.7) gilt. Die-
se Feststellung ist wesentlich, da die Gl. $\underline{x} = h_2(\underline{x})$ tatsächlich
keine reelle Lösung besitzt. Zum Schluß werde noch die Funktion

$$h_3(x) = 2x + 6$$

betrachtet. Wegen $dh_3(x)/dx = 2$ beschreibt diese Funktion keine kontrahierende Abbildung.

Beispiel 8.3

Um die Aussage des Satzes 8.1 anschaulich zu verdeutlichen, soll der Lösungsprozeß geometrisch interpretiert werden. Dazu wurden in Bild 8.2a der Verlauf einer Funktion $y = h(x)$ und die Gerade $y = x$ eingezeichnet. Die durch (8.6) beschriebene, iterative Ermittlung der Lösung wird durch die gestrichelten Linien angedeutet. Die Folge der $x^{(j)}$ konvergiert zur Lösung x^* , die durch den Schnittpunkt beider Kurven gegeben ist. Die Voraussetzung für Konvergenz, nämlich $|dh(x)/dx|$ beschränkt und kleiner eins, ist für dieses Beispiel offensichtlich erfüllt.

In Bild 8.2b wird der Lösungsprozeß für die Funktion $h_3(x)$ aus Beispiel 8.2 gezeigt. Erwartungsgemäß divergiert der Iterationsprozeß; die erhaltenen Lösungen $x^{(j)}$ entfernen sich immer weiter von der Lösung $x^* = -6$.

Die Gleichungen zur Beschreibung nichtlinearer Netzwerke haben im allgemeinen nicht die Form (8.5). Ausgehend von (8.4)

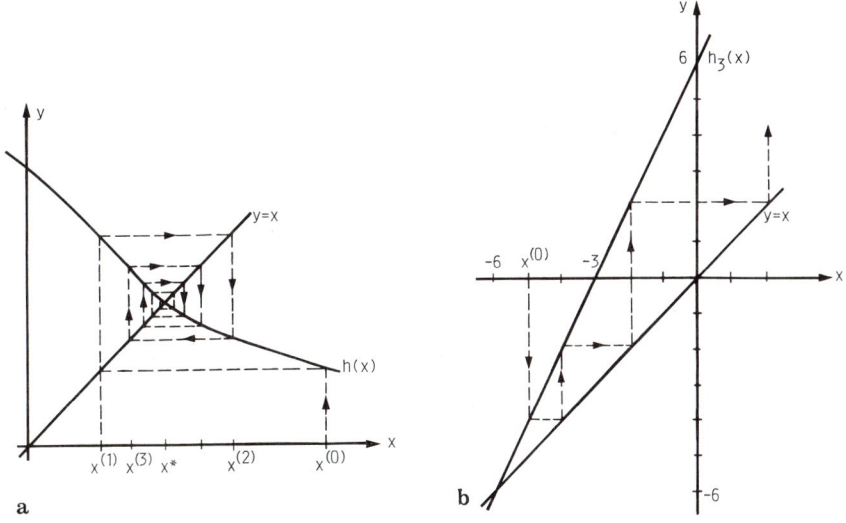

Bild 8.2. Fixpunkt-Iteration: a) Konvergenz, b) Divergenz

können sie jedoch leicht in Standard-Fixpunktform gebracht werden. Mit (8.4) gilt nämlich auch

$$\underline{0} = -\underline{K} \, \underline{f}(\underline{x}) \qquad\qquad (8.11)$$

oder nach Addition von $\underline{x}$ zu beiden Seiten

$$\underline{x} = \underline{x} - \underline{K} \, \underline{f}(\underline{x}) = \underline{h}(\underline{x}), \qquad\qquad (8.12)$$

wobei $\underline{K}$ eine beliebige, nichtsinguläre Matrix ist. Durch eine
geeignete Wahl von $\underline{K}$ ist es möglich, die Konvergenz der Fixpunkt-Iteration zu beschleunigen oder überhaupt zu ermöglichen.

Beispiel 8.4
Es sei die Gleichung

$$f(x) = x + 6 = 0$$

durch Fixpunkt-Iteration zu lösen. Durch Addition von x zu beiden Seiten (d.h. $\underline{K} = -1$) wird die Funktion $h_3(x)$ von Beispiel
8.2 erhalten. Die Fixpunkt-Iteration divergiert, wie Beispiel
8.3 gezeigt hat. Nun werde $K = 0,5$ gewählt. Damit wird nach
(8.12) eine Funktion

$$h_4(x) = x - 0,5(x + 6) = 0,5x - 3$$

erhalten, die wegen $|dh_4(x)/dx| = 0,5 < 1$ eine kontrahierende
Abbildung beschreibt. Es soll dem Leser überlassen bleiben,
sich durch eine geometrische Konstruktion zu überzeugen, daß
die Fixpunkt-Iteration nun zur Lösung $x^* = -6$ konvergiert.
   Um nun nicht für jeden Einzelfall eine Matrix $\underline{K}$ konstruieren zu müssen, soll die Matrix $\underline{K}$ so bestimmt werden, daß sie
allgemein verwendet werden kann. Dazu entwickeln wir für den
eindimensionalen Fall f(x) in eine Taylorreihe (siehe auch
Bild 8.3):

$$0 = f(x^*) = f(x^{(j)}) + (x^* - x^{(j)}) \, f'(x^{(j)}) + \frac{1}{2}(x^* - x^{(j)})^2 f''(\xi)$$

$$(8.13)$$

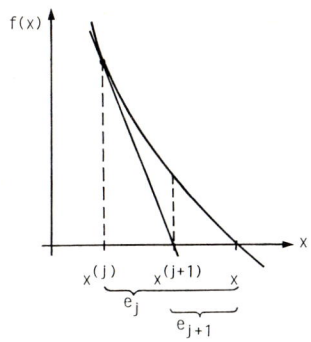

Bild 8.3. Geometrische Interpretation der
Taylorreihenentwicklung
nichtlinearer Funktionen

mit $\xi = \left[x^{(j)}, x^* \right]$. Der Wert $x^{(j+1)}$ kann nun als Näherungslösung aufgefaßt werden, die durch Vernachlässigen der Glieder
höherer Ordnung erhalten wird, also

$$0 = f(x^{(j)}) + (x^{(j+1)} - x^{(j)}) \, f'(x^{(j)}) \qquad (8.14)$$

oder

$$x^{(j+1)} = x^{(j)} - \frac{f(x^{(j)})}{f'(x^{(j)})} \qquad . \qquad (8.15)$$

Wird mit e_{j+1} der Lösungsfehler bezeichnet, dann gilt

$$e_{j+1} = (x^* - x^{(j+1)}) \quad . \qquad (8.16)$$

Ein Vergleich von (8.15) mit (8.12) zeigt, daß im eindimensionalen Fall durch die Entwicklung in eine Taylorreihe die Beziehung

$$\underline{K} = (df(x)/dx)^{-1} \Big|_{x \,=\, x^{(j)}} \qquad (8.17)$$

erhalten wird. Durch eine Reihenentwicklung im mehrdimensionalen Fall wird statt (8.17)

$$\underline{K} = \underline{J}(\underline{x}) = \begin{bmatrix} \dfrac{\partial f_1(\underline{x})}{\partial x_1} & \dfrac{\partial f_1(\underline{x})}{\partial x_2} & \cdots & \dfrac{\partial f_1(\underline{x})}{\partial x_n} \\[2em] \dfrac{\partial f_2(\underline{x})}{\partial x_1} & \dfrac{\partial f_2(\underline{x})}{\partial x_2} & \cdots & \dfrac{\partial f_2(\underline{x})}{\partial x_n} \\[1em] \vdots & \vdots & & \vdots \\[1em] \dfrac{\partial f_n(\underline{x})}{\partial x_1} & \dfrac{\partial f_n(\underline{x})}{\partial x_2} & \cdots & \dfrac{\partial f_n(\underline{x})}{\partial x_n} \end{bmatrix} = \dfrac{\partial \underline{f}(\underline{x})}{\partial \underline{x}} \qquad (8.18)$$

erhalten, wobei die sogenannte Jacobimatrix $\underline{J}$ die partiellen Ableitungen der Elemente von $\underline{f}$ nach den Elementen von $\underline{x}$ enthält. Mit (8.18) und (8.12) nimmt (8.6) nun die Form an

$$\underline{x}^{(j+1)} = \underline{x}^{(j)} - \left[J(\underline{x}^{(j)}) \right]^{-1} \underline{f}(\underline{x}^{(j)}) \quad . \qquad (8.19)$$

Diese wichtige Beziehung heißt Newton-Algorithmus, die Iterationsformel (8.15) für den eindimensionalen Fall wird als Newton-Raphson-Algorithmus bezeichnet. Diese Algorithmen gehören zu den Standard-Verfahren der numerischen Mathematik zum Lösen nichtlinearer Gleichungssysteme. Die Eigenschaften des Newton-Algorithmus beschreibt

Satz 8.2: Newton-Algorithmus

Unter der Voraussetzung, daß $J(x^*)$ nichtsingulär ist und $J(\underline{x})$ Lipschitzstetig (d.h. $\underline{J}(\underline{x})$ ist stetig und $\underline{H}(\underline{x}) = \partial \underline{J}(\underline{x})/\partial \underline{x}$ ist beschränkt), gilt:

1. Die Folge $\underline{x}^{(j)}$ mit $j = 0,1,2,\ldots$ konvergiert gegen $\underline{x}^*$, falls der Anfangswert $\underline{x}_0$ genügend nahe an $\underline{x}^*$ liegt.

2. Die Konvergenz ist quadratisch, d.h. $e_{j+1} \leqq \alpha e_j^2$, wobei α eine positive Konstante ist.

Den Beweis der ersten Aussage findet man z.B. in [8.5], die zweite Aussage folgt durch Subtraktion von (8.14) von (8.13) unter Berücksichtigung, daß

$$e_j = x^* - x^{(j)} \quad .$$
$$(8.20)$$

Damit erhält man (wobei nur der eindimensionale Fall betrachtet wird)

$$0 = e_{j+1} \, f'(x^{(j)}) + \frac{1}{2} e_j^2 \, f''(\xi)$$

oder

$$e_{j+1} = -\frac{1}{2} \frac{f''(\xi)}{f'(x^{(j)})} e_j^2 \approx -\frac{1}{2} \frac{f''(x^*)}{f'(x^*)} e_j^2 \quad , \qquad (8.21)$$

wenn $x^{(j)}$ hinreichend nahe an der Lösung x^* liegt.

Beispiel 8.5

Die Bedeutung der quadratischen Konvergenz wird klar, wenn z.B. für $\alpha = 1$ und $e_0 = 0,8$ gesetzt wird. Für die Fehler bei der ersten bis sechsten Iteration erhält man die Werte 0,64; 0,41; 0,17; 0,028; 0,00079; 0,00000062, d.h. für $j \geq 5$ verdoppelt sich die Anzahl der signifikanten Dezimalen bei jeder Iteration.

Bei der praktischen Anwendung des Newton-Algorithmus wird in der Regel nicht überprüft, ob die Voraussetzungen von Satz 8.2 erfüllt sind. Aus diesem Grund, aber auch wenn der Ausgangspunkt für die Iterationen ungünstig gewählt wird, können Probleme auftreten, wie keine Konvergenz (Divergenz oder Oszillationen, besonders bei Charakteristiken mit Sättigung), oder langsame Konvergenz (z.B. langsam abklingende Oszillationen). Bei Gleichungssystemen mit mehrfachen Lösungen hängt es vom Ausgangspunkt der Iterationen ab, welche Lösung gefunden wird. Verschiedene Möglichkeiten des Ablaufs von Newton-Raphson-Iterationen sind in Bild 8.4 zu sehen.

Für die Durchführung der Newton-Iterationen empfiehlt sich, Gleichung (8.19) in der Form

$$\underline{J}(\underline{x}^{(j)}) \Delta \underline{x}^{(j+1)} = -\underline{f}(\underline{x}^{(j)}) \qquad (8.22)$$

zu schreiben. Diese Gleichung kann mit den in Kap. 7 beschriebenen Techniken gelöst werden, indem

1. die rechte Seite $\underline{f}(\underline{x}^{(j)})$ berechnet wird,

2. die n^2 Elemente der Jacobimatrix ermittelt werden,

3. das lineare Gleichungssystem nach $\Delta \underline{x}^{(j+1)}$ aufgelöst
wird,

4. daraus $\underline{x}^{(j+1)} = \underline{x}^{(j)} + \Delta \underline{x}^{(j+1)}$ berechnet wird.

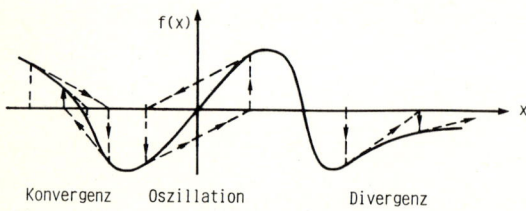

Bild 8.4. Verschiedene Möglichkeiten des Lösungsverhaltens bei
der Newton-Raphson-Iteration

8.3 Linearisierung der Netzwerkgleichungen mit dem Newton-Algorithmus

Als Beispiel für die Anwendung des Newton-Algorithmus werde wieder die Knotenanalyse gewählt. Für die Jacobimatrix gilt mit
(8.3)

$$\underline{J}(\underline{u}_n) = \frac{\partial \underline{f}}{\partial \underline{u}_n} = \underline{A} \frac{\partial \underline{g}(\underline{A}'\underline{u}_n + \underline{u}_0)}{\partial \underline{u}_n} \underline{A}'. \tag{8.23}$$

Eingesetzt in (8.19) folgt

$$\underline{u}_n^{(j+1)} = \underline{u}_n^{(j)} - \left[\underline{A} \frac{\partial \underline{g}(\underline{A}'\underline{u}_n^{(j)} + \underline{u}_0)}{\partial \underline{u}_n} \underline{A}' \right]^{-1} \cdot$$

$$\cdot \left[\underline{A}\, \underline{g}(\underline{A}'\underline{u}_n^{(j)} + \underline{u}_0) - \underline{A}\, \underline{i}_0 \right] . \tag{8.24}$$

Mit den Abkürzungen

$$\underline{v}_b^{(j)} = \underline{A}' \underline{u}_n^{(j)} + \underline{u}_0 \tag{8.25}$$

$$\underline{i}_b^{(j)} = \underline{g}(\underline{A}' \underline{u}_n^{(j)} + \underline{u}_0) = \underline{g}(\underline{v}_b^{(j)}) \tag{8.26}$$

für Zweigspannungen und Zweigströme der nichtlinearen Widerstände bei der j-ten Iteration, sowie mit der differentiellen
Zweigadmittanzmatrix $\underline{Y}_b^{(j)}$, welche die im Arbeitspunkt
$(\underline{v}_b^{(j)}, \underline{i}_b^{(j)})$ linearisierten Leitwerte enthält:

$$\underline{Y}_b^{(j)} = \frac{\partial \underline{g}(\underline{A}' \underline{u}_n^{(j)} + \underline{u}_0)}{\partial \underline{u}_n} = \frac{\partial \underline{g}(\underline{v}_b)}{\partial \underline{v}_b} \Bigg|_{\underline{v}_b = \underline{v}_b^{(j)}} \; , \tag{8.27}$$

läßt sich (8.24) in

$$(\underline{A} \, \underline{Y}_b^{(j)} \, \underline{A}') \underline{u}_n^{(j+1)} = \underline{A} (\underline{i}_0 - \underline{i}_b^{(j)} + \underline{Y}_b^{(j)} \, \underline{A}' \, \underline{u}_n^{(j)}) \tag{8.28}$$

oder

$$(\underline{A} \, \underline{Y}_b^{(j)} \, \underline{A}') \underline{u}_n^{(j+1)} = \underline{A} (\underline{i}_0^{(j)} - \underline{Y}_b^{(j)} \, \underline{u}_0) \tag{8.29}$$

umformen [8.3] . Dabei wurde die Abkürzung

$$\underline{i}_0^{(j)} = \underline{i}_0 - \underline{i}_b^{(j)} + \underline{Y}_b^{(j)} \, \underline{v}_b^{(j)} \tag{8.30}$$

für den "iterativen Quellenstromvektor" eingeführt. Ein Vergleich
von (8.29) mit (5.14) zeigt, daß die Knotengleichungen die gleiche Form haben, es wurde lediglich die Zweigadmittanzmatrix durch
die differentielle Zweigadmittanzmatrix ersetzt und der Quellenstromvektor durch den iterativen Quellenstromvektor. Wie (8.30)
entnommen werden kann, unterscheiden sich diese beiden Vektoren
um den Strom $(-\underline{i}_b^{(j)} + \underline{Y}_b^{(j)} \underline{v}_b^{(j)})$. Das bedeutet, daß Netzwerke
mit nichtlinearen Leitwerten genauso wie lineare resistive Netz-
werke behandelt werden können, wenn dieser Stromanteil den resistiven Elementen zugeordnet wird. Wird der bei der j-ten

Iteration durch Linearisierung erhaltene Leitwert des k-ten
Zweigs mit $G_k^{(j)}$ bezeichnet, wobei

$$G_k^{(j)} = \left. \frac{dg_k(v)}{dv} \right|_{v = v_k^{(j)}} , \qquad\qquad (8.31)$$

dann kann für einen nichtlinearen Leitwert das iterative Ersatzschaltbild 8.5a (companion model) aufgestellt werden. Daß die
Stromquelle $i_{0k}^{(j)}$ tatsächlich zum nichtlinearen Element gehört, zeigt die geometrische Veranschaulichung des Linearisie-
rungsprozesses in Bild 8.6. Für den Strom und die Spannung bei
der j+1-ten Iteration gilt nämlich

$$j_k^{(j+1)} = i_{0k}^{(j)} + G_k^{(j)} v_k^{(j+1)} , \qquad\qquad (8.32)$$

also genau der Zusammenhang, der durch die Ersatzschaltung Bild
8.5a beschrieben wird.

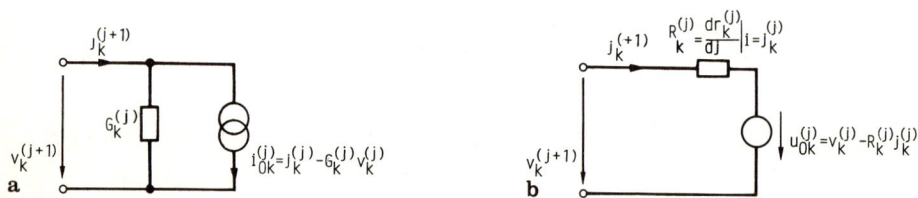

Bild 8.5. Iterative Ersatzschaltbilder: a) Nichtlinearer Leitwert, b) Nichtlinearer Widerstand

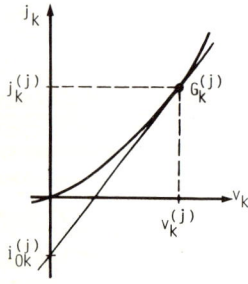

Bild 8.6. Beschreibung der
Newton-Raphson-Iteration
durch Netzwerkgrößen

Statt den Newton-Algorithmus auf die Netzwerkgleichungen
(8.3) anzuwenden, kann für jeden nichtlinearen Leitwert das
iterative Ersatzschaltbild 8.5a angesetzt werden. Das so erhaltene linearisierte Netzwerk kann dann wie jedes andere lineare
Netzwerk berechnet werden. Sind im Netzwerk spannungsgesteuerte
Widerstände vorhanden, dann erhält man durch eine analoge Herleitung die iterative Ersatzschaltung Bild 8.5b. Durch diese
Modellierung auf Elementeebene wird man unabhängig vom Analyseverfahren; alle in Kap. 5 aufgeführten Verfahren können deshalb zur Gleichungsformulierung verwendet werden, insbesondere
die Modifizierte Knotenanalyse und das Sparse-Tableau-Verfahren.
Damit kann ein Programm zur Analyse linearer Netzwerke leicht
für die Analyse nichtlinearer Netzwerke erweitert werden. Der
prinzipielle Ablauf wird in Bild 8.7 dargestellt. Der dick um-
randete Teil kennzeichnet die Programmteile zur Analyse des
linearisierten Netzwerkes. Die Linearisierung der Nichtlinearitäten kann bei großen Schaltungen mit vielen aktiven Elementen sehr zeitaufwendig sein, da für jeden Transistor eines der
in Kap. 3 behandelten Modelle angesetzt wird. Die Berechnung
der Anfangswerte und der Größen der iterativen Ersatzschaltungen für die nächste Iteration kann - abhängig von der Schal-
tungsgröße und der Lösungsgenauigkeit - 30 - 70% der Gesamtrechenzeit für einen Algorithmus nach Bild 8.7 betragen. Der
Anteil an der Rechenzeit zum Aufstellen und Lösen des linearen
Gleichungssystems beträgt dann 70 - 30%. Dabei wird das Gleichungssystem natürlich nicht bei jeder Iteration neu aufgestellt,
sondern es werden nur die durch den Linearisierungsprozeß ermittelten und geänderten Werte an den zugehörigen Matrix-Plätzen
eingesetzt.

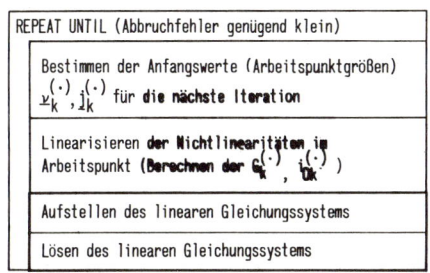

Bild 8.7. Struktogramm: Ablauf der Analyse nichtlinearer Netzwerke

Beispiel 8.6

Für die Elemente der differentiellen Zweigadmittanzmatrix $\underline{Y}_b^{(j)}$, die zum Netzwerk Bild 8.1a aus Beispiel 8.1 gehört, erhält man nach (8.27):

$$\underline{Y}_b^{(j)} = \text{diag}\left\{ \frac{d(\alpha v^3)}{dv}\bigg|_{v=\underline{u}_1-u_{01}} \quad ; \quad \frac{d\left[I_S(e^{u/V_T}-1)\right]}{du}\bigg|_{u=\underline{u}_1} \quad ; \right.$$

$$\left. \frac{d(G_4 v)}{dv}\bigg|_{v=\underline{u}_1-u_{04}} \right\} = \text{diag}\left[3\alpha(\underline{u}_1-u_{01})^2 ; \frac{I_S}{V_T}\exp(\underline{u}_1/V_T) ; G_4\right] .$$

Als Anfangswert für die Iteration werde $\underline{u}_1^{(0)} = u_{01}/2$ willkürlich gewählt. Damit bestimmt sich die Zweigspannung zu

$$\underline{v}_b^{(0)} = (u_{01}/2 ; u_{01}/2 ; u_{01}/2 - u_{04})'$$

und der Zweigstrom aus den Elementebeziehungen zu

$$\underline{i}_b^{(0)} = \left[\alpha u_{01}^3/8 ; I_S(e^{u_{01}/(2V_T)}-1) ; G_4(u_{01}/2 - u_{04})\right]' .$$

Mit (8.30) folgt der iterative Quellenstromvektor für die erste Iteration:

$$\underline{i}_0^{(0)} = \left[\alpha u_{01}^3/4 ; I_S\left[\exp(\frac{u_{01}}{2V_T})\right](\frac{u_{01}}{2V_T} - 1) + I_S ; g_{32}\frac{u_{01}}{2}\right]' .$$

Damit sind alle Größen bekannt, die zur Durchführung der ersten Iteration benötigt werden. Aus (8.29) erhält man die Beziehung zur Berechnung der neuen Knotenspannung $\underline{u}_1^{(1)}$:

$$\left[\frac{3}{4}\alpha u_{01}^2 + \frac{I_S}{V_T}\exp(\frac{u_{01}}{2V_T}) + G_4\right]\underline{u}_1^{(1)} =$$

$$= -\frac{1}{2}\alpha u_{01}^3 + I_S\left[\exp(\frac{u_{01}}{2V_T})\right](\frac{u_{01}}{2V_T} - 1) + I_S + g_{32}\frac{u_{01}}{2} - G_4 u_{04} .$$

8.4 Hinweise zur praktischen Anwendung des Newton-Algorithmus

Beim praktischen Einsatz des Newton-Algorithmus treten manchmal
Probleme auf. Die folgenden Hinweise sollen Lösungsmöglichkeiten
aufzeigen.

8.4.1 Rückwirkung auf die Pivotsuche

In einer zu analysierenden Schaltung sind stets nur eine be-
grenzte Anzahl nichtlinearer resistiver Elemente vorhanden. Da
sich die Struktur der Schaltung und damit des linearisierten
Gleichungssystems nicht ändert, können in der Datenstruktur
unter Verwendung von Zeigern die Plätze derjenigen Elemente
der Koeffizientenmatrix und der rechten Seite vermerkt werden,
deren Werte sich bei jeder Iteration ändern. Während der Durchführung der Newton-Iterationen kann die Reihenfolge der Pivotisierung (bzw. die Faktorisierung in L- und U-Dreiecksmatri-
zen) ohne Änderung verwendet werden, solange keines der nichtlinearen Elemente als Pivotelement gewählt wurde. Insbesondere
beim Sparse-Tableau-Verfahren ist es meist möglich, die Pivotelemente nur unter den konstanten Elementen auszuwählen. Wurde
ein nichtlineares Element als Pivotelement gewählt, dann muß
der Wert dieses Pivotelements vor jeder Iteration geprüft werden, da er sich im Laufe der Rechnung so stark ändern kann, daß
die Genauigkeitsanforderungen nicht mehr erfüllt werden können.
Immer dann, wenn der Wert des Pivotelements eine festgelegte
Schranke unterschreitet, muß eine neue Pivotisierungsreihenfolge
(bzw. LU-Zerlegung) festgelegt werden. Damit ergibt sich ein
weiterer Gesichtspunkt bezüglich der Auswahl der Pivotelemente,
so daß folgende Kriterien bei der Pivotwahl berücksichtigt werden müssen:

    1. Reduzierung der Anzahl von Füllelementen (Abschn. 7.2.1-2),
    2. Verbesserung der Lösungsgenauigkeit (Abschn. 7.1.3),
    3. Beschleunigung des Lösungsalgorithmus (Abschn. 7.2.5),
    4. Vermeiden (wenn möglich) der Auswahl variabler Elemente
als Pivotelemente.

8.4.2 Abbruchkriterien für die Newton-Iteration

Der Iterationsprozeß beim Newton-Algorithmus wird beendet, wenn die berechnete Lösung "genügend nahe" an der tatsächlichen Lösung liegt. Häufig wird empfohlen, die Verbesserung der Lösung zwischen zwei Iterationen als Kriterium heranzuziehen, also zum Beispiel abzubrechen, wenn

$$\| \underline{x}^{(j+1)} - \underline{x}^{(j)} \| < e_a + e_r \min \left\{ \| \underline{x}^{(j+1)} \| , \| \underline{x}^{(j)} \| \right\}. \quad (8.33)$$

Dabei ist e_a ein vom Anwender vorzugebender (oder voreingestellter) absoluter Fehler, e_r ist ein vorgegebener relativer Fehler. In [2.5] wird anhand eines Beispiels gezeigt, daß es nicht genügt, dieses Kriterium bei der Knotenanalyse nur auf die Knotenspannungen anzuwenden. Insbesondere bei Schaltungen mit Bipolartransistoren können nämlich beim Abbrechen der Iterationen noch beträchtliche Fehler in den Strömen vorhanden sein, so daß die Kirchhoffsche Stromregel verletzt ist. Auch bei der Analyse dynamischer Netzwerke - sie lassen sich, wie in Kap. 9 gezeigt wird, auf resistive Netzwerke zurückführen - treten ähnliche Effekte auf: Bei Schaltungen mit nichtlinearen Kapazitäten wird bei Anwendung von (8.33) auf die Knotenspannungen häufig das Prinzip der Ladungserhaltung verletzt [3.39] . Deshalb sollte (8.33) auf die Zweigströme und Zweigspannungen der nichtlinearen Elemente angewandt werden. Eine Alternative ist das Abbruchkriterium, das im Programm SPICE2 verwendet wird [2.5] :

$$\left\| \underline{x}^{(j+1)} - \hat{\underline{x}}^{(j+1)} \right\| < e_a + e_r \min \left\{ \left\| \underline{x}^{(j+1)} \right\| , \left\| \hat{\underline{x}}^{(j+1)} \right\| \right\} .$$

$$(8.34)$$

Dabei ist $\underline{x}$ ein Vektor, der für jeden nichtlinearen Zweig eine Netzwerkvariable (Zweigstrom bei stromgesteuerter Nichtlinearität, Zweigspannung bei spannungsgesteuertem Element) enthält, deren Wert durch Einsetzen der aktuellen Lösung in die nichtlineare Zweiggleichung gefunden wird. Der Vektor $\hat{\underline{x}}$ enthält die entsprechenden Größen, wobei nun die linearisierten Zweiggleichungen genommen werden.

Die Anzahl der benötigten Newton-Iterationen liegt üblicherweise zwischen 2 und 20, typisch sind Werte zwischen 3 und 7.

8.4.3 Numerischer Überlauf

Bei Elementen mit exponentieller Charakteristik (z.B. bipolaren Elementen) tritt bei den Newton-Iterationen häufig ein Abbruch der Rechnung aufgrund eines numerischen Überlaufs (Overflow) auf. Ein Beispiel zeigt Bild 8.8b, in dem die Kennlinien der Schaltung 8.8a dargestellt sind. Die Diodenkennlinie und die Lastkennlinie schneiden sich im Lösungspunkt v^*. Wird als Anfangswert die Spannung $v^{(0)}$ gewählt, dann schneidet die Tangente an die Diodencharakteristik die Lastgerade bei der Spannung $v^{(1)}$.

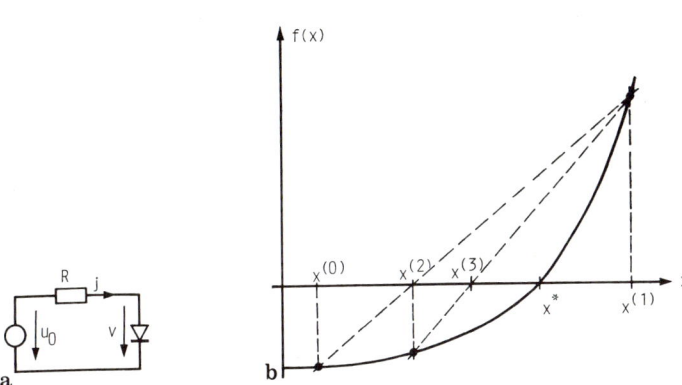

Bild 8.8. Numerischer Überlauf: a) Diodennetzwerk, b) Newton-Raphson-Iteration und Modifikation

Wird die Diode durch (3.7) mit n = 1 modelliert, dann erhält man bei einem üblichen Großrechner, auf dem Zahlen bis zu 10^{78} darstellbar sind, einen numerischen Überlauf, wenn

$$v^{(1)} > V_T \ln(10^{78}) = 179{,}6\, V_T \approx 4{,}65\ V\ , \qquad (8.35)$$

wobei die Temperaturspannung bei Raumtemperatur angesetzt wurde. Der numerische Überlauf läßt sich vermeiden, indem die Schrittweite $(v^{(1)} - v^{(0)})$ begrenzt wird. Bei SPICE2 wird immer dann, wenn eine Spannung $v^{(j+1)}$ größer als eine kritische Spannung V_{krit} ist, eine neue Spannung $\bar{v}^{(j+1)}$ ermittelt. Dabei ist $\bar{v}$ die Diodenspannung, die sich bei einem Diodenstrom einstellt, der genauso groß ist, wie der Strom, der durch das restliche

Netzwerk bei einer Diodenspannung $v^{(j+1)}$ fließen würde. Die Konstruktion der Spannung $\bar{v}$ zeigt Bild 8.8b. Für den Strom $j^{(j+1)}$ gilt demnach (mit $j = 0$)

$$j^{(j+1)} = \frac{I_S}{V_T} \exp(\frac{v^{(j)}}{V_T}) \left[v^{(j+1)} - v^{(j)} \right] + I_S \left[\exp(\frac{v^{(j)}}{V_T}) - 1 \right] =$$

$$= I_S \left[\exp(\frac{\bar{v}^{(j+1)}}{V_T}) - 1 \right]$$

oder

$$\bar{v}^{(j+1)} = v^{(j)} + V_T \ln(1 + \frac{v^{(j+1)} - v^{(j)}}{V_T}) \ , \tag{8.36}$$

falls $v^{(j+1)} > V_{krit}$, $j^{(j+1)} > 0$. Weiter wird

$$\bar{v}^{(j+1)} = \begin{cases} V_{krit}, & \text{falls } v^{(j+1)} > V_{krit}, \ j^{(j+1)} < 0 \quad (8.37) \\ v^{(j+1)}, & \text{falls } v^{(j+1)} < V_{krit} \quad\quad\quad\quad\quad (8.38) \end{cases}$$

gewählt [2.5] . Als kritische Spannung wurde in SPICE2 die Spannung gewählt, die zur stärksten Krümmung der Diodencharakteristik gehört, nämlich

$$V_{krit} = V_T \ln(\frac{V_T}{\sqrt{2}\ I_S}) \ . \tag{8.39}$$

Neben diesem Verfahren gibt es noch weitere Möglichkeiten, einen numerischen Überlauf zu vermeiden. Zum einen kann es zweckmäßig sein, die Schrittweite ($v^{(j+1)} - v^{(j)}$) auf einen maximal zulässigen Wert zu beschränken [3.6-7], zum Beispiel auf $2V_T$. Zum andern kann die Diodenkennlinie in einem Bereich $v > V_{krit}$, der im normalen Betrieb nicht erreicht wird, durch eine Gerade modelliert werden.

8.4.4 Konvergenzprobleme

Fehlende oder zu langsame Konvergenz beim Newton-Algorithmus
kann im wesentlichen auf zwei Ursachen zurückgeführt werden
[7.22] :
   1. Unstetigkeit der ersten Ableitung bei Charakteristiken
nichtlinearer Elemente.
   Diese Unstetigkeiten sind insbesondere bei Modellen für
MOS-Feldeffekttransistoren zu finden. Abhilfe ist durch Modell-
änderungen, so daß die ersten Ableitungen stetig werden, zu
erreichen.
   2. Der Anfangswert liegt nicht genügend nahe bei der Lösung. Es gibt nun verschiedene Möglichkeiten einen günstigen
Anfangswert zu finden oder den Konvergenzbereich zu vergrößern
(siehe auch Abschn. 8.5.2).
   Ein sehr aufwendiges Verfahren, das deswegen in der Praxis
nicht eingesetzt wird, besteht in der Umformung des Gleichungssystems (8.4) in das Minimierungsproblem

$$\| f(x) \|^2 = \min. \tag{8.40}$$

Das Minimum, das durch Optimierungsverfahren gefunden werden
kann, ist gleichzeitig die Lösung von (8.4). Allerdings genügt
es in den meisten Fällen, einen oder einige wenige Minimierungs-
schritte durchzuführen, um einen günstigeren Anfangswert zu
finden.
   Ein weiteres Verfahren, das auch als "gedämpftes Newton-Verfahren" bezeichnet wird, beruht auf einer variablen Beschränkung
der Schrittweite in (8.22). Statt $\Delta x^{(j+1)}$ wird eine Schrittweite $\alpha \Delta x^{(j+1)}$ verwendet, wobei $0 < \alpha \leq 1$. Mit zunehmender
Anzahl der Iterationen, d.h. Annäherung an die Lösung, wird α
nach heuristischen Verfahren entsprechend der Abnahme der Norm
$\| \underline{f}(\underline{x}^{(j)}) \|$ schrittweise vergrößert. In [8.6] wird vorgeschlagen, zusätzlich die Jacobimatrix $\underline{J}(\underline{x}^{(j)})$ durch die Näherung

$$\underline{\bar{J}}(\underline{x}^{(j)}) = \underline{\bar{J}}(\underline{x}^{(j-1)}) + \alpha \left[\underline{J}(\underline{x}^{(j)}) - \underline{\bar{J}}(\underline{x}^{(j-1)}) \right] \tag{8.41}$$

zu ersetzen, um bei sich stark ändernden Nichtlinearitäten sowohl sehr große, als auch sehr kleine Schrittweiten zu vermeiden. Um bei Änderungen der Richtung der Schrittweite den Schrittfehler klein zu halten, sollte α dann klein gemacht werden, wenn $\triangle x^{(j+1)} \cdot \triangle x^{(j)} < 0$.

Schließlich kann Konvergenz auch dadurch erreicht werden, indem von einer bekannten Lösung ausgegangen und die zugehörige Aufgabenstellung schrittweise in die vorliegende Aufgabenstellung übergeführt wird (Fortsetzungsverfahren). Ein Beispiel ist die Quellenvariation (source stepping), wobei die Werte aller unabhängigen Quellen mit einem Faktor σ mit $0 \leq \sigma \leq 1$ multipliziert werden. Für $\sigma = 0$ sind in einem resistiven Netzwerk alle Ströme und Spannungen Null; damit ist eine Lösung bekannt. Nun kann σ schrittweise erhöht werden, wobei jedesmal die vorher berechnete Lösung als Anfangswert verwendet wird. Hat σ schließlich den Wert Eins, dann wird die Lösung des Ausgangsproblems gefunden. Unter der Voraussetzung, daß die Lösung des Problems stetig bezüglich σ ist und die schrittweisen Änderungen von σ genügend klein sind, so daß stets eine Zwischenlösung gefunden wird, strebt die Folge der Zwischenlösungen gegen die Lösung des Ausgangsproblems.

Eine ähnliche Vorgehensweise ist die Pseudo-Transientanalyse beim Programm ASTAP, wobei als Parameter σ die Zeit t genommen wird [8.8]. Das resistive Netzwerk wird modifiziert, indem Induktivitäten in Serie zu stromgesteuerten Elementen und unabhängigen Spannungsquellen, Kapazitäten parallel zu spannungsgesteuerten Elementen und unabhängigen Stromquellen geschaltet werden, wobei alle Anfangsbedingungen für die Induktivitäten und Kapazitäten Null sind. Damit wird eine Transientanalyse bis zum eingeschwungenen Zustand durchgeführt. Da dann alle Induktivitätenströme und Kapazitätenspannungen Null sind, ist die berechnete Lösung mit der gesuchten Lösung für das resistive Netzwerk identisch. Die Pseudo-Transientanalyse soll hier jedoch nur als Beispiel eines Fortsetzungsverfahrens aufgeführt werden. Die praktische Anwendung dieser Vorgehensweise ist sehr zeitaufwendig, so daß sie nur in Ausnahmefällen gerechtfertigt ist [2.5].

Auch bei der Berechnung der Eingangs-, Ausgangs- oder Übertragungskennlinien eines nichtlinearen Netzwerks - also immer, wenn mehrere Gleichstromanalysen des gleichen Netzwerks nacheinander durchgeführt werden müssen – ist es sinnvoll, die vorher berechnete Lösung als Anfangswert zu verwenden. Ein besserer Anfangswert könnte dadurch bestimmt werden, daß durch mehrere vorher ermittelte Lösungspunkte ein Extrapolationspolynom gelegt wird, doch lohnt sich dieser zusätzliche Aufwand meist nicht [2.5] .

8.4.5 Berechnung der Jacobimatrix

Die meiste Zeit wird beim Newton-Algorithmus für das Aufstellen der Jacobimatrix benötigt, da dazu n^2 Ableitungen berechnet werden müssen. Die Ableitungen können mit einem der folgenden Verfahren ermittelt werden [7.22] :

1. Numerische Differentiation, wobei die Ableitungen durch Differenzenquotienten angenähert werden. Dieses Verfahren, das zum Beispiel in ASTAP eingebaut ist, ist recht einfach, aber fehleranfällig und neigt zu numerischer Instabilität. Für jedes nichtlineare Element ist eine zusätzliche Funktionsauswertung und eine Division notwendig.

2. Eingabe der Ableitungen in analytischer Form durch den Anwender. Hierbei ist nur eine Funktionsauswertung pro nichtlinearem Element notwendig, allerdings ist zusätzliche Arbeit vom Anwender notwendig, wobei eine fehlerhafte Eingabe nicht ausgeschlossen werden kann. Dieses Verfahren wird verwendet, wenn der Anwender seine Modelle selbst entwickeln und in einer Modellbibliothek ablegen kann.

3. Aufstellen der Ableitungen in symbolischer Form mit Hilfe eines Preprozessors. Dadurch werden die Ableitungen fehlerfrei aufgestellt. Neben der Zeit zur Auswertung der aufgestellten Funktion wird zusätzlich Laufzeit für den Preprozessor benötigt.

4. Programmierte Ableitungen in Programmen mit fest eingebauten Modellen, wie zum Beispiel in SPICE2. Die Berechnung der Ableitungen kann dabei optimal implementiert werden, so daß sie relativ schnell durchgeführt werden kann. Darüber hinaus können Maßnahmen zur Vermeidung eines numerischen Überlaufs oder zur Verbesserung des Konvergenz-Verhaltens auf das jeweilige Modell abgestimmt werden. Nachteilig ist, daß der Anwender auf die im Programm eingebauten Modelle festgelegt ist.

200

8.5 Weitere Verfahren

Die Wahl der Jacobimatrix für die Matrix $\underline{K}$ in (8.12) wurde durch
eine Taylorreihen-Entwicklung nahegelegt; diese Wahl ist jedoch
nicht zwingend. Es können auch andere Matrizen verwendet werden,
die einfacher aufgebaut sind, bei denen also nicht n^2 Ableitungen bei jeder Iteration berechnet werden müssen. Für solche
Verfahren gibt es in der Literatur über numerische Mathematik
zahlreiche Vorschläge, die hier nur kurz aufgeführt werden sollen, da sie in Programmen zur Netzwerkanalyse selten angewandt
werden. Der Grund liegt darin, daß diese Verfahren zwar für die
Lösung spezieller Probleme vorteilhaft eingesetzt werden können, im allgemeinen geht jedoch der Vorteil des geringeren
Rechenaufwands durch eine größere Anzahl benötigter Iterationen
verloren.

8.5.1 Verfahren mit Anpassung an die Elementecharakteristiken

Solche Verfahren wurden in [8.9-10] vorgeschlagen, um das Newton-
Verfahren so an die Charakteristiken bipolarer Elemente anzupassen, daß weitere Maßnahmen zur Vermeidung eines numerischen
Überlaufs und zur Verbesserung des Konvergenz-Verhaltens nicht
notwendig sind. Dazu wird in (8.19) bzw. (8.22) der Vektor

$$\underline{f}(\underline{x}^{(j)}) = \left[f_1(\underline{x}^{(j)}); \; f_2(\underline{x}^{(j)}); \; \ldots \; ; \; f_n(\underline{x}^{(j)}) \right]' \qquad (8.42)$$

durch den Vektor

$$\underline{f}(\underline{x}^{(j)}) = \begin{bmatrix} (1 + f_1(\underline{x}^{(j)})) \ln|1 + f_1(\underline{x}^{(j)})| \\ \vdots \\ (1 + f_n(\underline{x}^{(j)})) \ln|1 + f_n(\underline{x}^{(j)})| \end{bmatrix} \qquad (8.43)$$

ersetzt.

8.5.2 Verfahren mit Approximation der Jacobimatrix

Diese Verfahren werden zum Teil auch als Quasi-Newton-Verfahren
bezeichnet. Hier sollen drei Klassen von Verfahren betrachtet
werden [7.7, 8.11-12] :
  1. Verfahren bei denen die Jacobimatrix $\underline{J}(\underline{x}^{(j)})$ oder eine
Näherung der Jacobimatrix für mehrere Iterationen unverändert
verwendet wird . Es hat sich gezeigt, daß bei diesen Verfahren
die Jacobimatrix spätestens nach vier Iterationen aktualisiert
werden muß.
  2. Verfahren, bei denen die Elemente $\partial f_k(\underline{x}^{(j)})/\partial x_i$ der
Jacobimatrix durch den Differenzenquotienten

$$\frac{f_k(\underline{x}^{(j)}) - f_k(\underline{x}^{(j-1)})}{x_i^{(j)} - x_i^{(j-1)}} \tag{8.44}$$

ersetzt werden. Dazu gehören das Sekantenverfahren, seine Ver-
allgemeinerung auf mehrere Dimensionen ("Finite Difference
Newton") und die Regula Falsi. Im Gegensatz zum Newton-Algorithmus werden hierbei zwei Anfangswerte benötigt. Die Konvergenz des Sekantenverfahrens ist nicht mehr quadratisch, aber
immerhin noch überlinear. Die Konvergenz ist wie beim Newton-
Algorithmus von geeignet gewählten Startwerten abhängig.
  Die Regula Falsi ist eine Variante, bei der immer Konvergenz erreicht wird. Es werden dabei zwei Anfangswerte $x^{(0)}$,
$x^{(1)}$ so gewählt, daß

$$f(x^{(0)}) \cdot f(x^{(1)}) < 0 . \tag{8.45}$$

Damit ist gewährleistet, daß mindestens eine Lösung im Intervall $[x^{(0)}, x^{(1)}]$ liegt. Die Funktion wird nun durch eine
Sekante angenähert, wie in Bild 8.9 dargestellt ist. Als Lösung dieses Iterationsschritts erhält man

$$x^{(2)} = \frac{x^{(0)}f(x^{(1)}) - x^{(1)}f(x^{(0)})}{f(x^{(1)}) - f(x^{(0)})} . \tag{8.46}$$

202

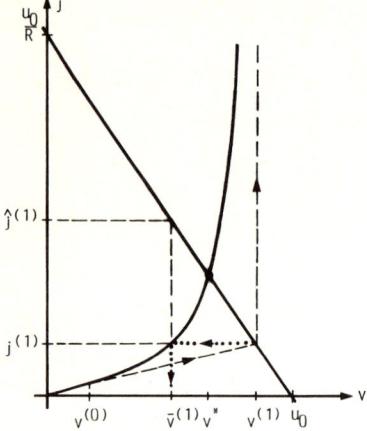

Bild 8.9. Lösungsberechnung mit der
Regula Falsi

Die beiden Lösungen mit den höchsten Iterationsindizes, für die
(8.45) erfüllt ist, werden nun als neue Anfangswerte für die
nächste Iteration verwendet. Durch diese Vorgehensweise wird
das Lösungsintervall immer weiter eingeschränkt, so daß bei
stetigen Funktionen stets Konvergenz besteht. Die Regula Falsi
konvergiert nur linear, so daß ihre alleinige Anwendung ineffizient ist. Eine kombinierte Anwendung mit dem Newton-Verfahren
kann jedoch vorteilhaft sein [8.13] . Dabei wird die Regula
Falsi für die Anfangsschritte benutzt, bis ein ausreichend guter
Anfangswert für den Newton-Algorithmus gefunden ist. Dieses
kombinierte Vorgehen kann auch zur Vermeidung eines numerischen
Überlaufs (siehe Abschn. 8.4.3) eingesetzt werden.

3. Verfahren mit näherungsweiser Berechnung der Jacobimatrix ohne Verwendung von Ableitungen. Diese Verfahren beruhen
darauf, daß bei Approximation der Jacobimatrix durch

$$\underline{J}(\underline{x}^{(j)}) \approx \frac{\underline{f}(\underline{x}^{(j)}) - \underline{f}(\underline{x}^{(j-1)})}{\underline{x}^{(j)} - \underline{x}^{(j-1)}} = \frac{\Delta \underline{f}^{(j)}}{\Delta \underline{x}^{(j)}} = \underline{\bar{J}}(\underline{x}^{(j)})$$

(8.47)

nur n Bedingungen für n^2 Elemente gegeben sind. Damit verbleiben
$(n^2 - n)$ Freiheitsgrade für die Wahl der Elemente, so daß eine
große Anzahl von Verfahren abgeleitet werden können. Beim be-
kanntesten, dem Broyden-Verfahren (von dem es noch einige Mo-
difikationen gibt), bestimmt sich die Näherungsmatrix $\underline{\bar{J}}(\underline{x}^{(j)})$

zu

$$\bar{\underline{J}}(\underline{x}^{(j)}) = \bar{\underline{J}}(\underline{x}^{(j-1)}) + \frac{1}{(\Delta\underline{x}^{(j)})'(\Delta\underline{x}^{(j)})} \Big[\Delta\underline{f}^{(j)} -$$

$$- \bar{\underline{J}}(\underline{x}^{(j-1)})\Delta\underline{x}^{(j)}\Big](\Delta\underline{x}^{(j)})' \quad . \quad (8.48)$$

8.5.3 Verfahren mit höheren Ableitungen

Verfahren, die höhere Ableitungen benutzen, zeigen häufig ein besseres Konvergenz-Verhalten als das Newton-Verfahren. Da sie aber aufwendiger in der Durchführung sind, werden sie nur selten eingesetzt. Die Anwendung dieser Verfahren bei der Netzwerk-analyse ist in [8.9,14] beschrieben.

8.5.4 Vorgehensweise bei stückweis linearer Modellierung

Werden die nichtlinearen Elementecharakteristiken stückweis linear modelliert, dann läßt sich die Berechnung der Jacobi-matrix ganz vermeiden. Allerdings ergibt sich durch die Kombination der verschiedenen linearen Kennlinien-Teilstücke bei mehreren Nichtlinearitäten in einem Netzwerk eine große Vielfalt möglicher Bereiche, in denen die Lösung liegen kann. Mit dem Algorithmus von KATZENELSON kann, ausgehend von einem Anfangswert, derjenige Bereich gefunden werden, in dem die Lösung liegt. Eine eingehende Behandlung dieses Algorithmus ist in [8.15] zu finden.

8.5.5 Abgekürzte Berechnung

Die Rechenzeit, die für die Newton-Iterationen benötigt wird, kann durch folgenden Algorithmus (Bypass-Algorithmus) verringert werden [2.5] : Falls bei zwei aufeinanderfolgenden Iterationen die Differenz der Argumente der nichtlinearen Funktionen kleiner als eine Schranke ist, dann wird bei der nächsten Iteration der aktuelle Funktionswert sowie der Wert der Ableitung beibehalten, da angenommen wird, daß die Änderung der Funktionswerte ebenfalls klein sein wird. Durch Erprobung an 15 Schaltungen mit Bipolartransistoren zeigte sich, daß die Rechenzeiteinsparung im Durchschnitt nur 4% beträgt. Größere Einsparungen sind bei digitalen Schaltungen mit MOS-Feldeffekttransistoren möglich [8.16] .

9 Formulierung der Netzwerkgleichungen für dynamische Netzwerke

Die bei der Netzwerkanalyse zugelassenen Elemente sollen nun auf dynamische Elemente, also Kapazitäten und Induktivitäten erweitert werden. Die Charakteristiken dieser Elemente können linear oder - wie z.B. viele Kapazitäten in integrierten Schaltungen - nichtlinear sein. Die Elementegleichungen (3.4) und (3.6) können nach Einführung des Differentialoperators $D = d/dt$ in der Form

$$i = C(u) \cdot D \cdot u \qquad (9.1)$$

für eine Kapazität oder

$$u = L(i) \cdot D \cdot i \qquad (9.2)$$

für eine Induktivität geschrieben werden. Die Gleichungen (9.1-2) können formal ebenso wie resistive Elemente verwendet werden, um die Netzwerkgleichungen zu formulieren.

Eine andere Methode ist die Formulierung der Netzwerkgleichungen in Form von Zustandsgleichungen. Dieses Verfahren wurde zuerst nur für lineare dynamische Netzwerke verwendet, später aber auf nichtlineare Netzwerke erweitert, wobei aber Einschränkungen gemacht werden müssen. In diesem Kapitel wird gezeigt, wie die Zustandsgleichungen beim Programm SCEPTRE aufgestellt werden.

9.1 Formulierung von Algebro-Differentialgleichungen

Durch formale Anwendung von (9.1-2) bei der Aufstellung der Netzwerkgleichungen, zum Beispiel bei der Knotenanalyse, Modifizierten Knotenanalyse oder Sparse-Tableau-Analyse kann ein gemischtes System von algebraischen Gleichungen und Differentialgleichungen aufgestellt werden. Es kann in der Form

$$\underline{f}(\underline{\dot{x}},\underline{x},t) = \underline{0} \quad , \quad \text{mit } \underline{\dot{x}}(t=0) = \underline{x}_0 \qquad (9.3)$$

geschrieben werden, wobei die Vorgabe von Anfangsbedingungen
notwendig ist, um das System lösen zu können.

Die Existenz und Eindeutigkeit von Lösungen allgemeiner
nichtlinearer Algebro-Differentialgleichungen kann in der Regel
nicht garantiert werden. Ein lokales Kriterium liefert jedoch
der Satz von PICARD-LINDELÖF, der eine eindeutige Lösung des An-
fangswertproblems

$$\underline{\dot{x}} = \underline{f}(\underline{x},t) \quad \text{mit } x(t_0) = x_0 \quad \text{und } (x_0,t_0) \in G \qquad (9.4)$$

in einem Gebiet G sicherstellt, wenn die Funktion $\underline{f}$ in diesem
Gebiet stetig ist und es eine Lipschitzkonstante L gibt, so daß

$$\|\underline{f}(\underline{x},t) - \underline{f}(\underline{y},t)\| \leq L\|\underline{x} - \underline{y}\| \qquad (9.5)$$

für zwei Vektoren $\underline{x}$, $\underline{y} \in G$. Anschaulich bedeutet dies, daß die
Steigung von $\underline{f}$ beschränkt sein muß.

Dieser Satz wird nur selten zur Untersuchung von Netzwerkgleichungen herangezogen, zumal (9.3) meist in impliziter Form
vorliegt. Vielmehr wird angenommen, daß eine zu untersuchende
Schaltung so modelliert ist, daß eindeutige Lösungen bestimmt
werden können. Diese Annahme ist aus theoretischer Sicht sicher
nicht befriedigend oder akzeptabel, entspricht aber der pragma-
tischen Vorgehensweise bei der praktischen Anwendung von Netzwerkanalyse-Programmen. Entspricht das Ergebnis einer Netzwerkanalyse den Erwartungen, dann wird es als richtig akzeptiert.
Erhält man ein unvermutetes Ergebnis, dann muß überprüft werden,
ob die Ursache in der Schaltungsfunktion, der Schaltungsmodel-
lierung oder aber im Lösungsalgorithmus zu suchen ist.

Da eine geschlossene Lösung von (9.3) nur für einige (meist
nicht interessierende) Spezialfälle gefunden werden kann, muß
(9.3) numerisch gelöst werden. Geeignete Algorithmen werden in
Kap. 10 behandelt.

Beispiel 9.1

Das Netzwerk Bild 4.9 soll mit den Gleichungen der Modifizierten Knotenanalyse beschrieben werden, wobei Knoten $\underline{4}$ als Bezugsknoten gewählt wird. Es müssen Gleichungen für vier Knoten, sowie für fünf Zweige formuliert werden, da lediglich die Gleichungen für die Kapazitäten (9.1) in Admittanzform vorliegen (die Gleichung für den Widerstand könnte natürlich auch unter Verwendung des Leitwerts 1/R formuliert werden). Es muß also eine 9x9-Matrix aufgestellt werden. Die Einträge können mit Hilfe von (5.18), (5.31-32) sofort hingeschrieben werden; man erhält

$$
\begin{bmatrix}
C_5D & 0 & 0 & -C_5D & -1 & 1 & 0 & 1 & 0 \\
0 & 0 & 0 & 0 & 1 & 0 & -1 & 0 & 0 \\
0 & 0 & C_6D & -C_6D & 0 & -1 & 0 & 0 & 0 \\
-C_5D & 0 & -C_6D & C_5D+C_6D & 0 & 0 & 0 & 0 & 1 \\
1 & -1 & 0 & 0 & R & 0 & 0 & 0 & 0 \\
1 & 0 & -1 & 0 & 0 & 0 & 0 & 0 & 0 \\
0 & 1 & 0 & 0 & 0 & 0 & L_3D & 0 & 0 \\
-1 & 0 & 0 & 0 & 0 & 0 & 0 & L_4D & 0 \\
0 & 0 & 0 & -1 & 0 & 0 & 0 & 0 & L_5D
\end{bmatrix}
\begin{bmatrix}
u_{\underline{1}} \\ u_{\underline{2}} \\ u_{\underline{3}} \\ u_{\underline{5}} \\ i_1 \\ i_2 \\ i_3 \\ i_4 \\ i_7
\end{bmatrix}
=
\begin{bmatrix}
0 \\ 0 \\ 0 \\ 0 \\ 0 \\ u_0 \\ 0 \\ 0 \\ 0
\end{bmatrix},
$$

also ein System aus sechs Differentialgleichungen und drei algebraischen Gleichungen.

9.2 Analyse dynamischer Netzwerke mit Zustandsgleichungen

9.2.1 Beschreibung dynamischer Netzwerke durch Zustandsgleichungen

Die Beschreibung dynamischer Netzwerke mit linearen, zeitinvarianten Elementen durch die Normalformgleichungen

$$\underline{\dot{x}} = \overline{\underline{A}}\,\underline{x} + \overline{\underline{B}}\,\underline{s} \tag{9.6}$$

und die Ausgangsgleichungen

$$\underline{y} = \overline{\underline{C}}\,\underline{x} + \overline{\underline{D}}\,\underline{s} + \overline{\underline{D}}_1\,\underline{\dot{s}} + \overline{\underline{D}}_2\,\underline{\ddot{s}} + \dots , \qquad (9.7)$$

wobei $\underline{x}$ die Zustandsvariablen, $\underline{y}$ die Ausgangsvariablen und $\underline{s}$ den
Vektor der unabhängigen Quellen bezeichnet, hatte seit der Ein-
führung in die Netzwerkanalyse im Jahr 1957 [9.1] lange Zeit
große Bedeutung. Der Grund lag darin, daß die mathematischen
Grundlagen sowohl für eine qualitative Untersuchung des Verhaltens
der Lösungen (bezüglich Stabilität, Beobachtbarkeit, Steuerbar-
keit) als auch für eine quantitative Ermittlung zur Verfügung
standen, anderseits diese Darstellung relativ leicht auf Netzwerke mit zeitinvarianten und nichtlinearen Elementen ausgedehnt
werden konnte. Da heute mit der Modifizierten Knotenanalyse und
der Sparse-Tableau-Formulierung sehr allgemeine Beschreibungs-
verfahren sowie wirkungsvolle numerische Lösungsverfahren zur
Verfügung stehen, hat die Zustandsanalyse für quantitative Untersuchungen an Bedeutung verloren. Da die Matrix $\underline{A}$ in der Regel
nicht dünn besetzt ist, können mit der Zustandsanalyse nur kleinere Netzwerke (etwa bis 100 Knoten) in akzeptabler Rechenzeit
analysiert werden.

Die Normalformgleichungen (9.6) bezeichnet man als Zustandsgleichungen, wenn die Kenntnis der Anfangsbedingungen $\underline{x}(t_0)$ und
der Quellenvariablen $\underline{s}(t)$ für $t \geq t_0$ genügen, um alle Netzwerkvariablen im Bereich $t \geq t_0$ eindeutig zu bestimmen. Die Anzahl
n voneinander unabhängiger Zustandsvariablen $x_1,\dots,x_n$, die zur
Beschreibung eines gegebenen dynamischen Netzwerks notwendig
sind, wird durch die Komplexitätsordnung (Freiheitsgrade) des
Netzwerks festgelegt. In der Regel werden als Zustandsvariablen
die Spannungen (oder Ladungen) der Kapazitäten und die Ströme
(oder magnetischen Flüsse) durch die Induktivitäten gewählt. Jede
Schnittmenge aus Induktivitäten und Stromquellen und jede Schleife
aus Kapazitäten und Spannungsquellen vermindert die Komplexitätsordnung jeweils um eins. Enthält ein Netzwerk gesteuerte Quellen,
dann wird die Komplexitätsordnung weiter reduziert, wenn die
Werte dieser Quellen gerade so gewählt sind, daß eine Abhängigkeit zwischen Zustandsgrößen entsteht.

Nun ist es nicht notwendig, ein gegebenes lineares Netzwerk
von vornherein auf diese Abhängigkeiten zwischen den Zustandsvariablen zu untersuchen, sondern es kann das Verfahren von
POTTLE [9.2] angewandt werden. Danach werden zuerst die Span-

nungen aller Kapazitäten und die Ströme aller Induktivitäten
als Zustandsvariablen gewählt. Mit diesen Variablen lassen sich
für jedes lineare Netzwerk Gleichungen der Form

$$\bar{\underline{M}} \, \dot{\underline{x}} = \bar{\bar{\underline{A}}} \, \underline{x} + \bar{\bar{\underline{B}}} \, \underline{s} \qquad\qquad (9.8)$$

aufstellen. Diese Gleichungen lassen sich folgendermaßen inter-
pretieren (Bild 9.1): Die Matrizen $\bar{\bar{\underline{A}}}$ und $\bar{\bar{\underline{B}}}$ beschreiben ein resistives Mehrtor mit Strom- und Spannungsquellen, das sämtliche
Abhängigkeiten enthält. Die Matrix $\bar{\underline{M}}$ beschreibt alle dynamischen
Elemente, die an das resistive Mehrtor angeschlossen sind. Um
die gewünschten Normalformgleichungen zu erhalten, wird die zu-
sammengesetzte Matrix $\left[\bar{\underline{M}} \,\vdots\, \bar{\bar{\underline{A}}} \,\vdots\, \bar{\bar{\underline{B}}} \right]$ auf Zeilenstufenform transformiert. Dabei können folgende Fälle auftreten:

1. $\bar{\underline{M}}$ wird zur Einheitsmatrix reduziert, damit werden sofort
die gewünschten Normalformgleichungen erhalten.

2. $\bar{\underline{M}}$ und $\bar{\bar{\underline{A}}}$ werden singulär, d.h. die entsprechenden Elemente
verschwinden in wenigstens einer Zeile i. Dann gibt es aber eine
Abhängigkeit zwischen Quellen in der Form

$$0 = b_{i1} \, s_1 + \dots + b_{in} \, s_n \, . \qquad\qquad (9.9)$$

Damit sind die Kirchhoffschen Regeln verletzt, das Netzwerk ist
inkonsistent und hat keine Lösung.

3. Nur $\bar{\underline{M}}$ wird singulär, d.h. die entsprechenden Elemente verschwinden in wenigstens einer Zeile i. Damit besteht eine Abhängigkeit der Form

$$0 = (a_{i1}x_1 + \dots + a_{in}x_n) + (b_{i1}s_1 + \dots + b_{in}s_n) \, , \qquad (9.10)$$

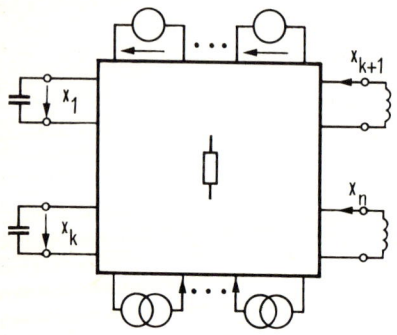

Bild 9.1. Darstellung eines dynamischen Netzwerks als beschalte-
tes resistives Mehrtor

die zur Elimination der Zustandsvariablen x_n und damit zur Reduzierung der Komplexitätsordnung des Systems um eins benutzt wird. Hierzu wird häufig eine Matrix $\bar{\underline{B}}_1$ benötigt, die Ableitungen der Quellenvariablen miteinander verknüpft. Der Algorithmus wird nun für die erweiterte Matrix analog fortgesetzt, bis alle Abhängigkeiten beseitigt sind. Das Ergebnis ist ein Gleichungssystem der Form

$$\dot{\underline{x}} = \bar{\underline{A}}\,\underline{x} + \bar{\underline{B}}\,\underline{s} + (\bar{\underline{B}}_1\dot{\underline{s}} + \bar{\underline{B}}_2\ddot{\underline{s}} + \ldots)\ . \qquad (9.11)$$

Problematisch bei dieser iterativen Vorgehensweise ist, daß sich wegen numerischer Rundungsfehler Zustandsvariablen oft nicht eliminieren lassen, obwohl sie eigentlich von anderen Zustandsvariablen abhängen. Aus diesem Grund werden in der Praxis häufig Einschränkungen bezüglich der zulässigen Anordnung von Netzwerkelementen eingeführt, um so eine explizite Formulierung der Zustandsgleichungen zu ermöglichen.

Beispiel 9.2
Die Gleichungen für das Netzwerk Bild 4.9 sollen mit dem Verfahren von POTTLE formuliert werden. Das Netzwerk enthält drei Induktivitäten L_3, L_4, L_7 und zwei Kapazitäten C_5 und C_6, infolgedessen lautet der Vektor der Zustandsvariablen

$$\underline{x} = \left[i_3,\ i_4,\ i_7,\ u_5,\ u_6\right]'\ .$$

Mit diesen Variablen kann ein Gleichungssystem der Form (9.3) aufgestellt werden, indem die Spannungen $L\dot{i}$ der Induktivitäten und die Ströme $C\dot{u}$ der Kapazitäten beliebig mit Hilfe der Zustandsvariablen ausgedrückt werden. Zum Beispiel kann das Gleichungssystem

$$
\begin{bmatrix}
L_3 & 0 & L_7 & 0 & 0 \\
L_3 & L_4 & 0 & 0 & 0 \\
0 & -L_4 & L_7 & 0 & 0 \\
0 & 0 & 0 & C_5 & C_6 \\
0 & 0 & 0 & C_5 & C_6
\end{bmatrix}
\dot{\underline{x}} =
\begin{bmatrix}
-R & 0 & 0 & 0 & 1 \\
-R & 0 & 0 & 0 & 0 \\
0 & 0 & 0 & 1 & 0 \\
-1 & 1 & 0 & 0 & 0 \\
0 & 0 & -1 & 0 & 0
\end{bmatrix}
\underline{x} +
\begin{bmatrix}
-1 \\
0 \\
0 \\
0 \\
0
\end{bmatrix}
u_0
$$

aufgestellt werden. Nach Bildung der zusammengesetzten Matrix und Transformation auf Zeilenstufenform (ohne Division durch die Diagonalelemente von $\underline{M}$) erhält man

$$
\left[
\begin{array}{ccccc|ccccc|c}
L_3 & 0 & L_7 & 0 & 0 & -R & 0 & 0 & 0 & 1 & -1 \\
0 & L_4 & -L_7 & 0 & 0 & 0 & 0 & 0 & 0 & -1 & 1 \\
0 & 0 & 0 & 0 & 0 & 0 & 0 & 0 & 1 & -1 & 1 \\
0 & 0 & 0 & C_5 & C_6 & -1 & 1 & 0 & 0 & 0 & 0 \\
0 & 0 & 0 & 0 & 0 & 1 & -1 & -1 & 0 & 0 & 0
\end{array}
\right] ,
$$

wobei in der ersten Teilmatrix alle Elemente der dritten und fünften Zeile verschwinden (Fall 3). Die zugehörigen Abhängigkeitsbeziehungen, nämlich

$$u_5 - u_6 + u_0 = 0 \qquad \text{(Schleife aus Spannungsquelle und Kapazitäten)}$$

$$i_3 - i_4 - i_7 = 0 \qquad \text{(Schnittmenge aus Induktivitäten)}$$

werden verwendet, um die Spannung u_6 und den Strom i_4 zu eliminieren. Durch Einsetzen unter Verwendung der transformierten Teilmatrizen werden die Gleichungen

$$
\begin{bmatrix} L_3 & L_7 & 0 \\ L_4 & -L_4-L_7 & 0 \\ 0 & 0 & C_5+C_6 \end{bmatrix}
\begin{bmatrix} \dot{i}_3 \\ \dot{i}_7 \\ \dot{u}_5 \end{bmatrix}
=
\begin{bmatrix} -R & 0 & 1 \\ 0 & 0 & -1 \\ 0 & -1 & 0 \end{bmatrix}
\begin{bmatrix} i_3 \\ i_7 \\ u_5 \end{bmatrix}
+
\begin{bmatrix} 0 \\ 0 \\ 0 \end{bmatrix} u_0
+
\begin{bmatrix} 0 \\ 0 \\ -C_6 \end{bmatrix} \dot{u}_0
$$

erhalten, die schließlich in die gewünschte Normalform umgeformt werden können:

$$
\begin{bmatrix} \dot{i}_3 \\ \dot{i}_7 \\ \dot{u}_5 \end{bmatrix}
=
\begin{bmatrix}
-R(L_4+L_7)/\Delta & 0 & L_4/\Delta \\
-RL_4/\Delta & 0 & (L_3+L_4)/\Delta \\
0 & -1/(C_5+C_6) & 0
\end{bmatrix}
\begin{bmatrix} i_3 \\ i_7 \\ u_5 \end{bmatrix}
+
\begin{bmatrix} 0 \\ 0 \\ -C_6/(C_5+C_6) \end{bmatrix} \dot{u}_0 ,
$$

mit $\Delta = L_3 L_4 + L_3 L_7 + L_4 L_7$.

9.2.2 Explizite Formulierung der Zustandsgleichungen für lineare Netzwerke

Zur expliziten Formulierung der Zustandsgleichungen wird in dem linearen Netzwerk ein Normalbaum gewählt, wobei in jedem Zweig des Netzwerks nur ein einziges Element zulässig ist. Die Zweige werden zuerst in Baumzweige (Index t) und Verbindungszweige (Index l) eingeteilt und dann weiter unterteilt, je nachdem, ob die Zweige unabhängige Spannungsquellen (Index U), gesteuerte Spannungsquellen (Index V), Kapazitäten (Index C), Widerstände (Index R), Induktivitäten (Index L), gesteuerte Stromquellen (Index J) oder unabhängige Stromquellen enthalten (Index I). Mit dieser Einteilung und (4.11) lassen sich die Verbindungszweig-Spannungen durch die Baumzweig-Spannungen ausdrücken:

$$
\underline{u}_l = \begin{bmatrix} \underline{u}_{lC} \\ \underline{u}_{lR} \\ \underline{u}_{lL} \\ \underline{u}_{lJ} \\ \underline{u}_{lI} \end{bmatrix} = - \begin{bmatrix} \underline{F}_{CC} & \underline{0} & \underline{0} & \underline{F}_{CV} & \underline{F}_{CU} \\ \underline{F}_{RC} & \underline{F}_{RR} & \underline{0} & \underline{F}_{RV} & \underline{F}_{RU} \\ \underline{F}_{LC} & \underline{F}_{LR} & \underline{F}_{LL} & \underline{F}_{LV} & \underline{F}_{LU} \\ \underline{F}_{JC} & \underline{F}_{JR} & \underline{F}_{JL} & \underline{F}_{JV} & \underline{F}_{JU} \\ \underline{F}_{IC} & \underline{F}_{IR} & \underline{F}_{IL} & \underline{F}_{IV} & \underline{F}_{IU} \end{bmatrix} \begin{bmatrix} \underline{u}_{tC} \\ \underline{u}_{tR} \\ \underline{u}_{tL} \\ \underline{u}_{tV} \\ \underline{u}_{tU} \end{bmatrix} \cdot \quad (9.12)
$$

Die verschwindenden Matrixelemente der ersten Zeilen erklären sich aus der Tatsache, daß Kapazitäten in Verbindungszweigen nur mit Kapazitäten und Spannungsquellen Fundamentalschleifen bilden können. Da bei Wahl eines Normalbaums Widerstände in Verbindungszweigen keine Schleifen mit Induktivitäten in Baumzweigen bilden können, verschwindet auch $\underline{F}_{RL}$. Nach (4.8) können die Baumzweig-Ströme durch die Verbindungszweig-Ströme ausgedrückt werden:

$$
\underline{i}_t = \begin{bmatrix} \underline{i}_{tC} \\ \underline{i}_{tR} \\ \underline{i}_{tL} \\ \underline{i}_{tV} \\ \underline{i}_{tU} \end{bmatrix} = \begin{bmatrix} \underline{F}'_{CC} & \underline{F}'_{RC} & \underline{F}'_{LC} & \underline{F}'_{JC} & \underline{F}'_{IC} \\ \underline{0} & \underline{F}'_{RR} & \underline{F}'_{LR} & \underline{F}'_{JR} & \underline{F}'_{IR} \\ \underline{0} & \underline{0} & \underline{F}'_{LL} & \underline{F}'_{JL} & \underline{F}'_{IL} \\ \underline{F}'_{CV} & \underline{F}'_{RV} & \underline{F}'_{LV} & \underline{F}'_{JV} & \underline{F}'_{IV} \\ \underline{F}'_{CU} & \underline{F}'_{RU} & \underline{F}'_{LU} & \underline{F}'_{JU} & \underline{F}'_{IU} \end{bmatrix} \begin{bmatrix} \underline{i}_{lC} \\ \underline{i}_{lR} \\ \underline{i}_{lL} \\ \underline{i}_{lJ} \\ \underline{i}_{lI} \end{bmatrix} \cdot \quad (9.13)
$$

Um eine explizite Formulierung auf dem Rechner zu ermöglichen, müssen nun einige Einschränkungen gemacht werden. Zum Beispiel sind bei dem Programm SCEPTRE [9.3] als gesteuerte Quellen nur spannungsgesteuerte Spannungsquellen und stromgesteuerte Stromquellen zulässig, wobei die steuernden Zweige resistive Zweige sein müssen:

$$\underline{i}_{lJ} = \underline{K}_{lJ}\,\underline{i}_{lR} + \underline{K}_{tJ}\,\underline{i}_{tR}\,, \tag{9.14}$$

$$\underline{u}_{tV} = \underline{K}_{lV}\,\underline{u}_{lR} + \underline{K}_{tV}\,\underline{u}_{tR}\,. \tag{9.15}$$

Weiter wird gefordert, daß die gesteuerten Spannungsquellen nicht in Schleifen liegen, die nur Kapazitäten und Spannungsquellen enthalten, d.h. $\underline{F}_{CV} = \underline{0}$, und daß gesteuerte Stromquellen nicht in Schnittmengen liegen, die nur Induktivitäten und Stromquellen enthalten, d.h. $\underline{F}_{JL} = \underline{0}$.

Die Aufgabe besteht nun darin, die Gleichungen des resistiven Mehrtors in Bild 9.1 als Funktion der Zustandsvariablen $\underline{u}_{tC}$, $\underline{i}_{lL}$ und der Quellenvariablen $\underline{u}_{tU}$, $\underline{i}_{lI}$ zu beschreiben. Der Zusammenhang zwischen Strömen und Spannungen der Widerstände $\underline{R}_{ll}$ in den Verbindungszweigen und den Leitwerten $\underline{G}_{tt}$ in Baumzweigen ist durch

$$\underline{u}_{lR} = \underline{R}_{ll}\,\underline{i}_{lR} \tag{9.16}$$

$$\underline{i}_{tR} = \underline{G}_{tt}\,\underline{u}_{tR} \tag{9.17}$$

gegeben. Mit Hilfe von (9.12-15) lassen sich unter den eingeführten Einschränkungen die Größen $\underline{i}_{lR}$ und $\underline{u}_{tR}$ eliminieren. Nach einigen Umformungen erhält man die Hybridgleichungen

$$\begin{bmatrix} \underline{i}_{lR} \\ \underline{u}_{tR} \end{bmatrix} = \begin{bmatrix} \underline{H}_1 & \underline{H}_2 \\ \underline{H}_3 & \underline{H}_4 \end{bmatrix} \begin{bmatrix} -\underline{F}_{RC} & \underline{0} \\ \underline{0} & \underline{F}'_{LR} \end{bmatrix} \begin{bmatrix} \underline{u}_{tC} \\ \underline{i}_{lL} \end{bmatrix} + \begin{bmatrix} \underline{H}_1 & \underline{H}_2 \\ \underline{H}_3 & \underline{H}_4 \end{bmatrix} \begin{bmatrix} -\underline{F}_{RU} & \underline{0} \\ \underline{0} & \underline{F}'_{IR} \end{bmatrix} \begin{bmatrix} \underline{u}_{tU} \\ \underline{i}_{lL} \end{bmatrix} \tag{9.18}$$

mit den Abkürzungen

$$\underline{H}_1 = \underline{R}^{-1}(\underline{E} + \underline{F}_V\,\underline{H}_4\,\underline{F}_J\,\underline{R}^{-1}) \tag{9.19}$$

$$\underline{H}_2 = -\underline{R}^{-1}\,\underline{F}_V\,\underline{H}_4 \tag{9.20}$$

$$\underline{H}_3 = -\underline{H}_4 \; \underline{F}_J \; \underline{R}^{-1} \tag{9.21}$$

$$\underline{H}_4 = (\underline{G} - \underline{F}_J \; \underline{R}^{-1} \; \underline{F}_V)^{-1} \tag{9.22}$$

$$\underline{R} = \underline{R}_{11}(\underline{E} + \underline{F}_{RV} \; \underline{K}_{1V}) \tag{9.23}$$

$$\underline{F}_V = \underline{F}_{RR} + \underline{F}_{RV} \; \underline{K}_{tV} \tag{9.24}$$

$$\underline{F}_J = -\underline{F}'_{RR} - \underline{F}'_{JR} \; \underline{K}_{1J} \tag{9.25}$$

$$\underline{G} = \underline{G}_{tt}(\underline{E} - \underline{F}'_{JR} \; \underline{K}_{tJ}), \tag{9.26}$$

wobei die Voraussetzung gemacht wurde, daß $\underline{R}$ und $(\underline{G} - \underline{F}_J \; \underline{R}^{-1} \underline{F}_V)$ nichtsingulär sind. Gleichung (9.18) beschreibt das resistive Mehrtor, an das nun die dynamischen Elemente angeschlossen werden. Sie werden durch

$$\underline{C}_{tt} \; \underline{\dot{u}}_{tC} = \underline{i}_{tC} \qquad \text{(Baumzweig-Kapazitäten)} \tag{9.27}$$

$$\underline{C}_{11} \; \underline{\dot{u}}_{1C} = \underline{i}_{1C} \qquad \text{(Verbindungszweig-Kapazitäten)} \tag{9.28}$$

$$\underline{L}_{11} \; \underline{\dot{i}}_{1L} + \underline{L}_{1t} \; \underline{\dot{i}}_{tL} = \underline{u}_{1L} \qquad \text{(Verbindungszweig-Induk-} \atop \text{tivitäten)} \tag{9.29}$$

$$\underline{L}_{t1} \; \underline{\dot{i}}_{1L} + \underline{L}_{tt} \; \underline{\dot{i}}_{tL} = \underline{u}_{tL} \qquad \text{(Baumzweig-Induktivitäten)} \tag{9.30}$$

beschrieben. Mit Hilfe von (9.12-30) können die Variablen $\underline{i}_{tC}$, $\underline{u}_{1C}$, $\underline{i}_{1C}$, $\underline{i}_{tL}$, $\underline{u}_{1L}$ und $\underline{u}_{tL}$ durch die Zustandsvariablen und die Größen der unabhängigen Quellen ausgedrückt werden. Nach einiger Zwischenrechnung erhält man die gewünschten Normalformgleichungen

$$\begin{bmatrix} \underline{\dot{u}}_{tC} \\ \underline{\dot{i}}_{1L} \end{bmatrix} = \overline{\underline{A}} \begin{bmatrix} \underline{u}_{tC} \\ \underline{i}_{1L} \end{bmatrix} + \overline{\underline{B}} \begin{bmatrix} \underline{\dot{u}}_{tU} \\ \underline{i}_{1I} \end{bmatrix} + \overline{\underline{B}}_1 \begin{bmatrix} \underline{\dot{u}}_{tU} \\ \underline{i}_{1I} \end{bmatrix} \tag{9.31}$$

mit den Abkürzungen

$$\overline{\underline{A}} = \begin{bmatrix} \underline{S} & \underline{0} \\ \underline{0} & \underline{\Gamma} \end{bmatrix} \left(\begin{bmatrix} -\underline{H}^C_{13} & \underline{H}^C_{24} \\ \underline{H}^L_{13} & -\underline{H}^L_{24} \end{bmatrix} \begin{bmatrix} \underline{F}_{RC} & \underline{0} \\ \underline{0} & \underline{F}'_{LR} \end{bmatrix} + \begin{bmatrix} \underline{0} & \underline{F}'_{LC} \\ -\underline{F}_{LC} & \underline{0} \end{bmatrix} \right) \tag{9.32}$$

$$\underline{\bar{B}} = \begin{bmatrix} \underline{S} & \underline{0} \\ \underline{0} & \underline{\Gamma} \end{bmatrix} \left(\begin{bmatrix} -\underline{H}_{13}^C & \underline{H}_{24}^C \\ \underline{H}_{13}^L & -\underline{H}_{24}^L \end{bmatrix} \begin{bmatrix} \underline{F}_{RU} & \underline{0} \\ \underline{0} & \underline{F}_{IR}' \end{bmatrix} + \begin{bmatrix} \underline{0} & \underline{F}_{IC}' \\ -\underline{F}_{LU} & \underline{0} \end{bmatrix} \right) \tag{9.33}$$

$$\underline{\bar{B}}_1 = \begin{bmatrix} \underline{S} & \underline{0} \\ \underline{0} & \underline{\Gamma} \end{bmatrix} \begin{bmatrix} -\underline{F}_{CC}'\underline{C}_{11}\underline{F}_{CU} & \underline{0} \\ \underline{0} & \underline{L}_{1t}\underline{F}_{IL}' + \underline{F}_{LL}\underline{L}_{tt}\underline{F}_{IL}' \end{bmatrix} \tag{9.34}$$

$$\underline{H}_{\mu\nu}^C = (\underline{F}_{RC}' + \underline{F}_{JC}'\underline{K}_{1J}) \; \underline{H}_\mu + (\underline{F}_{JC}'\underline{K}_{tJ}\underline{G}_{tt}) \; \underline{H}_\nu \tag{9.35}$$

$$\underline{H}_{\mu\nu}^L = (\underline{F}_{LV}\underline{K}_{1V}\underline{R}_{11}) \; \underline{H}_\mu + (\underline{F}_{LR} + \underline{F}_{LV}\underline{K}_{tV}) \; \underline{H}_\nu \tag{9.36}$$

$$\underline{S} = (\underline{C}_{tt} + \underline{F}_{CC}'\underline{C}_{11}\underline{F}_{CC})^{-1} \tag{9.37}$$

$$\underline{\Gamma} = (\underline{L}_{11} + \underline{L}_{1t}\underline{F}_{LL}' + \underline{F}_{LL}\underline{L}_{t1} + \underline{F}_{LL}\underline{L}_{tt}\underline{F}_{LL}')^{-1} \; , \tag{9.38}$$

unter der Voraussetzung, daß die Inverse $\underline{\Gamma}$ der Induktivitätsmatrix nichtsingulär ist. Singularität kann für bestimmte Werte
der induktiven Kopplung auftreten, durch eine geänderte, nicht
so idealisierende Modellierung läßt sich dieses Problem jedoch
vermeiden.

Die Quellenableitungen können mit der Substitution

$$\begin{bmatrix} \underline{u}_{tC}^* \\ \underline{i}_{1L}^* \end{bmatrix} = \begin{bmatrix} \underline{u}_{tC} \\ \underline{i}_{1L} \end{bmatrix} - \underline{\bar{B}}_1 \begin{bmatrix} \underline{u}_{tU} \\ \underline{i}_{1I} \end{bmatrix} \tag{9.39}$$

eliminiert werden. Durch Einsetzen in die Zustandsgleichungen
erhält man die neuen Gleichungen in der Standardform

$$\begin{bmatrix} \underline{\dot{u}}_{tC}^* \\ \underline{\dot{i}}_{1L}^* \end{bmatrix} = \underline{\bar{A}} \begin{bmatrix} \underline{u}_{tC}^* \\ \underline{i}_{1L}^* \end{bmatrix} + (\underline{\bar{A}} + \underline{E}) \underline{\bar{B}}_1 \begin{bmatrix} \underline{u}_{tU} \\ \underline{i}_{1I} \end{bmatrix} \; . \tag{9.40}$$

Dabei geht allerdings die Möglichkeit zur einfachen physikalischen Interpretation der Zustandsvariablen verloren. Es soll

noch erwähnt werden, daß sich unter gewissen Voraussetzungen die Zustandsgleichungen wesentlich vereinfachen. So verschwinden bei einer geeigneten Modellierung von MOS-Schaltungen die Matrizen $\underline{A}$, $\underline{H}_{\mu\nu}^C$, $\underline{H}_{\mu\nu}^L$ und $\underline{\Gamma}$. Die erhaltenen Gleichungen lassen sich dann auch für größere Schaltungen noch mit einem Minicomputer lösen [9.4].

Schließlich müssen noch die Ausgangsgleichungen hergeleitet werden. Sind die gewünschten Ausgangsvariablen weder Spannungen noch Ströme der dynamischen Elemente, dann werden als neue Scheinelemente Kurzschlüsse für die gewünschten Ströme $\underline{i}_{xK}$ ($\underline{u}_{xK}=\underline{0}$) und leerlaufende Elemente für die gewünschten Spannungen $\underline{u}_{x0}$ mit ($\underline{i}_{x0}=\underline{0}$) eingeführt und als zusätzliche Variable behandelt. Die Hybridgleichungen des resistiven Mehrtors können dann in der Form

$$
\begin{bmatrix} \underline{i}_{1R} \\ \underline{u}_{tR} \\ \hline \underline{i}_{xK} \\ \underline{u}_{x0} \end{bmatrix} = \begin{bmatrix} \underline{H}_1 & \underline{H}_2 \\ \underline{H}_3 & \underline{H}_4 \\ \hline \underline{H}_5 & \underline{H}_6 \\ \underline{H}_7 & \underline{H}_8 \end{bmatrix} \begin{bmatrix} -\underline{F}_{RC} & \underline{0} \\ \underline{0} & \underline{F}'_{LR} \end{bmatrix} \begin{bmatrix} \underline{u}_{tC} \\ \underline{i}_{1L} \end{bmatrix} + \begin{bmatrix} \underline{s}_1 \\ \underline{s}_2 \\ \hline \underline{s}_3 \\ \underline{s}_4 \end{bmatrix} \qquad (9.41)
$$

hergeleitet werden. Die Variablen $\underline{i}_{xK}$ und $\underline{u}_{x0}$ bilden zusammen mit möglicherweise gewünschten Strömen und Spannungen der dynamischen Elemente den Vektor $\underline{y}$ der Ausgangsgrößen, der in der Form

$$
\underline{y} = \underline{C} \begin{bmatrix} \underline{u}_{tC} \\ \underline{i}_{1L} \end{bmatrix} + \underline{D} \begin{bmatrix} \underline{u}_{tU} \\ \underline{i}_{1I} \end{bmatrix} + \underline{D}_1 \begin{bmatrix} \dot{\underline{u}}_{tU} \\ \dot{\underline{i}}_{1I} \end{bmatrix} \qquad (9.42)
$$

geschrieben werden kann.

Beispiel 9.3

Für das Netzwerk Bild 4.9 sollen die Zustandsgleichungen aufgestellt werden. In Beispiel 4.13 wurde für dieses Netzwerk ein Normalbaum mit den Zweigen 2, 5, 1, 4 bestimmt. Mit Hilfe von (4.5) läßt sich die Fundamentalmatrix sofort hinschreiben; man erhält

$$
\begin{array}{c}
\ \ 5\ \ \ \ 1\ \ \ \ 4\ \ \ \ 2 \\
\underline{F} =
\begin{array}{c}
6 \\ 3 \\ 7
\end{array}
\left[
\begin{array}{c|c|c|c}
-1 & 0 & 0 & -1 \\
\hline
0 & 1 & 1 & 0 \\
-1 & 0 & -1 & 0
\end{array}
\right] \quad ,
\end{array}
$$

woraus mit (9.12) folgt: $\underline{F}_{CC} = -1$, $\underline{F}_{CU} = -1$, $\underline{F}'_{LR} = (1\ 0)$, $\underline{F}'_{LL} = (1\ -1)$, $\underline{F}'_{LC} = (0\ -1)$. Weiter ist $\underline{G}_{tt} = 1/R$, $\underline{C}_{tt} = C_5$, $\underline{C}_{11} = C_6$, $\underline{L}_{11} = \mathrm{diag}(L_3, L_7)$, $\underline{L}_{tt} = L_4$. Alle anderen Matrizen verschwinden. Da $\underline{R}_{11}$ nicht existiert, sind $\underline{H}_1$, $\underline{H}_2$, $\underline{H}_3$ identisch Null, für $\underline{H}_4$ ergibt sich:

$$
\underline{H}_4 = R \ .
$$

Damit erhält man aus (9.35-36):

$$
\underline{H}_{13}^C = \underline{H}_{24}^C = 0 \ , \qquad \underline{H}_{13}^L = (0\ 0)' \ ,
$$

$$
\underline{H}_{24}^L = (R\ 0)' \ .
$$

Aus (9.37-38) folgt

$$
\underline{S} = 1/(C_5 + C_6),
$$

$$
\underline{\Gamma} =
\begin{bmatrix}
L_3 + L_4 & -L_4 \\
-L_4 & L_4 + L_7
\end{bmatrix}^{-1}
= \frac{1}{\Delta}
\begin{bmatrix}
L_4 + L_7 & L_4 \\
L_4 & L_3 + L_4
\end{bmatrix} \quad ,
$$

mit $\Delta = L_3 L_4 + L_3 L_7 + L_4 L_7$. Einsetzen in (9.32-34) führt auf das Ergebnis

$$
\underline{A} =
\begin{bmatrix}
0 & 0 & -1(C_5 + C_6) \\
L_4/\Delta & -R(L_4 + L_7)/\Delta & 0 \\
(L_3 + L_4)/\Delta & -R L_4/\Delta & 0
\end{bmatrix}
\quad , \ \underline{B} = \underline{0} \ .
$$

Aus (9.35) folgt

$$\underline{\underline{B}}_1 = \begin{bmatrix} -C_6/(C_5+C_6) & 0 & 0 \\ 0 & 0 & 0 \\ 0 & 0 & 0 \end{bmatrix} \quad .$$

Mit $\underline{u}_{tC} = u_5$, $\underline{u}_{tU} = u_0$, $\underline{i}'_{1L} = (i_3 \ i_7)$ können die Zustandsgleichungen (9.31) aufgestellt werden:

$$\begin{bmatrix} \dot{u}_5 \\ \dot{i}_3 \\ \dot{i}_7 \end{bmatrix} = \begin{bmatrix} 0 & 0 & -1(C_5+C_6) \\ L_4/\Delta & -R(L_4+L_7)/\Delta & 0 \\ (L_3+L_4)/\Delta & -RL_4/\Delta & 0 \end{bmatrix} \begin{bmatrix} u_5 \\ i_3 \\ i_7 \end{bmatrix} + \begin{bmatrix} -C_6/(C_5+C_6) \\ 0 \\ 0 \end{bmatrix} \dot{u}_0 \quad .$$

Ein Vergleich dieses Ergebnisses mit dem Ergebnis von Beispiel 9.2 zeigt die Übereinstimmung.

9.2.3 Auflösen der Zustandsgleichungen linearer Netzwerke

Die Lösung von Zustandsgleichungen in der Standardform (9.6) läßt sich geschlossen angeben:

$$\underline{x}(t) = e^{\underline{\underline{A}}t} \underline{x}(0) + \int_0^t e^{\underline{\underline{A}}(t-\tau)} \underline{\underline{B}} \ s(\tau) \ d\tau \quad . \tag{9.43}$$

Das Hauptproblem bei der Auswertung von (9.43) ist die sehr zeitintensive Berechnung der Zustands-Übergangsmatrix $\exp(\underline{\underline{A}}t)$. Bei allen bekannten Verfahren werden Näherungen gebildet, zum Beispiel beim Verfahren nach LIOU durch eine abgebrochene Reihe aus Matrizen:

$$e^{\underline{\underline{A}}t} \approx \sum_{\upsilon=0}^{n} \frac{\underline{\underline{A}}^{\upsilon} \ t^{\upsilon}}{\upsilon !} \quad . \tag{9.44}$$

Diese Approximation wird in (9.43) eingesetzt, die anschließend numerisch integriert wird, z.B. nach der Simpsonschen Regel [9.5]. Da diese Vorgehensweise nur bei kleinen Netzwerken sinn-

218

voll angewendet werden kann, werden in Programmen wie SCEPTRE
die Zustandsgleichungen direkt numerisch integriert. Dafür geeignete Verfahren werden im nächsten Kapitel behandelt.

Die Zustandsgleichungen sind auch zur Berechnung von Über-
tragungsfunktionen geeignet. Unter Anwendung der Laplace-Trans-
formation auf (9.6) und die Ausgangsgleichungen (9.7), wobei
angenommen werden soll, daß $\underline{D}_1=\underline{D}_2=\ldots=\underline{0}$, erhält man für die
Übertragungsfunktion $\underline{H}(p)$:

$$\underline{H}(p) = \frac{\mathcal{L}(\underline{y})}{\mathcal{L}(\underline{s})} = \underline{C}(p\,\underline{E} - \underline{A})^{-1}\,\underline{B} + \underline{D} \quad , \tag{9.45}$$

wobei p die komplexe Frequenz bezeichnet. Schwierigkeiten kann
die Berechnung der Inversen von $(p\,\underline{E} - \underline{A})$ machen. Ein geeigneter Algorithmus dazu ist der QR-Algorithmus, der ausführlich
in [9.5] beschrieben ist.

9.2.4 Formulierung von Zustandsgleichungen für nichtlineare Netzwerke

Bei allgemeinen nichtlinearen Netzwerken ist die Existenz und
eindeutige Lösbarkeit von Normalformgleichungen nicht von vornherein gesichert, vielmehr hängen diese Eigenschaften von der
Art der Nichtlinearitäten, der Größe und Anordnung der gesteuerten Quellen und der Wahl der Zustandsvariablen ab. Deshalb
werden, zusätzlich zu den Einschränkungen im linearen Fall,
gewöhnlich weitere Annahmen gemacht, zum Beispiel

$$\underline{F}_{CC} = \underline{F}_{CU} = \underline{F}'_{LL} = \underline{F}'_{IL} = \underline{0} \quad . \tag{9.46}$$

Für ein Netzwerk mit spannungsgesteuerten Kapazitäten und
stromgesteuerten Induktivitäten können dann Normalformgleichungen explizit aufgestellt werden, in denen die Variablen
$\underline{u}_{tR}$ und $\underline{i}_{1R}$ enthalten sind. Diese Größen werden als Lösung
eines nichtlinearen algebraischen Gleichungssystems

$$\underline{f}(\underline{u}_{tR},\underline{i}_{1R},\underline{u}_{tC},\underline{i}_{1L},\underline{u}_{tU},\underline{i}_{1I}) = \underline{0} \tag{9.47}$$

erhalten, welches das resistive Mehrtor (siehe Bild 9.1) be-

schreibt. Die Lösung, die sowohl die Normalformgleichungen als
auch (9.47) erfüllen muß, wird iterativ berechnet.

Bei monotonen Charakteristiken für die nichtlinearen Kapazitäten und Induktivitäten können entweder Spannungen und
Ströme oder Ladungen und magnetische Flüsse als Zustandsvariablen gewählt werden. Vorteilhaft ist letztere Wahl, da sie
bei der Integration zu einem stabileren Verhalten führt. Die
Ursache liegt darin, daß bei der Wahl von Strömen und Spannungen als Zustandsvariablen positive Eigenwerte auftreten können,
die anwachsende Lösungsterme zur Folge haben [9.5] .

10 Numerische Integration der Gleichungen dynamischer Netzwerke

Als geeignete Verfahren zur numerischen Integration der Algebro-Differentialgleichungen (9.3) haben sich einige Algorithmen aus der Klasse der linearen Mehrschritt-Verfahren erwiesen.
Um sie sinnvoll einsetzen zu können, werden in diesem Kapitel die Begriffe der Konsistenzordnung und Stabilität eines Verfahrens erläutert, sowie Kriterien zur Wahl der Integrationsschrittweite angegeben. Da die klassischen Verfahren bei den sogenannten steifen Differentialgleichungen häufig versagen, wurden spezielle steifstabile Integrationsverfahren entwickelt. Bei der Anwendung der Integrationsverfahren auf die Netzwerkgleichungen zeigt sich, daß dynamische Netzwerke in resistive Netzwerke übergeführt werden können, die dann mit den schon behandelten Methoden weiter analysiert werden können.

10.1 Lineare Einschritt- und Mehrschrittverfahren

Der Einfachheit halber werde an Stelle des impliziten Differentialgleichungssystems (9.3) zuerst das explizite System (9.4) behandelt, wobei zur Vereinfachung der Schreibweise von einem System der Ordnung eins ausgegangen wird. Bei einer numerischen Integration wird die Lösung $x(t)$ im interessierenden Zeitintervall $[0, T]$ nur zu diskreten Zeitpunkten t_m betrachtet, wobei $t_0 = 0$ gilt:

$$t_{m+1} = t_m + h_{m+1} \quad , \qquad m = 0,1,2,\ldots \quad . \tag{10.1}$$

Die Größe h_{m+1} wird als Schrittweite bezeichnet. Nun liefert jeder numerische Integrationsalgorithmus nur eine Näherungslösung x_m anstelle der exakten Lösung $x(t_m)$. Wurden schon eine Reihe von Lösungspunkten $x_1,\ldots,x_m$ berechnet, dann kann

diese Information - die wegen (9.4) auch Kenntnis über die Ableitungen an diesen Lösungspunkten gibt - dazu verwendet werden, um die Lösung x_{m+1} zu ermitteln:

$$x_{m+1} = \sum_{i=0}^{p} a_i x_{m-i} + h \sum_{i=-1}^{p} b_i \underbrace{f(x_{m-i}, t_{m-i})}_{= \dot{x}_{m-i}} \qquad (10.2)$$

oder anders geschrieben

$$\sum_{i=-1}^{p} (a_i x_{m-i} + h b_i \dot{x}_{m-i}) = 0 \qquad \text{mit } a_{-1} = -1 . \qquad (10.3)$$

Das Verfahren (10.2-3) heißt Mehrschrittverfahren, weil die
Lösungen an vorhergehenden Zeitpunkten benutzt werden. Die
Schrittweiten sollen zuerst als konstant und gleich h angenommen werden; dies wurde in (10.2-3) bereits berücksichtigt.
Je nach Wahl der Koeffizienten a_i, b_i und der Summationsgrenze
p erhält man verschiedene Algorithmen. Für den Sonderfall p=0
wird aus dem Mehrschrittverfahren ein Einschritt-Verfahren,
da nur die Information über die Lösung x_m zum aktuellen Zeit-
punkt t_m verwendet wird. Weiter unterscheidet man explizite
Verfahren, die durch $b_{-1}=0$ gekennzeichnet sind und implizite
Verfahren mit $b_{-1} \neq 0$. Das einfachste explizite Einschritt-Verfahren (p=0) ist die
   Explizite Euler-Integration (Forward Euler) mit $a_0 = 1$,
$b_{-1} = 0$, $b_0 = 1$. Eingesetzt in (10.2) erhält man

$$x_{m+1} = x_m + h \dot{x}_m . \qquad (10.4)$$

Die geometrische Interpretation eines Integrationsschritts
zeigt Bild 10.1. Der Vorteil des expliziten Euler-Algorithmus
ist seine Einfachheit; durch einfaches Einsetzen der aktuellen
Werte wird ein neuer Wert erhalten. Leider hat der Algorithmus
- wie wir noch sehen werden - so schlechte Stabilitätseigenschaften, daß er in der Praxis höchstens mit impliziten Verfahren gemischt eingesetzt werden kann [10.1] .

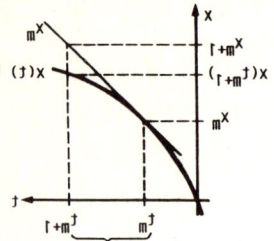

Bild 10.1. Geometrische Interpretation der
expliziten Euler-Integration

Einfache implizite Einschritt-Verfahren sind die
Implizite Euler-Integration (Backward Euler) mit $a_0 = 1$,
$b_{-1} = 1$, $b_0 = 0$:

$$x_{m+1} = x_m + h \, \dot{x}_{m+1} \qquad\qquad (10.5)$$

oder die

Trapez-Regel (Trapezoidal Algorithm) mit $a_0 = 1$, $b_{-1} = \frac{1}{2}$,
$b_0 = \frac{1}{2}$:

$$x_{m+1} = x_m + \frac{h}{2} \, (\dot{x}_{m+1} + \dot{x}_m) \; . \qquad\qquad (10.6)$$

Diese beiden Verfahren werden bei Netzwerkanalyse-Programmen
häufig eingesetzt, da sie gute Stabilitätseigenschaften haben
(siehe Abschn. 10.3).

Bei den impliziten Verfahren kommen unbekannte Größen auch
auf der rechten Seite vor. Die impliziten Verfahren haben wegen
(9.4) die Fixpunkt-Form (8.5):

$$x_{m+1} = f(x_{m+1}) \qquad\qquad (10.7)$$

und werden infolgedessen iterativ, zum Beispiel mit dem Newton-
Raphson-Verfahren gelöst. Um schnell Konvergenz zu erreichen,
kann der vorhergehende Wert x_m als Anfangswert genommen werden;
allerdings muß die Schrittweite h genügend klein gewählt werden. Günstiger ist es, einen Anfangswert mit Hilfe eines expliziten Verfahrens zu berechnen und diesen dann iterativ mit dem
impliziten Verfahren zu verbessern. In diesem Fall spricht man
von Prediktor-Korrektor-Verfahren, da zuerst ein Anfangswert
vorausgesagt und dann iterativ korrigiert wird. Häufig kommt

man bei diesen Verfahren mit einer einzigen Korrektor-Iteration
aus.

Bei der Anwendung von Mehrschritt-Verfahren ist zu beachten,
daß sie nicht selbstanlaufend sind, da ja die Lösungen an p + 1
zurückliegenden Zeitpunkten benötigt werden. Diese Werte werden ermittelt, indem man bei den ersten p-Schritten ein Einschritt-Verfahren einsetzt und erst dann auf ein Mehrschritt-
Verfahren umschaltet.

10.2 Diskretisierungsfehler und Konsistenzordnung

Wie aus Bild 10.1 zu ersehen ist, kann bei einem Integrationsschritt unter Umständen ein beträchtlicher Fehler entstehen.
Diesen bei einem Schritt verursachten Fehler nennt man den lokalen Diskretisierungsfehler ε_{m+1} (local truncation error LTE)
mit

$$\varepsilon_{m+1} = x(t_{m+1}) - x_{m+1} \quad \text{bei } x(t_m) = x_m \quad , \tag{10.8}$$

wobei wie in Bild 10.1 davon ausgegangen wird, daß zu Beginn
des Integrationsschritts kein Fehler vorhanden ist, daß also
$x(t_m) = x_m$. Da normalerweise viele Integrationsschritte gemacht
werden, findet eine Fehlerakkumulation statt. Sie wird durch
den globalen Diskretisierungsfehler δ_{m+1} (global truncation
error GTE) mit

$$\delta_{m+1} = x(t_{m+1}) - x_{m+1} \quad \text{bei } x(t_0) = x_0 \tag{10.9}$$

beschrieben. Die Fehler können durch eine Verkleinerung der
Schrittweite reduziert werden. Bei zu weitgehender Verringerung
von h wächst wegen der zusätzlich erforderlichen Schritte der
Rundungsfehler, der stets auftritt, stark an. Es gibt deshalb
eine optimale Schrittweite, bei welcher der Gesamtfehler ein
Minimum wird. Diese Schrittweite kann jedoch in der Praxis kaum
gewählt werden (wenn sie sich überhaupt bestimmen läßt); vielmehr wird versucht, die Rechenzeit möglichst klein zu halten.
Dazu wird die Schrittweite möglichst groß gewählt, unter der
Randbedingung, daß ein vorgegebener Diskretisierungsfehler nicht
überschritten wird.

Nun läßt sich der lokale Diskretisierungsfehler sogar zu
Null machen, wenn die Lösung von (9.4) ein Polynom k-ter Ordnung in t ist und die Koeffizienten des Integrationsalgorithmus
geeignet gewählt werden. Wäre zum Beispiel die Funktion in
Bild 10.1 ein Polynom erster Ordnung, dann würde ein Schritt
mit dem expliziten Euler-Algorithmus keinen Fehler ergeben. Man
sagt, daß ein Verfahren die Konsistenzordnung k hat, wenn es
ein Polynom k-ter Ordnung ohne lokalen Diskretisierungsfehler
löst. Nun wird im allgemeinen die Lösung von (9.4) kein Polynom sein; folglich entsteht ein Diskretisierungsfehler. Da
aber nach dem Approximationssatz von WEIERSTRASS jede komplexe
Funktion beliebig gut durch Polynome angenähert werden kann,
läßt sich der Fehler genügend klein machen, wenn nur ein Verfahren genügend hoher Konsistenzordnung gewählt wird. In der
Praxis beschränkt man sich jedoch auf Verfahren mit $k < 10$,
da sonst der Rechenaufwand und die Rundungsfehler zu groß werden.

Im folgenden sollen nun Bedingungen für die Koeffizienten
eines Integrationsverfahrens abgeleitet werden, so daß der
lokale Diskretisierungsfehler für das Polynom k-ter Ordnung

$$x_{m-i} = \alpha_0 + \alpha_1(-ih) + \alpha_2(-ih)^2 + \cdots + \alpha_k(-ih)^k$$

$$(10.10)$$

verschwindet. Dazu wird willkürlich $t_m = 0$ gewählt, so daß mit
der Schrittweite h die Zeit $t_{m-i} = -ih$. Damit folgt für die
Funktion:

$$f(x_{m-i}, t_{m-i}) = \dot{x}_{m-i} =$$

$$= \alpha_1 + 2\alpha_2(-ih) + 3\alpha_3(-ih)^2 + \cdots + k\alpha_k(-ih)^{k-1} \quad . \quad (10.11)$$

Eingesetzt in (10.3) erhält man

$$\sum_{i=-1}^{p} \left\{ a_i \left[\alpha_0 + \alpha_1(-ih) + \cdots + \alpha_k(-ih)^k \right] + \right.$$

$$\left. + h\, b_i \left[\alpha_1 + 2\alpha_2(-ih) + \cdots + k\alpha_k(-ih)^{k-1} \right] \right\} =$$

$$= \sum_{i=-1}^{p} \left\{ a_i \alpha_0 + \left[\alpha_1 h + \alpha_2 h^2 + \cdots + \alpha_k h^k \right] \cdot \right.$$

$$\left. \cdot \sum_{j=1}^{k} \left[a_i (-i)^j + j b_i (-i)^{j-1} \right] \right\} \overset{!}{=} 0 \quad . \qquad (10.12)$$

Der letzte Ausdruck verschwindet, wenn beide Summenterme verschwinden. Für den ersten Term folgt damit

$$\sum_{i=-1}^{p} a_i \alpha_0 = \alpha_0 (\underbrace{a_{-1}}_{-1} + \sum_{i=0}^{p} a_i) = 0 \quad , \qquad (10.13)$$

also

$$\sum_{i=0}^{p} a_i = 1 \quad . \qquad (10.14)$$

Beim zweiten Term läßt sich die Summationsreihenfolge vertauschen, so daß zuerst über j, dann über i summiert wird. Der Term verschwindet, wenn jeder Summand über j verschwindet, wenn also

$$\sum_{i=-1}^{p} \left[(-i)^j a_i + j(-i)^{j-1} b_i \right] = 0 \quad , \qquad j = 1, \ldots, k \qquad (10.15)$$

oder nach Abspalten von a_{-1} und Eliminieren von a_0

$$\sum_{i=1}^{p} (-i)^j a_i + j \sum_{i=-1}^{p} (-i)^{j-1} b_i = 1 \quad , \qquad j = 1, \ldots, k \quad .$$
$$(10.16)$$

Die Gleichungen (10.14) und (10.16) liefern k+1 Bedingungen für (2p+3) Unbekannten. Demnach muß für ein Verfahren der Konsistenzordnung k gelten:

$$k = 2p + 2 \quad . \qquad (10.17)$$

Die Summationsgrenze p kann aber auch größer gewählt werden, dann können einige Koeffizienten frei festgelegt werden.

Für die Abschätzung des lokalen Diskretisierungsfehlers eines gegebenen Verfahrens soll die Lösung x(t) für ein beliebiges Anfangswertproblem in eine Taylorreihe entwickelt werden:

$$x(t_{m-i}) = x(t_m) - h^i \dot{x}(t_m) + \frac{(h^i)^2}{2!} \ddot{x}(t_m) - \frac{(h^i)^3}{3!} \dddot{x}(t_m) + \cdots \quad .$$

$$(10.18)$$

Hieraus kann durch Differenzieren die Größe $\dot{x}(t_{m-i})$ gebildet und in (10.3) eingesetzt werden. Man erhält einen Ausdruck der Form

$$c_0 x(t_m) + c_1 h \dot{x}(t_m) + c_2 h^2 \ddot{x}(t_m) + \cdots \quad . \qquad (10.19)$$

Wird eine Mehrschrittformel der Konsistenzordnung k verwendet, dann gilt

$$c_0 = c_1 = \ldots = c_k = 0 \, . \qquad (10.20)$$

Damit ist der lokale Diskretisierungsfehler

$$\varepsilon_{m+1} = 0(h^{k+1}) = c_{k+1} \, x^{(k+1)}(\tau) \, h^{k+1} \quad , \qquad (10.21)$$

wobei die Ableitung an einer geeigneten Stelle $\tau \in [t_m, t_{m+1}]$ genommen wird und nach [10.2] gilt:

$$c_{k+1} = \frac{1}{(k+1)!} \left[(p+1)^{k+1} - \sum_{i=0}^{p-1} a_i (p-i)^{k+1} - \right.$$

$$\left. - (k+1) \sum_{i=-1}^{p-1} b_i (p-i)^k \right] \quad . \qquad (10.22)$$

Beispiel 10.1

Es soll das einfachste implizite Verfahren zweiter Ordnung bestimmt werden. Mit k = 2 folgt mit (10.17):

$p \geqq (k-2)/2.$

Es wird $p = 0$ gewählt. Aus (10.14) erhält man dann $a_0 = 1$, aus (10.16) für

$$j = 1: \quad b_{-1} + b_0 = 1$$
$$j = 2: \quad 2b_{-1} \quad\;\; = 1$$

daraus: $b_{-1} = b_0 = \frac{1}{2}$

Dies sind die Koeffizienten der Trapezregel (10.6).

Beispiel 10.2

Es sollen einfache explizite Verfahren der Ordnung zwei entwickelt werden. Nun gilt $b_{-1} = 0$. Wird $p = 0$ gewählt, dann hat (10.16) für $j = 2$ keine Lösung. Deshalb muß $p = 1$ gewählt werden. Aus (10.14) und (10.16) folgen dann

$$a_0 + a_1 = 1 \; ,$$

$$j = 1: \quad -a_1 + b_0 + b_1 = 1 \; ,$$

$$j = 2: \quad a_1 + 2(-b_1) \;\;\; = 1 \; ,$$

also drei Gleichungen für vier Unbekannte. Damit kann eine Unbekannte beliebig gewählt werden, z.B. folgen aus

1. $a_0 = 0$ die Koeffizienten $a_1 = 1$; $b_1 = 0$; $b_0 = 2$, also

   $x_{m+1} = x_{m-1} + 2h\dot{x}_m$ (Mittelpunktverfahren),

2. $a_1 = 0$ die Koeffizienten $a_0 = 1$; $b_1 = -\frac{1}{2}$; $b_0 = \frac{3}{2}$,

   also $x_{m+1} = x_m + \frac{h}{2}(3\dot{x}_m - \dot{x}_{m-1})$,

3. $b_0 = 0$ die Koeffizienten $a_0 = 4$; $a_1 = -3$; $b_1 = -2$, also

   $x_{m+1} = 4x_m - 3x_{m-1} - 2h\dot{x}_{m-1}$,

4. $b_0 = 1$ die Koeffizienten $b_1 = -1$; $a_1 = -1$; $a_0 = 2$, also

   $x_{m+1} = 2x_m - x_{m-1} + h(\dot{x}_m - \dot{x}_{m-1})$,

5. $b_1 = 1$ die Koeffizienten $a_1 = 3$; $a_0 = -2$; $b_0 = 3$, also

   $x_{m+1} = -2x_m + 3x_{m-1} + h(3\dot{x}_m + \dot{x}_{m-1})$.

Beispiel 10.3

Ein häufig verwendetes Prediktor-Korrektor-Verfahren verwendet den expliziten Adams-Bashforth-Algorithmus, der durch

$$p = k - 1; \quad a_1 = a_2 = \ldots = a_{k-1} = 0$$

definiert ist, als Prediktor. Als Korrektor wird der implizite Adams-Moulton-Algorithmus mit

$$p = k - 2; \quad a_1 = a_2 = \ldots = a_{k-2} = 0$$

verwendet [10.2] . Man berechne die Koeffizienten für einen Prediktor dritter Ordnung und einen Korrektor vierter Ordnung.

    1. Adams-Bashforth-Algorithmus 3. Ordnung:

    $p = 2; \ b_{-1} = 0$ (explizites Verfahren); $a_1 = a_2 = 0$.

Aus (10.14,16) folgt

$$a_0 = 1,$$

$$\left. \begin{array}{l} b_0 + b_1 + b_2 = 1 \\ -b_1 - 2b_2 = \dfrac{1}{2} \\ -b_1 + 4b_2 = \dfrac{1}{3} \end{array} \right\} \quad \text{daraus folgt } b_1 = -\dfrac{16}{12} \ ; \quad b_2 = \dfrac{5}{12} \ ; \quad b_0 = \dfrac{23}{12} ,$$

also

$$x_{m+1} = x_m + h \left(\frac{23}{12} \dot{x}_m - \frac{16}{12} \dot{x}_{m-1} + \frac{5}{12} \dot{x}_{m-2} \right) \quad .$$

    2. Adams-Moulton-Algorithmus 4. Ordnung:

    $p = 2; \ a_1 = a_2 = 0$.

Aus (10.14,16) folgt

$$a_0 = 1$$

$$\left.\begin{array}{rcl}
b_{-1} + b_0 + b_1 + b_2 &=& 1 \\
b_{-1} - b_1 - 2b_2 &=& \frac{1}{2} \\
b_{-1} + b_1 + 4b_2 &=& \frac{1}{3} \\
b_{-1} - b_1 - 8b_2 &=& \frac{1}{4}
\end{array}\right\}$$ daraus folgt $b_{-1} = \frac{9}{24}$; $b_0 = \frac{19}{24}$;

$$b_1 = -\frac{5}{24} \ ; \ b_2 = \frac{1}{24} \ ,$$

also

$$x_{m+1} = x_m + h\left(\frac{9}{24} \dot{x}_{m+1} + \frac{19}{24} \dot{x}_m - \frac{5}{24} \dot{x}_{m-1} + \frac{1}{24} \dot{x}_{m-2} \right) \ .$$

10.3 Stabilität

In diesem Abschnitt soll die Auswirkung des lokalen Diskretisierungsfehlers und des Rundungsfehlers, die bei einem Schritt
entstehen, auf den globalen Fehler betrachtet werden, also die
Fehlerfortpflanzung. Um eine sinnvolle Lösung einer Differentialgleichung zu erhalten, muß gefordert werden, daß der Fehler, der pro Schritt zugelassen wird, bei den folgenden Schritten nicht noch vergrößert wird. Um die Lösung nicht völlig zu
verfälschen, soll der Lösungsalgorithmus stabil sein, d.h. ein
schon vorhandener Fehler soll bei den Folgeschritten abnehmen.
Diese Stabilitätseigenschaft des Lösungsalgorithmus hat nichts
mit der Stabilität der Schaltung zu tun, die durch die Differentialgleichung beschrieben wird.

Es werde nun angenommen, daß die Stabilität eines Integrationsalgorithmus untersucht werden soll, der zur Lösung des
Differentialgleichungssystems

$$\dot{\underline{x}} = \underline{K} \ \underline{x} \tag{10.23}$$

mit der konstanten reellen n x n-Matrix $\underline{K}$ verwendet wird. Weiter
soll angenommen werden, daß alle (möglicherweise komplexen)
Eigenwerte λ_i der Matrix verschieden sind. Dann kann $\underline{K}$ durch
eine Ähnlichkeitstransformation mit der Transformationsmatrix
$\underline{T}$ diagonalisiert werden:

$$\underline{T}\,\overset{\bullet}{\underline{x}} = \underline{T}\,\underline{K}\,\underline{T}^{-1}\underline{T}\,\underline{x}\ , \tag{10.24}$$

so daß mit der Abkürzung

$$\underline{w} = \underline{T}\,\underline{x} \tag{10.25}$$

das Gleichungssystem nun lautet:

$$\overset{\bullet}{\underline{w}} = \mathrm{diag}(\lambda_1,\cdots,\lambda_n)\,\underline{w}\ \ . \tag{10.26}$$

Es genügt also, wenn anstelle von (10.23) die Test-Differentialgleichung

$$\overset{\circ}{w}_i = \lambda_i\,w_i \tag{10.27}$$

für die Stabilitätsuntersuchung herangezogen wird. Da wir in
der Regel stabile Schaltungen betrachten, deren Eigenwerte ne-
gativ sind, schreiben wir für die folgenden Betrachtungen als
Standard-Testgleichung

$$\overset{\bullet}{x} = -\,\lambda x, \qquad \mathrm{Re}\{\lambda\} > 0\ \ , \tag{10.28}$$

wobei λ jetzt der negative Eigenwert ist! Diese einfache Gleichung hat den Vorteil, daß ihre Lösung explizit angegeben werden kann; sie lautet

$$x(t) = \exp(-\lambda t)\ \ . \tag{10.29}$$

Beispiel 10.4
Gleichung (10.28) mit $\lambda = 1$ und der Anfangsbedingung $x(0) = 1$
soll mit den Integrationsverfahren (10.4-6) gelöst werden. Dazu
wird (10.28) in diese Gleichungen eingesetzt.

1. Explizite Euler-Integration: $x_{m+1} = x_m(1 - h)$
Für verschiedene Schrittweiten erhält man mit $\nu = 1,2,\ldots$
folgende Ergebnisse

$\quad h = 1 :\quad x(\nu h) = 0,\ 0,\ 0,\ \ldots \qquad$ stabil h = 2 : $x(\nu h)$ = -1, 1, -1, 1, ... stabil, oszillierend

h = 3 : $x(\nu h)$ = -2, 4, -8, 16, ... instabil, oszillierend

2. Implizite Euler-Integration: $x_{m+1} = x_m/(1 + h)$

h = 1 : $x(\nu h) = \frac{1}{2} , \frac{1}{4} , \frac{1}{8} , \frac{1}{16} , \ldots$ stabil

h = 2 : $x(\nu h) = \frac{1}{3} , \frac{1}{9} , \frac{1}{27} , \frac{1}{81} , \ldots$ stabil

h = 3 : $x(\nu h) = \frac{1}{4} , \frac{1}{16} , \frac{1}{64} , \frac{1}{256} , \ldots$ stabil

3. Trapez-Regel: $x_{m+1} = x_m(1 - h/2)/(1 + h/2)$

h = 1 : $x(\nu h) = \frac{1}{3} , \frac{1}{9} , \frac{1}{27} , \frac{1}{81} , \ldots$ stabil

h = 2 : $x(\nu h)$ = 0, 0, 0, 0, ...   stabil

h = 3 : $x(\nu h) = -\frac{1}{5} , \frac{1}{25} , -\frac{1}{125} , \ldots$ stabil, oszillie-rend

Die explizite Euler-Integration ist bei h = 3 instabil. Bei
h = 1 und 2 ist das Ergebnis zwar stabil, aber falsch. Die implizite Euler-Integration ist immer stabil und umso genauer,
je kleiner die Schrittweite ist. Die Trapez-Integration ist
ebenfalls stabil und bei kleinen Schrittweiten genauer. Bei
Schrittweiten h > 2 erhält man oszillierende Lösungen.

Die Test-Differentialgleichung (10.28) soll nun zur Untersuchung der Mehrschrittverfahren herangezogen werden. Eingesetzt in (10.3) erhält man

$$\sum_{i=-1}^{p} (a_i x_{m-i} - h b_i \lambda x_{m-i}) = 0 , \quad a_{-1} = -1 \qquad (10.30)$$

oder mit der Abkürzung $\sigma = \lambda h$, wobei nun σ eine komplexe Größe
ist:

$$(1 + \sigma b_{-1})x_{m+1} - (a_0 - \sigma b_0)x_m - \ldots - (a_p - \sigma b_p)x_{m-p} = 0 . \qquad (10.31)$$

Zur Lösung dieser Differenzengleichung kann ähnlich wie bei Differentialgleichungen der Lösungsansatz

$$x_m = \beta\, z^m \qquad\qquad (10.32)$$

mit der Konstanten β gemacht werden, wobei z eine Wurzel des Polynoms

$$P(z) = (1 + \sigma b_{-1})z^{p+1} - (a_0 - \sigma b_0)z^p - \ldots - (a_p - \sigma b_p) = 0 \qquad (10.33)$$

ist. Es soll nun zuerst der Grenzfall für sehr kleine Schrittweiten, also $h \to 0$ und damit $\sigma \to 0$ betrachtet werden. Dabei geht (10.33) über in

$$P(z)\Big|_{\sigma=0} = z^{p+1} - a_0\, z^p - a_1\, z^{p-1} - \ldots - a_p \,. \qquad (10.34)$$

Eine Wurzel dieses Polynoms ist $z_1 = 1$, da dann wegen (10.14) das Polynom gerade verschwindet:

$$P(z) = 1 - a_0 - a_1 - \ldots - a_p = 0 \,. \qquad (10.44)$$

Für $\sigma \neq 0$ kann z_1 in eine Taylorreihe entwickelt werden:

$$z_1 = 1 + \alpha_1 \sigma + \alpha_2 \sigma^2 + \alpha_3 \sigma^3 + \ldots + \alpha_k \sigma^k \,. \qquad (10.45)$$

Die α_i lassen sich bestimmen, indem (10.45) in (10.33) eingesetzt wird. Nach Ausmultiplizieren, Ordnen nach Potenzen von σ, wobei deren Faktoren zur Erfüllung von (10.33) verschwinden müssen, erhält man $\alpha_1 = -1$, $\alpha_2 = +1/(2!)$, $\alpha_3 = -1/(3!)$, ... , $\alpha_k = (-1)^k/(k!)$; damit gilt

$$z_1 = 1 - \sigma + \frac{1}{2!}\sigma^2 - \frac{1}{3!}\sigma^3 + \ldots + (-1)^k \frac{1}{k!}\sigma^k \,. \qquad (10.46)$$

Dies ist gerade die Taylorreihen-Entwicklung von $\exp(-\sigma)$. Damit ist

$$z_1^m = e^{-\lambda m h} = e^{-\lambda t_m} \qquad\qquad (10.47)$$

die gesuchte Lösung von (10.33). Allerdings hat (10.33) noch
weitere p Wurzeln, die sogenannten parasitären Lösungen, die
ihren Ursprung in der Approximation der Ausgangsgleichung
(10.28) durch eine Differenzengleichung haben, die also auf
die Zeitdiskretisierung zurückzuführen sind. Damit nun die Ge-
samtlösung

$$x_m = \beta_1 z_1^m + \beta_2 z_2^m + \cdots + \beta_{p+1} z_{p+1}^m \qquad (10.48)$$

beschränkt bleibt, müssen alle parasitären Wurzeln (ebenso wie
z_1 selbst) die Bedingung erfüllen

$$|z_i| < 1 \quad , \quad i = 1,2,\dots,p+1 \quad . \qquad (10.49)$$

Verfahren, die dies für einen gewissen Wertebereich von σ
gewährleisten, heißen absolut stabil. Die Stabilitätsgrenze er-
hält man durch Berechnung von σ für $|z_i| = 1$. Liegt diese Sta-
bilitätsgrenze im Unendlichen, umfaßt also der Stabilitätsbereich des Verfahrens die gesamte rechte σ-Halbebene, dann
heißt das Verfahren A-stabil. Diese Eigenschaft ist sehr er-
wünscht, da sie große Schrittweiten erlaubt. Es soll jedoch
betont werden, daß Stabilität nichts mit Lösungsgenauigkeit
zu tun hat, wie Beispiel 10.4 für Einschrittverfahren deutlich
zeigt. Ein stabiles Mehrschrittverfahren erster oder höherer
Ordnung nähert sich aber stets (möglicherweise sehr langsam)
der richtigen Lösung an [10.2] . DAHLQUIST hat darüberhinaus
gezeigt [10.3] , daß
    1. explizite Verfahren nicht A-stabil sind,
    2. keine A-stabilen Mehrschrittverfahren von höherer Kon-
sistenzordnung als zwei existieren,
    3. das genaueste A-stabile Verfahren die Trapezregel ist.
Damit besteht bei den Mehrschrittverfahren ein gewisser Gegensatz zwischen Genauigkeit und Stabilität: Bei den A-stabilen
Verfahren ist der lokale Diskretisierungsfehler proportional
$O(h^3)$; damit muß die Schrittweite klein gewählt werden, um den
Fehler zu begrenzen. Die genaueren Mehrschrittverfahren höherer
Ordnung sind nicht A-stabil, deshalb muß die Schrittweite genügend klein gewählt werden, um im stabilen Bereich zu bleiben.

234

Beispiel 10.5

Berechnung des Stabilitätsbereichs für verschiedene Einschritt-
Verfahren:

    1. Explizites Euler-Verfahren:

Mit $p = 0$; $a_0 = 1$; $b_{-1} = 0$; $b_0 = 1$; $a_1 = a_2 = \ldots = 0$; $b_1 = b_2 = = \cdots = 0$ erhält man aus (10.33)

$$P(z) = z - (1-\sigma) = 0 \quad .$$

Die Stabilitätsgrenze berechnet sich deshalb zu

$$|z| = |1-\sigma| = 1 \quad .$$

Damit ergibt sich für das explizite Euler-Verfahren der in Bild
10.2a skizzierte Stabilitätsbereich. Für einen reellen negativen Eigenwert λ ist das Verfahren stabil, wenn

$$h \leqq 2/\lambda \quad , \quad \text{mit } \lambda \text{ reell.}$$

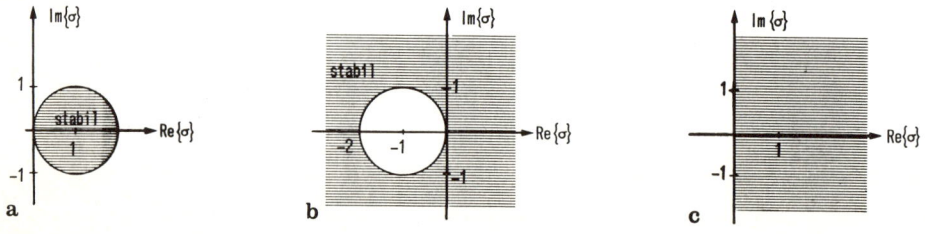

Bild 10.2. Stabilitätsbereiche: a) Explizite Euler-Integration,
        b) Implizite Euler-Integration, c) Trapez-Regel

Wird von dem Differentialgleichungssystem (10.23) ausgegangen,
dann muß wegen (10.26) für λ der größte Eigenwert genommen werden.

    2. Implizites Euler-Verfahren

Mit $p = 0$; $a_0 = 1$; $b_{-1} = 1$; $b_0 = 0$ erhält man das Polynom

$$P(z) = (1+\sigma) z - 1 = 0 \quad .$$

Damit ist das Verfahren in dem in Bild 10.2b skizzierten Bereich stabil, in dem gilt

$$1/ \; |1 + \sigma| \; \leqq \; 1 \; .$$

Das implizite Euler-Verfahren ist in der gesamten rechten σ-Halbebene stabil, also A-stabil.

3. Trapez-Regel
Mit $p = 0$; $a_0 = 1$; $b_{-1} = b_0 = \frac{1}{2}$ erhält man das Polynom

$$P(z) = (1 + \sigma/2) z - (1 - \sigma/2) = 0$$

und damit den in Bild 10.2c skizzierten Stabilitätsbereich, für den

$$\left| \frac{1 - \sigma/2}{1 + \sigma/2} \right| \; \leqq \; 1 \; .$$

Bild 10.2c zeigt, daß das Trapez-Verfahren A-stabil ist.

Bei allgemeinen Mehrschritt-Verfahren ist die Ermittlung des Stabilitätsbereichs schwieriger. Dazu wird (10.33) nach σ aufgelöst:

$$\sigma = \frac{-z^{p+1} + a_0 z^p + a_1 z^{p-1} + \cdots + a_p}{b_{-1} z^{p+1} + b_0 z^p + b_1 z^{p-1} + \cdots + b_p} \; . \qquad (10.50)$$

Setzt man nun für die Stabilitätsgrenze $z = \exp(j\psi)$ mit $0 \leqq \psi \leqq 2\pi$ ein, dann erhält man für die Abbildung des Einheitskreises in der z-Ebene auf die σ-Ebene

$$\sigma_{Grenz} = \frac{-e^{j(p+1)\psi} + a_0 e^{jp\psi} + \cdots + a_{p-1} e^{j\psi} + a_p}{b_{-1} e^{j(p+1)\psi} + b_0 e^{jp\psi} + \cdots + b_{p-1} e^{j\psi} + b_p} \; ,$$

$$0 \leqq \psi \leqq 2\pi \; . \qquad (10.51)$$

Zum Beispiel erhält man für das explizite Euler-Verfahren σ_{Grenz} = 1 - exp(jψ), also genau den in Bild 10.2a dargestellten Einheitskreis um den Punkt σ = 1.

10.4 Steife Differentialgleichungen und steifstabile Verfahren

10.4.1 Die Gear-Verfahren und ihre Eigenschaften

Die Eigenwerte der Jacobimatrix der linearisierten Netzwerkgleichungen sind bei vielen in der Praxis anzutreffenden Schaltungen von sehr unterschiedlicher Größenordnung. Da die Eigenwerte den reziproken Zeitkonstanten im betrachteten Netzwerk entsprechen, bedeutet dies, daß sich die Netzwerkantwort aus schnell veränderlichen und langsam veränderlichen Komponenten zusammensetzt. Die schnell veränderlichen Komponenten sind meist stark gedämpft, so daß sie nach kurzer Zeit abgeklungen sind. Um diese Komponenten mit ausreichender Genauigkeit zu erhalten, muß die Schrittweite des Integrationsverfahrens sehr klein (entsprechend dem größten Eigenwert) gewählt werden. Ein Weiterrechnen mit dieser kleinen Schrittweite nach Abklingen der schnellen Komponenten ist sehr ineffizient und führt zu sehr hohen Rechenzeiten und ist häufig gar nicht durchführbar. In der Literatur über numerische Mathematik sind Beispiele zu finden, die mehrere Millionen Zeitschritte zur Lösungsberechnung erfordern würden. Differentialgleichungen, die zu solchen Problemen führen, heißen steif, da dieses Verhalten zuerst in der Regelungstechnik bei sogenannten steifen Servosystemen beobachtet wurde.

Definition 10.1: Steife Differentialgleichungen

Ein System von Differentialgleichungen mit Eigenwerten λ_i heißt steif, wenn

$$\frac{\max_i |\lambda_i|}{\min_i |\lambda_i|} \gg 1 . \tag{10.52}$$

Dieses Verhältnis nimmt häufig Werte von $10^4 \ldots 10^6$ an.

Beispiel 10.6

Gegeben sei das Netzwerk Bild 10.3a, das durch die Differentialgleichung

$$u_C + RC \, \dot{u}_C = u_0$$

beschrieben wird. Mit $\lambda_1 = 1/RC = 10^9 \, s^{-1}$, der Anregung

$$u_0(t) = \hat{u}_0 \exp(- \lambda_2 t)$$

mit $\lambda_2 = 1 s^{-1}$ und der Anfangsbedingung $u_C(0) = 0$ lautet die Lösung

$$u_C(t) = \hat{u}_0 (1 + \lambda_2/\lambda_1) (e^{-\lambda_2 t} - e^{-\lambda_1 t}) \quad .$$

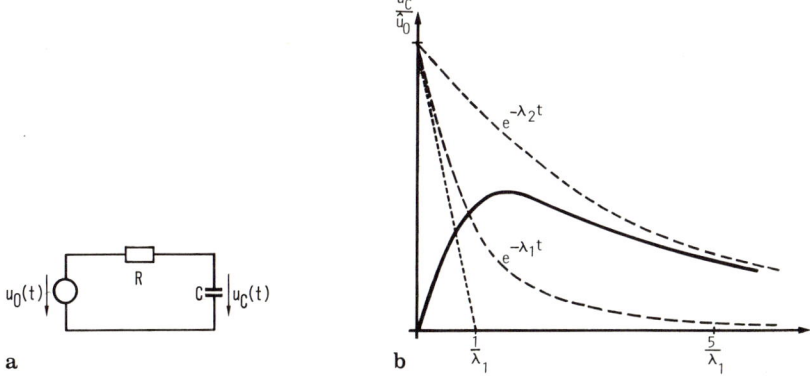

Bild 10.3. Auftreten steifer Differentialgleichungen: a) RC-Netzwerk, b) Transientverhalten

Wie die Darstellung der Lösung in Bild 10.3b zeigt, ist die schnelle Komponente nach etwa 5 Zeitkonstanten, also 5 ns vernachlässigbar, während die langsame Komponente erst nach 5 s vernachlässigbar wird. Soll die Lösung etwa mit dem expliziten Euler-Algorithmus berechnet werden, dann darf nach Beispiel 10.5 höchstens eine Schrittweite von 2 ns gewählt werden. Damit müßten bis zum Abklingen der langsamen Komponenten $2{,}5 \cdot 10^9$ Zeitschritte durchgeführt werden. Bei einer Rechenzeit von angenommenen 5 µs/Zeitschritt würden dann etwa 3,5 Stunden Rechenzeit benötigt werden.

Es liegt nun der Gedanke nahe, zur Lösung steifer Differentialgleichungen eine variable Schrittweite h einzuführen, die nach dem Abklingen der schnellen Transienten vergrößert werden kann. Dazu wird man sinnvollerweise ein Integrationsverfahren einsetzen, bei dem die Schrittweite in einem möglichst großen Verhältnis geändert werden kann, also ein A-stabiles Verfahren. Leider zeigt sich jedoch, daß diese Verfahren bei Anwendung auf steife Differentialgleichungen häufig folgende Schwächen aufweisen:

1. für viele Zwecke ungenügende Genauigkeit, da sie höchstens die Konsistenzordnung zwei haben,

2. erhält man bei manchen A-stabilen Verfahren unstabile Lösungen oder Lösungen mit sehr viel schlechterer Genauigkeit, als es die Ordnung des Verfahrens erwarten ließe [10.4] . Ein Grund für dieses Verhalten ist, daß die einfache Test-Differentialgleichung (10.28) zur Untersuchung von Integrationsalgorithmen bei Anwendung auf steife Differentialgleichungen nicht ausreicht. Ein anderer Grund besteht darin, daß bei einer Vergrößerung der Schrittweite zur Anpassung an eine Zeitkonstante Restanteile der Komponenten mit kleineren Zeitkonstanten nicht schnell genug weggedämpft werden.

Aufgrund dieser Beobachtungen wurden andere Test-Differentialgleichungen definiert (die hier nicht näher behandelt werden), neue Stabilitätsbegriffe eingeführt, sowie die Zusatzforderungen aufgestellt, daß

1. in (10.33) $P(z) \to 0$ für $\sigma \to \infty$, damit das Verfahren auch bei großen Schrittweiten stabil bleibt,

2. eine schnelle Fehlerdämpfung für $\sigma \to \infty$ erreicht wird.

Zur Erläuterung der letzten Forderung werde das Verhältnis zweier aufeinanderfolgender Werte x_{m+1} und x_m für $h \to \infty$ beim Trapez-Verfahren und dem impliziten Euler-Algorithmus betrachtet.

$$\text{Trapez-Regel:} \quad \lim_{h \to \infty} \left| \frac{x_{m+1}}{x_m} \right| = \lim_{\sigma \to \infty} \left| \frac{1 - \sigma/2}{1 + \sigma/2} \right| = 1 \;, \quad (10.53)$$

$$\text{Impl. Euler:} \quad \lim_{h \to \infty} \left| \frac{x_{m+1}}{x_m} \right| = \lim_{\sigma \to \infty} \left| \frac{1}{1 + \sigma} \right| = 0 \;. \quad (10.54)$$

Offenbar hat das implizite Euler-Verfahren im Gegensatz zur Trapez-Regel die gewünschte Eigenschaft, einen Schrittfehler auch bei sehr großen Schrittweiten noch zu dämpfen. Dieses unterschiedliche Verhalten ist darauf zurückzuführen, daß bei der Trapez-Regel im charakteristischen Polynom ein Term auftritt, der zur Ableitung $\dot{x}_m$ gehört. Infolgedessen wurde von GEAR [10.5] ein Ansatz für eine Klasse von Integrationsverfahren - die sogenannten Gear-Verfahren - gemacht, bei denen die Koeffizienten $b_0, \ldots, b_p$ verschwinden:

$$x_{m+1} = \sum_{i=0}^{p} a_i x_{m-i} + h b_{-1} \dot{x}_{m+1} \quad , \quad p = k-1 \quad . \tag{10.55}$$

Für ein Verfahren der Konsistenzordnung k ist die Summationsgrenze $p = k - 1$. Das charakteristische Polynom ergibt sich nach (10.33) zu

$$P(z) = \sigma b_{-1} z^{p+1} - \sum_{i=-1}^{p} a_i z^{p-i} = 0 \quad \text{mit } a_{-1} = -1, \tag{10.56}$$

wobei ein Summand z^{p+1} in den Summenterm hineingenommen wurde. Für $\sigma \to \infty$ dominiert der erste Term in (10.56) bei weitem, so daß in diesem Bereich das Verhalten von P(z) durch

$$P(z)\Big|_{\sigma \to \infty} \approx \sigma b_{-1} z^{p+1} = 0 \tag{10.57}$$

beschrieben wird. Das Polynom P(z) kann jedoch nur verschwinden, wenn es eine (mehrfache) Wurzel z=0 gibt. Da diese Wurzel innerhalb des Einheitskreises liegt, erfüllen die Gear-Verfahren auch die Forderung nach Stabilität bei großen Schrittweiten.

Die Koeffizienten der Gear-Verfahren (10.55) können mit (10.14) und (10.16) bestimmt werden, wie in Abschn. 10.2 schon gezeigt wurde. Es werden für das Verfahren der Konsistenzordnung k die in Tab. 10.1 aufgeführten Koeffizienten erhalten. Es zeigt sich, daß das Gear-Verfahren erster Ordnung mit dem impliziten Euler-Algorithmus identisch ist.

Tabelle 10.1. Koeffizienten der Gear-Verfahren
k-ter Ordnung

k	b_{-1}	a_0	a_1	a_2	a_3	a_4	a_5
1	1	1					
2	$\frac{2}{3}$	$\frac{4}{3}$	$\frac{1}{3}$				
3	$\frac{6}{11}$	$\frac{18}{11}$	$-\frac{9}{11}$	$\frac{2}{11}$			
4	$\frac{12}{25}$	$\frac{48}{25}$	$-\frac{36}{25}$	$-\frac{16}{25}$	$-\frac{3}{25}$		
5	$\frac{60}{137}$	$\frac{300}{137}$	$-\frac{300}{137}$	$\frac{200}{137}$	$-\frac{75}{137}$	$\frac{12}{137}$	
6	$\frac{60}{147}$	$\frac{360}{147}$	$-\frac{450}{147}$	$\frac{400}{147}$	$-\frac{225}{147}$	$\frac{72}{147}$	$-\frac{10}{147}$

Die Stabilitätsbereiche der Gear-Verfahren können durch Auswerten von (10.51) bestimmt werden. Die Ergebnisse sind in Bild 10.4 für die Verfahren bis sechster Ordnung abgebildet. Verfahren höherer Ordnung sind instabil. Die Stabilitätsbereiche der Gear-Verfahren können grob durch die in Bild 10.5 skizzierten Bereiche angenähert werden, wobei sich für jede Konsistenzordnung andere Werte für die Größen α, β und δ ergeben. Im Bereich $-\beta < \mathrm{Re}\{\sigma\} > \alpha$ ist der Algorithmus aufgrund der kleinen Schrittweite genau und innerhalb des Bereichs $\mathrm{Im}\{\lambda h\} < |\delta|$ stabil. Im Bereich $\mathrm{Re}\{\lambda h\} > \alpha$ überlagern die langsamen Transienten die stark abklingenden hochfrequenten Transienten. Letztere werden bei einer den langsamen Transienten angepaßten Schrittweite zwar nicht genau berechnet, der Fehler ist aber klein, da die hochfrequenten Komponenten nach wenigen Schritten abgeklungen sind. Verfahren mit einem solchen Stabilitätsbereich heißen steifstabil. Der prinzipielle Unterschied zu den A-stabilen Verfahren besteht darin, daß absolute Stabilität erst für einen Bereich mit $\mathrm{Re}\{\sigma\} > \alpha$ besteht, sowie für $\mathrm{Re}\{\sigma\} < \alpha$ in einem eingeschränkten Bereich, der aber stets den Ursprung enthält. Für die Gear-Verfahren erster und zweiter Ordnung gilt

$\alpha = 0$; wegen des großen Stabilitätsbereichs werden deshalb diese
Verfahren in der Praxis bevorzugt verwendet [8.8] .

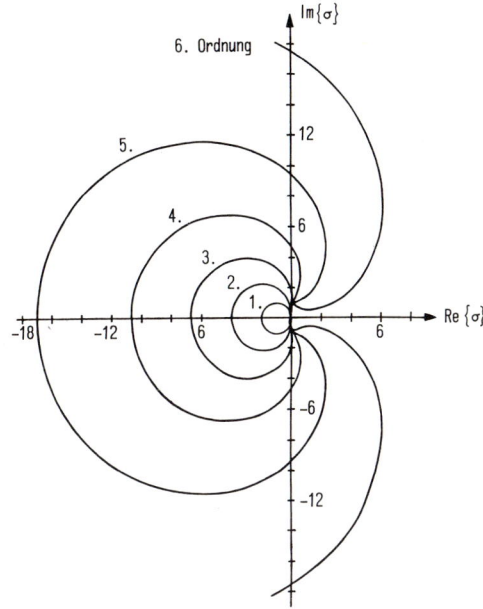

Bild 10.4. Stabilitätsbereiche
der Gear-Verfahren

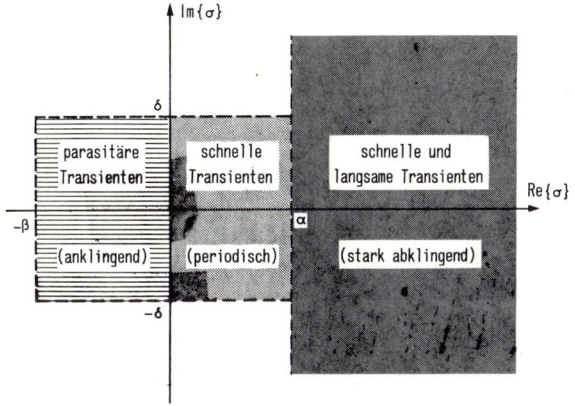

Bild 10.5. Näherungsweiser Stabilitätsbereich steifstabiler
Integrationsverfahren

10.4.2 Anwendung der Gear-Verfahren für Korrektor-Iterationen

Da die Gear-Verfahren implizite Verfahren sind, bietet sich eine Implementierung als Prediktor-Korrektor-Verfahren an, wobei die impliziten Korrektoriterationen mit dem Newton-Verfahren gelöst werden. Der Gear-Korrektor k-ter Ordnung zur Lösung von (9.4) wird dazu in der Vektorform

$$\underline{x}_{m+1} - h\,b_{-1}\,\underline{\dot{x}}_{m+1} - \sum_{i=0}^{k-1}(a_i\,\underline{x}_{m-i}) = \underline{0} \tag{10.58}$$

geschrieben, und in (8.19) eingesetzt:

$$\underline{x}_{m+1}^{(j+1)} = \underline{x}_{m+1}^{(j)} - (\underline{\hat{J}}_{m+1}^{(j)})^{-1}\Big[\underline{x}_{m+1}^{(j)} - h\,b_{-1}\,\underline{\dot{x}}_{m+1}^{(j)} - \sum_{i=0}^{k-1}(a_i\,\underline{x}_{m-i})\Big] \tag{10.59}$$

mit den Abkürzungen

$$\underline{\hat{J}}_{m+1}^{(j)} = \underline{E} - h\,b_{-1}\,\underline{J}_{m+1}^{(j)} \quad , \tag{10.60}$$

$$\underline{J}_{m+1}^{(j)} = \frac{\partial \underline{f}(\underline{x},t)}{\partial \underline{x}}\Bigg|_{\underline{x}_{m+1}^{(j)},\,t_{m+1}} \quad , \tag{10.61}$$

$$\underline{\dot{x}}_{m+1}^{(j)} = \underline{f}(\underline{x}_{m+1}^{(j)}, t_{m+1}) \quad . \tag{10.62}$$

Zur Vereinfachung der Schreibweise kann die Differenz zweier aufeinanderfolgender Iterationen gebildet werden. Man erhält die Beziehungen [10.2] :

$$\underline{x}_{m+1}^{(j+1)} = \underline{x}_{m+1}^{(j)} + b_{-1}\,(\underline{\hat{J}}_{m+1}^{(j)})^{-1}(h\,\underline{\dot{x}}_{m+1}^{(j)} - \underline{d}_{m+1}^{(j)}) \tag{10.63}$$

mit dem Differenzvektor

$$\underline{d}_{m+1}^{(j)} = h\,\underline{\dot{x}}_{m+1}^{(j-1)} + h\,\underline{J}_{m+1}^{(j-1)}(\underline{x}_{m+1}^{(j)} - \underline{x}_{m+1}^{(j-1)}) \quad , \tag{10.64}$$

der sich selbst wieder rekursiv durch

$$\underline{d}_{m+1}^{(j+1)} = \underline{d}_{m+1}^{(j)} + (\underline{\hat{J}}_{m+1}^{(j)})^{-1}(h\,\underline{x}_{m+1}^{(j)} - \underline{d}_{m+1}^{(j)}) \tag{10.65}$$

bestimmen läßt. Dieses Ergebnis kann zusammen mit einer Prediktorformel, die durch eine Prediktionsmatrix $\underline{W}$ gekennzeichnet ist, in Matrizenschreibweise notiert werden. In einer ähnlichen "kanonischen Form" können alle Prediktor-Korrektor-Verfahren dargestellt werden:

$$\underline{w}_{m+1}^{(0)} = \underline{W}\,\underline{w}_m \qquad\qquad\qquad \text{(Prediktor)} \tag{10.66}$$

$$\underline{w}_{m+1}^{(j+1)} = \underline{w}_{m+1}^{(j)} + F(\underline{w}_{m+1}^{(j)})\,\underline{c} \;,\; j=0,1,2,\ldots \text{(Korrektor)} \tag{10.67}$$

mit den (nur für die Gear-Verfahren gültigen) Vektoren

$$\underline{w}_m = \left[x_m \;;\; x_{m-1} \;;\; \cdots \;;\; x_{m-k+1} \;;\; h\,\dot{x}_m\right]' \;, \tag{10.68}$$

$$\underline{w}_{m+1}^{(\nu)} = \left[x_{m+1}^{(\nu)} \;;\; x_m \;;\; \cdots \;;\; x_{m-k+2} \;;\; d_{m+1}^{(\nu)}\right]' \;, \tag{10.69}$$

$$\underline{c} = \left[b_{-1} \;;\; 0 \;;\; \cdots \;;\; 0 \;;\; 1\right]' \;. \tag{10.70}$$

und der Skalarfunktion $F(\underline{w}_{m+1}^{(j)})$ als entsprechende Komponente der Funktion

$$F(\underline{w}_{m+1}^{(j)}) = (\underline{\hat{J}}_{m+1}^{(j)})^{-1}(h\,\dot{x}_{m+1}^{(j)} - \underline{d}_{m+1}^{(j)}) \;. \tag{10.71}$$

Für jede Komponente des Vektors $\underline{x}$ der Unbekannten wird eine eigene kanonische Darstellung benötigt.

Soll zu einem Zeitpunkt t_m die Schrittweite bei einem Mehrschrittverfahren geändert werden, dann können die Funktionswerte und die Ableitungen an den vorhergehenden Zeitpunkten nicht mehr verwendet werden, da sie ja im Abstand der alten Schrittweite berechnet wurden. Entweder muß eine neue Anlaufrechnung, beginnend mit t_m, mit einem Einschrittverfahren vorgenommen werden, oder die vorliegenden Werte müssen durch Interpolation entsprechend der neuen Schrittweite umgerechnet werden. Dies bedeutet aber einen beträchtlichen Rechenaufwand.

Wie NORDSIECK gezeigt hat, kann man sich diesen Aufwand jedoch sparen, wenn die berechnete Funktion durch den sogenannten Nordsieck-Vektor $\underline{z}_m$ mit den unabhängigen Werten

$$\underline{z}_m = \left[x_m \; ; \; h\dot{x}_m \; ; \; h^2\ddot{x}_m/(2!) \; ; \; \dots \; ; \; h^k x_m^{(k)}/(k!) \right]' \qquad (10.72)$$

beschrieben wird, da sich alle Werte nur auf den letzten Zeitpunkt t_m beziehen. Da sich jedes Polynom k-ter Ordnung durch k+1 unabhängige Werte beschreiben läßt, ist diese Beschreibung äquivalent zur Beschreibung durch $\underline{w}_m$. Infolgedessen muß es eine nichtsinguläre Transformationsmatrix $\underline{T}$ geben, so daß gilt

$$\underline{z}_m = \underline{T} \; \underline{w}_m \; . \qquad (10.73)$$

Beispiel 10.7

Für das Polynom 3. Ordnung

$$x(t) = \alpha_0 + \alpha_1 t + \alpha_2 t^2 + \alpha_3 t^3$$

soll die Transformationsmatrix $\underline{T}$ für die Transformation (10.73) und Anwendung des Gear-Verfahrens aufgestellt werden. Es gilt:

$$\dot{x}(t) = \alpha_1 + 2\alpha_2 t + 3\alpha_3 t^2 \; ,$$

$$\ddot{x}(t) = 2\alpha_2 + 6\alpha_3 t \; ,$$

$$\dddot{x}(t) = 6\alpha_3 \; .$$

Wird für $t_m = 0$ gewählt, dann ist $t_{m-1} = -h$, $t_{m-2} = -2h$ und

$$x_m = \alpha_0 \; ; \; \dot{x}_m = \alpha_1 \; ; \; \ddot{x}_m = 2\alpha_2 \; ; \; \dddot{x}_m = 6\alpha_3 \; ;$$

$$x_{m-1} = \alpha_0 - \alpha_1 h + \alpha_2 h^2 - \alpha_3 h^3 \; ;$$

$$x_{m-2} = \alpha_0 - 2\alpha_1 h + 4\alpha_2 h^2 - 8\alpha_3 h^3 \; .$$

Aus diesen Gleichungen können die Koeffizienten α_2 und α_3 als Funktion der Größen x_m, x_{m-1}, x_{m-2}, $\dot{x}_m$ berechnet werden:

$$\alpha_2 = \frac{1}{h^2} \left(-\frac{7}{4} x_m + 2x_{m-1} - \frac{1}{4} x_{m-2} + \frac{3h}{2} \dot{x}_m \right) \, ,$$

$$\alpha_3 = \frac{1}{h^3} \left(-\frac{3}{4} x_m + x_{m-1} - \frac{1}{4} x_{m-2} + \frac{h}{2} \dot{x}_m \right) \, .$$

Damit kann (10.73) aufgestellt werden:

$$
\begin{bmatrix} x_m \\[1mm] h\dot{x}_m \\[1mm] \dfrac{h^2}{2}\ddot{x}_m \\[2mm] \dfrac{h^3}{6}\dddot{x}_m \end{bmatrix}
=
\begin{bmatrix}
1 & 0 & 0 & 0 \\
0 & 0 & 0 & 1 \\
-\frac{7}{4} & 2 & -\frac{1}{4} & \frac{3}{2} \\
-\frac{3}{4} & 1 & -\frac{1}{4} & \frac{1}{2}
\end{bmatrix}
\begin{bmatrix} x_m \\ x_{m-1} \\ x_{m-2} \\ h\dot{x}_m \end{bmatrix} \; \cdot
$$

Gleichung (10.73) soll nun benutzt werden, um eine kanonische Darstellung herzuleiten, bei der die Iterationsvektoren $\underline{w}^{(\nu)}$ durch die Nordsieckvektoren $\underline{z}^{(\nu)}$ ersetzt werden:

$$\underline{z}_{m+1}^{(0)} = \underline{T}\,\underline{w}_{m+1}^{(0)} = (\underline{T}\,\underline{W}\,\underline{T}^{-1})\,\underline{T}\,\underline{w}_m = \underline{Z}\,\underline{z}_m \, , \qquad \text{(Prediktor)} \quad (10.74)$$

$$\underline{z}_{m+1}^{(j+1)} = \underline{T}\,\underline{w}_{m+1}^{(j+1)} =$$

$$= \underline{T}\,\underline{w}_{m+1}^{(j)} + F(\underline{w}_{m+1}^{(j)})\,\underline{T}\,\underline{c} =$$

$$= \underline{z}_{m+1}^{(j)} + F(\underline{w}_{m+1}^{(j)})\,\hat{\underline{c}} \, . \qquad \text{(Korrektor)} \quad (10.75)$$

Dies ist die (10.66-67) entsprechende Darstellung. Die Skalarfunktion F hat sich dabei nicht geändert, allerdings tritt der zu ihrer Berechnung nach (10.71) benötigte Differenzvektor $\underline{d}_{m+1}^{(j)}$ beim Iterationsprozeß (10.75) nicht mehr explizit auf. Da aber im Laufe des Iterationsprozesses $\underline{d}_{m+1}^{(j)}$ nach $h\dot{x}_{m+1}^{(j)}$ strebt, ist diese Größe - die ja durch die zweite Komponente des Nordsieck-Vektors erhalten wird - eine gute Abschätzung für den Differenzvektor, so daß (10.71) auch als

$$\underline{F}(\underline{w}_{m+1}^{(j)}) \approx (\hat{\underline{J}}_{m+1}^{(j)})^{-1}(h\,\underline{f}(\underline{x}_{m+1}^{(j)}, t_{m+1}) - h\dot{x}_{m+1}^{(j)}) = \underline{F}(\underline{z}_{m+1}^{(j)})$$

$$(10.76)$$

geschrieben werden kann. Die Komponenten des Vektors $\hat{\underline{c}}$ können unter Verwendung von (10.70), den Koeffizienten b_{-1} aus Tabelle 10.1 und den Transformationsmatrizen für die jeweilige Konsistenzordnung berechnet werden.

Beispiel 10.8

Für das Gear-Verfahren dritter Ordnung ist der Koeffizient $b_{-1} = 6/11$ nach Tabelle 10.1, so daß mit (10.70)

$$\underline{c} = \begin{bmatrix} 6/11 \, ; \, 0 \, ; \, 0 \, ; \, 1 \end{bmatrix}' \quad .$$

Durch Multiplikation mit der in Beispiel 10.7 aufgestellten Transformationsmatrix erhält man

$$\hat{\underline{c}} = \underline{T}\,\underline{c} = \begin{bmatrix} 1 & 0 & 0 & 1 \\ 0 & 0 & 0 & 1 \\ -\dfrac{7}{4} & 2 & -\dfrac{1}{4} & \dfrac{3}{2} \\ -\dfrac{3}{4} & 1 & -\dfrac{1}{4} & \dfrac{1}{2} \end{bmatrix} \begin{bmatrix} 6/11 \\ 0 \\ 0 \\ 1 \end{bmatrix} = \begin{bmatrix} 6/11 \\ 1 \\ 6/11 \\ 1/11 \end{bmatrix} \quad .$$

Durch analoge Berechnung erhält man für die übrigen Gear-Verfahren die entsprechenden Vektoren $\hat{\underline{c}}$ nach Tabelle 10.2 [10.2] .

Durch (10.75-76), (10.60-62) und Tabelle 10.2 ist die Korrektorformel für das Gear-Verfahren vollständig gegeben.

In der Prediktorformel (10.74) beschreibt die erste Zeile die Größe x_{m+1} in Abhängigkeit von x_m, $\dot{x}_m$, $\ddot{x}_m$, $\ldots$, $x_m^{(k)}$. Dieser Zusammenhang kann durch eine Taylorreihen-Entwicklung ausgedrückt werden. Sie liefert die erste Zeile von (10.74); alle Einträge in der ersten Zeile von $\underline{Z}$ ergeben sich dabei zu Eins. Die zweite Zeile von (10.74) beschreibt die Größe $\dot{x}_{m+1}$; diese Zeile kann durch Ableiten der ersten Zeile aufgestellt werden. Bei den nächsten Zeilen wird analog verfahren. Durch diese Vorgehensweise läßt sich die Prediktionsmatrix $\underline{Z}$ konstruieren. Sie nimmt die Form einer Pascalschen Dreiecksmatrix an, die für eine Auswertung auf dem Rechner sehr gut geeignet ist.

Tabelle 10.2. Vektor $\underline{\hat{c}}$ für die Gear-Verfahren

k	$\underline{\hat{c}}$
1	$(1 ; 1)'$
2	$\frac{1}{3} (2 ; 3 ; 1)'$
3	$\frac{1}{11} (6 ; 11 ; 6 ; 1)'$
4	$\frac{1}{50} (24 ; 50 ; 35 ; 10 ; 1)'$
5	$\frac{1}{274} (120 ; 274 ; 225 ; 85 ; 15 ; 1)'$
6	$\frac{1}{1764} (720 ; 1764 ; 1624 ; 735 ; 175 ; 21 ; 1)'$

Gleichung (10.74) lautet also ausführlich

$$
\begin{bmatrix}
x_{m+1}^{(0)} \\
h\dot{x}_{m+1}^{(0)} \\
\frac{h^2}{2}\ddot{x}_{m+1}^{(0)} \\
\vdots \\
\frac{h^k}{k!}x_{m+1}^{(k),(0)}
\end{bmatrix}
=
\begin{bmatrix}
1 & 1 & 1 & 1 & 1 & \cdots & 1 \\
0 & 1 & 2 & 3 & 4 & \cdots & k \\
0 & 0 & 1 & 3 & 6 & \cdots & \frac{k(k-1)}{2!} \\
 & & \vdots & \vdots & \vdots & & \vdots \\
0 & 0 & 0 & 0 & 0 & \cdots & 1
\end{bmatrix}
\begin{bmatrix}
x_m \\
h\dot{x}_m \\
\frac{h^2}{2}\ddot{x}_m \\
\vdots \\
\frac{h^k}{k!}x_m^{(k)}
\end{bmatrix} \cdot
$$

$$(10.77)$$

Damit ist der Gear-Algorithmus in Prediktor-Korrektor-Form
vollständig beschrieben. Der zeitliche Ablauf bei der Anwendung
dieses Algorithmus kann dem Struktogramm Bild 10.6 entnommen
werden.

248

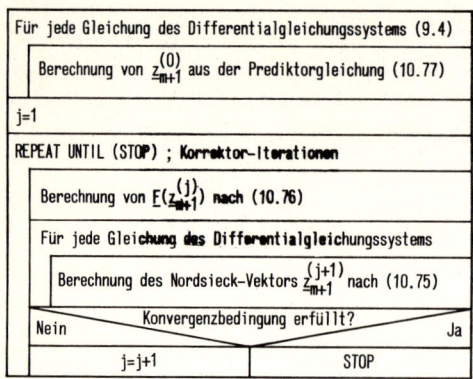

Bild 10.6. Struktogramm: Gear-Algorithmus als Prediktor-
           Korrektor-Verfahren

10.5 Steuerung von Schrittweite und Konsistenzordnung

Bei Änderung der Integrationsschrittweite von h auf $\bar{h} = \mu h$ wird
anstelle des Nordsieck-Vektors $\underline{z}_m$ (10.72) ein neuer Vektor

$$\underline{\bar{z}}_m = \left[x_m \; ; \; \bar{h}\dot{x}_m \; ; \; \bar{h}^2\ddot{x}_m/(2!) \; ; \ldots ; \; \bar{h}^k x_m^{(k)}/(k!) \right]' \qquad (10.78)$$

benötigt. Da alle Informationen des Nordsieck-Vektors auf den
aktuellen Zeitpunkt bezogen sind, braucht keine Interpolation
von Werten vorgenommen werden, sondern $\underline{\bar{z}}_m$ kann durch die einfache Transformation

$$\underline{\bar{z}}_m = \text{diag}(1 \; ; \; \mu \; ; \; \mu^2 \; ; \; \mu^3 \; ; \ldots ; \; \mu^k) \, \underline{z}_m \qquad (10.79)$$

ermittelt werden. Soll während der Integration die Verfahrensordnung geändert werden, dann muß bei einer Erhöhung der Konsistenzordnung der Nordsieck-Vektor um weitere Komponenten der
Form $h^{k+1} x_m^{(k+1)}/(k+1)!$, $h^{k+2} x_m^{(k+2)}/(k+2)!, \ldots$ ergänzt werden.
Das Problem dabei ist, daß diese Komponenten nicht bekannt sind.
Sie können jedoch näherungsweise durch Differentialquotienten
abgeschätzt werden:

$$\frac{h^{k+1} x_m^{(k+1)}}{(k+1)!} \approx \frac{h^{k+1}}{k!(k+1)} \frac{x_m^{(k)} - x_{m-1}^{(k)}}{h} =$$

$$= (\frac{h^k}{k!} x_m^{(k)} - \frac{h^k}{k!} x_{m-1}^{(k)})/(k+1) \quad , \qquad (10.80)$$

$$\frac{h^{k+2} x_m^{(k+2)}}{(k+2)!} \approx \frac{h^{k+1}}{(k+2)!} (x_m^{(k+1)} - x_{m-1}^{(k+1)}) =$$

$$= \frac{h^k}{(k+2)!} \left[(x_m^{(k)} - x_{m-1}^{(k)}) - (x_{m-1}^{(k)} - x_{m-2}^{(k)}) \right] =$$

$$= \left[\frac{h^k x_m^{(k)}}{k!} - \frac{2h^k x_{m-1}^{(k)}}{k!} + \frac{h^k x_{m-2}^{(k)}}{k!} \right] / \left[(k+1)(k+2) \right] \quad ,$$

und so fort. $\qquad\qquad\qquad\qquad\qquad\qquad\qquad$ (10.81)

Die zusätzlichen Komponenten des Nordsieck-Vektors können also
aus den vorher berechneten Nordsieck-Vektoren abgeleitet werden.
Dies bedeutet, daß bei der Rechnung diese Vektoren für so viele
zurückliegende Zeitpunkte gespeichert werden müssen, daß jederzeit zur höchsten zulässigen Konsistenzordnung übergegangen
werden kann.

Werden nicht die Nordsieck-Vektoren verwendet, dann kann
bei einem Mehrschritt-Verfahren die notwendige Interpolation
der berechneten Werte zur Anpassung an die neue Schrittweite
so erfolgen, daß die Koeffizienten der Integrationsformel geändert werden. Die Koeffizienten werden dazu so bestimmt, daß
der lokale Diskretisierungsfehler für ein Polynom k-ter Ordnung verschwindet.

Beispiel 10.9

Die Koeffizienten für das Gear-Verfahren zweiter Ordnung sollen
für variable Schrittweiten bestimmt werden [7.22] .

Mit $h_{m+1} = t_{m+1} - t_m$ und $h_m = t_m - t_{m-1}$ lautet das Verfahren
nach (10.55):

$$x_{m+1} = a_0 x_m + a_1 x_{m-1} + h_{m+1} b_{-1} \dot{x}_{m+1} \; .$$

Zur Koeffizientenbestimmung werde das Polynom zweiter Ordnung

$$x(t) = \alpha_0 + \alpha_1 t + \alpha_2 t^2$$

angesetzt. Nun wird $t_{m-1} = 0$ gesetzt, so daß $t_m = h_m$; $t_{m+1} = h_{m+1} + h_m$. Durch Ableiten erhält man

$$\dot{x}(t) = \alpha_1 + 2\alpha_2 t ,$$

durch Einsetzen von t_{m-1}, t_m und t_{m+1} findet man die Beziehungen

$$x_{m-1} = \alpha_0 ,$$

$$x_m = \alpha_0 + \alpha_1 h_m + \alpha_2 h_m^2 ,$$

$$x_{m+1} = \alpha_0 + \alpha_1 (h_{m+1} + h_m) + \alpha_2 (h_{m+1} + h_m)^2 ,$$

$$\dot{x}_{m+1} = \alpha_1 + 2\alpha_2 (h_{m+1} + h_m) .$$

Durch Einsetzen in die Integrationsformel, Sortieren nach Koeffizienten von α_0, α_1, α_2 und Auflösen dieser Terme nach a_0, a_1, b_{-1} erhält man für diese Koeffizienten die Ausdrücke

$$a_0 = \frac{(h_{m+1} + h_m)^2}{h_m(2h_{m+1} + h_m)} ,$$

$$a_1 = \frac{-h_{m+1}^2}{h_m(2h_{m+1} + h_m)} ,$$

$$b_{-1} = \frac{h_{m+1} + h_m}{2h_{m+1} + h_m} .$$

Wird zur Kontrolle $h_{m+1} = h_m = h$ gesetzt, dann erhält man genau die Koeffizienten, die in Tab. 10.1 für das Gear-Verfahren zweiter Ordnung angegeben sind.

Zur Steuerung von Schrittweite und Verfahrensordnung wird
meist vom maximal zulässigen Gesamtfehler ε_{ges} ausgegangen,
der vom Anwender für das gesamte Zeitintervall T, in dem die
Lösung gesucht ist, vorgegeben wird. Der Fehler pro Zeitschritt
$h \cdot \varepsilon_{ges}/T$ ist deshalb (abgesehen vom Rundungsfehler) gleich
dem lokalen Diskretisierungsfehler, der durch (10.21) gegeben
ist. Daraus kann der Fehler pro Zeiteinheit, ε_{max}, abgeleitet
werden:

$$\varepsilon_{max} = \frac{\varepsilon_{ges}}{T} = \left| c_{k+1}\, x^{(k+1)}(\tau) \right| h^k, \quad \tau \in \left[t_m,\ t_{m+1} \right] .$$

$$(10.82)$$

Nachdem c_{k+1} mit (10.22) für das verwendete Verfahren bestimmt
wurde, kann für die verschiedenen Konsistenzordnungen der Zusammenhang zwischen dem Fehler ε_{max} und der Schrittweite h
zeichnerisch dargestellt werden (Bild 10.7). Man erkennt, daß
für einen vorgegebenen Schrittfehler e_S eine maximale Schrittweite h_{max} gewählt werden kann, wobei dieser Schrittweite eine
optimale Konsistenzordnung zugeordnet ist. Da die Lage der
Schnittpunkte der einzelnen Kurven jedoch auch von der Ableitung $x^{(k+1)}(\tau)$ abhängen, ergibt sich beim Fortgang der Rechnung eine häufige Änderung der maximalen Schrittweite und der
optimalen Verfahrensordnung.

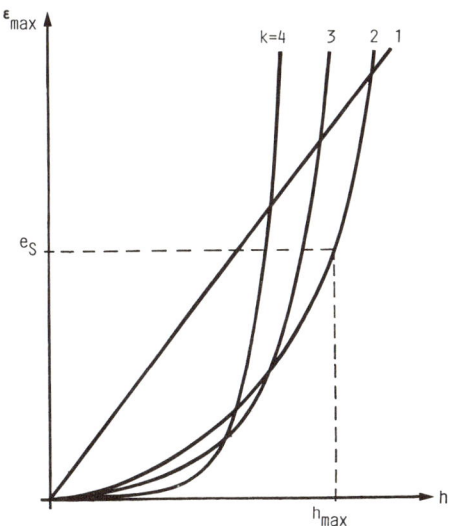

Bild 10.7.
Zusammenhang zwischen
Schrittfehler, Schrittweite
und Konsistenzordnung

Es soll nun die mögliche Änderung der Schrittweite berechnet werden, wenn eine aktuelle Konsistenzordnung k um eins erhöht oder erniedrigt wird. Dazu werden in (10.21) zur Beschreibung des lokalen Diskretisierungsfehlers $\varepsilon(k)$ für ein Verfahren der Ordnung k die Ableitungen $x^{(k+1)}$ durch (10.80) bzw. (10.81) bestimmt. Wird außerdem die Schrittweite h durch die neue Schrittweite $\bar{h}$ mit $h = \bar{h}/\mu$ ausgedrückt, dann erhält man die Beziehungen

$$\varepsilon_{m+1}(k) = c_{k+1} x_m^{(k+1)}(\tau) h^{k+1} \approx c_{k+1}(k!) \mu^{k+1} \nabla_m^1 \qquad (10.83)$$

$$\varepsilon_{m+1}(k+1) = c_{k+2} x_m^{(k+2)}(\tau) h^{k+2} \approx c_{k+2}(k!) \mu^{k+2} \nabla_m^2 \qquad (10.84)$$

$$\varepsilon_{m+1}(k-1) = c_{k-1} x_m^{(k)}(\tau) h^{k} \approx c_{k}(k!) \mu^{k} \nabla_m^0 \qquad (10.85)$$

mit den Rückwärtsdifferenzen

$$\nabla_m^0 = (z_m)_{k+1} \quad , \qquad (10.86)$$

$$\nabla_m^1 = (z_m)_{k+1} - (z_{m-1})_{k+1} \quad , \qquad (10.87)$$

$$\nabla_m^2 = \nabla_m^1 - \nabla_{m-1}^1 = (z_m)_{k+1} - 2(z_{m-1})_{k+1} + (z_{m-2})_{k+1} \quad , \qquad (10.88)$$

wobei $(z_m)_\nu$ die ν-te Komponente des Vektors $\underline{z}_m$ bedeutet. Nun werden im allgemeinen keine einzelnen Gleichungen, sondern Differentialgleichungssysteme betrachtet; deshalb werden in (10.83-85) zweckmäßigerweise die Normen der Rückwärtsdifferenzen eingesetzt

$$\left\| \nabla_m^\nu \right\| = \left[\sum_i (\nabla_m^\nu)_i^2 \right]^{1/2} \quad , \qquad (10.89)$$

wobei über alle Komponenten i summiert wird. Damit erhält man für das maximale Verhältnis der Schrittweitenänderung aus (10.83-85)

$$\mu = \begin{cases} (e_{max}/(c_{k+1}(k!)\,\|\,\nabla_m^1\|\,))^{1/(k+1)}/1,2 \;,\; \text{Ordnung } k, \\ \hspace{10cm} (10.90) \\ (e_{max}/(c_{k-1}(k!)\,\|\,\nabla_m^0\|\,))^{1/k}/1,3\;, \hspace{1.3cm} \text{Ordnung } k-1, \\ \hspace{10cm} (10.91) \\ (e_{max}/(c_{k+2}(k!)\,\|\,\nabla_m^2\|\,))^{1/(k+2)}/1,4\;,\; \text{Ordnung } k+1, \\ \hspace{10cm} (10.92) \end{cases}$$

wobei $e_{max} = h\,e_S$ den maximal zulässigen lokalen Diskretisierungsfehler bedeutet. Die Gewichtung von 1,2 bis 1,4 wurde in [10.5] vorgeschlagen, um die aktuelle Ordnung bevorzugt beizubehalten. Die Ordnung wird erst dann erhöht, wenn die neue Schrittweite wesentlich größer wird. Zur Steuerung der Integration brauchen nur (10.90-92) ausgewertet werden. Der größte erhaltene Wert bestimmt das Schrittweitenverhältnis μ und die dafür zu wählende Konsistenzordnung.

Um den Rechenaufwand zu reduzieren, der durch einen häufigen Wechsel der Schrittweite und Konsistenzordnung verursacht wird, kann folgende bewährte Strategie angewandt werden [7.22]: Die Konsistenzordnung wird erst dann geändert, wenn eine feste (vom Anwender vorgegebene) Anzahl von Schritten mit der aktuellen Verfahrensordnung durchgeführt wurde, und auch erst dann, wenn die Schrittweite bei der neuen Konsistenzordnung um mehr als ein (vom Anwender vorgegebener) Faktor μ_1 größer als die alte Schrittweite ist. Bei einer Schrittweitenreduzierung wird die neue Schrittweite gleich um einen Faktor μ_2 kleiner gewählt als die alte Schrittweite, um eine wiederholte Schrittweitenreduzierung bei aufeinanderfolgenden Integrationsschritten zu vermeiden. Ein häufiger Schrittweitenwechsel ist auch deshalb zu vermeiden, da dadurch die Gear-Verfahren unstabil werden können [10.6]. Der in Abschn. 10.4.1 gefundene Stabilitätsbereich wurde unter der Voraussetzung einer konstanten Schrittweite h hergeleitet!

Ein anderes Verfahren zur Schrittweitensteuerung nimmt die Anzahl der bei der Korrektoriteration benötigten Newton-Iterationen als Maß für eine Schrittweitenänderung (iteration count) [2.5]. Übersteigt die Anzahl der Iterationen eine obere Schranke, dann wird angenommen, daß der Anfangswert (das Ergebnis des vorhergehenden Zeitschritts) nicht nahe genug an der

Lösung des aktuellen Zeitschritts lag; die Schrittweite muß
also reduziert werden. Unterschreitet die Anzahl der Iterationen eine untere Schranke, dann kann die Schrittweite beim
nächsten Schritt vergrößert werden. Die beiden Schranken sollten
so festgelegt werden, daß die Gesamtrechenzeit minimiert wird.
Dieses Verfahren ist beträchtlich einfacher als das Verfahren
mittels Auswertung von (10.90-92) und eignet sich besonders bei
der Anwendung von Integrationsverfahren fester Ordnung. Leider
hat sich gezeigt, daß dieses Verfahren bei Bipolarschaltungen
unzuverlässig ist [2.5] ; dagegen wurde es bei MOS-Schaltungen
mit gutem Erfolg angewendet [8.16].

10.6 Integration von Algebro-Differentialgleichungen

Zur Anwendung des Gear-Verfahrens auf ein System von Algebro-
Differentialgleichungen (9.3), wie sie bei der Sparse-Tableau-
Formulierung auftreten, schreibt man (10.55) als

$$\dot{\underline{x}}_{m+1} = \frac{-1}{h\,b_{-1}} \sum_{i=0}^{k} a_i \underline{x}_{m+1-i} \qquad \text{mit } a_0 = -1 \,, \quad 1 \leq k \leq 6$$

$$(10.93)$$

und setzt diesen Ausdruck, der auch als "Backward Differentiation Formula (BDF)" bezeichnet wird, in (9.3) ein. Man erhält ein
algebraisches Gleichungssystem, das mit dem Newton-Algorithmus
gelöst wird. Die Koeffizienten (a_i/b_{-1}) werden wieder so bestimmt, daß ein Polynom k-ter Ordnung ohne lokalen Diskretisierungsfehler integriert werden kann. Bei einer Schrittweitenänderung ist eine Neuberechnung dieser Koeffizienten notwendig
(siehe Beispiel 10.9), wobei der benötigte Rechenaufwand proportional O(k) ist [10.6] . Um einen Anfangswert für die Newton-Iterationen zu finden, läßt sich durch die letzten k+1
Lösungspunkte ein Interpolationspolynom

$$\underline{x}_{m+1}^{P} = \sum_{i=1}^{k+1} \gamma_i \underline{x}_{m+1-i} \qquad\qquad (10.94)$$

legen und so ein Prediktionswert $\underline{x}_{m+1}^{(0)} = \underline{x}_{m+1}^{P}$ finden (Bild 10.8).
Die Koeffizienten γ_i werden wieder so bestimmt, daß (10.94) für
alle Polynome der Ordnung $\nu = 0,1,\ldots,k$ exakt erfüllt ist. Wird
als Polynom

$$x(t) = \left[\frac{t_{m+1} - t}{h}\right]^{\nu} \tag{10.95}$$

gewählt und $x_i = x(t_i)$ mit $i = m+1,m,\ldots,m+1-k$ gesetzt, dann
lassen sich die gesuchten Bestimmungsgleichungen in übersicht-
licher Form herleiten [2.4]. Diese Koeffizientenbestimmung muß
bei jedem Integrationsschritt neu durchgeführt werden, wenn
nicht stets mit konstanter Schrittweite gerechnet wird. Diese
Vorgehensweise ist also recht aufwendig. Es läßt sich jedoch
zeigen [10.6], daß die Koeffizienten (a_i/b_{-1}) und γ_i mit wenig
Aufwand aus den Koeffizienten der vorhergehenden Integrationsschritte berechnet werden können.

Die Schrittweite wird unter Verwendung des lokalen Diskretisierungsfehlers gesteuert, wobei

$$\varepsilon_{m+1}(k) = c_{m+1}\, h_{m+1}^{k+2} \approx \frac{h_{m+1}}{t_{m+1} - t_{m-k}} \left\| \underline{x}_{m+1} - \underline{x}_{m+1}^{P} \right\| . \tag{10.96}$$

Zur Reduzierung der Rundungsfehler hat es sich als vorteilhaft
erwiesen, das Verfahren so zu schreiben, daß die Rückwärtsdifferenzen $\Delta x_{m-i} = x_{m+1-i} - x_{m-i}$ auftreten [10.6]. Weitere

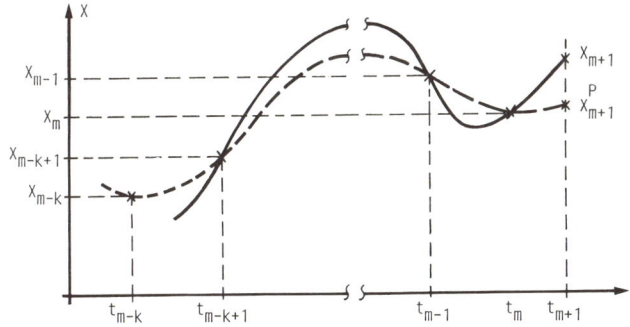

Bild 10.8. Bestimmung eines Prediktionswerts mit Hilfe eines
Interpolationspolynoms

Modifikationen des Verfahrens betreffen die Einführung von Rückwärtsdifferenzen höherer Ordnung zur Fehlerreduzierung und zur Minimierung der Anzahl der durchzuführenden Rechenoperationen [10.7-8]. Ein Vergleich des Gear-Verfahrens mit dem BDF-Verfahren zeigt, daß beide Verfahren für konstante Schrittweiten identisch sind; bei variabler Schrittweite zeigt jedoch das BDF-Verfahren eine bessere Stabilität [10.6].

10.7 Weitere Verfahren

Die Integration von steifen Differentialgleichungen mit Eigenwerten, die durch einen kleinen Realteil, aber einen größeren Imaginärteil gekennzeichnet sind, führt erfahrungsgemäß auf Schwierigkeiten. Typische Anwendungen sind beispielsweise Transientanalysen von Oszillatorschaltungen. Für solche Zwecke reicht die Genauigkeit von Verfahren niedriger Ordnung nicht aus: Sie zeigen entweder wie das implizite Euler-Verfahren eine starke Dämpfung, die rein numerisch verursacht wird, oder aber wie das Trapez-Verfahren (bei entsprechender Schrittweite) ein oszillierendes Verhalten. Der Stabilitätsbereich der Gear-Verfahren höherer Ordnung ist so eingeschränkt, daß die Eigenwerte der betrachteten Schaltungsklasse meist nicht mehr erfaßt werden; das Gear-Verfahren zweiter Ordnung hat zwar einen größeren Stabilitätsbereich, zeigt aber eine starke numerische Dämpfung [10.9]. Es ist bis jetzt kein Integrationsverfahren bekannt, das eine allgemeine Lösung dieser Probleme liefert.

Ein günstigeres Verhalten als die besprochenen Algorithmen zeigen jedoch folgende Klassen von Verfahren:

1. Verfahren, die höhere Ableitungen bei der Integration steifer Differentialgleichungen benutzen [10.10]. Sie sind nur für einen begrenzten Anwendungsbereich einsetzbar.

2. Gemischte Verfahren. Sie werden durch eine Kombination verschiedener Mehrschrittverfahren erhalten, zum Beispiel durch Kombination des BDF-Verfahrens mit dem Adams-Verfahren, wobei das jeweilige Verhältnis durch die Größe der Jacobimatrix bestimmt wird [10.11]. Diese Verfahren zeichnen sich durch einen erweiterten Stabilitätsbereich aus.

3. Kontraktive Verfahren. Diese Verfahren sind dem Trapez-Algorithmus ähnlich, haben aber eine höhere Genauigkeit bei schwacher numerischer Dämpfung. Sie haben die Form

$$a_0\, x_{m+1} + a_1\, x_m + a_2\, x_{m-1} - h_{m+1}(b_0\, \dot{x}_{m+1} + b_1\, \dot{x}_m + b_2\, \dot{x}_{m-1}) = 0$$

$$(10.97)$$

mit

$$a_0 = 1 - \kappa(1-\vartheta)/(1+\kappa)\,, \qquad b_0 = \frac{(2-\vartheta)(\vartheta\kappa+1)}{2(1+\kappa)}\,,$$

$$a_1 = -1 + \kappa(1-\vartheta)\,, \qquad b_1 = \frac{\vartheta}{2}(\vartheta\kappa - \kappa+1)\,, \qquad (10.98)$$

$$a_2 = -\kappa^2(1-\vartheta)/(1+\kappa)\,, \qquad b_2 = \frac{\kappa(1-\vartheta)(\vartheta\kappa+2)}{2(1+\kappa)}\,,$$

$$\kappa = h_{m+1}/h_m\,,$$

$$\vartheta = \frac{(3-\kappa)\eta + 2(1-\kappa)}{(1-\kappa)\eta + 2\kappa} \qquad \text{mit}\quad \eta \in [0,1]\quad.$$

Dabei wird η vorzugsweise im Bereich $[0,9\,;\,0,95]$ gewählt. Für $\eta = 1$ erhält man den Trapez-Algorithmus. Die Anwendung kontraktiver Verfahren auf schwach gedämpfte oszillierende Schaltungen hat gute Ergebnisse gezeigt [10.9,12-13].

10.8 Anwendung der Intergrationsverfahren auf die Netzwerkelemente

Die Anwendung der Integrationsverfahren vereinfacht sich, wenn sie nicht zur Lösung der Differentialgleichungen (9.3-4), sondern zur direkten Integration der Elementegleichungen eingesetzt werden. Dies ist insbesondere bei Verwendung von Einschrittverfahren zweckmäßig, da dann die Schrittweite geändert werden kann, ohne daß die gefundenen Beziehungen ungültig werden. Diese Beziehungen lassen sich wiederum in Form von Ersatzschaltbildern darstellen.

Beispiel 10.10

Es sollen die Ersatzschaltbilder für eine lineare Kapazität
bei Verwendung des impliziten Euler-Verfahrens, des Trapez-Ver-
fahrens und des Gear-Verfahrens zweiter Ordnung aufgestellt
werden.

Nach (3.4) wird die Gleichung der Kapazität durch

$$i(t_{m+1}) = C\,\dot{u}(t_{m+1}) \quad \text{oder} \quad i(t_m) = C\,\dot{u}(t_m)$$

beschrieben. Wird $i(t_\nu) = i_\nu$ und $\dot{u}(t_\nu) = \dot{u}_\nu$ gesetzt, dann
erhält man aus den vorherstehenden Gleichungen

$$\dot{u}_{m+1} = i_{m+1}/C \quad \text{und} \quad \dot{u}_m = i_m/C \quad.$$

Diese Ausdrücke können zur Elimination der Ableitungen in den
Integrationsformeln verwendet werden.

1. Impliziter Euler-Algorithmus: Eingesetzt in (10.5),
wobei nun x die Spannung bedeutet, ergibt sich nach Auflösung
nach dem Strom

$$i_{m+1} = \frac{C}{h}\,u_{m+1} - \frac{C}{h}\,u_m \quad.$$

Diese Gleichung kann in das diskrete resistive Ersatzschaltbild
10.9a für eine lineare Kapazität abgebildet werden.

2. Trapez-Regel: Mit (10.6) erhält man die Beziehung

$$i_{m+1} = \frac{2C}{h}\,u_{m+1} - \left(\frac{2C}{h}\,u_m + i_m\right) \quad.$$

Das zugehörige Ersatzschaltbild zeigt Bild 10.9b.

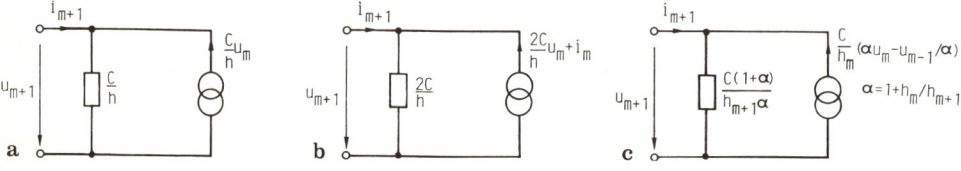

Bild 10.9. Diskretes Ersatzschaltbild einer linearen Kapazität bei: a) impliziter Euler-Integration, b) Trapez-
Integration, c) Gear-Integration 2. Ordnung

3. Gear-Verfahren zweiter Ordnung für variable Schrittweiten: Mit (10.55) für p = 2 und den in Beispiel 10.9 gefundenen Koeffizienten a_0, a_1, b_{-1} folgt nach Eliminieren der
Ableitung $\dot{u}_{m+1}$ die Gleichung

$$ i_{m+1} = \frac{C}{h_{m+1}} \frac{1+\alpha}{\alpha} u_{m+1} - \frac{C}{h_m} \left(\alpha u_m - \frac{u_{m-1}}{\alpha} \right) $$

$$ \text{mit } \alpha = 1 + \frac{h_m}{h_{m+1}} \quad , $$

die im Ersatzschaltbild 10.9c durch Netzwerkelemente nachgebildet wird.

Beispiel 10.11
Es ist das Ersatzschaltbild für eine lineare Induktivität bei
Trapez-Integration gesucht.

  Aus (3.6) kann analog zum vorhergehenden Beispiel für die
Induktivität

$$ \dot{i}_{m+1} = u_{m+1}/L \qquad \text{und} \qquad \dot{i}_m = u_m/L $$

angesetzt werden. Zusammen mit (10.6) folgt nach Elimination
der Ableitungen die Gleichung

$$ i_{m+1} = \frac{h}{2L} u_{m+1} + \left(\frac{h}{2L} u_m + i_m \right) \quad , $$

die dem diskreten resistiven Ersatzschaltbild 10.10 entspricht.

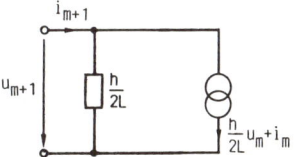

Bild 10.10. Diskretes Ersatzschaltbild einer linearen Indukti-
            vität bei Trapez-Integration

Die beiden Beispiele 10.10-11 zeigen, daß durch **Anwendung**
der Integrationsformeln auf die Elementegleichungen für lineare
dynamische Elemente Ersatzschaltungen abgeleitet werden können,
die aus einer Stromquelle mit linearem Innenwiderstand bestehen. Das bedeutet, daß durch die Verwendung dieser Ersatzschaltungen ein vorliegendes dynamisches Netzwerk sofort in ein
diskretisiertes lineares Netzwerk übergeführt werden kann. Die
Netzwerkgleichungen können dann für dieses Netzwerk mit einem
der in Kap. 5 behandelten Verfahren aufgestellt werden. Es
liegt nun die Frage nahe, ob bei nichtlinearen dynamischen Elementen ähnliche Ersatzschaltungen abgeleitet werden können.
Daß dies der Fall ist, soll anhand eines Beispiels gezeigt werden.

Beispiel 10.12
Auf die Elementegleichung (3.12) einer spannungsgesteuerten
Diffusionskapazität

$$C_d(u) = C_0 \exp[u/(nV_T)] \qquad \text{mit } C_0 = \frac{\tau I_S}{n V_T}$$

soll die implizite Euler-Integration (10.5) angewandt werden.
Analog zum linearen Fall (Beispiel 10.10) erhält man mit

$$i_{m+1} = C(u_{m+1}) \, \dot{u}_{m+1}$$

die Gleichung

$$i_{m+1} = \frac{C(u_{m+1})}{h} (u_{m+1} - u_m)$$

oder mit der Gleichung für die nichtlineare Kapazität

$$i_{m+1} = \frac{C_0}{h} \left\{ \exp\left[u_{m+1}/(nV_T)\right] \right\} (u_{m+1} - u_m) = g(u_{m+1}) \quad .$$

Die Ersatzschaltung für eine nichtlineare Kapazität (ebenso wie
für eine nichtlineare Induktivität) besteht also aus einem
diskreten nichtlinearen resistiven Widerstand. Auf die Glei-

chung dieses Widerstands kann nach Abschn. 8.3 der Newton-
Raphson-Algorithmus angewandt werden. Nach (8.31) ist

$$G^{(j)} = \left.\frac{dg(u)}{du}\right|_{u = u_{m+1}^{(j)}} =$$

$$= \frac{C_0}{h} \left\{ \exp\left[u_{m+1}^{(j)} / (nV_T)\right] \right\} \left[1 + (u_{m+1}^{(j)} - u_m)/(nV_T)\right] \quad .$$

Als Ersatzschaltung wird das iterative Ersatzschaltbild 8.5a
erhalten, wobei

$$i_0^{(j)} = i_{m+1}^{(j)} - G^{(j)} u_{m+1}^{(j)} = g(u_{m+1}^{(j)}) - G^{(j)} u_{m+1}^{(j)} \quad ,$$

so daß die Gleichung für die Newton-Raphson-Iteration lautet:

$$i_{m+1}^{(j+1)} = G^{(j)} u_{m+1}^{(j+1)} - \left[G^{(j)} u_{m+1}^{(j)} - g(u_{m+1}^{(j)})\right] \quad .$$

Diese Gleichung läßt sich in das Ersatzschaltbild 10.11 für
eine nichtlineare Kapazität bei Anwendung der impliziten Euler-
Integration abbilden; dies ist die Erweiterung der Ersatzschaltung Bild 8.5a für eine lineare Kapazität.

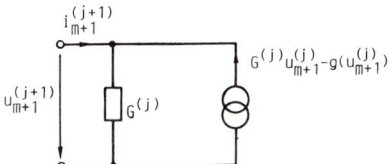

Bild 10.11. Ersatzschaltbild für eine nichtlineare Kapazität
bei impliziter Euler-Integration

11   Techniken zur Simulation sehr großer Netzwerke

Die in den vorhergehenden Kapiteln behandelten Verfahren sind
für die Simulation sehr großer Netzwerke, wie sie durch die Modellierung integrierter digitaler Schaltungen aufgestellt werden können, nicht geeignet. Eine Circuit-Simulation von Schaltungen mit mehr als 500 bis 1000 Transistoren kann auf einem
heute üblichen Großrechner nicht mehr mit vertretbarem Aufwand
durchgeführt werden, da sowohl die benötigte Rechenzeit, als
auch der benötigte Speicherplatz in der Regel nicht zur Verfügung stehen. Aus diesem Grund wurden in den letzten Jahren
neue Simulationsverfahren entwickelt, die in den folgenden Kapiteln näher beschrieben werden. Beim Vergleich dieser Verfahren fällt auf, daß immer wieder die gleichen Techniken zu-
grundegelegt werden, um die Komplexität des Problems zu reduzieren, nämlich: Partitionierung des Netzwerks, beziehungsweise
der Netzwerkgleichungen, Verwendung iterativer Verfahren zur
Gleichungslösung, Makromodellierung von Teilnetzwerken und Ausnutzen des Latenz-Prinzips bei der Simulation einer Schaltung.
Da zu erwarten ist, daß auch Verfahren, die in der Zukunft entwickelt werden, von diesen Prinzipien Gebrauch machen, werden
die genannten Techniken im vorliegenden Kapitel ausführlich behandelt. Die einzelnen Verfahren und Programme, deren Bedeutung
für den praktischen Einsatz sich in der Zukunft noch ändern
kann, können anhand ihrer individuellen Merkmale beschrieben
werden.

11.1 Netzwerkpartitionierung und ihre Anwendung

11.1.1 Beschreibung großer Systeme

Eine zweckmäßige Vorgehensweise bei der Untersuchung oder auch beim Entwurf großer Systeme besteht darin, das Gesamtsystem so in kleinere überschaubare Teilsysteme (Blöcke) zu unterteilen, daß untereinander möglichst wenig Verbindungen bestehen. Die Gleichungen solcher Systeme lassen sich bei entsprechender Anordnung der Variablen so schreiben, daß die Koeffizientenmatrix die Form einer geränderten Blockdreiecksmatrix annimmt (Bild 11.1a). Als Sonderfall kann auch eine Blockdreiecksmatrix (Bild 11.1b) auftreten, wenn die Breite des Randes Null wird oder auch eine geränderte Dreiecksmatrix (Bild 11.1c), wenn die Dimension der Teilmatrizen eins ist. Sind die einzelnen Teilsysteme nur an ihren Schnittstellen in einer Signalflußrichtung gekoppelt - gibt es also zum Beispiel keine Quellen in einem Teilsystem, die durch Ströme oder Spannungen gesteuert sind, die zu einem anderen Teilsystem gehören, - dann hat die Koeffizientenmatrix die Form einer geränderten Blockdiagonalmatrix (Bild 11.1d).

Die spezielle Form der Koeffizientenmatrix läßt sich ausnutzen, um die Rechenzeit bei der Simulation großer Systeme zu verkürzen oder auch, um Speicherplatz bei der Simulation einzusparen. Die zugrundeliegende Idee ist dabei, die Gleichungen der einzelnen Teilsysteme unabhängig voneinander zu lösen und erst dann die Verbindung der Teilsysteme untereinander zu be-

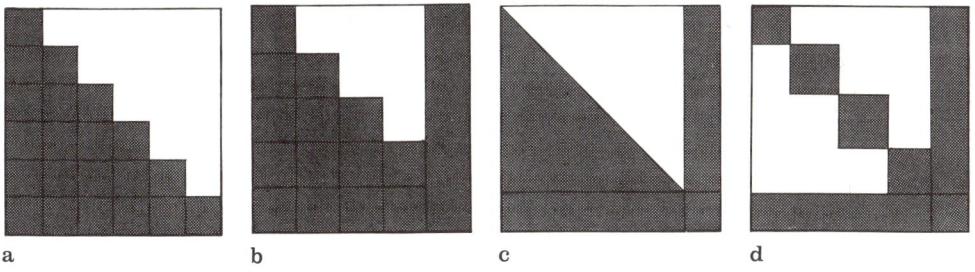

a   b   c   d

Bild 11.1. Matrix-Struktur: a) Blockdreiecksmatrix,
b) Geränderte Blockdreiecksmatrix, c) Geränderte
Dreiecksmatrix, d) Geränderte Blockdiagonalmatrix

rücksichtigen. Beispielsweise kann das Gleichungssystem (7.1)
durch Anwendung der Formel gelöst werden, die SHERMAN et al.
1949 angegeben haben, vorausgesetzt, daß die Koeffizientenmatrix die geränderte Blockdiagonalform hat [11.1] . In diesem
Fall läßt sich $\underline{A}$ in die Summe einer unteren Blockdiagonalmatrix
$\underline{A}_L$ und einer Matrix $\underline{A}_R$ vom Rang $r \ll n$ zerlegen, wobei $\underline{A}_R$ wieder als Produkt zweier $n \times r$-Matrizen $\underline{K}$ und $\underline{K}_E$ geschrieben werden kann:

$$\underline{A} = \underline{A}_L + \underline{A}_R = \underline{A}_L + \underline{K} \cdot \underline{K}_E' \qquad (11.1)$$

mit

$$\underline{K} = \left[(a_{ij}) \mid \underline{0} \right]' \quad \} \ r \ , \qquad i,j = n-r+1,\ldots,n \quad , \qquad (11.2)$$

$$\underline{K}_E' = \left[\ \underline{0} \mid \underline{E} \ \right] \quad \} \ r \ . \qquad (11.3)$$

$$\underbrace{\qquad}_{n-r} \ \underbrace{\qquad}_{r}$$

Die Lösung von (7.1) lautet dann

$$\underline{x} = \underline{A}^{-1}\underline{b} = \underbrace{\underline{A}_L^{-1}\underline{b}}_{y} - \underbrace{\underline{A}_L^{-1} \left[\underline{K}(\underline{E} + \underline{K}_E'\underline{A}_L^{-1}\underline{K})^{-1} \underline{K}_E' \right] \underline{A}_L^{-1}\underline{b}}_{\Delta y} \ . \qquad (11.4)$$

Die Lösung setzt sich also aus den zwei Summanden y und $-\Delta y$
zusammen, wobei y wegen der Blockdreiecksform von $\underline{A}_L$ sehr einfach berechnet werden kann. Dazu wird zuerst das Teilsystem gelöst, das zum obersten Block in Bild 11.1b gehört; die dazuge-
hörigen Variablen können dann in den restlichen Zeilen durch
einfaches Einsetzen eliminiert werden. Mit den anderen Blöcken
wird analog verfahren. Ist $\underline{A}_L^{-1}$ bekannt, dann kann in Δy der
in runden Klammern eingeschlossene Term berechnet und durch
LU-Zerlegung invertiert werden. Da diese Matrix nur vom Rang
$r \ll n$ ist, ist diese zusätzliche LU-Zerlegung nicht allzu
aufwendig. Der Korrekturterm Δy kann anschließend mit wenig
Aufwand berechnet werden. Bei der Berechnung von Δy brauchen
Multiplikationen mit $\underline{K}_E'$ nicht durchgeführt werden, da diese

Matrix nur aus einer Nullmatrix und einer Einheitsmatrix zusammengesetzt ist und damit lediglich eine Ausblendfunktion
hat. Die Formel (11.4) wird heute kaum noch angewandt, vielmehr löst man Gleichungssysteme, deren Koeffizientenmatrix eine der in Bild 11.1 dargestellten Formen hat, in der Regel mit
Hilfe iterativer Verfahren, die unter dem Sammelbegriff "Relaxationsverfahren" in Abschnitt 11.2 behandelt werden.

Bevor jedoch eines der Lösungsverfahren angewandt werden
kann, müssen zuerst die Netzwerkgleichungen in der gewünschten
Form geschrieben werden. Diese Aufgabe kann rein formal als
ein Umsortieren von Zeilen und Spalten der Matrix $\underline{A}$ von (7.1)
verstanden werden, so daß die permutierte Matrix eine der
Formen in Bild 11.1 annimmt. Damit ist diese Aufgabe den in
Abschnitt 7.2.1 besprochenen Apriori-Strategien (Preordering)
bei Sparse-Matrix-Verfahren ähnlich. Es ist deshalb verständlich, daß auch die vorliegende Aufgabenstellung zu den NP-voll-
ständigen Problemen gehört, für die ein optimaler Lösungsalgorithmus nicht bekannt ist, so daß mit heuristischen Verfahren
gearbeitet werden muß. Statt von den linearisierten Netzwerkgleichungen (7.1) auszugehen, soll jetzt das Ausgangsnetzwerk
betrachtet werden. Die Aufgabenstellung lautet: Wie kann ein
gegebenes Netzwerk in Teilnetzwerke zerlegt werden, so daß die
zugehörigen Netzwerkgleichungen die gewünschte Form annehmen?
Prinzipiell kann ein Netzwerk auf zwei verschiedene Arten zerlegt werden: Entweder werden Zweige durchgeschnitten (Branch
Tearing) oder Netzwerkknoten (Node Tearing). Die Netzwerkvariablen an den Schnittstellen werden als externe Variablen bezeichnet, die Variablen innerhalb der Teilnetzwerke als interne
Variablen. Da beim Zweigschnitt-Verfahren als externe Variablen
Zweigströme eingeführt werden müssen (die in der Regel nicht
bestimmt werden sollen), während beim Knotenschnitt-Verfahren
Knotenspannungen externe Variablen sind, die ja bei der (Modifizierten) Knotenanalyse die gesuchten Netzwerkvariablen sind,
wird in der Regel das Knotenschnitt-Verfahren vorgezogen. Zwei
Algorithmen zur Zerlegung eines Netzwerks nach diesem Verfahren
werden in den beiden folgenden Abschnitten besprochen.

Eine zweckmäßige Vorgehensweise zur Netzwerkzerlegung ist
außerdem, die Unterteilung entsprechend der Eingabebeschreibung
vorzunehmen, wenn diese Sprachmittel eine hierarchische Be-

schreibung der Schaltung (zum Beispiel durch Subcircuit-Schach-
telung) ermöglichen. Insbesondere bei großen integrierten
Schaltungen, die - wie in Abschn. 1.2 erläutert wird - hierar-
chisch aufgebaut werden, führt die Schaltungsbeschreibung direkt zu einer Gleichungsformulierung mit geränderter Blockdia-
gonal-Struktur [11.2].

11.1.2 Dynamische Konturzerlegung

Die dynamische Konturzerlegung ist eine heuristische Methode
zur Zerlegung eines Netzwerks nach dem Knotenschnitt-Verfahren
[11.3]. Dabei wird vom ungerichteten Netzwerkgraphen ausgegangen. Er soll so in einzelne Teilgraphen (Cluster) aufgeteilt
werden, daß möglichst wenige Verbindungen zwischen diesen Teilgraphen bestehen. Dabei wird folgendermaßen vorgegangen:

1. Wahl eines Knotens mit minimalem Grad (d.h. möglichst
wenigen Verbindungen zu Nachbarknoten).

2. Für den gewählten Knoten werden in einer Liste die Nachbarknoten, sowie ihre Anzahl notiert.

3. Der Graph wird modifiziert, indem der gewählte Knoten
und die mit ihm verbundenen Zweige entfernt werden.

4. Als nächster Knoten werde nun der Knoten der Liste gewählt, der minimalen Grad hat. Der gewählte Knoten wird aus der
Liste der Nachbarknoten entfernt.

5. Der Algorithmus wird mit 2. fortgesetzt.

6. Es werden soviele Knoten gewählt, bis die Anzahl der
Nachbarknoten in der Liste ein lokales Minimum zeigt. Dann
wurde ein Cluster gefunden. Die in der Liste enthaltenen Knoten sind externe Knoten. Sie werden mit allen Zweigen, die mit
ihnen inzident sind, aus dem Restgraphen entfernt. Sind nur
Cluster mit einer Höchstzahl von n_{max} Knoten zugelassen, dann
werden nach n_{max} Schritten die verbleibenden Knoten in der Liste als externe Knoten gewählt, wenn nicht schon vorher ein
lokales Minimum gefunden wurde.

7. Für den verbliebenen Restgraphen wird der Algorithmus
von vorne begonnen.

Durch den Algorithmus wird eine minimale Anzahl von Knoten bestimmt, deren Elimination das Netzwerk in getrennte Teile

zerfallen läßt. Trägt man die Anzahl der Knoten in der Liste
über der Anzahl der ausgewählten Knoten auf, dann ergibt sich
eine Kontur, deren lokale Minima natürliche Cluster definieren.
Es läßt sich zeigen [11.3] , daß die Komplexität des Algorithmus durch $O(nb)$ gegeben ist, wobei n die Anzahl der Knoten, b
die Anzahl der Zweige bedeutet.

Beispiel 11.1
Gegeben sei ein Netzwerk, dessen Struktur durch den ungerichteten Graphen Bild 11.2 beschrieben wird. Zur dynamischen Kontur-

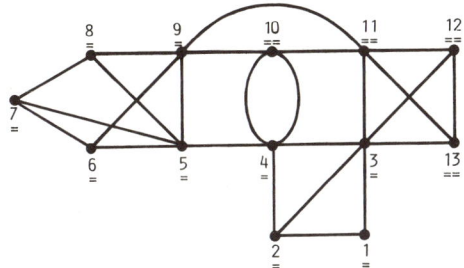

Bild 11.2. Netzwerkgraph

zerlegung werde eine Liste angelegt, die je eine Spalte für den
ausgewählten Knoten GK, die Nachbarknoten NK und die Anzahl der
Nachbarknoten AK enthält. Bei jedem Schritt wird eine neue Zeile eingetragen, wobei die verbleibenden Nachbarknoten in die
nächste Zeile übertragen werden. Als erster Knoten wird der
Knoten 1 gewählt, da er nur mit den zwei Nachbarknoten 2 und 3
verbunden ist. Mit Hilfe des Algorithmus wird folgende Liste
aufgebaut:

GK	NK	AK
1	2,3	2
2	3,4	2
3	4,11,12,13	4
12	4,11,13	3
13	4,11	2
11	4,9,10	3

1. Cluster: Knoten 1,2,3,12,13

← Minimum; externe Knoten 4,11

Fortsetzung mit Restnetzwerk bei Knoten $\underline{\underline{10}}$:

10	9	1
9	5,6,8	3
8	5,6,7	3
5	6,7	2
6	7	1
7		

$\left.\begin{array}{}\\\\\\\\\\\end{array}\right\}$ 2. Cluster: Knoten $\underline{5},\underline{6},\underline{7},\underline{8},\underline{9},\underline{\underline{10}}$

Es wurden also zwei Cluster gefunden, nämlich ein Cluster, das die Knoten $\underline{1}$, $\underline{2}$, $\underline{3}$, $\underline{\underline{12}}$ und $\underline{\underline{13}}$ enthält, und ein Cluster mit den Knoten $\underline{5}$, $\underline{6}$, $\underline{7}$, $\underline{8}$, $\underline{9}$, $\underline{\underline{10}}$. Soll nun zum Beispiel mit Hilfe der Knotenanalyse das Gleichungssystem für das (linearisierte) Netzwerk aufgestellt werden, dann nimmt die Koeffizientenmatrix die in Bild 11.3 gezeigte geränderte Blockdiagonalstruktur an, wenn die Knotenreihenfolge entsprechend ihrer Zugehörigkeit zu den Clustern gewählt wird und die externen Knoten dem Rand zugeordnet werden.

	1	2	3	12	13	5	6	7	8	9	10	4	11
1	X	X	X										
2	X	X	X									X	
3	X	X	X	X	X							X	X
12			X	X	X								
13			X		X								X
5						X	X	X	X	X		X	
6						X	X	X		X			
7						X	X	X	X				
8						X		X	X	X			
9						X	X	X		X			X
14									X	X	X	X	X
4		X	X			X				X	X		
11			X	X	X					X	X		X

Bild 11.3. Struktur der Knotenleitwertmatrix eines Netzwerks mit dem Graphen Bild 11.2

11.1.3 Zerlegung in unilaterale Teilnetzwerke durch Depth-First Search

Große Systeme, die so in Teilsysteme zerlegt werden können, daß Rückkopplungen nur innerhalb der Teilsysteme auftreten, können durch Gleichungssysteme beschrieben werden, denen eine Abhängigkeitsmatrix $\hat{\underline{A}}$ mit unterer Blockdreiecksstruktur zugeordnet werden kann. Ein Element $\hat{a}_{ij}$ der Abhängigkeitsmatrix ist immer dann Eins, wenn die i-te Gleichung von der j-ten Variablen abhängt; andernfalls ist das Element Null. Die Abhängigkeitsmatrix eines linearen Systems gibt damit die Struktur der Koeffizientenmatrix wieder, die eines nichtlinearen Systems die Struktur der Jacobimatrix. Im folgenden soll die Zerlegung eines Netzwerks in Teilnetzwerke zuerst anhand der Schaltungsstruktur betrachtet werden, danach wird ein Algorithmus besprochen, mit dessen Hilfe diese Zerlegung vorgenommen werden kann.

Große Schaltungen werden in der Regel aus Teilschaltungen zusammengesetzt, die jeweils eine bestimmte Funktion erfüllen. Es werde zunächst eine solche Teilschaltung betrachtet und als Teilnetzwerke modelliert. Es werde nun angenommen, daß das Teilnetzwerk weiter in ein Eingangsnetzwerk N_E und ein Ausgangsnetzwerk N_A unterteilt werden kann. Die äußeren Variablen des Teilnetzwerks werden in Eingangsvariablen $\underline{x}_E$ von N_E und Ausgangsvariablen $\underline{x}_A$ von N_A unterteilt (Bild 11.4). Die inneren

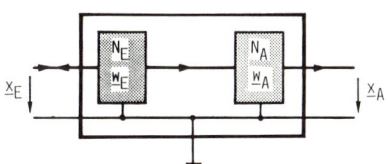

Bild 11.4. Unilaterales Teilnetzwerk

Variablen von N_E seien $\underline{w}_E$, die inneren Variablen von N_A werden $\underline{w}_A$ genannt. Damit kann die folgende Eigenschaft definiert werden [2.29,11.4], die eine wesentliche Voraussetzung für die beabsichtigte Netzwerkzerlegung ist:

Definition 11.1: Unilaterales Teilnetzwerk
Ein Teilnetzwerk heißt unilateral (von $\underline{x}_E$ nach $\underline{x}_A$), wenn

1. die äußeren Variablen $\underline{x}$ eindeutig in $\underline{x}_E$ und $\underline{x}_A$ unterteilt werden können,

2. die inneren Variablen $\underline{w}$ eindeutig in $\underline{w}_E$ und $\underline{w}_A$ unterteilt werden können,

3. die Gleichungen $\underline{f}(\underline{\dot{x}}_A,\underline{x}_A,\underline{x}_E,t) = \underline{0}$ zur Beschreibung des Teilnetzwerks äquivalent zur Beschreibung $\underline{f}_E(\underline{\dot{w}}_E,\underline{w}_E,\underline{x}_E,t) = \underline{0}$ des Eingangsnetzwerks und $\underline{f}_A(\underline{\dot{x}}_A,\underline{x}_A,\underline{\dot{w}}_A,\underline{w}_A,\underline{w}_E,\underline{x}_E,t) = \underline{0}$ für das Ausgangsnetzwerk sind.

Bei einem unilateralen Teilnetzwerk können deshalb die Gleichungen für das Eingangsnetzwerk unabhängig von den Gleichungen für das Ausgangsnetzwerk gelöst werden; der Signalfluß ist nur vom Eingangsnetzwerk zum Ausgangsnetzwerk gerichtet (unilateral).

Werden mehrere unilaterale Teilnetzwerke zusammengeschaltet, dann werden die Eingangs- und Ausgangsnetzwerke verschiedener Teilnetzwerke miteinander verbunden. Der Signalfluß kann dabei beliebig gerichtet sein. Ein Beispiel zeigt Bild 11.5a. Wegen der starken gegenseitigen Abhängigkeit der über äußere Knoten miteinander verbundenen Eingangs- und Ausgangsnetzwerke müssen diese Teile des Netzwerks gemeinsam gelöst werden; sie sind in Bild 11.5a durch gestrichelte Linien gekennzeichnet. Werden diese Komplexe durch Knoten gekennzeichnet und mit den Buchstaben A bis H bezeichnet, dann kann der Graph des Netzwerks wie in Bild 11.5b dargestellt werden. Da er den Signalfluß durch das Netzwerk beschreibt, heißt er Signalflußgraph. Anhand dieses Graphen kann sofort der zweckmäßige zeitliche Ablauf einer Berechnung des Signalflusses festgestellt werden: Bevor der Einfluß des Teilnetzwerks H untersucht wird, sollte der Einfluß von Teilnetzwerk G analysiert werden, wozu wieder der Einfluß der Teilnetzwerke D und F bekannt sein muß. Vor F sind jedoch Teilnetzwerke E und C zu untersuchen; vor D die Teilnetzwerke A und B. Damit kann allen Teilnetzwerken eine Ordnung entsprechend der Reihenfolge ihrer Abarbeitung zugewiesen werden (Levelizing).

Die Eingangsknoten werden dabei als eigenes Teilnetzwerk mit der Ordnung 1 aufgefaßt. Ebenso werden alle Ausgangsknoten als eigenes Teilnetzwerk interpretiert. Teilnetzwerke derselben Ordnung sind voneinander unabhängig und können zum Beispiel

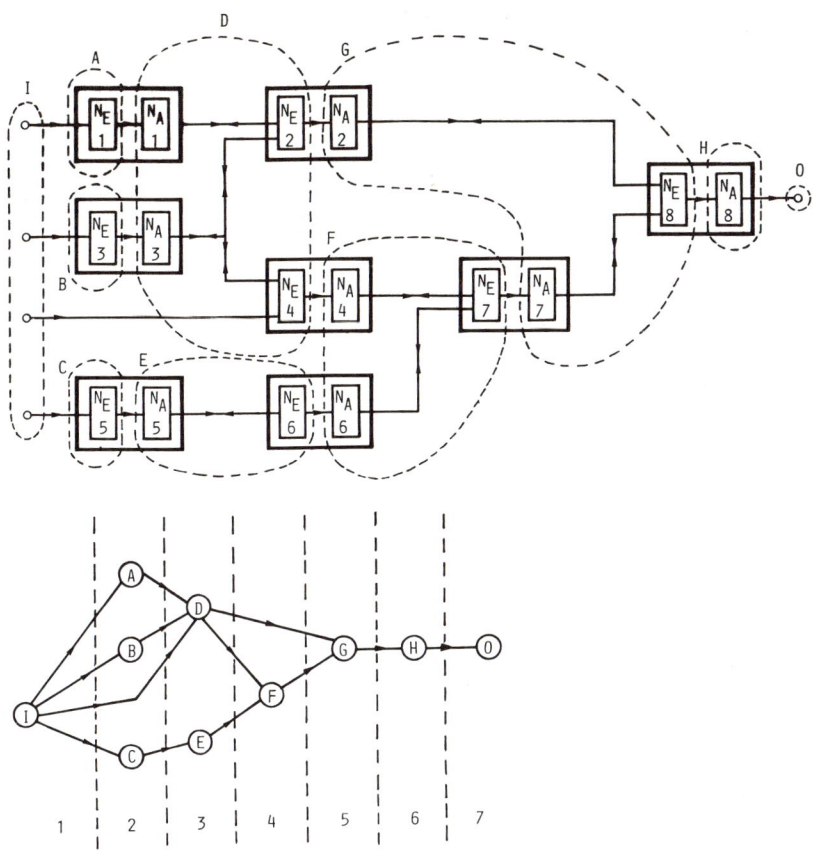

Bild 11.5. Ermittlung der Lösungsreihenfolge: a) Zusammenfassung
von Teilkomponenten, b) Signalflußgraph

gleichzeitig (parallel) berechnet werden. Werden die Gleichungen
für die Teilnetzwerke in der Reihenfolge ihrer Ordnung angeschrieben, dann hat die zugehörige Abhängigkeitsmatrix die gewünschte Blockdreiecksform. Es ist dabei zu beachten, daß die
auftretenden (externen) Netzwerkvariablen die inneren Variablen
der ursprünglichen, funktional zusammengehörigen Teilnetzwerke
sind; die internen Netzwerkvariablen entsprechen den äußeren
Variablen der Ausgangsnetzwerke. Diese Änderung der Variablen-
Zuordnung wird durch die Zerlegung der ursprünglichen Teilnetzwerke und die Zusammenfassung zu neuen Teilnetzwerken verursacht.

Um diese Teilnetzwerke zu finden, kann ein Verfahren verwendet werden, das Depth-First Search genannt wird, weil ein

Pfad eines orientierten Graphen so lange (in die Tiefe) weiter-
verfolgt wird, bis sein Endknoten erreicht ist. Erst dann werden Seitenzweige abgesucht. Zum Verständnis des Verfahrens
werden einige Definitionen und Begriffsbestimmungen benötigt
[11.31,32]:

Definition 11.2: Stark verbundener Graph

Ein gerichteter Graph G heißt stark verbunden, wenn es für
alle möglichen Knotenpaare p, q des Graphen einen Pfad von p
nach q und einen Pfad von q nach p gibt.

Definition 11.3: Stark verbundene Komponente

Eine stark verbundene Komponente (oder auch starke Komponente)
eines Graphen ist ein stark verbundener maximaler Teilgraph
von G. Maximal bedeutend hierbei, daß die stark verbundene Komponente kein Teilgraph einer anderen stark verbundenen Komponente ist.

Diese Definition impliziert, daß jeder Knoten von G in
genau einer starken Komponente enthalten ist, die im Grenzfall
auch nur aus einem Knoten bestehen kann. Jeder Zweig des Graphen ist in höchstens einer starken Komponente enthalten und
zwar genau dann, wenn er in einer Schleife enthalten ist.

Definition 11.4: Kondensation

Eine Kondensation G^* eines gerichteten Graphen G ist ein gerichteter Graph, der für jede starke Komponente von G genau
einen Knoten besitzt. Diese Knoten sind durch Zweige verbunden, die den Zweigen in G entsprechen, die nicht zu starken
Komponenten gehören. Der Graph G^* entsteht also aus G, wenn
alle starken Komponenten von G zu je einem Knoten "konden-
sieren".

Definition 11.5: Azyklischer Graph

Ein gerichteter Graph heißt azyklisch, wenn er keine Schleifen
enthält. Er enthält mindestens einen Knoten mit Außengrad
Null (das heißt der Knoten enthält keine von ihm weg orientierten Zweige) und mindestens einen Knoten mit Innengrad Null
(das heißt keine Zweige des Knotens sind zu ihm hin orientiert).

Mit dem Depth-First Search-Verfahren von TARJAN [11.33],
dessen Programmierung in [11.34] beschrieben ist, lassen sich
die stark verbundenen Komponenten eines Graphen ermitteln.
Der dazu notwendige Rechenaufwand ist proportional O(max(n,b)),
ist also günstiger als die dynamische Konturzerlegung. Im einzelnen werden folgende Schritte durchgeführt:

1. Es wird ein Ausgangsknoten gewählt. Dann wird ein Zweig
gewählt, der von diesem Knoten ausgeht und in einem neuen Knoten mündet, der dann als nächster Ausgangsknoten gewählt wird.

2. Dieses Verfahren wird fortgesetzt, bis der Endknoten
des Pfads erreicht wird. Dann wird zu dem vorhergehenden Ausgangsknoten zurückgegangen und ein weiterer, von ihm weg orien-
tierter Zweig durchlaufen, wenn dieser auf einen neuen Knoten
führt, der vorher noch nicht als Ausgangsknoten gewählt worden
war. Dieser Knoten wird neuer Ausgangsknoten; der Algorithmus
wird bei Punkt 1 fortgesetzt.

3. Der Algorithmus endet, wenn man wieder beim ersten Ausgangsknoten, der sogenannten Wurzel, angelangt ist und die
durchlaufenden Zweige einen Baum bilden, der alle Pfade enthält, auf denen von der Wurzel aus andere Knoten erreichbar
sind (Wurzelbaum).

4. Die Knoten werden neu numeriert: Der Endknoten des ersten gefundenen Pfads erhält die Nummer 1, jeder weitere Knoten erhält eine darauffolgende Nummer, wenn er das letzte Mal
durchlaufen wird, das heißt, wenn alle von ihm ausgehenden
Zweige als Baumzweige gewählt wurden.

5. Wurden bei dieser Baumsuche Knoten nicht erreicht, dann
wird aus der Menge dieser Knoten ein neuer Ausgangsknoten gewählt. Das Verfahren wird so lange wiederholt, bis alle Knoten
in einem Wurzelbaum enthalten sind, wobei ein einzelner Knoten
im Sonderfall einen eigenen Wurzelbaum bilden kann. Die Menge
aller Bäume bilden einen Wald des Graphen.

6. Es wird ein neuer Graph konstruiert, der sich vom gegebenen Graphen nur dadurch unterscheidet, daß alle Zweige entgegengesetzt orientiert werden. Das beschriebene Verfahren zur
Baumsuche wird wiederholt, wobei als Ausgangsknoten jeweils der
Knoten mit der höchsten Nummer (entsprechend der Umnumerierung
nach Punkt 4) gewählt wird.

7. Alle Knoten, die nach Abschluß der Suche durch Baum-

zweige miteinander verbunden sind, bilden die Knoten einer stark verbundenen Komponente. Der Knoten mit der höchsten Nummer, der in einer stark verbundenen Komponente enthalten ist, heißt die Wurzel dieser Komponente.

Um das Gleichungssystem in der gewünschten Form aufstellen zu können, muß noch der Signalflußgraph gefunden und seine Knoten geordnet werden. Dazu sind folgende Schritte notwendig:

8. Durch Zusammenziehen der starken Komponenten des Graphen wird die Kondensation gebildet. Sie ist mit dem Signalflußgraphen identisch.

9. Zur Zuordnung einer Reihenfolge (Levelizing) werden die Knoten der Kondensation mit Innengrad Null aufgesucht und ihnen die Ordnung 1 zugewiesen. Danach werden diese Knoten mit allen inzidenten Zweigen entfernt. Der übrigbleibende Graph hat wieder einen oder mehrere Knoten mit Innengrad Null; sie erhalten die Ordnung 2. Nach diesem Schema wird weiter fortgefahren, bis allen Knoten eine Ordnung zugewiesen wurde.

10. Werden die Gleichungen des Netzwerks entsprechend dieser Reihenfolge aufgestellt, dann hat die zugehörige Abhängigkeitsmatrix die gewünschte Struktur.

Beispiel 11.2

Bild 11.6 zeigt den mit einer Orientierung versehenen Graphen von Bild 11.2. Es sollen mit Depth-First Search die stark verbundenen Komponenten ermittelt werden. Als Ausgangsknoten werde der Knoten $\underline{1}$ gewählt. Es wird folgender Pfad durchlaufen:

$$\underline{1} \rightarrow \underline{2} \rightarrow \underline{3} \rightarrow \underline{4} \rightarrow \underline{5} \rightarrow \underline{6} \rightarrow \underline{7} \rightarrow \underline{8} \rightarrow \underline{9} \; .$$

Damit wurde der Endpunkt des Pfads erreicht, da nur noch der Zweig durchlaufen werden kann, der zu dem schon erreichten Knoten $\underline{6}$ führt. Knoten $\underline{9}$ wird umnumeriert und erhält die Nummer $(\underline{1})$. Nun wird die Knotenliste in umgekehrter Reihenfolge zurückverfolgt, wobei überprüft wird, ob weitere Zweige durchlaufen werden können, die zu noch nicht erreichten Knoten führen. Ist dies nicht der Fall, erhält der betrachtete Knoten eine neue Nummer. Ein neuer Knoten, der Knoten $\underline{10}$, kann erst von Knoten $\underline{4}$ aus erreicht werden. Mit Knoten $\underline{10}$ wurde jedoch

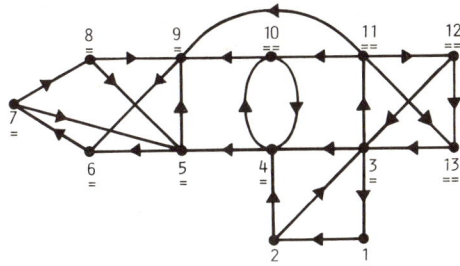

Bild 11.6. Netzwerkgraph von Bild
11.2 mit Orientierung

wieder der Endpunkt eines Pfades erreicht, der Knoten wird in
($\underline{6}$) umnumeriert, Knoten $\underline{4}$ in ($\underline{7}$). Die Knoten $\underline{\underline{11}}$, $\underline{\underline{12}}$, $\underline{\underline{13}}$ können
von Knoten $\underline{3}$ aus erreicht werden. Nach Abschluß von Schritt 5
des Algorithmus wurde der in Bild 11.7a gezeigte Baum gefunden;
die neuen Knotennummern wurden in Klammern geschrieben. Nun
wird ein neuer Graph konstruiert (Bild 11.7b), indem die Orientierung der Zweige umgedreht wird. Der Ausgangsknoten für die
neue Suche ist Knoten ($\underline{\underline{13}}$), also der ursprüngliche Knoten $\underline{1}$.

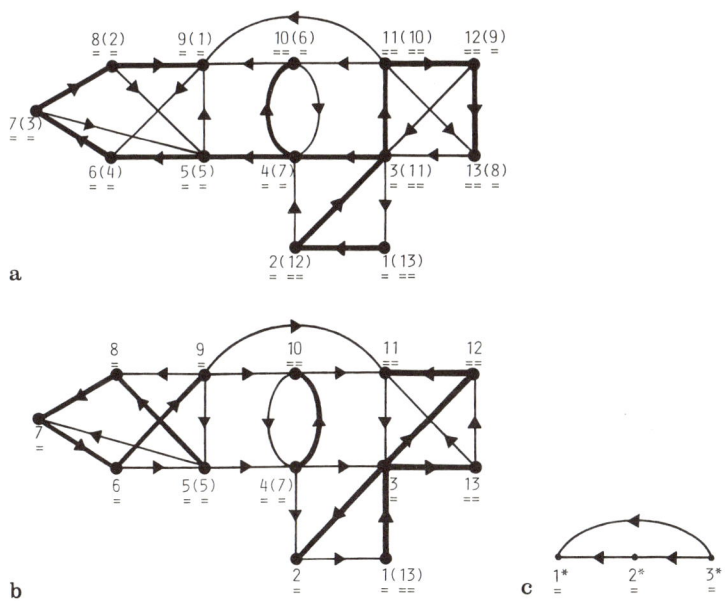

Bild 11.7. Depth-First Search: a) Baumsuche und Umnummerierung
der Knoten, b) Ermittlung der stark verbundenen Komponenten, c) Kondensation des Graphen Bild 11.6

Es wird ein Wurzelbaum gefunden, der die (ursprünglichen) Knoten $\underline{1}$, $\underline{2}$, $\underline{3}$, $\underline{11}$, $\underline{12}$, $\underline{13}$ miteinander verbindet. Diese Knoten und die sie verbindenden Zweige bilden also eine starke Komponente des Graphen Bild 11.6, wobei der Knoten $\underline{1}$ die Wurzel dieser Komponente ist, da ihm die höchste neue Knotennummer ($\underline{13}$) zugeordnet wurde. Als neuer Ausgangsknoten wird der Knoten ($\underline{7}$) gewählt, da er unter den noch nicht erreichten Knoten derjenige mit der höchsten Nummer ist. Der mit diesem Anfangsknoten gefundene Baum enthält nur die Knoten $\underline{4}$ und $\underline{10}$ mit Knoten $\underline{4}$ ($\underline{7}$) als Wurzel. Der letzte Wurzelbaum enthält die Knoten $\underline{5}$, $\underline{6}$, $\underline{7}$, $\underline{8}$ und $\underline{9}$; sie bilden mit den Zweigen, die sie verbinden, die dritte starke Komponente mit der Wurzel $\underline{5}$. Die Kondensation entsteht durch Zusammenziehen der Knoten und Zweige der starken Komponenten mit den Knoten ($\underline{5}$, $\underline{6}$, $\underline{7}$, $\underline{8}$, $\underline{9}$), ($\underline{4}$, $\underline{10}$), ($\underline{1}$, $\underline{2}$, $\underline{3}$, $\underline{11}$, $\underline{12}$, $\underline{13}$) zu je einem Knoten. Der Signalflußgraph, der in Bild 11.7c gezeigt ist, hat damit drei Knoten: $\underline{1}^*$, $\underline{2}^*$, $\underline{3}^*$. Knoten $\underline{3}^*$ hat den Innengrad Null, steht damit an erster Stelle in der aufzustellenden Reihenfolge. Nach Entfernen dieses Knotens hat $\underline{2}^*$ den Innengrad Null, steht also an zweiter Stelle. Damit erhält $\underline{1}^*$ die Ordnung drei. Beim Aufstellen der Abhängigkeitsmatrix werden die Knoten in der Reihenfolge der starken Komponenten aufgeführt, zu denen sie gehören. Die erhaltene Struktur zeigt Bild 11.8. Zum Beispiel kann aus der Zeile für die zu Knoten $\underline{4}$ gehörende Gleichung entnommen werden, daß die Variablen 2, 3, 4, 10 in dieser Gleichung vorkommen. Ist das Gleichungssystem nichtlinear, dann hat es die Form

$$g_1(x_1,x_3) = 0$$
$$g_2(x_1,x_2) = 0$$
$$g_3(x_2,x_3,x_{12},x_{13}) = 0$$
$$g_{11}(x_3,x_{11}) = 0$$
$$\vdots \qquad\qquad \vdots$$
$$g_9(x_5,x_8,x_9,x_{10},x_{11}) = 0 \quad .$$

Die ersten sechs Gleichungen lassen sich unabhängig von den restlichen Gleichungen lösen. Die Variablen x_2, x_3, x_{11} können dann in die Gleichungen für die Variablen x_4, x_{10}, x_9 eingesetzt und so eliminiert werden. Dann können die siebte und achte Gleichung gemeinsam gelöst werden, die Variablen x_4 und x_{10} werden dann aus den restlichen Gleichungen eliminiert, die schließlich wieder gemeinsam gelöst werden müssen.

	1	2	3	11	12	13	4	10	5	6	7	8	9
1	X		X										
2	X	X											
3		X	X		X	X							
11			X	X									
12				X	X								
13				X	X	X							
4	X	X					X	X					
10		X					X	X					
5							X		X		X	X	
6									X	X			X
7										X	X		
8											X	X	
9		X					X		X			X	X

Bild 11.8. Abhängigkeitsmatrix in Blockdreiecksform zur Beschreibung des Graphen Bild 11.6

Beispiel 11.3

Die Anwendung des Depth-First Search-Verfahren soll nun anhand des Netzwerks Bild 11.5a aus unilateralen Teilnetzwerken gezeigt werden. In Bild 11.9a wurde der sogenannte Interaktionsgraph [11.4] des Netzwerks gebildet, indem jedem Eingangs- und Ausgangsnetzwerk ein Knoten zugeordnet wurde. Mit der Baumsuche soll beim Eingangsknoten I begonnen werden. Es werde zuerst der obere Pfad I-A1-D1-D2-G2-G8-H8-O durchlaufen mit den Seitenpfaden G8-G7 und D2-D3-D4-F4-F7-F6, dann der Pfad I-B3 und schließlich I-C5-E5-E6. Die dabei vorgenommene Umnumerierung führt in dem Graph mit umgedrehter Orientierung, Bild 11.9b, zu dem dick eingezeichneten Wald. Die einzelnen Bäume entsprechen, wie ein Vergleich zeigt, genau den in Bild 11.5a gestrichelt zusammengefaßten Komponenten. Die Kondensation des Graphen 11.9a ergibt damit den Signalflußgraphen Bild 11.5b; die Sortierung seiner Knoten nach Schritt 9 des Algorithmus

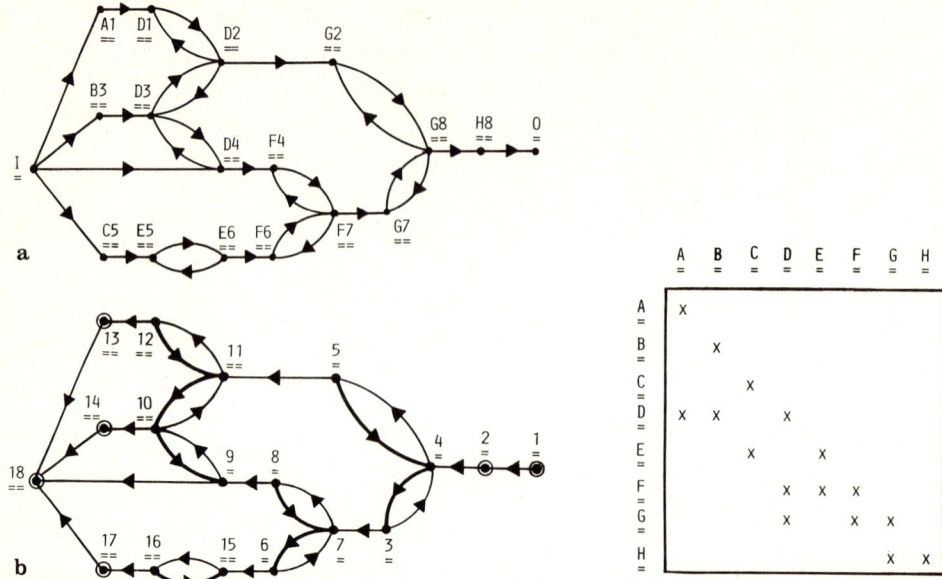

Bild 11.9. Anwendung des Depth-First Search-Verfahrens auf das
          Netzwerk Bild 11.5a: a) Interaktionsgraph, b) Bestim-
          mung der starken Komponenten durch Baumsuche, c) Ab-
          hängigkeitsmatrix

bestätigt die in Bild 11.5b zugewiesene Reihenfolge. Die Abhängigkeitsmatrix hat die in Bild 11.5c gezeigte untere Dreiecksform, wobei an jeder von Null verschiedenen Stelle die
Abhängigkeitsmatrix der einzelnen Teilsysteme eingesetzt werden
muß.

    Bei der Behandlung von Netzwerken aus unilateralen Teil-
netzwerken wurde stillschweigend vorausgesetzt, daß keine
Rückkopplungen von einem Ausgangsnetzwerk zu einem Eingangsnetzwerk über ein oder mehrere unilaterale Teilnetzwerke hinweg existieren. Sollten solche Rückkopplungsschleifen auftreten, dann kann der Algorithmus trotzdem angewandt werden.
Allerdings werden dann mehr Eingangs- und Ausgangsnetzwerke als
zuvor zu einem neuen Teilnetzwerk zusammengefaßt. Dies läßt sich
vermeiden, indem solche Rückkopplungen aufgetrennt werden und
erst wieder in den Signalflußgraphen eingezeichnet werden, nachdem den Teilnetzwerken eine Ordnung zugewiesen wurde. In der

Abhängigkeitsmatrix verursachen diese Rückkopplungen Einträge
im rechten oberen Teil an Plätzen, an denen ohne Rückkopplungen
Nullelemente stehen. Werden die Knoten, von denen diese Rückkopplungen ausgehen, in der zugewiesenen Reihenfolge an das Ende
gestellt, dann erhält man die Abhängigkeitsmatrix in geränderter
Blockdreieckform.

Beispiel 11.4
Beim Signalflußgraphen Bild 11.5b sollen zusätzliche Rückkopp-
lungen von $\underline{E}$ nach $\underline{C}$ und von $\underline{G}$ nach $\underline{A}$ berücksichtigt werden. Die
den Knoten zugewiesene Ordnung wird deshalb folgendermaßen ge-
ändert:
1: $\underline{I}$; 2: $\underline{A}$, $\underline{B}$, $\underline{C}$; 3: $\underline{D}$; 4: $\underline{F}$; 5: $\underline{H}$; 6: $\underline{E}$, $\underline{G}$; 7: $\underline{O}$. Die Abhängigkeitsmatrix nimmt damit die geränderte Blockdreieckform Bild 11.10
an.

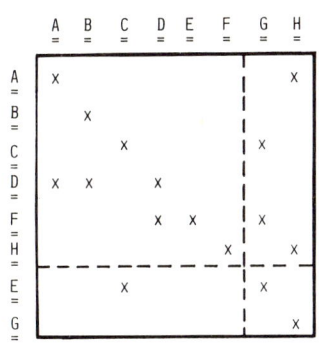

Bild 11.10. Abhängigkeitsmatrix
für ein Netzwerk
entsprechend Bild 11.5a mit
zusätzlichen Rückkopplungen

11.2 Relaxationsverfahren

Als Relaxationsverfahren werden hier Verfahren zur iterativen
Lösung von Gleichungssystemen bezeichnet. Diese Systeme können
aus linearen Gleichungen, nichtlinearen Gleichungen, oder auch
aus Differentialgleichungen bestehen. Der Vorteil der Relaxationsverfahren besteht darin, daß einmal die Lösungsgenauigkeit
mit Hilfe der Anzahl der durchgeführten Iterationen gesteuert
werden kann, zum anderen eine Entkopplung der einzelnen Gleichungen untereinander möglich ist, die eine Ausnutzung des Latenz-Prinzips erlaubt.

11.2.1 Anwendung zur Lösung linearer Gleichungssysteme

Die Relaxationsverfahren zur Lösung eines linearen Gleichungssystems in der Form von (7.1) können allgemein durch die Itera-
tionsvorschrift

$$x^{(\eta+1)} = \underline{K}\,\underline{x}^{(\eta)} + \underline{k} \quad , \qquad \eta = 0,1,2,\ldots \tag{11.5}$$

beschrieben werden [11.5], wobei $\underline{K}$ die sogenannte Iterationsmatrix bedeutet mit

$$\underline{K} = \underline{E} - \underline{Z}^{-1}\,\underline{A} \quad . \tag{11.6}$$

Dabei ist $\underline{Z}$ eine Zerlegungsmatrix, die das angewandte Verfahren
definiert. Der Vektor $\underline{k}$ ergibt sich zu

$$\underline{k} = Z^{-1}\,b \quad . \tag{11.7}$$

Die Koeffizientenmatrix $\underline{A}$ werde in die Summe einer Diagonalmatrix $\underline{D}$, einer streng unteren Dreiecksmatrix $\underline{L}$ (die nur unterhalb der Hauptdiagonalen von Null verschiedene Elemente hat),
sowie einer streng oberen Dreiecksmatrix $\underline{\bar{U}}$ (nur Elemente oberhalb der Diagonalen sind von Null verschieden) zerlegt:
Es sollen im folgenden drei Verfahren betrachtet werden:

1. (Gauß-) Jacobi-Verfahren (Gesamtschrittverfahren) mit
$\underline{Z} = \underline{D}$. Damit gilt mit (11.5-7):

$$x^{(\eta+1)} = (\underline{E} - \underline{D}^{-1}\,\underline{A})\,\underline{x}^{(\eta)} + \underline{D}^{-1}\,\underline{b} \tag{11.8}$$

oder

$$\underline{D}\,x^{(\eta+1)} = -(\underline{\bar{L}} + \underline{\bar{U}})\,\underline{x}^{(\eta)} + \underline{b} \quad . \tag{11.9}$$

2. Gauß-Seidel-Verfahren (Einzelschrittverfahren) mit
$\underline{Z} = \underline{D} + \underline{\bar{L}}$. Damit ist

$$x^{(\eta+1)} = -(\underline{D} + \underline{\bar{L}})^{-1}\,\underline{\bar{U}}\,\underline{x}^{(\eta)} + (\underline{D} + \underline{\bar{L}})^{-1}\,\underline{b} \tag{11.10}$$

oder

$$(\underline{D} + \underline{\bar{L}})\,\underline{x}^{(\eta+1)} = -\underline{\bar{U}}\,\underline{x}^{(\eta)} + \underline{b} \quad . \tag{11.11}$$

3. SOR (Successive Overrelaxation) - Verfahren mit
$\underline{Z} = \omega^{-1} \underline{D} + \underline{L}$, wobei die relle Zahl ω als Relaxationsfaktor bezeichnet wird. Eine geeignete Wahl von ω kann den Lösungsprozeß beschleunigen. Ist $\omega > 1$, dann spricht man von Überrelaxation, bei $\omega < 1$ von Unterrelaxation. Aus der Definition der Zerlegungsmatrix folgt

$$\underline{x}^{(\eta+1)} = (\underline{E} + \omega\underline{D}^{-1}\underline{L})^{-1}\left[(1-\omega)\underline{E} - \omega\underline{D}^{-1}\underline{\bar{U}}\right]\underline{x}^{(\eta)} + (\omega^{-1}\underline{D} + \underline{L})^{-1}\underline{b}.$$
(11.12)

Für $\omega = 1$ ist (11.12) identisch mit (11.10).

Beispiel 11.5
Für ein lineares Gleichungssystem mit drei Unbekannten erhält man mit der Zerlegung

$$\underline{L} = \begin{bmatrix} 0 & 0 & 0 \\ a_{21} & 0 & 0 \\ a_{31} & a_{32} & 0 \end{bmatrix}, \qquad \underline{D} = \begin{bmatrix} a_{11} & 0 & 0 \\ 0 & a_{22} & 0 \\ 0 & 0 & a_{33} \end{bmatrix},$$

$$\underline{\bar{U}} = \begin{bmatrix} 0 & a_{12} & a_{13} \\ 0 & 0 & a_{23} \\ 0 & 0 & 0 \end{bmatrix}$$

folgende Iterationsformeln:

1. Jacobi-Iteration:

$$x_1^{(\eta+1)} = \frac{1}{a_{11}}\left[(\qquad - a_{12}x_2^{(\eta)} - a_{13}x_3^{(\eta)}) + b_1\right]$$

$$x_2^{(\eta+1)} = \frac{1}{a_{22}}\left[(-a_{21}x_1^{(\eta)} \qquad - a_{23}x_3^{(\eta)}) + b_2\right]$$

$$x_3^{(\eta+1)} = \frac{1}{a_{33}}\left[(-a_{31}x_1^{(\eta)} - a_{32}x_2^{(\eta)} \qquad) + b_3\right] ,$$

2. Gauß-Seidel-Iteration:

$$x_1^{(\eta+1)} = \frac{1}{a_{11}}\left[(\qquad - a_{12}x_2^{(\eta)} - a_{13}x_3^{(\eta)}) + b_1\right]$$

$$x_2^{(\eta+1)} = \frac{1}{a_{22}}\left[(-a_{21}x_1^{(\eta+1)} \qquad - a_{23}x_3^{(\eta)}) + b_2\right]$$

$$x_3^{(\eta+1)} = \frac{1}{a_{33}}\left[(-a_{31}x_1^{(\eta+1)} - a_{32}x_2^{(\eta+1)} \qquad) + b_3\right] ,$$

3. SOR-Verfahren:

$$x_1^{(\eta+1)} = \frac{\omega}{a_{11}}\left[\left(\left(\frac{1}{\omega}-1\right)a_{11}x_1^{(\eta)} \quad - \quad a_{21}x_2^{(\eta)} \quad - \quad a_{31}x_3^{(\eta)}\right)+b_1\right]$$

$$x_2^{(\eta+1)} = \frac{\omega}{a_{22}}\left[\left(\quad -a_{21}x_1^{(\eta+1)}+\left(\frac{1}{\omega}-1\right)a_{22}x_2^{(\eta)} \quad - \quad a_{23}x_3^{(\eta)}\right)+b_2\right]$$

$$x_3^{(\eta+1)} = \frac{\omega}{a_{33}}\left[\left(\quad -a_{31}x_1^{(\eta+1)}- \quad a_{32}x_2^{(\eta+1)}+\left(\frac{1}{\omega}-1\right)a_{33}x_3^{(\eta)}\right)+b_3\right].$$

Beim Jacobi-Verfahren werden also auf der rechten Seite die im
vorhergehenden Schritt erhaltenen Lösungen eingesetzt und zwar
in allen Gleichungen, weshalb dieses Verfahren auch den Namen
Gesamtschrittverfahren hat. Beim Gauß-Seidel-Verfahren werden
die Lösungen, die beim Berechnen der vorhergehenden Zeilen erhalten wurden, sofort auf der rechten Seite der folgenden Gleichungen eingesetzt. Da hierfür die einzelnen Zeilen in der vorgegebenen Reihenfolge gelöst werden müssen, heißt dieses Verfahren auch Einzelschrittverfahren. Beim SOR-Verfahren treten auf
der rechten Seite auch die Diagonalelemente auf, sie haben eine
Gewichtung, die von derjenigen der übrigen Elemente abweicht.

Da Relaxationsverfahren iterative Verfahren sind, muß die
Frage beantwortet werden, unter welchen Bedingungen diese Verfahren konvergieren. Eine notwendige Voraussetzung dafür ist
sicherlich, daß die Inverse der Diagonalmatrix $\underline{D}$ existiert, das
heißt, die Hauptdiagonale von $\underline{A}$ darf keine Nullelemente enthalten. Dies kann durch Zeilen- und Spaltenvertauschung erreicht
werden. Eine notwendige und hinreichende Bedingung für die Konvergenz von (11.5) unabhängig vom Ausgangswert $\underline{x}^{(0)}$ ist, daß
der Spektralradius der Iterationsmatrix $\underline{K}$ kleiner eins ist. Das
bedeutet, daß alle Eigenwerte der Iterationsmatrix in der komplexen Ebene innerhalb des Einheitskreises liegen. Da diese Bedingung eine aufwendige Bestimmung der Eigenwerte erfordert,
sind einfach zu überprüfende, hinreichende Bedingungen in der
Praxis besser geeignet. Zu diesen Bedingungen gehört das Zei-
lensummen-Kriterium, das verlangt, daß jedes Diagonalelement
von $\underline{A}$ größer ist, als die Summe der übrigen Elemente in derselben Zeile. Wird dieses Kriterium statt auf Zeilen auf die Spalten von $\underline{A}$ angewandt, dann spricht man vom Spaltensummen-Krite-
rium. Für das SOR-Verfahren läßt sich zeigen, daß Konvergenz

nur im Bereich $0 < \omega < 2$ möglich ist [11.5]; zur Bestimmung des optimalen Wertes des Relaxationsfaktors ist jedoch wieder die Kenntnis der Eigenwerte von $\underline{A}$ erforderlich. Kennzeichnend für alle Relaxationsverfahren ist, daß diese Verfahren bei den ersten Iterationen ziemlich schnell konvergieren und dann lineare Konvergenz zeigen, das heißt

$$\left\| \underline{x}^{(\eta+1)} - \underline{x}^* \right\| \leq \alpha \left\| \underline{x}^{(\eta)} - \underline{x}^* \right\| \quad , \tag{11.13}$$

wobei $\underline{x}^*$ die Lösung des Gleichungssystems bedeutet. Infolgedessen ist der Rechenaufwand zur Durchführung einer Iteration proportional $O(n)$. Für den Aufwand bei der Lösung mit direkten Verfahren unter Anwendung von Sparse-Matrix-Techniken wurde im Abschn. 7.2.1 die Komplexität mit $O(n^{1,2})$ bis $O(n^{1,6})$ angegeben. Bezüglich der Rechenzeit bieten Relaxationsverfahren also nur dann einen Vorteil, wenn die Anzahl der Iterationen zur Berechnung der Lösung geringer als $O(n^{0,2})$ bis $O(n^{0,6})$ ist. Bei kleinen Gleichungssystemen wird dies kaum der Fall sein. Berücksichtigt man dann noch die Möglichkeit, daß iterative Verfahren nicht konvergieren, dann ist die Bevorzugung direkter Verfahren bei der Circuit-Simulation sicher gerechtfertigt. Bei sehr großen Gleichungssystemen können jedoch Relaxationsverfahren einen Zeitvorteil bringen, insbesondere, wenn das Latenzprinzip angewandt wird.

Im allgemeinen Fall konvergiert das Gauß-Seidel-Verfahren schneller als das Jacobi-Verfahren. Während ein Umordnen der Zeilen beim Jacobi-Verfahren keinen Einfluß auf die Konvergenzgeschwindigkeit hat, kann sie beim Gauß-Seidel-Verfahren entscheidend beeinflußt werden. Wenn zum Beispiel die Koeffizientenmatrix $\underline{A}$ eine Dreiecksmatrix ist, dann werden n Iterationen zur Berechnung der exakten Lösung benötigt, falls $\underline{A}$ in oberer Dreiecksform geschrieben wird. Wird $\underline{A}$ dagegen so umgeordnet, daß eine untere Dreiecksform entsteht, dann wird die exakte Lösung schon mit einer einzigen Gauß-Seidel-Iteration erhalten [11.6].

Da die einzelnen Gleichungen beim Jacobi-Verfahren voneinander unabhängig gelöst werden können, ist eine parallele Lösung der einzelnen Gleichungen auf einem Multiprozessor-Rechner sehr einfach möglich. Beim Gauß-Seidel-Verfahren ist jede Zeile zwar von den vorhergehenden Zeilen abhängig, doch kann der Rechenablauf so organisiert werden, daß auch hier eine parallele Gleichungslösung möglich ist [11.7].

11.2.2 Anwendung zur Lösung nichtlinearer Gleichungssysteme

Nichtlineare Gleichungssysteme der Form (8.4) können mit Hilfe von Relaxationsverfahren auf zwei Arten gelöst werden:

1. Durch Linearisierung des nichtlinearen Gleichungssystems mit dem Newton-Algorithmus, wobei die linearen Gleichungssysteme mit einem Relaxationsverfahren - vorzugsweise mit dem Gauß-Seidel-Verfahren - gelöst werden (Bild 11.11). Dieses Verfahren wird Newton-Raphson-Gauß-Seidel-Verfahren (NRGS) genannt.

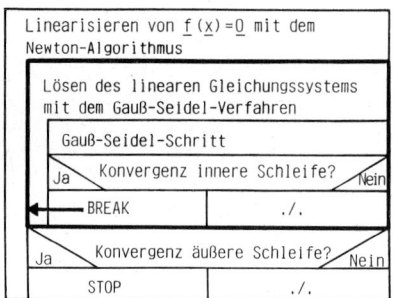

Bild 11.11. Struktogramm:

NRGS-Verfahren

2. Durch Anwendung eines Relaxationsverfahrens - zum Beispiel des Gauß-Seidel-Verfahrens - zur Entkopplung der nichtlinearen Gleichungen untereinander und Lösen der einzelnen nichtlinearen Gleichungen der Form

$$f_i(x_1^{(\eta+1)},\ldots,x_i^{(\eta+1)},x_{i+1}^{(\eta)},\ldots,x_n^{(\eta)}) = 0 \quad ,$$
$$i = 1,\ldots,n \quad , \quad \eta = 1,2,\ldots \qquad (11.14)$$

nach $x_i^{(\eta+1)}$ mit dem Newton-Raphson-Verfahren (Bild 11.12). In diesem Fall spricht man vom Gauß-Seidel-Newton-Raphson-Verfahren (GSNR). Dabei muß lediglich jeweils eine Gleichung mit einer Unbekannten iterativ linearisiert werden, während beim NRGS-Verfahren stets die gekoppelten Gleichungen linearisiert werden, was einen wesentlich höheren Aufwand bedeutet.

Ein wichtiges Kriterium für den Einsatz dieser Verfahren sind ihre Konvergenz-Eigenschaften. Beim NRGS-Verfahren ist, wie

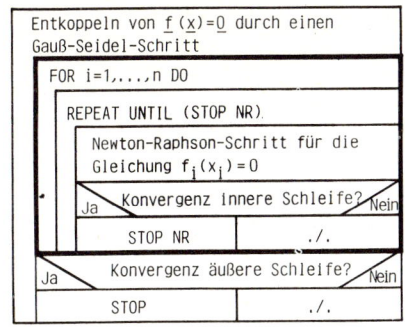

Entkoppeln von $\underline{f}(\underline{x})=\underline{0}$ durch einen Gauß-Seidel-Schritt	
FOR i=1,...,n DO	
REPEAT UNTIL (STOP NR)	
Newton-Raphson-Schritt für die Gleichung $f_i(x_i)=0$	
Ja Konvergenz innere Schleife? Nein	
STOP NR	./.
Ja Konvergenz äußere Schleife? Nein	
STOP	./.

Bild 11.12. Struktogramm: GSNR-Verfahren

nach Satz 8.2 zu erwarten ist, die Konvergenz des Newton-Verfahrens quadratisch, wenn beim Gauß-Seidel-Algorithmus in der inneren Schleife bis zur Konvergenz iteriert wird. Nun kann das Verfahren vereinfacht werden, indem weniger Iterationen in der inneren Schleife durchgeführt werden, z. B. nur p Iterationen. In
diesem Fall spricht man von einem p-Schritt-NRGS-Verfahren. Es
kann gezeigt werden [11.6,8], daß ein 1-Schritt-NRGS-Verfahren
linear konvergiert. Mit zunehmender Anzahl der Schritte nähert
sich die Konvergenz der quadratischen Konvergenz an. Eine Untersuchung des GSNR-Verfahrens zeigt, daß das Verfahren konver-
giert, wenn $\underline{f}(\underline{x})$ in einer Umgebung des Lösungspunktes stetig
differenzierbar ist und der Ausgangswert für die Iterationen
genügend nahe bei der Lösung liegt. Die asymptotische Konvergenz des GSNR-Verfahrens wird - unabhängig von der Anzahl der
Schritte bei den NR-Iterationen - von der Konvergenz des Relaxationsverfahrens bestimmt und ist infolgedessen linear. Wird
ein m-Schritt-GSNR-Verfahren benutzt, dann werden möglicherweise
weniger Iterationen für die äußere Schleife benötigt; die Konvergenz des Verfahrens bleibt trotzdem linear. Dieses Verhalten
macht die Verwendung eines 1-Schritt-GSNR-Verfahrens bei manchen Programmen zur Timing-Simulation (siehe Kap. 12) verständlich. Ebenso wie im linearen Fall wird die Konvergenz des NRGS-
und des GSNR-Verfahrens beschleunigt, wenn die Gleichungen so angeordnet werden, daß die zugehörige Abhängigkeitsmatrix eine untere Dreiecksform hat oder nur wenige Elemente enthält, die eine
solche Anordnung stören.

11.2.3 Anwendung zur Lösung von gekoppelten Differentialglei- chungen

Relaxationsverfahren können verwendet werden, um das System (9.4) von n nichtlinearen Differentialgleichungen erster Ordnung so zu entkoppeln, daß die einzelnen Gleichungen unabhängig voneinander gelöst werden können. Dazu werden beim Lösen der i-ten Differential- gleichung nach x_i für die übrigen zeitabhängigen Variablen die Zeitfunktionen eingesetzt, die bei der letzten Iteration er- halten wurden oder durch Lösen der vorhergehenden Differential- gleichungen ermittelt wurden, falls das Gauß-Seidel-Verfahren verwendet wird:

$$\dot{x}_i^{(\eta+1)} = f_i\left[x_1^{(\eta+1)}(t),\ldots,x_i^{(\eta+1)}(t),\ldots,x_n^{(\eta)}(t), t\right] \quad,$$

$$i = 1,\ldots,n \quad, \quad \eta = 1,2,\ldots \qquad (11.15)$$

Durch Einsetzen der bekannten Signalverläufe (Waveforms) $x_1^{(\eta+1)}(t),\ldots,x_{i-1}^{(\eta+1)}(t),x_{i+1}^{(\eta)}(t),\ldots,x_n^{(\eta)}(t)$ in (11.15) wird die Differentialgleichung auf eine Differentialgleichung mit einer Unbekannten reduziert. Um die genaue Lösung zu erhalten, müssen mehrere Iterationen $\eta = 1,2,\ldots$ durchgeführt werden. Das Verfahren (11.15) heißt deshalb (Gauß-Seidel-) Waveform-Relaxa- tion. Auch in diesem Fall konvergiert das Verfahren schneller, wenn die Differentialgleichungen entsprechend dem Signalfluß durch das beschriebene Netzwerk angeordnet werden und nur weni- ge Rückkopplungen im Netzwerk enthalten sind. Werden in (11.15) anstelle von $x_1^{(\eta+1)}(t),\ldots,x_{i-1}^{(\eta+1)}(t)$ die Signalverläufe der letzten Iteration $x_1^{(\eta)}(t),\ldots,x_{i-1}^{(\eta)}(t)$ eingesetzt, dann erhält man die Jacobi-Waveform-Relaxation. Wird die aus (11.15) erhal- tene Lösung $x_i^{(\eta+1)}$ vor der nächsten Iteration durch

$$x_i^{(\eta+1)} \longleftarrow x_i^{(\eta)} + \omega(x_i^{(\eta+1)} - x_i^{(\eta)}) \quad, \quad 0 < \omega < 2 \qquad (11.16)$$

modifiziert [11.9], dann wird das SOR-Verfahren zur Entkopplung der Differentialgleichungen angewandt.

Die durch Waveform-Relaxation berechnete Folge von Signal- verläufen $\underline{x}^{(\eta)}(t)$, $\eta = 1,2,\ldots$ konvergiert für alle Ausgangsfunk- tionen $\underline{x}_0(t)$ gegen die Lösung $\underline{x}^*(t)$, wenn die folgenden Bedin- gungen erfüllt sind:

1. Die Quellensignale s(t) des durch die Differentialgleichungen beschriebenen Netzwerks sind im interessierenden Zeitintervall [0,T] beschränkt und sind nur an einer endlichen Anzahl von Zeitpunkten unstetig,

2. alle f_i sind stetig bezüglich s(t),

3. die Funktion $\bar{f} = (f_i)'$ ist Lipschitz-stetig nach (9.5).
Diese Konvergenzbedingung wurde in [11.9] für eine allgemeinere
Gleichungsformulierung als (11.15) ausführlich bewiesen. Es wird
darauf an dieser Stelle nicht weiter eingegangen, da für die Anwendung der Waveform-Relaxation auf Netzwerke aus MOS-Transistoren Konvergenzkriterien angegeben werden können, die direkt am
Netzwerk überprüft werden können (siehe Abschn. 14.2).

11.3 Makromodellierung digitaler Schaltungen

11.3.1 Anwendung und Klassifizierung von Makromodellen

Bei der Simulation großer Schaltungen mit mehr als einigen hundert Transistoren wird man bei einer Zeitmessung feststellen, daß
der größte Anteil der Rechenzeit für die Auswertung der Transistormodelle benötigt wird. Dieser Anteil kann bis zu etwa 90% der
Gesamtrechenzeit ansteigen [11.10-11]. Die Gesamtrechenzeit kann
deshalb beträchtlich reduziert werden, wenn die Modellauswertung
beschleunigt wird. Wie schon in Abschnitt 3.5 gezeigt wurde,
kann dies durch Verwendung von Makromodellen erreicht werden. Da
Makromodelle in der Regel weniger Knoten enthalten, als die durch
sie modellierten Teilschaltungen, wird auch der benötigte Speicherplatz reduziert. Da hochintegrierte Schaltungen zum weitaus
überwiegenden Teil aus Logikschaltungen bestehen, soll hier – im
Gegensatz zur Behandlung von Makromodellen für analoge Schaltungen in Abschn. 3.5 – nur die Makromodellierung digitaler Schaltungen behandelt werden.

Als Makromodelle sollen dabei alle Modelle einer analogen
oder digitalen Schaltung verstanden werden, die eine vereinfachte,
aber doch ausreichend genaue Beschreibung der Schaltungsfunktion
ermöglichen. Gibt ein Makromodell das Verhalten des nicht vereinfachten Netzwerkmodells wieder, dann wird es ein "exaktes Makromodell" genannt [11.12] . Ein Beispiel dafür ist die Eingangs-Aus-

gangs-Beziehung für ein Teilnetzwerk. Eine Voraussetzung dafür,
daß eine große Schaltung durch Makromodelle (teilweise) beschrieben werden kann, ist, daß die Gesamtschaltung sinnvoll in Teilschaltungen zerlegt werden kann, und daß diese Teilschaltungen
unabhängig voneinander modelliert werden können. Dies ist sicher
dann der Fall, wenn die Teilschaltungen unilateral sind.

Zur Aufstellung von Makromodellen gibt es verschiedene Vorgehensweisen. Die gefundenen Makromodelle können entsprechend eingeteilt werden in [11.13] :

1. durch Schaltungsreduzierung abgeleitete Makromodelle.
Dabei werden vom Original - Netzwerk alle die Elemente entfernt,
die nur zur Modellierung von Effekten zweiter oder höherer Ordnung dienen. Diese Elemente können beispielsweise mit Hilfe von
Empfindlichkeitsanalysen gefunden werden. Da den Elementen des
Makromodells Elemente des Ausgangsnetzwerks entsprechen, kann
die Funktion des Modells gut übersehen werden.

2. durch Schaltungssynthese abgeleitete Makromodelle.
Dabei wird ein Makromodell so aus Netzwerkelementen aufgebaut,
daß das gewünschte Klemmenverhalten erhalten wird. Dieses Verhalten kann zum Beispiel durch Messungen an einer realisierten
Schaltung oder durch Simulationen des Ausgangsnetzwerks gefunden
werden. Der Vorteil dieser Technik zur Makromodellierung ist, daß
einmal die Elemente des Makromodells mit den Elementen kompatibel
sind, die beim verwendeten Simulator zur Verfügung stehen. Zum
andern brauchen nur die Eigenschaften modelliert werden, die
für die Simulation wesentlich sind, wie etwa Eingangs- und Aus-
gangsimpedanzen, Verzögerungen, stückweise lineares Übertragungs-
verhalten. Nachteilig ist, daß ein so aufgestelltes Makromodell
dem Ausgangsnetzwerk nicht mehr ähnlich ist und deshalb eine
physikalische Interpretierbarkeit kaum möglich ist.

3. Tabellenmodelle
Bei Tabellenmodellen wird das gemessene oder simulierte Eingangs-
Ausgangsverhalten der modellierten Schaltung in Tabellen abgelegt. Da mehrere Eingänge und Ausgänge vorhanden sein können und
das Verhalten von weiteren Parametern, etwa der Größe der Schal-
tungsbelastung, abhängen kann, können solche Tabellen sehr um-
fangreich werden. Bei der Simulation werden Werte, die nicht in
den Tabellen gefunden werden, durch Interpolation ermittelt.
Werden die Kennlinien durch stückweis lineare (Tabellen-) Funkti-

onen beschrieben, dann kann es Konvergenzschwierigkeiten bei Anwendung des Newton-Algorithmus geben. Ein typisches Phänomen ist
das Einsetzen von Oszillationen. In diesem Fall sind die Bedingungen für die Konvergenz des Newton-Verfahrens, nämlich stetige
Nichtlinearitäten mit stetigen zweiten Ableitungen, nicht erfüllt [11.14] . Als Vorteil des Tabellenverfahrens ist zu nennen,
daß die Modelltabellen automatisch aufgestellt werden können.

4. Mathematische Makromodelle

Ein solches Makromodell liegt dann vor, wenn das zu modellierende Teilnetzwerk durch mathematische Funktionen oder Gleichungen
beschrieben wird, welche nicht einem Netzwerk aus zugelassenen
Elementen entsprechen. Dies kann zum Beispiel ein System von
Differentialgleichungen sein oder Eingangs-Ausgangs-Beziehungen,
die nur mit Hilfe spezieller nichtlinearer gesteuerter Quellen
in ein Netzwerk umgesetzt werden könnten. Boolsche AND- und OR-
Verknüpfungen können, wie noch in einem Beispiel gezeigt wird,
durch eine Minimum- bzw. Maximumfunktion modelliert werden.

5. Symbolische Makromodelle

Enthält das Gesamtnetzwerk viele Teilnetzwerke des gleichen Typs,
dann kann der Lösungsablauf für diesen Typ (Gleichungsformulierung,
LU-Zerlegung, Pivotisierungsreihenfolge) in symbolischer Form
abgelegt werden. Bei digitalen Schaltungen kann dabei eine maximale Anzahl von Eingängen berücksichtigt werden. Hat die aktuelle Schaltung weniger Eingänge, dann läßt sich dies bei der Rücksubstitution berücksichtigen, indem die Abarbeitung der speziell
aufgebauten Liste früher beendet wird [11.15] . Ein Verfahren
zur systematischen Ableitung von Makromodellen durch Reduzierung
des Maschinencodes zur Lösung der Netzwerkgleichungen wird in
[7.27] beschrieben.

Häufig werden Makromodelle nicht nur nach einem der genannten
Verfahren entwickelt, sondern vereinen verschiedene dieser Vorgehensweisen. So werden bei den Makromodellen für die Timing-Simulation meist Tabellenverfahren zur Beschreibung von Strömen und
Leitwerten der MOS-Transistoren zusammen mit der mathematischen
und symbolischen Modellierung verwendet. Im allgemeinen ist die
Makromodellierung eines Teilnetzwerks eine komplexe Aufgabe, die
beträchtliche Erfahrung erfordert, da keine systematische Vorgehensweise bekannt ist. Nützliche Hinweise, die bei der Entwicklung eines Makromodells beachtet werden sollten, sind in [11.16]
zu finden.

Makromodelle für digitale Schaltungen können mit sehr unterschiedlicher Genauigkeit aufgestellt werden. Mit steigender Genauigkeit nimmt dabei die notwendige Rechenzeit zu. Zum Beispiel
können für Logikgatter folgende Modelle verwendet werden [11.15]:

1. "Unit delay" - Modellierung von Logikgattern, d.h. die
Gatter werden durch ihre Wahrheitstabelle beschrieben, das Signal
hat eine einheitliche Verzögerungszeit in allen Gattern.

2. Modellierung einer Gatterlaufzeit durch unterschiedliche
Werte der ansteigenden und abfallenden Flanke des zugehörigen Ausgangssignals.

3. Modellierung der Anstiegs- und Abfallzeit eines Ausgangssignals sowie der Gatterlaufzeit abhängig von der Belastung (fan out) des Gatters und der Anstieg- und Abfallzei-
ten der Eingangssignale. Diese Modellierung kann mit Hilfe eines
mathematischen Modells oder eines Tabellenmodells erfolgen.

4. Analoges Modell für das Logikgatter, das heißt Darstellung
durch einzelne Transistoren, die je nach den angelegten Eingangssignalen für die Auswertung zu Gruppen zusammengefaßt werden. Damit kann die Laufzeit eines Gatters abhängig von der
Belastung und dem aktuellen Schaltungszustand modelliert werden.

11.3.2 Makromodellierung unilateraler Logikgatter in MOS-Technik

In diesem Abschnitt sollen Makromodelle der letzten Kate-
gorie behandelt werden mit einer Beschränkung auf MOS-Schaltungen. Makromodelle für TTL-Schaltungen wurden in [11.17-18]
beschrieben. Makromodelle der vorhergenannten Kategorien werden
bei der Logik-Simulation eingesetzt. Sie werden bei der Behandlung
der Mixed-Mode-Simulation (Abschn. 12.3) und der Switch-Level-Logik-Simulation (Kap. 13) näher behandelt.

In der statischen NMOS-Schaltungstechnik werden üblicherweise Logikgatter verwendet, wie sie in Bild 11.13 dargestellt sind,
nämlich Inverter (a), NOR-Gatter (b), NAND-Gatter (c), AND-OR-
Inverter (d) und OR-AND-Inverter (e). Diese Gatter enthalten einen
Depletion-Lasttransistor, über den die (stets vorhandene) Lastkapazität am Gatter-Ausgang auf die positive Versorgungsspannung
V_{DD} aufgeladen wird, sowie Enhancement-Treibertransistoren, welche entsprechend der realisierten logischen Verknüpfung die Lastkapazität entladen können. Da die Lastkapazität während der Ent-

ladung über einen aus Treibertransistoren gegen Masse gebildeten
Pfad gleichzeitig über den stets leitenden Lasttransistor nach-
geladen wird, muß die Leitfähigkeit des Treiberpfads wesentlich
höher sein als die Leitfähigkeit des Lasttransistors, um die
Lastkapazität bis auf den gewünschten Nullpegel entladen zu
können. Dieser Nullpegel muß deutlich niedriger als die Schwellenspannung der Enhancement-Transistoren sein, damit die Treibertransistoren nachgeschalteter Gatter abgeschaltet werden können.
Dies wird dadurch erreicht, indem beim Inverter und NOR-Gatter
der Verstärkungsfaktor β (siehe (3.31)) der Treibertransistoren
um den Faktor 4 – 8 größer gewählt wird, als beim Lasttransistor
[11.19,20,30]. Bei den anderen Gattern liegen mehrere Treibertransistoren in Serie, wenn die Lastkapazität entladen wird. Um
hierbei die gleiche Leitfähigkeit dieses Pfads im Vergleich zum
Inverter zu erhalten, müssen die Verstärkungsfaktoren dieser
Treibertransistoren nochmals vergrößert werden. In der Praxis
erreicht man dies durch entsprechende Wahl der Kanalweite W der
Transistoren, da für die geometrische Kanallänge L meist die
minimal zulässige Abmessung gewählt wird. Die Funktionsweise der
gezeigten Logikgatter können auf die Funktion der Inverterschal-
tung Bild 11.13a zurückgeführt werden: Gibt es keinen Pfad gegen
Masse, dann lädt sich die Lastkapazität auf; gibt es einen oder
mehrere durch leitende Treibertransistoren gebildete Pfade gegen
Masse, dann entlädt sich die Lastkapazität. Der Nullpegel, der sich
dabei einstellt, wird durch das Verhältnis des Leitwerts des Lasttransistors G_L zum Leitwert des Massepfads G_T bestimmt, der sich
wiederum aus der Serien- und Parallelschaltung der leitenden Treibertransistoren berechnen läßt:

$$U_L = V_{DD} \frac{1/G_T}{1/G_L + 1/G_T} = V_{DD} \frac{1}{1 + G_T/G_L} \approx \frac{V_{DD}}{5} \cdots \frac{V_{DD}}{9} \quad . \qquad (11.17)$$

Aus diesem Grund wird die statische Schaltungstechnik auch
"Ratio"-Technik genannt. Die beschriebenen Gatter können auch
getaktet werden, indem den Gattern ein Enhancement-Transistor als
"Transfer-Gatter" (auch Pass-Transistor genannt) nachgeschaltet
wird (Bild 11.13f). Dabei wird die in der Lastkapazität C_A gespeicherte Ladung erst weitergegeben, wenn das Taktsignal das
Transfer-Gatter durchschaltet. Bei Treiberstufen ("Buffer"), die
große Lastkapazitäten in kurzer Zeit aufladen sollen, wird anstelle

des Depletion-Lasttransistors in Bild 11.13a oft ein Depletion-
Transistor verwendet, dessen Gate über eine dazwischengeschalte-
te Inverterstufe vom Eingangssignal gesteuert wird. Dadurch wird
die Leitfähigkeit des Depletion-Transistors entsprechend der
Kennlinie Bild 3.23 verändert.

Für die Gatter in statischer Schaltungstechnik lassen sich
einfache Makromodelle herleiten, indem jeder Transistor durch eine
gesteuerte Stromquelle mit Innenwiderstand ersetzt wird. Die Lastkapazität kann je nach gewünschtem Integrationsverfahren durch
eine der in Bild 10.9 dargestellten Ersatzschaltungen ersetzt werden. Durch Zusammenfassen der Stromquellen und Leitwerte wird ein
Makromodell gebildet, das lediglich aus einer gesteuerten Stromquelle mit Innenwiderstand besteht.

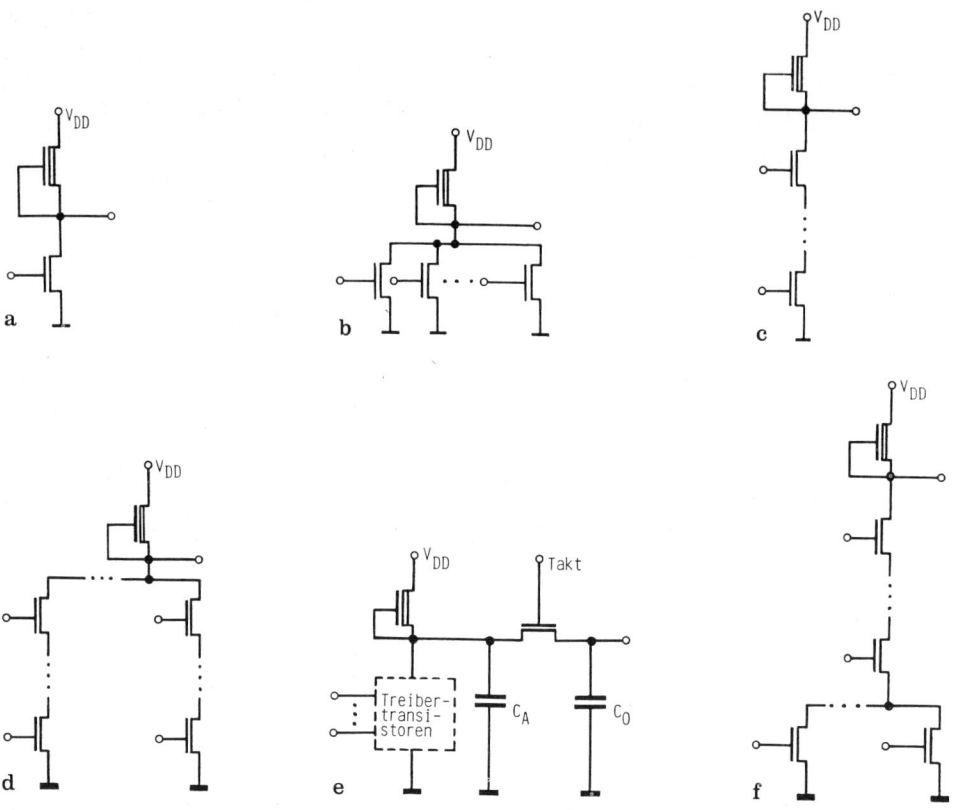

Bild 11.13. Logikgatter in statischer NMOS-Schaltungstechnik:
a) Inverter, b) NOR-Gatter, c) NAND-Gatter, d) AND-
OR-Inverter, e) OR-AND-Inverter, f) Gatter mit
nachgeschaltetem Transfergatter

Beispiel 11.6

Für das NOR-Gatter mit zwei Eingängen Bild 11.14 soll ein Makromodell aufgestellt werden. Dazu werde angenommen, daß die Ausgangsspannung u_C an der Lastkapazität C_A zum Zeitpunkt t bekannt sei und für die Zeit t+h ermittelt werden soll.

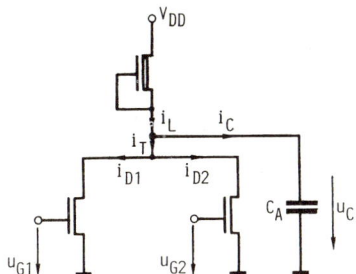

Bild 11.14. NOR-Gatter mit zwei Eingängen

Für den Strom durch den Lasttransistor gilt (siehe Abschn.
3.4.2):

$$i_L = i_L(u_{DS}, u_{BS}) = i_L(u_C) = i_L(u_C(t+h)) \quad .$$

Da die Ausgangsspannung erst ermittelt werden soll, wird sie zur
Bestimmung des Stroms i_L entweder durch Extrapolation aus den
Spannungen zu vorhergehenden Zeitpunkten geschätzt, oder es wird
einfach $u_C(t+h) \approx u_C(t)$ gesetzt, das heißt, es wird die zum vorhergehenden Zeitpunkt ermittelte Ausgangsspannung angesetzt. Um
den dabei entstehenden Fehler vernachlässigen zu können, darf die
Schrittweite h nicht zu groß gewählt werden. Den gesuchten Strom
wird man in der Regel einer eindimensionalen Tabelle $I_L(V_k)$ entnehmen, in der die Kennlinie des Lasttransistors gespeichert ist,
wobei V_k die Tabellenspannung mit der geringsten Abweichung von
$u_C(t+h)$ ist. Der erhaltene Strom läßt sich als Strom einer durch
die Ausgangsspannung gesteuerten Quelle auffassen, deren Innenleitwert durch Differentiation der zugrundeliegenden Stromformel beziehungsweise durch Bildung des Differenzenquotienten

$$G_L(V_k) \approx \frac{I_L(V_{k+1}) - I_L(V_k)}{V_{k+1} - V_k}$$

ermittelt wird. Eine Tabelle $G_L(V_k)$ kann auch vor Beginn der Modellauswertung aufgestellt werden, so daß während der Rechnung direkt zugegriffen werden kann. Da die Tabellen meist für ein geometrisches Verhältnis von W/L = 1 aufgestellt werden, muß zur Ermittlung der tatsächlichen Werte für Strom und Spannung noch mit dem W/L-Verhältnis des Transistors multipliziert werden.

In analoger Weise werden die Treibertransistoren durch Stromquellen i_{D1} bzw. i_{D2} mit Innenleitwerten G_{T1} bzw. G_{T2} modelliert, mit dem Unterschied, daß nun

$$i_D = i_D(u_{GS}(t+h),u_{DS}(t+h),u_{BS}(t+h),U_T(u_{BS}(t+h))) \quad .$$

Nachdem die Schwellenspannung U_T wegen $u_S = 0$ konstant bleibt (und in anderen Fällen aus einer eindimensionalen Tabelle entnommen werden könnte) reduziert sich die Abhängigkeit des Drainstroms der Treibertransistoren auf

$$i_D = i_D(u_G(t+h),u_C(t+h)) \quad ;$$

er kann also einer zweidimensionalen Tabelle entnommen werden. Der Wert der Drainspannung $u_C(t+h)$ wird wie beim Lasttransistor geschätzt, für die Spannungen der Gates werden - sofern keine Eingangsquellen mit diesen Knoten verbunden sind - einfach die Ausgangsspannungen derjenigen Gatter eingesetzt, die das betrachtete NOR-Gatter treiben. Je nach der Reihenfolge, in der die Gatter berechnet werden, können dies die Spannungen für den Zeitpunkt t sein (entsprechend eines Jacobi-Schritts) oder für den Zeitpunkt t + h (entsprechend eines Gauß-Seidel-Schritts) oder aber gemischt, das heißt, eine Gatespannung wird zum Zeitpunkt t, die andere zum Zeitpunkt t+h ermittelt. Der gesamte Treiberstrom i_T und der Gesamtleitwert G_T ergeben sich zu

$$i_T = i_{D1} + i_{D2} \quad ,$$
$$G_T = G_{T1} + G_{T2} \quad .$$

Diese Größen können dem Treibertransistor einer äquivalenten Inverterersatzschaltung zugeordnet werden, deren Werte natürlich nur für diesen einen Zeitschritt, für den die Schaltungsanregung als konstant angenommen wird, gültig sind. In Bild 11.15 ist die

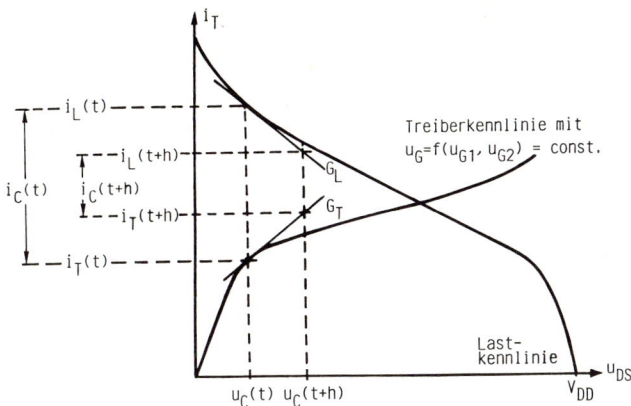

Bild 11.15. Last- und Treiberkennlinie der zum Zeitpunkt t dem
          NOR-Gatter Bild 11.14 äquivalenten Inverter-Ersatz-
          schaltung

Treiberkennlinie für diesen Zeitschritt aufgetragen, zusammen mit
der Lastkennlinie. Zum Zeitpunkt t sei die Drain-Source-Spannung
der Treibertransistoren $u_C(t)$, nach dem Zeitschritt h jedoch
$u_C(t+h)$. Dann gilt für den Ladestrom $i_C = i_L - i_T$ näherungsweise

$$\frac{di_C}{du_C} \approx \frac{[i_L(t) - i_T(t)] - [i_L(t+h) - i_T(t+h)]}{u_C(t) - u_C(t+h)} =$$

$$= \frac{i_L(t+h) - i_L(t)}{u_C(t+h) - u_C(t)} - \frac{i_T(t+h) - i_T(t)}{u_C(t+h) - u_C(t)} = -G_L - G_T \quad ,$$

wobei die Nichtlinearitäten durch einen Newton-Raphson-Schritt
linearisiert wurden.

Durch Integration dieser Gleichung

$$\int_{i_C(t)}^{i_C(t+h)} di = - \int_{u_C(t)}^{u_C(t+h)} (G_L + G_T)\, du$$

erhält man

$$i_C(t+h) = i_C(t) - (G_L + G_T)\Delta u_C(t+h) \quad ,$$
$$\text{mit } \Delta u_C(t+h) = u_C(t+h) - u_C(t) \quad .$$

Wird für die Kapazität das Ersatzschaltbild 10.9a für die implizite Euler-Integration eingesetzt mit

$$i_C(t+h) = \frac{C}{h} u_C(t+h) - \frac{C}{h} u_C(t) = \frac{C}{h} \Delta u_C(t+h) \quad ,$$

dann kann der unbekannte Strom $i_C(t+h)$ aus der vorhergehenden Gleichung eliminiert werden und man erhält

$$\Delta u_C(t+h) = \frac{i_C(t)}{G_L + G_T + C_A / h} \quad .$$

Wird anstelle der Euler-Integration die Trapez-Regel mit dem Ersatzschaltbild 10.9b für die Kapazität verwendet, dann lautet das Ergebnis

$$\Delta u_C(t+h) = \frac{2 i_C(t)}{G_L + G_T + 2 C_A / h} \quad .$$

Diese Gleichungen beschreiben Makromodelle für das NOR-Gatter; das Modell für die implizite Euler-Integration ist in Bild 11.16 dargestellt.

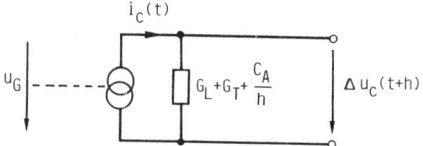

Bild 11.16. Makromodell des NOR-Gatters Bild 11.14 für die implizite Euler-Integration

Ähnliche Makromodelle wie in Beispiel 11.6 werden in den Programmen MOTIS [11.21], MOTIS-C [11.22], DIANA V.6 [2.29] und DOMOS [11.23] verwendet. In MOTIS und DIANA bedeuten die Leitwerte G_L und G_T allerdings nicht die differentiellen Leitwerte zur Zeit t, sondern die statischen Leitwerte, die Geraden durch die Punkte $(0,0),(u_C(t),i_T(t))$ und $(V_{DD},0),(u_C(t),i_L(t))$ entsprechen. Damit wird bei der Linearisierung der Kennlinien nicht das Newton-Raphson-Verfahren, sondern die Regula Falsi verwendet. Da die Ströme dabei kleiner sind als beim Newton-Raphson-Ver-

fahren, erfolgt die Aufladung und Entladung der Lastkapazität
etwas langsamer. Dieser Effekt muß kein Nachteil sein, da man
eine pessimistische Aussage bezüglich der Schaltungsfunktion erhält, das heißt, daß die Simulationsergebnisse als Worst-Case-Er-
gebnisse interpretiert werden können. Der Vorteil dieses Verfahrens
ist, daß man stets im zulässigen Spannungsbereich $[0, V_{DD}]$ bleibt,
während dieser Bereich verlassen werden kann, wenn nur ein einziger Newton-Raphson-Schritt durchgeführt wird.

Die im Beispiel 11.5 gezeigte Technik zur Makromodellierung
kann analog zur Modellierung von NAND-Schaltungen, AND-OR- und
OR-AND-Invertern angewandt werden. Im Unterschied zur NOR-Schal-
tung sind bei diesen Schaltungen stets mehrere in Serie liegende Treibertransistoren durchgeschaltet, wenn die Lastkapazität entladen wird. Sind alle diese Treibertransistoren bis auf
einen vollständig durchgeschaltet, sind sie zum Beispiel in der
Sättigung, während der verbleibende Transistor einen niedrigeren
Leitwert hat (weil er zum Beispiel im linearen Bereich betrieben wird), dann fällt fast die gesamte Ausgangsspannung an diesem einen Treibertransistor ab. In der Literatur, z.B. in [11.11]
wird deshalb der Vorschlag gemacht, zur Beschleunigung der Rechnung die Serienschaltung aus leitenden Treibertransistoren durch
den Treibertransistor mit minimaler Gatespannung nachzubilden,
also alle anderen Treibertransistoren durch Kurzschlüsse zu ersetzen. Diese Technik wird im Programm MOTIS-C angewandt. In der
Praxis zeigt sich jedoch, daß diese Vorgehensweise häufig zu un-
zureichenden Simulationsergebnissen führt. Die Ursache liegt darin, daß die zugrundeliegende Annahme, alle in Serie liegenden
Transistoren würden sich wegen gleicher Dimensionierung auch gleich
verhalten, nicht erfüllt ist. Aufgrund der Substratvorspannung
ergeben sich für die Transistoren unterschiedliche Schwellen-
spannungsverschiebungen, außerdem werden die Kapazitäten an internen Knoten des leitenden Pfades unterschiedlich aufgeladen.
Eine verbesserte Modellierung im Programm DIANA V.7E berücksichtigt deshalb nicht nur den Transistor mit minimaler Gate-
Spannung im leitenden Pfad, sondern auch die übrigen Transistoren. Alle Transistoren werden entsprechend einer Anwendung der
Regula Falsi durch Leitwerte G_{RF} modelliert, wie in Bild 11.17
gezeigt, so daß sich der Gesamtleitwert des betreffenden Pfads
aus den Einzelleitwerten berechnen läßt. Der Vorteil dieser

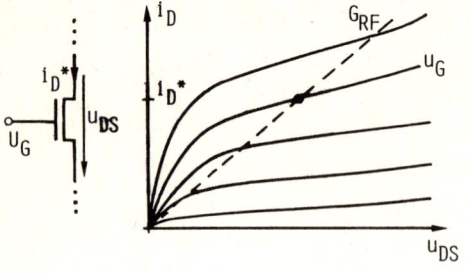

Bild 11.17.
Transistormodellierung
durch Anwendung der
Regula Falsi

Modellierung ist, daß keine Stromquellen benötigt werden. Die
Spannungsverteilung an internen Knoten und daraus resultierende
Ladungsänderungen der internen Knotenkapazitäten können nun ohne
Schwierigkeiten berücksichtigt werden [2.29] .
Die Behandlung des NAND-Gatters zeigt, daß es oft nicht genügt,
die Gatter quasistatisch, das heißt ohne Berücksichtigung der
internen Gatter-Kapazitäten zu modellieren. Dieser quasista-
tische Ansatz wurde in den Programmen MOTIS und MOTIS-C versucht. Um genügend genaue Simulationsergebnisse zu erhalten,
muß der Anwender die als konstant angenommene Lastkapazität C_A
so wählen, daß damit der Einfluß der internen Gatterkapazitäten
auf das Ausgangssignal des Gatters so gut wie möglich berücksichtigt wird. Das heißt, daß die korrekte Gatterverzögerungs-
zeit – gemessen zwischen den Zeitpunkten, an denen das Eingangs-
und Ausgangssignal gleich der Schwellenspannung ist – erhalten
wird. Leider hat sich bei praktischen Anwendungen gezeigt, daß
die Abschätzung der geeigneten Kapazitätswerte sehr schwierig
ist und oft durch Circuit-Simulation einzelner Gatter ermittelt
werden muß.

  Aus diesem Grund werden in den Makromodellen des Programms
DIANA die internen Kapazitäten berücksichtigt. Da die Transistorkapazitäten stark spannungsabhängig sind, werden sie in DIANA
als stückweis konstante Kapazitäten modelliert. Eine geeignete
Zerlegung für die Gate-Source-Kapazität C_{GS} und die Gate-Drain-
Kapazität C_{GD} eines Transistors kann Bild 3.25 entnommen werden:

$$C_{GS} = \begin{cases} C_{OV} & , \text{ abgeschaltet} \\ C_{OV} + \frac{1}{2} W L \hat{C}_{OX} & , \text{ linearer Bereich} \\ C_{OV} + \frac{2}{3} W L \hat{C}_{OX} & , \text{ Sättigungsbereich} \end{cases} , \qquad (11.18)$$

$$C_{GD} = \begin{cases} C_{OV} & , \text{ abgeschaltet und Sättigungsbereich} \\ C_{OV} + \frac{1}{2} W L \hat{C}_{OX} & , \text{ linearer Bereich} \end{cases} \quad . \quad (11.19)$$

Um unilaterale Makromodelle zu erhalten, werden diese Kapazitäten nicht als Koppelkapazitäten verwendet. Sind sie einseitig mit einer Spannungsquelle (Eingangsspannung, Takt) verbunden, dann werden sie in ihrer Position belassen, da nur Kopplungen in Vorwärtsrichtung möglich sind. Ist ein Knoten einer Kapazität ein Eingangsknoten oder ein Ausgangsknoten des Makromodells, dann wird die Kapazität durch eine Kapazität gegen Masse von gleicher Grösse ersetzt. Das bedeutet, daß sich bei einem Treibertransistor die Kapazität C_G des Gates gegen Masse aus der Gate-Source-, Gate-Drain- und Gate-Bulk-Kapazität zusammensetzt. Durch diese Technik werden Rückkopplungen vom Ausgang eines Makromodells auf die Eingänge vermieden. Der Einfachheit halber wird die Gesamt-kapazität C_G nicht stückweis konstant modelliert, sondern in allen Betriebsbereichen gleich ($W L \hat{C}_{OX} + 2 C_{OV}$) gesetzt. Ist der Drain-Knoten des betrachteten Transistors der Ausgangsknoten, zum Beispiel bei einem Inverter oder NOR-Gatter, dann wird zur Ausgangskapazität eine Massekapazität der Größe C_{GD} addiert. Bei einem Depletion-Lasttransistor wird wegen $u_{GS} = 0$ nur die Gate-Drain-Kapazität berücksichtigt. Zur Berechnung der Ausgangs-kapazität eines Makromodells werden folgende Anteile addiert [11.24] : 1. die (konstant angenommenen) Sperrschichtkapazitäten der Transistoren, deren Source- oder Drain-Knoten mit dem Aus-gangsknoten identisch ist, 2. die Verdrahtungskapazität, 3. alle Gate-Drain-Kapazitäten der am Ausgangsknoten liegenden Treiber-transistoren, 4. alle Fanout-Kapazitäten, das heißt die Ka-pazitäten C_G der mit dem Ausgangsknoten verbundenen Eingangs-knoten nachfolgender Gatter.

Zur genauen Modellierung von AND-Strukturen müssen die Spannungen an internen Knoten und die Kapazitäten dieser Kno-ten berücksichtigt werden. Aus der Kenntnis dieser Spannung zum Zeitpunkt t läßt sich für jeden Treibertransistor des leitenden Pfades ein näherungsweiser Arbeitspunkt für die Größen ($u_{DS}(t)$, $u_{GS}(t+h)$) bestimmen. Nach Linearisieren der Kennlinie im Ar-beitspunkt kann der betrachtete Transistor durch eine Stromquel-le mit Innenleitwert modelliert werden oder aber, entsprechend

einer Anwendung der Regula Falsi, nur durch einen Leitwert ersetzt werden. Werden alle Transistoren im Treiberpfad mit dem
zuletzt genannten Verfahren modelliert und werden alle internen
Kapazitäten durch eines der Ersatzschaltbilder 10.9 ersetzt, dann
erhält man für eine AND-Struktur, wie sie in Bild 11.18a gezeigt ist, das Ersatzschaltbild 11.18b. Durch Zusammenfassen
dieses Modells zu einer einzigen Stromquelle mit Innenleitwert
entsteht das Ersatzschaltbild 11.18c, das zur Berechnung der Ausgangsspannung $u_A(t+h)$ herangezogen wird. Nach Kenntnis dieser
Spannung können mit Hilfe der Ersatzschaltung 11.18b die Span-
nungen an den internen Knoten $\underline{a}$ und $\underline{b}$ berechnet werden. Die Vorgehensweise zur Modellierung komplexerer Strukturen besteht al-
so darin, daß zuerst ein ausführliches Ersatzschaltbild aufgestellt wird. Es wird dann zusammengefaßt um äußere Netzwerkgrößen
(hier die Ausgangsspannung) zu ermitteln; danach wird es zur Berechnung der internen Netzwerkgrößen wieder expandiert.

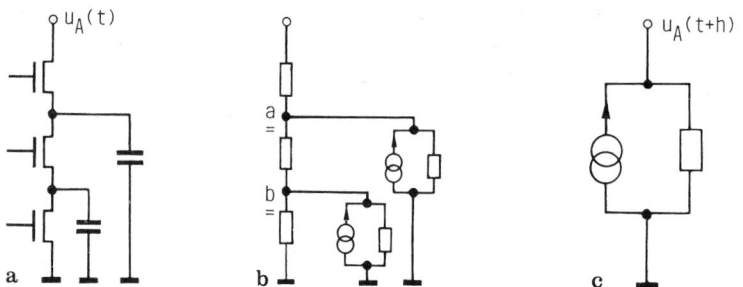

Bild 11.18. Modellierung eines NAND-Gatters: a) Treibertransistoren, b) Modellierung der Treiberstruktur,
c) Zusammengefaßtes Modell

Bis jetzt wurden nur Makromodelle für Logikgatter in statischer NMOS – Technik behandelt. Gatter in statischer CMOS – Schaltungstechnik können nach den gleichen Prinzipien modelliert werden. Sie enthalten ein Treiber – Teilnetzwerk aus NMOS-Transistoren und ein Last-Teilnetzwerk aus PMOS-Transistoren, das die
komplementäre Funktion des Treiber-Netzwerks realisiert[11.20].
Hat das Treiber – Netzwerk zum Beispiel eine OR – Funktion, dann
bildet das Last – Teilnetzwerk eine AND – Funktion. Hiermit wird
erreicht, daß kein durchgehender Pfad von der Versorgungsspannung

nach Masse geschaltet wird. Dadurch wird der Leistungsverbrauch geringer als bei der statischen NMOS - Technik.

Neben der statischen Schaltungstechnik ist die dynamische Schaltungstechnik gebräuchlich [11.20]. Sie ist dadurch gekennzeichnet, daß als Ladung gespeicherte Information über getaktete Pass - Transistoren an benachbarte Kapazitäten weitergegeben wird. Da auch bei solchen Schaltungen häufig wiederkehrende Strukturen verwendet werden, können nach dem oben beschriebenen Modellierungsprinzip auch für solche Schaltungen Makromodelle abgeleitet werden. Die dabei zu beachtende spezielle Modellierung der Pass-Transistoren wird im folgenden Abschnitt behandelt. Selbst die Modellierung von Laufzeiten auf den Verbindungsleitungen von Gattern mit Hilfe von baumförmig angeordneten RC - Gliedern kann zusammen mit den Gattern erfolgen, welche diese Leitung treiben.

Da bei der besprochenen Makromodellierung von Logikgattern durch das Auftrennen der Gate - Drain- und Gate - Source - Kapazitäten keine Rückkopplungen vom Ausgangsknoten oder von internen Knoten auf Eingangsknoten möglich sind, sind diese Makromodelle unilateral.

11.3.3 Makromodellierung bilateraler Elemente

Außer den unilateralen Logikgattern enthalten MOS - Schaltungen bilaterale Elemente, nämlich Koppelkapazitäten und Transfergatter (Passtransistoren). Koppelkapazitäten sind immer dann zu berücksichtigen, wenn die im letzten Abschnitt beschriebene Technik, solche Kopplungen zu vernachlässigen und die Kapazitäten durch Massekapazitäten zu ersetzen, zu unbefriedigten Ergebnissen führt. Ein typisches Beispiel ist die Simulation einer Buffer - Schaltung mit gesteuerter Enhancement - Last, bei der eine relativ große Kapazität ("Bootstrap - Kapazität") zwischen Gate und Source angeordnet wird, um beim Abschalten des Treibertransistors das Gate-Potential durch kapazitive Kopplung soweit zu erhöhen, daß am Ausgang die volle Betriebsspannung erreicht wird [11.20]. Ein Transfergatter wird eingesetzt, um während eines Zeitintervalls, in dem ein Taktsignal oder ein anderes Steuersignal das Gatter durchschaltet, ein Ausgangssignal eines Gatters an ein anderes Gatter weiterzugeben. Es können aber auch mehrere Transfergatter baumartig miteinander verbunden sein; in diesem Fall spricht man

von "Transfergatter-Bäumen". Beim Durchschalten eines Transfergatters findet ein Ladungsausgleich (charge sharing) zwischen der
Drain- und Source-Kapazität (Bild 11.19) statt. Da, je nach der
Spannung dieser Kapazitäten, Ladung von Drain nach Source, aber
auch in umgekehrter Richtung fließen kann, ist das Transfergatter
ein bilaterales Element. Die Änderungen der Gate-Spannung werden
über die Gate-Drain-Kapazität C_{GD} auf Drain, über die Gate-
Source-Kapazität C_{GS} auf Source gekoppelt (clock feedthrough).
Diese Takteinkopplungen machen sich als kurzzeitige Spannungs-
spitzen bemerkbar.

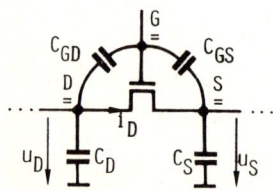

Bild 11.19. Transfergatter
mit Kapazitäten

Zur Modellierung eines Transfergatters können, wie im Programm MOTIS-C, Drain- und Source-Knoten voneinander entkoppelt
werden. Dazu wird der Drain-Strom $i_D(t+h)$ aus der Näherungs-
gleichung

$$i_D(t+h) \approx i_D(u_G(t+h), u_{DS}(t)) \qquad (11.20)$$

bestimmt. Unter Vernachlässigung der Glieder höherer Ordnung
lautet die Taylor-Entwicklung [11.25]:

$$i_D(t+h) = i_D(t) + \left. \frac{\partial i_D(u_G, u_{DS})}{\partial u_{DS}} \right|_{u_{GS}(t+h), u_{DS}(t)} \cdot (\Delta u_{DS}(t+h)) \qquad (11.21)$$

oder mit der Abkürzung $\Delta x(t+h) = x(t+h) - x(t)$ und mit dem Leitwert $G_P = \partial i_D / \partial u_{DS}$

$$\Delta i_D(t+h) = G_P \left[\Delta u_D(t+h) - \Delta u_S(t+h) \right] \quad . \qquad (11.22)$$

In dieser Gleichung ist sowohl die Drain-Spannungsänderung, als
auch die Source-Spannungsänderung unbekannt. Um Gate und Source
voneinander zu entkoppeln, wird zur Berechnung der Drain-Spannung
die Source-Spannung linear extrapoliert, also der Ansatz gemacht

$$\Delta u_S(t+h) \approx \Delta u_S(t) \quad . \tag{11.23}$$

Analog wird zur Berechnung der Source-Spannung

$$\Delta u_D(t+h) \approx \Delta u_D(t) \tag{11.24}$$

gesetzt. Diese Gleichungen können in das Ersatzschaltbild 11.20 umgesetzt werden. Darin sind die Kapazitäten C_D und C_S noch nicht eingeschlossen. Diese können bekanntlich, ebenso wie am Drain- und Source-Knoten angeschlossene Gatterausgänge, durch Stromquellen mit Innenleitwert modelliert werden, so daß schließlich durch Transfergatter gekoppelte Logikgatter durch separate, rückkopplungsfreie Makromodelle entsprechend Bild 11.18c modelliert werden können. Eine Stabilitätsuntersuchung dieser Modellierung zeigt, daß durch den Näherungsansatz (11.23-24) parasitäre Wurzeln erzeugt werden, die ein oszillierendes Verhalten der Drain- und Source-Spannung des Transfergatters zur Folge haben.

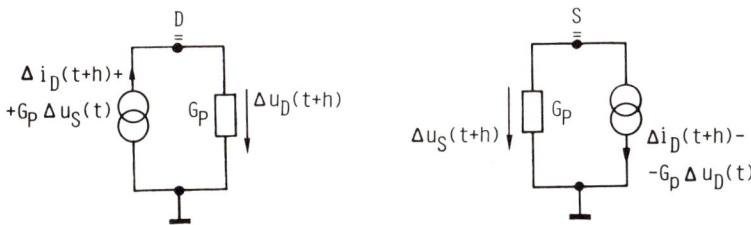

Bild 11.20. Modell eines Transfergatters bei Knotenentkopplung

Ein Beispiel aus einer Simulation mit MOTIS-C zeigt Bild 11.21. Solche Oszillationen lassen sich unterdrücken, wenn die Schrittweite h so gewählt wird, daß die Änderungen der Drain- und Source-Spannung pro Zeitschritt klein genug gewählt wird. Durch diese Maßnahme kann jedoch die Rechenzeit beträchtlich erhöht werden.

Eine genauere Modellierung des Transfergatters, die größere Schrittweiten zuläßt, wurde beim Programm DIANA gewählt. Dort wird das Transfergatter durch einen Leitwert zwischen Drain- und Source-Knoten des Gatters modelliert, der zusammen mit dem treibenden Logikgatter betrachtet wird. Der Effekt der Takteinkopplung wird durch kapazitive Spannungsteilung modelliert, wobei vereinfachend angenommen wird, daß das Gate-Signal aus einer

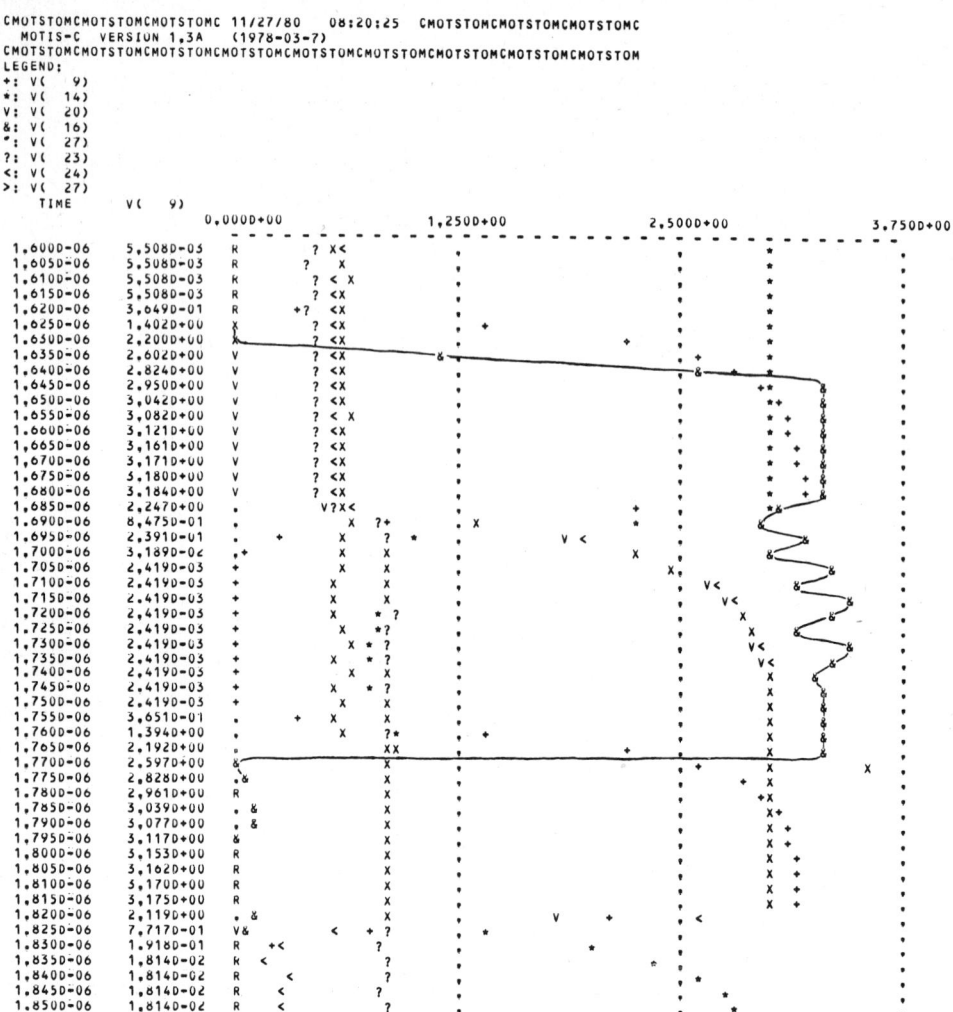

Bild 11.21. Simulationsergebnis: Auftreten von Oszillationen
          bei Transfergatter

Quelle mit vernachlässigbarem Innenwiderstand stammt. Damit gibt
es nur Kopplungen vom Gate – Knoten zum Drain- oder Source-Knoten.
Werden die Koppelkapazitäten C_{GD} und C_{GS} durch das Ersatzschaltbild für die implizite Eulerintegration Bild 10.9a ersetzt,
dann erhält man für den Drain – Knoten das Modell Bild 11.22a (analog für den Source-Knoten). Wird die Gate – Spannungsquelle mit
der Stromquelle mit Innenleitwert zusammengefaßt, dann folgt
schließlich das Ersatzschaltbild 11.22b für das Transfergatter
Bild 11.19 mit den Strömen

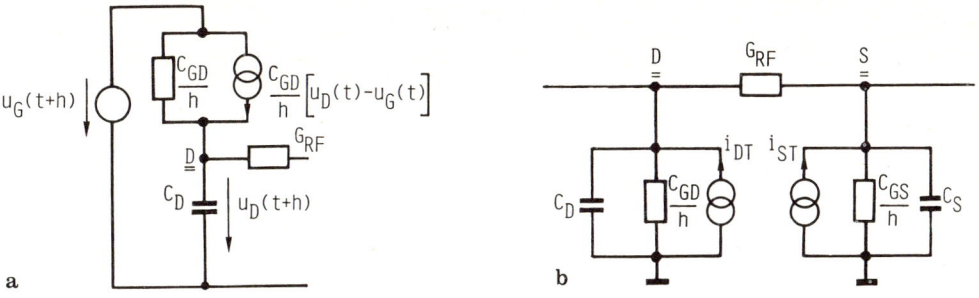

Bild 11.22. Modellierung der Takteinkopplung bei Transfergattern:
a) Einfügen der Ersatzschaltung für die Gate-Drain-
kapazität, b) Vollständiges Modell

$$i_{DT} = \frac{C_{GD}}{h} \left[\Delta u_G(t+h) + u_D(t) \right] \quad , \tag{11.25}$$

$$i_{ST} = \frac{C_{GS}}{h} \left[\Delta u_G(t+h) + u_S(t) \right] \quad , \tag{11.26}$$

wobei die Stromquellen mit Innenwiderstand die Takteinkopplung
modellieren [11.24]. Dabei ist zu berücksichtigen, daß die Kapazitäten nichtlinear sind; ihr Wert hängt nach (11.18-19) vom Betriebsbereich des Transfergatters ab. Die Drain- und Source-Ka-
pazitäten werden für die Simulation ebenfalls durch Stromquellen
mit Innenleitwert modelliert.

Die behandelten Modelle für Transfergatter sind nur zur Modellierung einzelner Transfergatter geeignet. Bei Transfergatter-
Bäumen kann die enge Kopplung nur dann genügend genau simuliert
werden, wenn jeder Transfergatter-Baum durch gekoppelte Gleichungen beschrieben und mit dem Verfahren der Circuit-Simulation gelöst wird.

Bei der Behandlung von Koppelkapazitäten führt eine Knotenentkopplung zu unbefriedigenden Ergebnissen, wenn – wie bei der
Timing-Simulation – pro Zeitschritt nur eine einzige Iteration zur
Gleichungslösung durchgeführt wird [11.18]. Dies ist leicht einzu-
sehen, wenn die implizite Euler-Integration und ein Schritt
eines Relaxationsverfahrens auf ein Netzwerk angewandt werden, bei
dem alle MOS-Transistoren durch Stromquellen mit Innenleitwert,
alle Kapazitäten durch ihr Ersatzschaltbild für die implizite
Euler-Integration ersetzt wurden. Bei Durchführung eines einzigen

Iterationsschritts beim Jacobi—Verfahren zur Lösung der Knotengleichungen erhält man eine Gleichung, die der eines Netzwerks
ohne Koppelkapazität entspricht. Bei Anwendung des Gauß—Seidel-
Verfahrens wird nur die Vorwärtskopplung berücksichtigt. Außerdem zeigt eine praktische Anwendung, daß selbst bei relativ kleinen Schrittweiten parasitäre Oszillationen entstehen [11.6].

Beispiel 11.7

Die Ausgangsspannungen zweier MOS—Gatterschaltungen, deren Aus-
gangsknoten $\underline{1}$ und $\underline{2}$ durch eine Koppelkapazität C_{12} verbunden sind,
sollen mit Hilfe der impliziten Euler—Integration und von Relaxa-
tionsverfahren berechnet werden. Die Gatter werden durch die Ersatzschaltung Bild 11.16 modelliert, wobei die Summe der Leitwerte G_L
und G_T jetzt mit G_1 bzw. G_2 bezeichnet wird, die Ausgangskapazitäten
mit C_1 bzw. C_2. Da die Netzwerkvariablen in diesen Modellen Knoten-
spannungsänderungen Δu_ν sind, muß auch für die Koppelkapazität ein
entsprechendes Modell aufgestellt werden. Eine Umformung des Modells
Bild 10.9a zeigt, daß diese Ersatzschaltung einem Leitwert C/h mit
der Zweigspannung Δu_{m+1} äquivalent ist. Für die gegebene Schaltung
kann damit die Ersatzschaltung Bild 11.23 aufgestellt werden,
die durch die Knotengleichungen beschrieben wird:

$$\begin{bmatrix} G_1 + \dfrac{C_1}{h} + \dfrac{C_{12}}{h} & -\dfrac{C_{12}}{h} \\[2ex] -\dfrac{C_{12}}{h} & G_2 + \dfrac{C_2}{h} + \dfrac{C_{12}}{h} \end{bmatrix} \begin{bmatrix} \Delta u_1(t+h) \\[2ex] \Delta u_2(t+h) \end{bmatrix} = \begin{bmatrix} i_1 \\[2ex] i_2 \end{bmatrix} \cdot$$

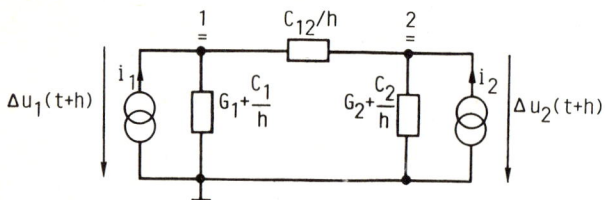

Bild 11.23. Ersatzschaltung zweier kapazitiv gekoppelter MOS-
Gatter

Für einen Schritt des Jacobi- Verfahrens zur Lösung des Gleichungssystems erhält man wegen $u_2(t+h) = u_2(t)$ die Gleichung

$$(G_1 + \frac{C_1}{h} + \frac{C_{12}}{h})\Delta u_1(t+h) = i_1 \quad ,$$

$$(G_2 + \frac{C_2}{h} + \frac{C_{12}}{h})\Delta u_2(t+h) = i_2 \quad .$$

Dies sind aber genau die Gleichungen, die auch für die nicht gekoppelten Gatter zu lösen wären, lediglich die Ausgangskapazitäten wurden um den Wert der Koppelkapazität vergrößert. Die Auswirkungen der Kopplung werden also völlig vernachlässigt. Wird anstelle des Jacobi-Verfahrens das Gauß-Seidel-Verfahren verwendet, dann ändert sich die erste Gleichung für die Spannung u_1 nicht; für die Berechnung der Spannung u_2 erhält man

$$(G_2 + \frac{C_2}{h} + \frac{C_{12}}{h})\Delta u_2(t+h) = i_2 + \frac{C_{12}}{h}\Delta u_1(t+h) \quad .$$

Es wird also nur die Vorwärtskopplung berücksichtigt.

Das Beispiel zeigt, daß durch die Standardverfahren die Rückkopplung durch Koppelkapazitäten nicht zur Wirkung kommt. Nach einem Vorschlag in [11.26] kann dieser Effekt durch das modifizierte symmetrische Gauß-Seidel-Verfahren berücksichtigt werden, bei dem pro Iterationsschritt ein Gauß-Seidel-Schritt mit halber Schrittweite bei Anordnung der Gleichungen entsprechend der Signalflußrichtung durchgeführt wird und anschließend ein Schritt mit der Schrittweite h/2 bei umgekehrter Gleichungsanordnung. Zusammen mit der impliziten Euler-Integration erhält man bei einer symmetrischen Koeffizientenmatrix ein A-stabiles Integrationsverfahren zweiter Konsistenzordnung, während das Jacobi- oder Gauß-Seidel-Verfahren zusammen mit der impliziten Euler-Integration ein Verfahren erster Ordnung darstellt [11.6]. Problematisch ist bei diesen Verfahren, daß bei der Berechnung von Koppelkapazitäten parasitäre Oszillationen auftreten können, die nur durch genügende Verkleinerung der Schrittweite zum Abklingen gebracht werden können. Da die Iterationen zur Gleichungslösung nicht bis zur Konvergenz fortgesetzt werden, ist es kaum möglich, die notwendige Schrittweite abzuschätzen, denn sowohl eine Fehlerabschätzung als auch eine Schrittweitensteuerung durch Anwendung der "Iteration Count" - Methode ist nicht möglich. Außerdem sind die drei Verfahren nicht konsistent, mit

der Folge, daß die Lösungsgenauigkeit durch Schrittweitenreduzierung nur beschränkt erhöht werden kann.

Ein günstigeres Verhalten zeigt eine gemischte implizite und
explizite Integration mit dem IIE (Implizit-Implizit-Explizit)-
Verfahren. Dabei wird die implizite Euler-Integration eingesetzt, um die kapazitive Kopplung in Vorwärtsrichtung zu berechnen, während für die Rückkopplung die explizite Euler-Integration verwendet wird, also $\Delta u(t+h) = \Delta u(t)$ gesetzt wird.

Beispiel 11.8

Mit dem IIE-Verfahren lauten die Lösungsgleichungen für die Schaltung von Beispiel 11.6 mit $\Delta u_2(t+h) = \Delta u_2(t)$ für den Rückkopp-
lungsterm und einen Gauß-Seidel-Schritt:

$$(G_1 + \frac{C_1}{h} + \frac{C_{12}}{h})\Delta u_1(t+h) = i_1 + \frac{C_{12}}{h}\Delta u_2(t) \quad ,$$

$$(G_2 + \frac{C_2}{h} + \frac{C_{12}}{h})\Delta u_2(t+h) = i_2 + \frac{C_{12}}{h}\Delta u_1(t+h) \quad .$$

Damit wird auch die Rückkopplung berücksichtigt; allerdings mit
einer zeitlichen Verzögerung in Größe der Schrittweite h.

Eine Stabilitätsanalyse des Verfahrens zeigt [11.27], daß auch
dieses Verfahren stabil ist, aber parasitäre Oszillationen auftreten, wenn die Schrittweite größer als ein kritischer Wert wird.
Im Unterschied zu den oben behandelten Verfahren ist der IIE-Al-
gorithmus jedoch konsistent.

Die genannten Probleme treten bei der Behandlung von Koppelkapazitäten nur dann auf, wenn zur Beschleunigung der Gleichungslösung lediglich ein einziger Relaxationsschritt durchgeführt
wird. Werden zur Lösung dieser Gleichungen die Relaxations-Algorithmen solange angewandt, bis Konvergenz erzielt wird, dann gelten die in Kap. 10 abgeleiteten Eigenschaften der angewandten
Integrationsalgorithmen unverändert.

11.4 Anwendung des Latenz-Prinzips

11.4.1 Latenz und Aktivität im Netzwerk

Bei der Lösung der Netzwerkgleichungen kann Zeit eingespart werden, indem die Tatsache ausgenutzt wird, daß sich nicht bei jeder Gleichungslösung alle Netzwerkvariablen ändern. Das bedeutet, daß nur die Änderungen für die "aktiven" Schaltungsteile berechnet werden, während die Gleichungen, welche die ruhenden, die "latenten" Schaltungsteile beschreiben, nicht gelöst werden. Dieses Latenz-Prinzip kann auf verschiedenen Ebenen angewandt werden:

1. Auf der Elemente-Ebene.

Ändert sich bei der iterativen Linearisierung nichtlinearer Elemente-Charakteristiken mit Hilfe der Newton-Iteration der Arbeitspunkt eines Elements nicht wesentlich, dann braucht das zugehörige Element der Jacobimatrix nicht neu berechnet werden, sondern es wird der Matrixeintrag der letzten Iteration benutzt. Diese "Bypass"-Technik wird, wie in Abschn. 8.5.5. erwähnt, zum Beispiel im Programm SPICE2 angewendet.

2. Auf Teilnetzwerk-Ebene innerhalb eines Zeitschritts.

Durch die Zerlegung eines Netzwerks in Teilnetzwerke und deren Modellierung durch Makromodelle wird ein vereinfachtes Netzwerk aufgestellt. Bei jedem Lösungsschritt, also jeder Newton-Iteration, müssen jedoch die Elemente der einzelnen Makromodelle neu bestimmt werden. Manche Teilnetzwerke oder Makromodelle werden dabei schnellere Konvergenz zeigen, als andere. Die Beiträge der latenten Teilnetzwerke brauchen dann innerhalb dieses Zeitschritts nicht neu ausgewertet werden; erst beim nächsten Zeitschritt werden diese Teilnetzwerke wieder berücksichtigt. Eine Voraussetzung ist allerdings,daß sich nicht nur die externen Netzwerkvariablen des betrachteten Teilnetzwerks nicht mehr ändern, sondern daß auch die Änderungen der internen Variablen des Teilnetzwerks vernachlässigt werden können. Der Unterschied dieser Art von Latenz im Vergleich zu Fall 1 ist lediglich, daß die Koeffizientenmatrix des linearisierten Gleichungssystems (7.1) jetzt eine Blockmatrix ist, so daß nicht nur die Bestimmung der Matrixeinträge, sondern auch die Gleichungslösung für diesen Block eingespart werden kann.

3. Auf Teilnetzwerk-Ebene für mehrere Zeitschritte.

Bei einem großen Netzwerk dauert es wegen der endlichen Signallaufzeit, die einzelnen Teilnetzwerken zugeordnet werden kann, eine bestimmte Zeit, bis sich Eingangssignale des Netzwerks bis zu etwas weiter entfernten Schaltungsteilen fortgepflanzt haben. Ein einfaches Beispiel ist eine Serienschaltung von Invertern in MOS-Technik, bei der ein Inverter erst dann schaltet, wenn seine Gate-Kapazität durch den Ausgangsstrom des vorgeschalteten Inverters bis zur Schwellenspannung aufgeladen ist. Erst wenn eine Signaländerung an den externen Knoten des Teilnetzwerks festzustellen ist, wird das Teilnetzwerk aktiv. Ändern sich die den externen und den internen Knoten zugeordneten Netzwerkvariablen nicht mehr, dann wird das Teilnetzwerk wieder latent. Die Teilnetzwerke eines großen Netzwerks brauchen also nur während eines Teils der gesamten Simulationszeit analysiert werden, wodurch eine beträchtliche Rechenzeiteinsparung erreicht werden kann.

Tritt an einem Eingang eines latenten Teilnetzwerks während eines Zeitschritts eine Signaländerung auf, die größer als eine festgelegte Schranke ist, dann heißt dies ein "Ereignis". Nicht jedes Ereignis bewirkt, daß ein latentes Teilnetzwerk aktiv wird. Ein NAND-Gatter wird zum Beispiel erst dann aktiv, wenn erstens eine Eingangsspannung die Einsatzspannung überschreitet und zweitens alle übrigen Eingangsspannungen über der Einsatzspannung liegen. Zur Feststellung der Latenz eines Teilnetzwerks mit r **Eingangsvariablen** x_i, $i = 1,\ldots,r$ genügt es nun nicht, wenn für alle Eingangsvariablen und Schranken ε_i die Beziehung

$$\left| x_i(t_{m+1}) - x_i(t_m) \right| \leq \varepsilon_i \quad , \quad i = 1,\ldots,r \tag{11.27}$$

für den Zeitschritt $h_{m+1} = t_{m+1} - t_m$ erfüllt ist. Ein Eingangssignal kann zum Beispiel so langsam größer werden, daß zwar (11.27) stets erfüllt ist, sich aber trotzdem die Änderungen während mehrerer aufeinanderfolgender Zeitschritte beträchtlich aufsummieren. Deshalb ist es sinnvoll, die Änderungen der Eingangsvariablen über mehrere Zeitschritte zu beobachten und statt (11.27) das Latenzkriterium

$$\max_j \left\{ \left| x_i(t_{m+1}) - x_i(t_{m-j}) \right| \right\} \leq \varepsilon_i \quad ,$$
$$j = 1,\ldots,j_{max} \quad , \quad i = 1,\ldots,r \tag{11.28}$$

zu wählen, wobei die maximale Änderung einer Eingangsspannung
während der letzten j_{max} Zeitschritte herangezogen wird. Auch für
die internen Variablen und die Ausgangsvariablen kann ein entsprechendes Kriterium hergeleitet werden [11.28]. Solange ein
Teilnetzwerk latent ist, gilt für diese Variablen, die mit
y_i, $i = 1,\dots,s$ bezeichnet werden sollen:

$$y_{i,m+1} = y_{i,m} \quad , \qquad i = 1,\dots,s \quad . \tag{11.29}$$

Dies kann als die Anwendung eines expliziten Integrationsverfahrens nullter Konsistenzordnung verstanden werden, das heißt
(11.29) löst exakt ein Polynom nullter Ordnung. Der lokale Diskretisierungsfehler (siehe Abschn. 10.2) bestimmt sich damit zu

$$\begin{aligned}
\varepsilon_{i,m+1} &= y_i(t_{m+1}) - y_{i,m+1} = y_i(t_{m+1}) - y_{i,m} = \\
&= y_i(t_{m+1}) - y_i(t_m) \quad .
\end{aligned} \tag{11.30}$$

Anwendung des Mittelwertsatzes ergibt

$$\begin{aligned}
|\varepsilon_{i,m+1}| &= |y_i(t_{m+1}) - y_i(t_m)| = |\dot{y}_i(\bar{t})| h_{m+1} = \\
&= |\dot{y}_i(t_m)| h_{m+1} + O(h_{m+1}^2)
\end{aligned} \tag{11.31}$$

mit $\bar{t} \in [t_{m+1}, t_m]$. Der Betrag von $\dot{y}_i(t_m)$ in (11.31) kann durch
den Differenzenquotienten $|y_{i,m} - y_{i,m-1}|/h_m$ abgeschätzt werden.
Da (11.29) jedoch eine explizite Integrationsmethode ist, wird
die Ableitung $\dot{y}_i(t_m)$ nicht berechnet, so daß beim Auftreten einer größeren Abweichung keine Korrektur vorgenommen werden kann.
In [11.28] wird deshalb vorgeschlagen, eine konservative Abschätzung zu wählen, etwa

$$|\varepsilon_{i,m+1}| \approx \max_j \left\{ |y_{i,m-j+1} - y_{i,m-j}| \cdot h_{m+1} / h_{m-j+1} \right\} \quad ,$$
$$j = 1,\dots,j_{max} \quad , \qquad i = 1,\dots,s \tag{11.32}$$

oder

$$|\varepsilon_{i,m+1}| \approx \max_j \left\{ |y_{i,m} - y_{i,m-j}| \cdot h_{m+1} / \sum_{\nu=1}^{j} h_{m-\nu+1} \right\} \quad ,$$
$$j = 1,\dots,j_{max} \quad , \qquad i = 1,\dots,s \quad . \tag{11.33}$$

Der Fehler durch Anwendung des Latenzkriteriums bei der Berechnung eines Teilnetzwerks kann also toleriert werden, wenn
für alle internen Variablen und alle Ausgangsvariablen des

Teilnetzwerks der nach (11.32) oder (11.33) berechnete Fehler
kleiner oder gleich einem vom Anwender vorgegebenen maximalen
Diskretisierungsfehler $\varepsilon_{ges} h_{m+1}/T$ (siehe Abschn. 10.5) ist.

Zur Anwendung des Latenzprinzips auf Teilnetzwerkebene nach
Punkt 3 ist es notwendig, den Signalfluß durch das Netzwerk zu
beobachten. Ein geeignetes Hilfsmittel für diesen Zweck ist der
Signalflußgraph, dessen Herleitung in Abschn. 11.1.3 behandelt
wurde. Durch Zuordnung einer Reihenfolge (Levelizing) wird eine
statische Ordnung festgelegt, die den Umfang der Überprüfung von
Teilnetzwerken auf Latenz angibt. Hat sich ein Signal noch nicht
bis zu einem Netzwerkknoten fortgepflanzt, dann brauchen auch die
folgenden Knoten nicht überprüft werden. Voraussetzung für diese
Vorgehensweise ist, daß der Signalflußgraph keine Rückkopplungsschleifen enthält. Ist diese Bedingung nicht erfüllt, müssen geeignete Maßnahmen zum Auftrennen solcher Schleifen getroffen werden. Eine andere Möglichkeit ist die Bestimmung einer dynamischen
Ordnung, die erst durch den beobachteten Signalfluß festgelegt
wird. Wird ein Teilnetzwerk aktiv, dann werden im nächsten Zeitschritt alle Teilnetzwerke betrachtet, deren Eingangsknoten mit
einem Ausgangsknoten des aktiven Netzwerks verbunden sind. Alle
Teilnetzwerke oder Elemente, die von diesem Ausgangssignal aktiviert
werden können, heißen Fanout—Elemente; ihre Eingangsknoten sind
die Fanout—Knoten des betrachteten Teilnetzwerks. Anderseits
sind alle Teilnetzwerke oder Elemente, die mit Eingangsknoten
des betrachteten Teilnetzwerks verbunden sind, Fanin—Elemente.
Diese haben Ausgangsknoten, die Fanin—Knoten, die mit Eingangsknoten des betrachteten Teilnetzwerks verbunden sind. Zum Beispiel
sind für das Teilnetzwerk D in Bild 11.5b die Teilnetzwerke A und
B Fanin—Elemente, I ist ein Fanin—Knoten (ebenso wie die nicht
eingezeichneten Knoten zwischen A und D sowie B und D), die Teilnetzwerke F und G sind die Fanout—Elemente von D. Für jedes Element eines Netzwerks lassen sich also Fanout- und Fanin—Listen
aufstellen. Wird ein Element aktiv, dann kann mit Hilfe dieser
Listen sofort festgestellt werden, welche Elemente als nächste
auf Aktivität oder Latenz überprüft werden müssen. Da immer nur
ein Teil der Netzwerkelemente oder Teilnetzwerke zu einem Zeitpunkt betrachtet werden müssen, heißt dieses Verfahren "selective
trace". Sind Rückkopplungsschleifen im Netzwerk vorhanden, dann
kann es vorkommen, daß ein Element während eines Zeitschritts
mehrmals verarbeitet werden soll. Wird innerhalb eines Zeitschritts

nur eine Iteration zugelassen, dann muß die Verarbeitung dieses
Elements auf den nächsten Zeitschritt verschoben werden. Dies entspricht einer Zeitverzögerung im Rückkopplungspfad, was natürlich
zu Zeitfehlern führen kann. Die Verfolgung des Signalflusses im
Netzwerk und der Aufbau der benötigten Aktivitätslisten werden
meist durch einen speziellen Teil des Programms organisiert,
durch den sogenannten "Scheduler".

11.4.2 Ereignissteuerung durch den Scheduler

Bei der Simulation großer Netzwerke aus vielen, voneinander un-
abhängig zu lösenden Teilnetzwerken, treten sehr viele Ereignisse
auf, die vom Scheduler verwaltet werden müssen. Die Effizienz des
Schedulers ist deshalb ein wesentlicher Faktor für die Effizienz
des gesamten Simulationsprogramms. Zweckmäßige Datenstrukturen für
Scheduler wurden schon vor längerer Zeit für den Einsatz bei Logik-
Simulatoren entwickelt, wobei im wesentlichen drei verschiedene
Datenstukturen aufgestellt wurden [11.29]: Die Ereignisliste, das
Zeitrad und die konvergierenden Listen. Bei der elektrischen Simulation wird überwiegend die zweite Technik verwendet. Die konvergierenden Listen können als eine Erweiterung dieser Technik angesehen werden, die geringere durchschnittliche Zugriffszeiten
ermöglichen soll, aber eine kompliziertere Datenstruktur erfordert.
Die Technik der Ereignisliste ist sehr einfach, da hierbei nur Ereignisvektoren miteinander verkettet werden. Jeder Vektor enthält
als erstes Element die Zeit, zu der das beschriebene Ereignis auftritt. Das zweite Element ist ein Zeiger auf den nächsten Ereignisvektor. Dies kann ein Vektor sein, der ein Ereignis zur selben Zeit
beschreibt oder zu einer späteren Zeit. Alle Ereignisvektoren werden so miteinander verkettet, daß sie in der richtigen zeitlichen
Reihenfolge stehen. Soll ein neuer Ereignisvektor in diese Kette
aufgenommen werden, dann muß zuerst die richtige Stelle gesucht
werden.

Diese Suchzeit entfällt, wenn die Technik des Zeitrads (time
wheel) angewandt wird. Dazu wird die Simulationszeit in gleich-
große Zeitintervalle Δt zerlegt, wobei ein Zeitintervall die minimale Auflösung der Simulationszeit angibt. Das Zeitrad besteht nun
aus einer zirkularen Liste der Länge n , wobei jedem Eintrag ein
Zeitabschnitt $\nu \cdot \Delta t$ bis $(\nu + 1) \cdot \Delta t$ zugeordnet ist. Zu Beginn der

Rechnung ist $\nu = 0,1,\dots,n-1$. Jeder Eintrag des Zeitrads besteht
aus einem Zeiger auf eine Ereignisliste , falls im zugehörigen
Zeitabschnitt ein Ereignis auftritt. Gibt es mehrere Ereignisse
im gleichen Zeitabschnitt Δt, dann werden die entsprechenden
Ereignisvektoren einfach miteinander verkettet, wie Bild 11.24
zeigt. (Eine weitere Verfeinerung, auf die nicht näher eingegangen werden soll, kann durch Sortieren dieser Vektoren entsprechend ihrer zeitlichen Reihenfolge erreicht werden). Ist die
aktuelle Simulationszeit durch $\nu = k$ gekennzeichnet, dann können
alle Einträge für die vergangenen Zeitabschnitte $\nu = 1,\dots,k-1$
vom Zeitrad entfernt werden. Dieser Platz kann benutzt werden,
um Ereignisse im Zeitabschnitt $n \cdot \Delta t$ bis $(n+k-1) \cdot \Delta t$ zu verketten.

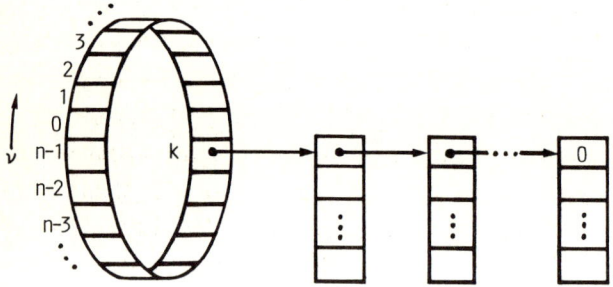

Bild 11.24. Zeitrad-Technik zur Ereignissteuerung

Wird bei der Analyse eines Teilnetzwerks festgestellt, daß ein
Fanout-Element zu einer späteren Zeit aktiv wird, dann wird
lediglich die Ereignisliste für dieses zukünftige Ereignis mit
dem Feld des Zeitrads verkettet, das zum betreffenden Zeitintervall gehört.
    Die Art und Weise, wie beim Auftreten eines Ereignisses auf
die beeinflußten Teilnetzwerke zugegriffen wird, kann verschieden organisiert sein. Im Programm SPLICE, einem Mixed-Mode-
Simulator, ist jeder Ereignisvektor dem Knoten zugeordnet, an
dem im betreffenden Zeitintervall eine Änderung der Knotenspannung auftritt [11.10]. Der Ereignisvektor enthält außer dem
Knotennamen und einem Knotentyp Zeiger auf seine Fanin- und
Fanout-Elemente, sowie die Größe der Knotenkapazität und die
beiden zuletzt berechneten Werte für die Knotenspannung zusammen mit den Zeitintervallen, für die diese Werte berechnet

wurden. Ausgehend von dieser Knotenliste läßt sich sofort das
beeinflußte Fanout-Element bestimmen, das entweder ein Teilnetzwerk (Makromodell) sein kann, oder auch ein einzelner Transistor. Die Elementeliste gibt Auskunft über den Typ des Elements
und enthält wieder Zeiger auf die Knotenliste, wobei zwischen
Ausgangs- , Eingangs- und ungerichteten Knoten unterschieden
wird. Weiter ist ein Zeiger auf eine Modelliste eingetragen.
In der Modelliste ist der Modelltyp zu finden, sowie Zeiger auf
eine Parameterliste, in der die Modellparameter stehen.
Einen groben Überblick über diese mehrfache Verkettung gibt
Bild 11.25. Der detaillierte Aufbau solcher Listen ist von den
verwendeten Simulationsalgorithmen abhängig. Die Listen müssen
einerseits alle notwendigen Informationen über den betrachteten
Schaltungsausschnitt enthalten, anderseits müssen sie so strukturiert sein, daß auf diese Daten schnell zugegriffen werden kann.

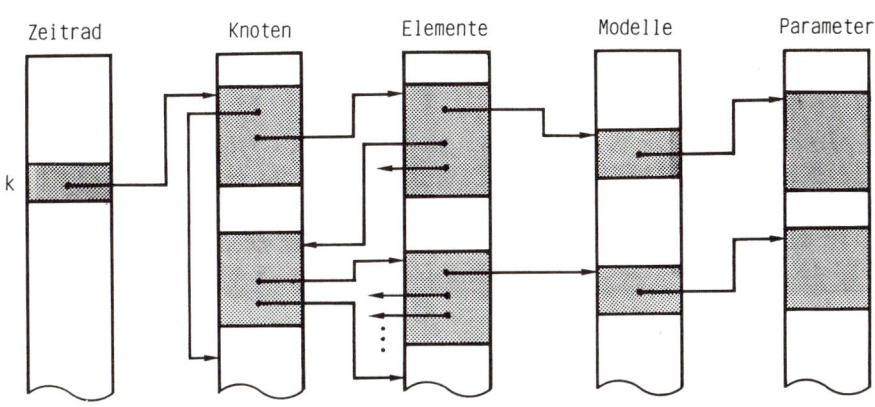

Bild 11.25. Verkettete Listen zur Schaltungsbeschreibung

Der zeitliche Ablauf einer Ereignisverarbeitung in SPLICE
zeigt das Struktogramm Bild 11.26a : Am Knoten $\underline{E}$ soll im betrachteten Zeitintervall $(\Delta t)_k = [k \cdot \Delta t, (k+1) \cdot \Delta t]$ ein Ereignis auftreten. Zuerst wird überprüft, ob dieser Knoten im aktuellen
Zeitintervall schon einmal behandelt wurde. Ist dies der Fall,
wird der Knoten erst wieder im nächsten Zeitintervall behandelt.
Durch diese Zeitverzögerung wird vermieden, daß Rückkopplungsschleifen zu wiederholter Berechnung der gleichen Netzwerkelemente innerhalb eines Zeitintervalls führen. War der betrachtete

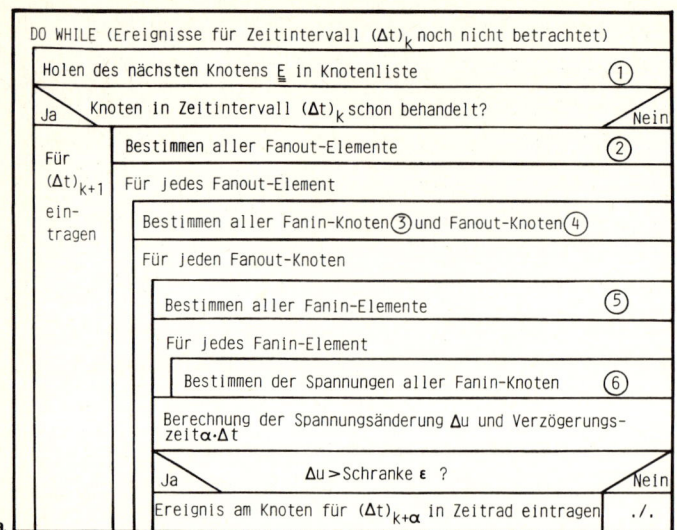

DO WHILE (Ereignisse für Zeitintervall $(\Delta t)_k$ noch nicht betrachtet)

Holen des nächsten Knotens $\underline{E}$ in Knotenliste ①

| Ja | Knoten in Zeitintervall $(\Delta t)_k$ schon behandelt? | Nein |

Für $(\Delta t)_{k+1}$ eintragen

Bestimmen aller Fanout-Elemente ②

Für jedes Fanout-Element

Bestimmen aller Fanin-Knoten③ und Fanout-Knoten④

Für jeden Fanout-Knoten

Bestimmen aller Fanin-Elemente ⑤

Für jedes Fanin-Element

Bestimmen der Spannungen aller Fanin-Knoten ⑥

Berechnung der Spannungsänderung Δu und Verzögerungs-zeit $\alpha \cdot \Delta t$

| Ja | $\Delta u >$ Schranke ε ? | Nein |

| Ereignis am Knoten für $(\Delta t)_{k+\alpha}$ in Zeitrad eintragen | ./. |

a

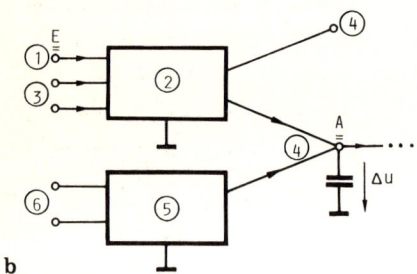

b

Bild 11.26. Ereignisverarbeitung: a) Struktogramm, b) Teilnetzwerk zur Berechnung der Spannungsänderung am Knoten $\underline{A}$

Knoten im aktuellen Zeitintervall noch nicht im Ereignisvektor
enthalten, dann wird dieser Knoten behandelt. Dies bedeutet, daß
die Fanout-Elemente dieses Knotens festgestellt werden. Aus der
Kenntnis der Knotenspannungen aller Fanin-Knoten dieser Elemente
lassen sich die Spannungsänderungen an den Ausgangsknoten der
Elemente feststellen. Wird die Spannung eines Ausgangsknotens $\underline{A}$
von mehreren (Fanin-) Elementen beeinflußt, dann muß der Beitrag
aller dieser Elemente berücksichtigt werden. Ist die berechnete
Spannungsänderung an diesem Ausgangsknoten größer als eine vorgegebene Schranke, dann wird der Knoten einem Ereignisvektor zugewiesen. Für welchen Zeitabschnitt des Zeitrads dies der Fall
ist, hängt von der Geschwindigkeit der Spannungsänderung ab. Ist

das Element zum Beispiel ein Transfergatter, dann muß der Ausgangsknoten dieses Elements möglicherweise innerhalb des aktuellen Zeitintervalls behandelt werden. Besteht das analysierte "Element" aus einem größeren Teilnetzwerk oder aus einem Makromodell, dann kann sich die Spannungsänderung möglicherweise erst nach einer Laufzeit $\alpha \cdot \Delta t$ am Ausgangsknoten auswirken. Das Ereignis an diesem Ausgangsknoten wird dann erst für das Zeitintervall $(\Delta t)_{k+\alpha}$ eingetragen. Zur Verdeutlichung des Algorithmus ist in Bild 11.26b das Teilnetzwerk abgebildet, das durch diesen Algorithmus ermittelt wird und das im allgemeinen Fall zur Berechnung der Spannungsänderung am Ausgangsknoten A berücksichtigt werden muß. Zur Verdeutlichung des Algorithmus sind im Struktogramm und im Algorithmus korrespondierende Teile durch gleiche Ziffern gekennzeichnet.

Die Auswahl der innerhalb eines Zeitintervalls zu analysierenden Teilnetzwerke durch den Scheduler erfordert natürlich einen gewissen Aufwand an Rechenzeit. Die Ausnutzung der Latenz bringt aber gerade bei großen digitalen Netzwerken eine so große Rechenzeiteinsparung, daß der Organisationsaufwand des Schedulers nicht ins Gewicht fällt.

12   Programme zur Simulation sehr großer Netzwerke

Die in Kap. 11 behandelten Verfahren zur Simulation sehr großer
Netzwerke wurden bei der Entwicklung verschiedener Programme angewandt, um die Rechenzeit für eine Netzwerk-Simulation so zu
verkürzen, daß auch größere Netzwerke behandelt werden können.
Alle diese Programme werden eingesetzt, um das Zeitverhalten von
Schaltungen zu ermitteln. Diese Transient-Analyse ist gemeint,
wenn im folgenden statt von Netzwerkanalyse nur noch von Simulation gesprochen wird. Bei der Simulation großer Netzwerke unterscheidet man entsprechend der angestrebten Genauigkeit des
Simulationsergebnisses zwischen der genauen Circuit-Simulation,
der näherungsweisen Timing-Simulation und einer gemischten
Simulation, der Mixed-Mode-Simulation.

12.1   Circuit-Simulation großer Netzwerke

12.1.1 Netzwerk-Zerlegung und Anwendung des Latenzprinzips

Eine Möglichkeit zur Reduzierung der Rechenzeit besteht in einer
geeigneten Netzwerk-Zerlegung und der Anwendung des Latenz-
prinzips. Beim Programm SLATE der Universität Urbana, Illinois,
[12.1] wird eine Netzwerk-Zerlegung mit Hilfe des Knotenschnitt-
Verfahrens vorgenommen, wobei als Teilnetzwerke die in der Eingabebeschreibung definierten Subcircuits genommen werden. Die
Netzwerkgleichungen werden mit dem Verfahren der modifizierten
Knotenanalyse formuliert, wobei durch Zeilen- und Spaltenvertauschung erreicht wird,daß keine Nullelemente in der Diagonalen
auftreten [7.10]. Durch eine geeignete Anordnung der durch das
Newton-Verfahren linearisierten Netzwerkgleichungen nimmt die
Koeffizientenmatrix eine geränderte Blockdiagonalform an, also

$$
\begin{bmatrix}
\underline{A}_{11} & & & & & | & \underline{A}_{1n} \\
& \underline{A}_{22} & & \underline{0} & & | & \underline{A}_{2n} \\
& & \underline{A}_{33} & & & | & \underline{A}_{3n} \\
& & & \cdot & & | & \cdot \\
& & \cdot & & & | & \cdot \\
& \underline{0} & \cdot & & & | & \cdot \\
& & & & \underline{A}_{n-1,n-1} & | & \underline{A}_{n-1,n} \\
\hline
\underline{A}_{n1} & \underline{A}_{n2} & \underline{A}_{n3} & \cdots & \underline{A}_{n,n-1} & | & \underline{A}_{nn}
\end{bmatrix}
\begin{bmatrix}
\Delta\underline{x}_1 \\ \Delta\underline{x}_2 \\ \Delta\underline{x}_3 \\ \cdot \\ \cdot \\ \cdot \\ \Delta\underline{x}_{n-1} \\ \hline \Delta\underline{x}_n
\end{bmatrix}
=
\begin{bmatrix}
\underline{b}_1 \\ \underline{b}_2 \\ \underline{b}_3 \\ \cdot \\ \cdot \\ \cdot \\ \underline{b}_{n-1} \\ \hline \underline{b}_n
\end{bmatrix}
\qquad (12.1)
$$

Die Teilmatrizen $\underline{A}_{11},\ldots,\underline{A}_{n-1,n-1}$ beschreiben dabei die Subcircuits, die übrigen Matrizen das Restnetzwerk. Zur Lösung von (12.1)
werden zuerst die Subcircuits getrennt vom Restnetzwerk betrachtet, das heißt, es wird für jeden Subcircuit eine Gleichung der
Form

$$
\begin{bmatrix}
\underline{A}_{kk} & \underline{A}_{kn} \\
\underline{A}_{nki} & \underline{A}_{nni}
\end{bmatrix}
\begin{bmatrix}
\Delta\underline{x}_k \\
\Delta\underline{x}_{ni}
\end{bmatrix}
=
\begin{bmatrix}
\underline{b}_k \\
\underline{b}_{ni}
\end{bmatrix}
\qquad , \qquad k = 1,\ldots,n-1 \qquad (12.2)
$$

ausgewertet, wobei $\underline{A}_{nki}$, $\underline{A}_{nni}$, $\Delta\underline{x}_{ni}$ und $\underline{b}_{ni}$ nur die Elemente
und Netzwerkgrößen von $\underline{A}_{nk}$, $\underline{A}_{nn}$, $\Delta\underline{x}_n$ und $\underline{b}_n$ enthalten, die dem
k-ten Subcircuit zugeordnet sind. Durch partielle LU-Zerlegung
wird $\underline{A}_{kk}^{-1}$ ermittelt. Damit lassen sich die Verbindungsgleichun-
gen

$$
(\underline{A}_{nn} - \sum_{k=1}^{n-1} \underline{A}_{nk} \underline{A}_{kk}^{-1} \underline{A}_{kn})\Delta\underline{x}_n = \underline{b}_n - \sum_{k=1}^{n-1} \underline{A}_{nk} \underline{A}_{kk}^{-1} \underline{b}_k \qquad , \qquad (12.3)
$$

die durch Elimination von $\Delta\underline{x}_1,\ldots,\Delta\underline{x}_{n-1}$ in (12.1) aufgestellt
werden, lösen. Diese Lösungsschritte lassen sich so interpretieren,
daß mit (12.2) für jedes Teilnetzwerk eine Ersatzschaltung aus
einer Stromquelle mit Innenwiderstand berechnet, und das so erhaltene vereinfachte Gesamtnetzwerk mit (12.3) gelöst wird. Bei
der Gleichungslösung wird in SLATE das Latenz-Prinzip sowohl
beim Newton-Verfahren angewandt, als auch bei der Lösung von
(12.2), also auf Subcircuit-Ebene, wie auch bei der Lösung von

(12.3) , also auf der Ebene des Verbindungsnetzwerks.

Durch Anwendung der beschriebenen Techniken konnte die Rechenzeit ohne Genauigkeitsverlust um die Hälfte reduziert werden
[12.1].

12.1.2 Anwendung des Newton-Verfahrens auf verschiedenen Ebenen

Im folgenden wird von einer Zerlegung eines Netzwerks in nichtlineare Teilnetzwerke, die zum Beispiel Subcircuits oder Makromodellen entsprechen, ausgegangen. Jedes Teilnetzwerk werde durch
eine Beziehung der Form

$$\underline{h}(\underline{x},\underline{y},\underline{w}) = \underline{0} \quad , \qquad (12.4)$$

beschrieben, wobei $\underline{w}$ der Vektor der internen Variablen des
Teilnetzwerks, $\underline{x}$ der Vektor der unabhängig wählbaren externen
Variablen und $\underline{y}$ der Vektor der abhängigen externen Variablen
des Teilnetzwerks ist. Würde das betrachtete Teilnetzwerk zum
Beispiel aus einem spannungsgesteuerten Widerstand bestehen,
dann würde die Spannung am Widerstand dem Vektor $\underline{x}$, sein Strom
dem Vektor $\underline{y}$ zugeordnet. Es werde nun angenommen, daß jedes
Teilnetzwerk durch ein exaktes Makromodell beschrieben werden
kann, das heißt, daß eine eindeutige, stetig differenzierbare
Abbildung

$$\underline{y} = \underline{g}(\underline{x}) \qquad (12.5)$$

für alle Werte $(\hat{\underline{x}},\hat{\underline{y}},\hat{\underline{w}})$, die (12.4) erfüllen, existiert. Auf
das Netzwerk übertragen heißt dies, daß jedes Teilnetzwerk durch
nichtlineare gesteuerte Quellen ersetzt wird.

Die Gleichung für das Gesamtnetzwerk nimmt damit die Form

$$\underline{f}(\underline{x},\underline{g}(\underline{x}),\overline{\underline{w}}) = \underline{0} \qquad (12.6)$$

an, wobei $\overline{\underline{w}}$ nun die internen Variablen des Gesamtnetzwerks beschreibt. Zur Vereinfachung der Schreibweise wurde in (12.6) angenommen, daß nur ein einziges Makromodell im Gesamtnetzwerk
vorhanden ist.

Die Anwendung des Newton-Algorithmus (8.22) zur iterativen
Linearisierung von (12.6) ergibt mit der Schreibweise $D_\alpha = \partial/\partial\underline{\alpha}$
und Weglassen der Iterationsindizes für die Newton-Iteration:

$$D_x \underline{f}(\underline{x}, \underline{g}(\underline{x}), \underline{\bar{w}}) \Delta \underline{x} + D_g \underline{f}(\underline{x}, \underline{g}(\underline{x}), \underline{\bar{w}}) D_x \underline{g}(\underline{x}) \Delta \underline{x} +$$
$$+ D_w \underline{f}(\underline{x}, \underline{g}(\underline{x}), \underline{\bar{w}}) \Delta \underline{\bar{w}} = -\underline{f}(\underline{x}, \underline{g}(\underline{x}), \underline{\bar{w}}) \quad . \qquad (12.7)$$

Für die Auswertung von (12.7) werden also $\underline{g}(\underline{x})$ und $D_g \underline{f}(\cdot)$ benötigt. Sie können durch Auswertung von (12.4) und einen zweiten Newton- Prozeß auf Makro - Modell - Ebene berechnet werden, wobei für $\underline{x}$ nun ein konstanter Vektor eingesetzt wird, der aus der Lösung von (12.7) im vorhergehenden Schritt stammt:

$$D_{w,y} \underline{h}(\underline{x}, \underline{y}, \underline{w}) (\Delta \underline{w}, \Delta \underline{y})' = -\underline{h}(\underline{x}, \underline{y}, \underline{w}) \quad . \qquad (12.8)$$

Wie in [11.28] gezeigt wird, kann der Integrationsprozeß (12.8) beendet werden, wenn die Genauigkeit mit der Genauigkeit des aktuellen Integrationsschritts (12.7) vergleichbar ist. Das Konvergenzverhalten ist noch lokal quadratisch, wenn ein geeignetes Konvergenzkriterium gewählt wird.

Der beschriebene Algorithmus kann von zwei Ebenen sehr leicht auf mehrere Ebenen bei geschachtelten Teilnetzwerken ausgedehnt werden (multilevel Newton algorithm) . Sind mehrere Teilnetzwerke auf einer Ebene vorhanden, dann können diese durch Anwendung des Gauß - Seidel - Newton - Raphson (GSNR) - Algorithmus voneinander entkoppelt werden. Beim Programm MACRO von IBM [11.12] wird diese Entkopplung auf der höchsten Ebene vorgenommen. Zur Reduzierung der Rechenzeit werden folgende Techniken verwendet: 1. Nur ein einziger Gauß - Seidel - Schritt führt zu genügend genauen Ergebnissen, da die Ausgangswerte durch Prediktion unter Verwendung der Lösungen für vorhergehende Zeitpunkte ermittelt werden. 2. Aufgrund der Entkopplung der Teilnetzwerke kann für jedes Teilnetzwerk das Integrationsverfahren und die Schrittweite unabhängig gewählt werden. 3. Bei Teilnetzwerken gleicher Struktur wird mit Hilfe von symbolischen Makromodellen Rechenzeit eingespart. 4. Das Latenz - Prinzip wird sowohl auf Makromodell- Ebene, als auch bei den Newton - Iterationen angewandt.

Beim Einsatz des Programms zur Simulation von digitalen MOS-Schaltungen wurde festgestellt, daß Rechenzeit und Speicherplatz-Bedarf nur linear mit der Anzahl der simulierten Gatter wachsen. Die maximale Abweichung des Ergebnisses im Vergleich zu

Simulationen mit ASTAP soll unter 2% liegen. Der durchschnittliche Geschwindigkeitsgewinn gegenüber ASTAP beträgt etwa Faktor
10.

12.1.3 Parallele Teilnetzwerk - Simulation

Beim Entwurf großer digitaler Schaltungen ist man bestrebt, die
Schaltungen möglichst regulär aufzubauen. Das bedeutet, daß die
gleichen Teilschaltungen oder Gattertypen sehr häufig vorkommen.
Durch eine geeignete Netzwerkzerlegung können die Netzwerkgleichungen in geränderter Blockdiagonalform geschrieben werden.
Wie in Abschn. 12.1.1 können dann die Gleichungen (12.2) der
einzelnen Teilnetzwerke unabhängig voneinander, also auch gleichzeitig gelöst werden. Da aufgrund der Regularität großer Schaltungen Teilnetzwerke gleicher Struktur wiederholt vorkommen, lohnt
sich die Verwendung generierten symbolischen Codes.

In den letzten Jahren wurden verschiedene Versuche unter-
nommen, das Programm SPICE2 an Rechner anzupassen, die es unter
Verwendung von Vektoroperationen oder Pipelining gestatten, die
genannten Eigenschaften zur Verkürzung der Rechenzeit auszu-
nützen. Beim Simulator SPICEV der Universität Berkeley, Kalifornien, wurde der FORTRAN - Code von SPICE2 für den Ablauf auf einem
CRAY-1-Rechner vektorisiert. Dadurch wurde eine durchschnittliche
Rechenzeitverkürzung um den Faktor 3 erreicht [12.2]. Durch Aus-
nützung der Blockdiagonalform der Koeffizientenmatrix und durch
speziell an die Vektorrechnung der CRAY-1 angepaßte Datenstrukturen konnte mit dem Programm CLASSIE der Universität Berkeley
ein Rechenzeitgewinn von durchschnittlich Faktor 6 erzielt werden,
wobei der mögliche Gewinn von etwa Faktor 2 bei kleinen Netzwerken mit weniger als zehn Transistoren bis zu etwa Faktor 10 bei
großen Netzwerken von etwa eintausend Transistoren reicht [7.29].
Der Simulator VAMOS für MOS - Schaltungen, der von der Firma MOSTEK
entwickelt wurde, ermöglicht den Ablauf von vektorisiertem SPICE2-
Code auf dem Rechner CYBER 205. Dabei wurde eine 3- bis 4-fache
Rechenzeitverkürzung festgestellt [12.4]. Schließlich soll noch
das Programm QSPICE der Quantitative Technology Corporation erwähnt werden, bei dem der Programmcode von SPICE2 so organisiert ist, daß die Gleitkommarechnungen auf einem FPS-164
Floating-Point-Array-Prozessor, der mit einer VAX11/780 als

Hauptrechner verbunden ist, ablaufen können. Damit kann eine
Rechenzeitverkürzung von etwa Faktor 5 erreicht werden [12.5].

12.2 Timing-Simulation

Unter Timing-Simulation ist eine Simulationsart zu verstehen,
die zur Untersuchung der zeitlichen Aufeinanderfolge von Signalen einer Logikschaltung und der dabei auftretenden Probleme eingesetzt wird. Im Gegensatz zu einer Transient-Simulation
kommt es dabei weniger auf den genauen Signalverlauf an, sondern
auf die Zeitpunkte, zu denen Schaltungsstufen durch- oder abschalten. Um bei der Timing-Simulation großer Netzwerke auf er-
trägliche Rechenzeiten zu kommen, muß man sich mit einer
näherungsweisen Bestimmung dieser Zeitpunkte begnügen. Dazu
wurden verschiedene Verfahren entwickelt. Einmal gibt es schnelle Verfahren, die von der Logik-Simulation kommen und durch
Ermittlung von Pfadlängen (Länge von Signalwegen) und mit Hilfe der Gatter-Verzögerungszeiten kritische Zeitbedingungen ermitteln. Diese Verfahren sollen hier nicht behandelt werden;
eine Übersicht ist in [12.6-7] zu finden. Zum andern gibt
es das im folgenden besprochene Verfahren der (elektrischen)
Timing-Simulation, das im Grunde genommen eine vergröberte,
näherungsweise Transient-Simulation ist.

12.2.1 Verfahren der Timing-Simulation

Die Timing-Simulation wurde 1975 mit dem Programm MOTIS[11.21]
der Bell-Laboratorien eingeführt. Sie ist durch die Verwendung
der folgenden Techniken gekennzeichnet: 1. Eine Beschränkung
auf wenige grundlegende Gattertypen ermöglicht die Anwendung
effizienter Makromodelle. 2. Bei der iterativen Linearisierung
der nichtlinearen Gleichungen wird nach dem ersten Schritt abgebrochen, da sich dadurch die globalen Konvergenzeigenschaften des GSNR-Verfahrens nicht ändern (siehe Abschn. 11.2.2.).
3. Die Netzwerkgleichungen werden durch einen einzigen Relaxationsschritt voneinander entkoppelt. Weitere Relaxationsschritte
werden nicht durchgeführt, da vorausgesetzt wird, daß das Netz-

werk kaum Rückkopplungen besitzt, die Netzwerkgleichungen also
so angeordnet werden können, daß die Koeffizientenmatrix annähernd eine untere Dreiecksform hat (siehe Abschn. 11.2.1.).
Sind Rückkopplungen vorhanden, dann verschlechtern sich die
Konvergenzeigenschaften des Verfahrens, was jedoch in Kauf genommen wird.

Die Timing-Simulation wurde vorwiegend zur Untersuchung von
logischen MOS-Schaltungen eingesetzt, da diese in der Regel
nur wenige Rückkopplungspfade enthalten. Die lokalen Rückkopplungen, zum Beispiel durch Gate-Drain-Kapazitäten der Transistoren, werden vernachlässigt. Ein Vorteil der MOS-Schaltungen ist, daß sich bei der Simulation entstandene Kurven-
formfehler nicht längere Zeit fortpflanzen können, da sie bei
Erreichen des Ruhezustandes der Schaltung (Versorgungsspannung
V_{DD} an Drain, bzw. V_{SS} an Source) verschwinden. Neben MOS-Schaltungen können auch bipolare Logikschaltungen in I^2L-Technik mit
den Algorithmen der Timing-Simulation behandelt werden [12.8,
2.32].

Bei der Berechnung vom MOS-Schaltungen zeigte sich, daß
bilaterale Elemente wie Transfergatter und insbesondere Koppelkapazitäten kaum zufriedenstellend durch die Timing-Simulation
behandelt werden, da, wie schon in Abschn. 11.3.3 besprochen
wurde, häufig parasitäre Oszillationen angeregt werden. Dieses
Verhalten scheint auf den ersten Blick unverständlich zu sein,
da bei der Timing-Simulation durchweg A-stabile implizite Integrationsverfahren, wie das implizite Euler-Verfahren oder die
Trapez-Regel eingesetzt werden. Die Ursache dieses Verhaltens
ist jedoch darin zu suchen, daß die Gleichungen, die durch Einsetzen der Integrationsformeln entstehen, nicht exakt gelöst
werden, sondern nur näherungsweise, da lediglich ein einziger
Relaxationsschritt und ein einziger Linearisierungsschritt ausgeführt werden. Die Kombination dieser Verfahren kann als eine
neue Klasse von Integrationsalgorithmen aufgefaßt werden, deren
Stabilitätseigenschaften gesondert untersucht werden müssen.
Solche Untersuchungen sind in [11.26-27] zu finden. Sie kommen
zu dem Ergebnis, daß die Kombinationen von impliziter Euler-
Integration mit einem Jacobi-Schritt oder einem Gauß-Seidel-
Schritt Integrationsverfahren erster Ordnung ergeben, die bei
genügend klein gewählter Schrittweite h stabil sind. Dies be-

deutet, daß die Schrittweite nicht nur von der gewünschten Genauigkeit abhängt, sondern mit Rücksicht darauf gewählt werden muß, daß parasitäre Oszillationen abklingen. Die Wahl einer geeigneten Schrittweite ist schwierig. Alle Timing-Simulatoren arbeiten deshalb mit Heuristiken, die eine Begrenzung der maximalen Änderung der Knotenspannung pro Zeitschritt
zum Ziel haben.

Bei den verschiedenen Timing-Simulatoren (siehe nächsten
Abschnitt) wurden die genannten Techniken unterschiedlich realisiert. Für die Makromodellierung der zugelassenen Gatter
werden durchweg einfache Modellgleichungen benutzt, die meistens
zur Aufstellung von Modelltabellen dienen. Zur Linearisierung
der nichtlinearen Elementecharakteristiken wird entweder ein
Newton-Raphson-Schritt oder aber ein Regula-Falsi-Schritt durchgeführt, da dieser zuverlässigere Näherungen ergibt, wenn lediglich ein einziger Schritt durchgeführt wird. Ein einziger
Newton-Raphson-Schritt kann dagegen zu Lösungen weit außerhalb
des zulässigen Spannungsbereichs führen [2.29] . Zur Gleichungsentkopplung wird entweder ein Jacobi-Schritt oder ein Gauß-Seidel-Schritt durchgeführt. Ein Jacobi-Schritt kann zu beträchtlichen Zeitfehlern führen, die nur mit Hilfe einer relativ
kleinen Schrittweite genügend klein gehalten werden können. Ein
Gauß-Seidel-Schritt erlaubt eine größere Schrittweite, allerdingsdings müssen die Gleichungen dem Signalfluß entsprechend angeordnet werden. Die meisten Programme zur Timing-Simulation wenden das Latenzprinzip zur Rechenzeitverkürzung an. Durch die
Entkopplung der einzelnen Gleichungen wird die Lösung außerordentlich einfach, jede Gleichung kann explizit gelöst werden.
Durch Anwendung dieser Verfahren kann die Rechenzeit bei ausreichender Genauigkeit bis zu einem Faktor von etwa 30 reduziert werden, bei einzelnen besonders geeigneten Schaltungen
ist auch eine Rechenzeitverkürzung um zwei Größenordnungen möglich. Mit der Timing-Simulation können deshalb Schaltungen mit
mehreren tausend Transistoren simuliert werden. Eine Erhöhung
der Rechengenauigkeit ist möglich, wenn die iterativen Verfahren
bei der Timing-Simulation nicht nach dem ersten Schritt abgebrochen werden, sondern wenn zusätzliche Iterationen durchgeführt werden. Dies ist auf zwei Ebenen möglich:

1. Durchführen mehrerer Newton-Raphson-Iterationen. Da die
Netzwerkgleichungen voneinander entkoppelt sind, können bei der

Lösung einzelner Gleichungen, die starke Nichtlinearitäten enthalten, mehr Newton-Raphson-Iterationen zweckmäßig sein, als
bei anderen Gleichungen mit schwachen Nichtlinearitäten. Beim
praktischen Einsatz dieses Verfahrens hat sich gezeigt, daß
durchschnittlich zwei Iterationen (bezogen auf die gesamte Anzahl von Gleichungen) genügen, um die Lösungsgenauigkeit beträchtlich zu verbessern. Die Rechenzeiterhöhung liegt dabei
unter einem Faktor 2.

2. Durchführen der Relaxationsschritte bis zur Konvergenz.
Um bilaterale Elemente wie Koppelkapazitäten bei der Timingana-
lyse zufriedenstellend behandeln zu können, ist es zweckmäßig,
Relaxationsschritte bis zur Konvergenz auszuführen. Wird zum
Beispiel das 1-Schritt-GSNR-Verfahren (also mit einer einzigen
Newton-Raphson-Iteration) eingesetzt, dann ändern sich die Stabilitätseigenschaften der verwendeten Integrationsverfahren
nicht. Die Jacobi- und die Gauß-Seidel-Iteration konvergieren
stets bei MOS-Schaltungen, bei denen jeder Knoten eine Kapazität gegen Masse besitzt, vorausgesetzt, die Schrittweite h
wird genügend klein gewählt [11.6] . Dies ist leicht zu verstehen, da bei genügend kleiner Schrittweite alle den Massekapazitäten zugeordneten Anteile c_ν/h der Hauptdiagonalelemente
beliebig groß werden können, so daß jederzeit Diagonaldominanz
erzwungen werden kann. Die Timing-Simulation mit Relaxation bis
zur Konvergenz wird in der Literatur "Iterierte Timing-Analyse
(ITA)" genannt. Sie ist bei großen digitalen Netzwerken um etwa einen Faktor 2 langsamer als die Timing-Simulation, doch können damit sogar stark rückgekoppelte Schaltungen wie analoge
MOS-Schaltungen behandelt werden. In diesem Fall kann die
Rechenzeit jedoch der einer Circuit-Iteration entsprechen
[12.9] .

Natürlich können auch mehrere Iterationen sowohl bei der
Linearisierung als auch bei Anwendung des Relaxationsverfahrens
durchgeführt werden. Dies kann als ein fließender Übergang
zur Circuit-Simulation aufgefaßt werden. Der Vorteil des Relaxationsverfahrens im Gegensatz zur Gleichungslösung mit
LU-Zerlegung besteht in der Gleichungsentkopplung, die eine
Sparse-Matrix-Technik überflüssig macht. Die voneinander unabhängigen Gleichungen können außerdem mit unabhängig gewählten Schrittweiten berechnet werden, wodurch Latenz im

Netzwerk ausgenutzt wird, oder es können sogar verschiedene
Integrationsverfahren gewählt werden. Die Weiterentwicklung
der Timing-Simulation in letzter Zeit läßt jedenfalls erwarten, daß in Zukunft Programme entwickelt werden, deren Algorithmen einen fließenden Übergang von der Timing- zur Circuit-
Simulation ermöglichen. Solche Programme könnten bei jeder
Simulation so an das gegebene Netzwerk angepaßt werden, daß es
so schnell wie möglich, aber nur so genau wie nötig simuliert
wird.

12.2.2 Programme zur Timing-Simulation

Im folgenden sollen in Ergänzung zu den in Abschn. 2.3.2 genannten
Programmen einige Timing-Simulatoren für MOS-Schaltungen und
die implementierten Verfahren aufgeführt werden.

MOTIS [11.21]; Bell Laboratories, 1975
     Timing-Simulator mit quasi-unidirektionalen Gatter-Makro-
modellen für NMOS- und PMOS-Technik; implizite Euler-Integration mit fester Schrittweite (1ns); Gleichungsentkopplung durch
Jacobi-Schritt; Linearisierung durch einen Regula-Falsi-Schritt;
Tabellenmodell mit eindimensionaler Tabelle für Lasttransistoren und Schwellenspannungsverschiebung, zweidimensionaler Tabelle für Treibertransistoren und Pass-Transistoren mit 64 Einträgen für jede unabhängige Variable; konstante Lastkapazitäten
zur dynamischen Modellierung.

MOTIS-C V. 1.3A / 2.0 [11.25,2.31]; Universität Berkeley, Kalifornien, 1977 / 1979
     Weiterentwicklung von MOTIS, Integration mit Trapez-Verfah-
ren und implizitem Euler-Verfahren; Schrittweitensteuerung;
Entkopplung durch Jacobi- oder Gauß-Seidel-Schritt, abhängig
davon, ob der Signalfluß der festprogrammierten Verarbeitungsreihenfolge der Modelle zufällig entspricht; Linearisierung durch
Newton-Raphson-Schritt; eindimensionale Tabellenmodelle, konstante Lastkapazitäten zur dynamischen Modellierung.

MATIS [12.10]; NEC-Toshiba Information Systems Inc., 1978
     Timing-Simulator mit einfachen quadratischen Transistormo-

dellen für NMOS-Technik; zahlreiche Makromodelle; Widerstände sind zulässig, aber keine Koppelkapazitäten; Schrittweitensteuerung; Ereignissteuerung; Startwertberechnung durch einfache Logik-Simulation.

MOSTAP [12.11]; Nippon Electric Company, 1980

Simulation von NMOS- und PMOS-Schaltungen, gemischte Tabellen- und analytische Modelle; dynamische Zerlegung in unilaterale Teilnetzwerke; Gleichungsentkopplung durch Block-Gauß-Seidel-Schritt; implizite Euler-Integration mit Schrittweitensteuerung mit Hilfe des "Iteration Count"-Verfahrens; Newton-Raphson-Iteration bis zur Konvergenz; Ereignissteuerung.

SHIELD MOS Timing Simulator [12.12]; Hughes Aircraft Comp., 1983

Ereignisgesteuerter Simulator mit gemischten Tabellen- und analytischen Modellen; Zerlegung in unilaterale Teilnetzwerke; Berücksichtigung von spannungsabhängigen MOS-Kapazitäten; implizite Euler-Integration mit Schrittweitensteuerung.

Die in den Mixed-Mode-Simulatoren DIANA und SPLICE implementierten Timing-Algorithmen werden in Abschnitt 12.3 behandelt.

12.2.3 Simulationsbeispiel

Als Beispiel für eine Timing-Simulation wird die Simulation eines 2-Bit-Volladdierers mit Übertragbildung durch Carry-Look-Ahead gezeigt. Die Schaltung Bild 12.1 enthält drei NOR-Gatter, fünf AND-OR-Inverter, einen OR-AND-Inverter und ein AND-Gatter. Sie ist rein statisch aufgebaut und eignet sich daher gut für eine Timing-Simulation. An die Eingangsknoten $\underline{1}$, $\underline{2}$ und $\underline{5}$ werden die negierten Signale $\bar{A}_0$ und $\bar{B}_0$ sowie ein Eingangs-Übertrag C_{ein} angelegt; das Summensignal S_0 liegt am Ausgangsknoten $\underline{6}$ an. Das Summensignal S_1 des zweiten Bits kann am Ausgangsknoten $\underline{7}$ entnommen werden; es wird aus den Eingangssignalen $\bar{A}_1$ und $\bar{B}_1$ an den Knoten $\underline{3}$ und $\underline{4}$ gebildet, sowie aus einem eventuell entstehenden Übertrag aus der Summenoperation für das erste Bit. Zur Einsparung von Laufzeit wird dieser Übertrag aus internen Signalen gebildet. Bei der Summation des Ergebnisses

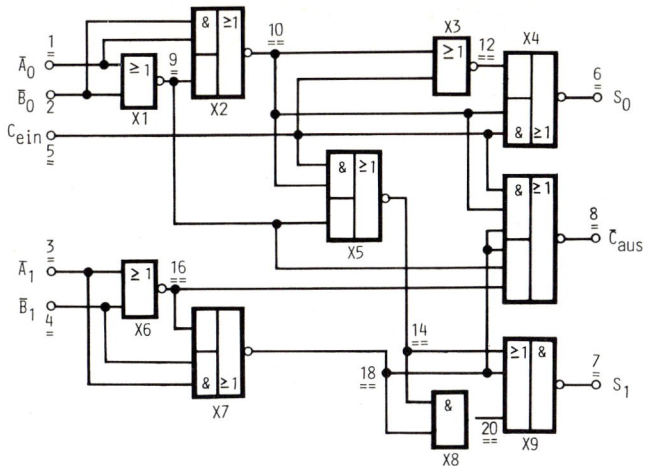

Bild 12.1. 2-Bit-Addierer mit Carry-Look-Ahead

für das zweite Bit kann ein Ausgangsübertrag entstehen, der als
$\overline{C}_{aus}$ in negierter Form an Knoten $\underline{8}$ geliefert wird.
    Die Eingabebeschreibung zur Simulation dieser Schaltung
mit einer modifizierten Version des Timing-Simulators MOTIS-C
1.3A zeigt Bild 12.2a. In den Modell-Anweisungen für die Trei-
ber(Drive)- und Last(Load)-Transistoren sind als Parameter die
Schwellenspannung U_{TO}, die Kennliniensteilheit der Bezugskenn-
linie für $u_{DS} = 0$, der Substratsteuerfaktor γ, das als Fitting-
 Größe verwendete Potential $2\emptyset$ und die Sättigungs-Steilheit λ
angegeben. Mit diesen Werten werden Tabellen für Bezugskenn-
linien aufgestellt, aus denen sich die aktuellen Kennlinien
ableiten lassen [11.25]. Der folgende Abschnitt beschreibt die
verwendeten Makromodelle, für die jeweils die W/L-Verhältnisse
der enthaltenen Transistoren, die Eingangs- und Lastkapazitäten,
sowie bei den Mischgattern die Anzahl der Eingänge für den AND-
Pfad und die OR-Pfade angegeben sind. Außerdem ist ein Transistormodell NTR angegeben, da drei Transfergatter X11, X12, X13
zusammen mit dem Standard-AND-OR-Inverter X10 benötigt werden, um
einen AND-OR-Inverter mit sechs Eingängen aufzubauen. Im folgenden Abschnitt werden die Eingangsquellen, die Versorgungsspannungen sowie das Kapazitätsmodell CAP für eine Knotenkapazität von 50fF definiert. Die Schaltung wird durch Aufruf dieser Modelle mit Angabe der Gattereingangs- und Ausgangsknoten
beschrieben, wobei Modellparameter noch einmal angegeben werden,

```
CMOTSTOMCMOTSTOMCMOTSTOMC 02/20/84   08:59:59  CMOTSTOM
   MOTIS-C  VERSION 1.3A   (1978-03-7)
CMOTSTOMCMOTSTOMCMOTSTOMCMOTSTOMCMOTSTOMCMOTSTOMCMOTSTO

BEISPIEL: 2-BIT VOLLADDIERER
*
*
*TABELLENGENERIERUNG
MODEL DR DRIVE(0.37 27.5U .001 2.02 0.03)
MODEL LD LOAD(-1.65 134.0U .1 0.7 0.0)
*
*N-ENH.MOS UND MAKROMODELLE
MODEL NTR TRANS(20 15F 26F 10F)
MODEL NOM NOR2 (5 1 50F 18F)
MODEL AOM ANDOI(14 8 2 23F 15F 37F 2 1)
MODEL OAM ORANI(16 16 2 25F 25F 34F 2 1)
MODEL NAM NAND2(16 2 25F 34F)
*
*QUELLENMODELLE
MODEL INP1 SOURCE(3.5 0 15N 5N 35N)
MODEL INP2 SOURCE(3.5 0 15N 5N 35N)
MODEL INP3 SOURCE(3.5 0 15N 5N 35N)
MODEL INP4 SOURCE(3.5 0 15M 5M 15M)
MODEL CAIN SOURCE(3.5 0 16N 5N 35N)
MODEL TIE  SOURCE(3.5 0 15M 5M 15M)
MODEL CAP  CAPCR  50F
V+   3.5
VBG 0.0
*
*SCHALTUNG
X1    1   2   9    NOM 12 3 50F 52F
X2    1   2   9 10 AOM 35 20 5 36F 36F 90F
X3   10   5  12    NOM
X4    5  10  12   6 AOM 16 8 2 30F 15F 38F.
X5    5  10   9  14 AOM 16 12 3 30F 22F 53F
X6    3   4  16    NOM 8 2 0 34F
X7    3   4  16  18 AOM 35 20 6 37F 37F 106F
X8   14  18  20    NAM
X9   14  18  20   7 OAM
X10   9  18  16   8 AOM
X11   8  18  23    NTR
X12  23  10  24    NTR
X13  24   5  50    NTR
C6    6   0  CAP 228F
C7    7   0  CAP 230F
C8    8   0  CAP 123F
C9    9   0  CAP 136F
C10  10   0  CAP 144F
C12  12   0  CAP  71F
C14  14   0  CAP
C16  16   0  CAP
C18  18   0  CAP
C20  20   0  CAP
V1    1   0        INP1 0 1
V2    2   0        INP2 0 1
V3    3   0        INP3 0 1
V4    4   0        INP4 0 1
V5    5   0        CAIN 0 1
GND  50   0        TIE  0
*
*ANALYSE
TIME 50N 0.2N 15
PLOT 7 6 8 1 2 3 4 5
END
```

Bild 12.2a

```
CMOTSTOMCMOTSTOMCMOTSTOMC 02/20/84   08:59:59  CMOTSTOMCMOTSTOMCMOTSTOMCMOTSTOMC
   MOTIS-C  VERSION 1.3A   (1978-03-7)
CMOTSTOMCMOTSTOMCMOTSTOMCMOTSTOMCMOTSTOMCMOTSTOMCMOTSTOMCMOTSTOMCMOTSTOMCMOTSTOM
--- ANALYSIS STATISTICS ---
     CIRCUIT BLOCKS:
     2-INPUT NAND GATES:       1
     2-INPUT NOR GATES:        3
     AND-OR INVERTERS:         5
     OR-AND INVERTERS:         1
     LATCHES:                  0
     TRANSFER GATES:           3
     TRANS GATES (TYPE 2):     0
     FLOATING CAPACITORS:      0
     VOLTAGE SOURCES:          6
     ANALYSIS PARAMETERS:
     TOTAL CIRCUIT TIME:         5.000D-08
     PRINT TIME STEP:            2.000D-10
     INTERNAL TIME STEPS BETWEEN: 2.000D-10 8.052D-12
     TOTAL NO. ITERATIONS:            1008
     CIRCUIT NODES:               18
     TIME BREAKDOWN:
     READ AND EQN. SETUP:      0.423
     OUTPUT PLOTTING:          0.716
     ANALYSIS TIME:            1.577
     TOTAL TIME:               2.716
```

Bild 12.2b

331

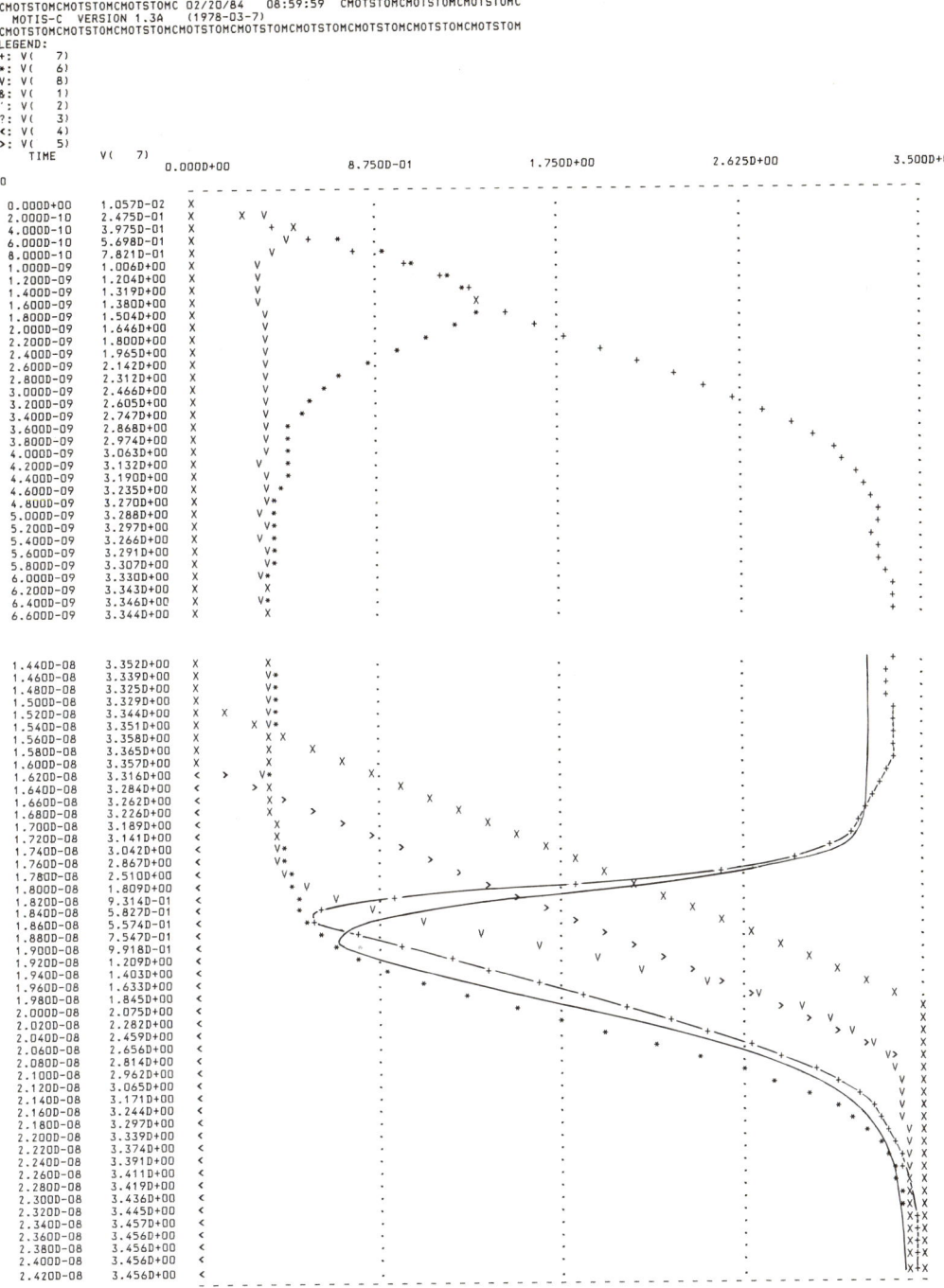

Bild 12.2c

Bild 12.2. Timing-Simulation mit MOTIS-C: a) Schaltungseingabe,
b) Lauf-Statistik, c) Simulationsergebnisse (Ausschnitt)

wenn sie von den Werten abweichen, die bei der Modelldefinition
angegeben wurden. Zur Analyse-Steuerung werden schließlich in
der TIME-Anweisung die Simulationsdauer, die Ausgabe-Schritt-
weite und ein Wert für die Bestimmung der minimalen Schrittweite angegeben. Schließlich werden in der PLOT-Anweisung die aus-
zugebenden Knotenspannungen festgelegt. Als Ergebnis der Simulation werden die Analyse-Statistik Bild 12.2b und ein Schnelldrucker-Plot erhalten, von dem Bild 12.2c einen Ausschnitt zeigt.
In diesem Bild wird die Ausgangsspannung V(7) am Knoten 7 durch
Verbinden der "+"-Zeichen hervorgehoben. Zum Genauigkeitsver-
gleich ist im selben Bild der exakte Verlauf, das Ergebnis einer
Circuit-Simulation, eingezeichnet. Die Timing-Simulation gibt –
trotz der einfachen Algorithmen, die in dieser Programmversion
verwendet werden – den tatsächlichen Kurvenverlauf befriedigend
gut wieder. Wegen der Verwendung von Transfergattern mußte allerdings, wie die Statistik zeigt, die Schrittweite relativ klein
gewählt werden. Mit der angegebenen reinen Simulationszeit von
1,577 CPU-Sekunden auf einem Siemens-Rechner 7.571 ist deshalb
die Rechenzeit gegenüber der Circuit-Simulation nur um den Faktor 12 verkürzt.

12.3 Mixed-Mode-Simulation

Als Mixed-Mode-Simulatoren sollen hier Programme zur Transient-
Simulation verstanden werden, die verschiedene Simulationsver-
fahren zur Schaltungssimulation auf Transistor-Ebene enthalten
und somit während eines Rechenlaufs verschiedene Teile einer
Schaltung mit unterschiedlicher Genauigkeit simulieren können.
Nach dieser Definition umfaßt die Mixed-Mode-Simulation die
Circuit-Simulation, die Timing-Simulation und die in Kap. 13
behandelte Switch-Level-Logik-Simulation. Da es verschiedene
Simulationsprogramme gibt, die mit der Circuit- oder Timing-
Simulation auch die Device-Simulation oder die Gatter-Logik-
Simulation verbinden, werden solche Simulatoren, soweit nötig,
in diesem Kapitel berücksichtigt, obwohl es sich hierbei um
Multi-Level-Simulatoren handelt.
Eine Mixed-Mode-Simulation kann aus verschiedenen Gründen
zweckmäßig sein: Beim Top-Down-Entwurf einer integrierten Schal-

tung mit schrittweiser Verfeinerung hat die Beschreibung von
Schaltungsteilen in der Regel unterschiedlichen Abstraktionsgrad. Soll die Simulation des Schaltungsverhaltens darauf aufsetzen, dann muß ein Mixed-Mode- bzw. Multi-Level-Simulator eingesetzt werden. Große Schaltungen können auf der Circuit-Ebene
nicht mehr simuliert werden. Eine vollständige Schaltungssimulation auf der Logik-Ebene liefert häufig die benötigten Informationen nicht im gewünschten Detailierungsgrad. Die reine Timing-
Simulation ist auf rückkopplungsarme Schaltungen beschränkt.
Kritische Schaltungsteile müssen im Circuit-Modus, oder sogar,
wegen der zunehmenden Verringerung der Strukturbreiten, auf der
Device-Ebene simuliert werden. Die heute verfügbaren Simulatoren
verbinden größtenteils zwei Simulationsverfahren miteinander:
Device-Circuit-Simulation, Circuit-Timing-Simulation, Timing-
Logik-Simulation oder Circuit-Logik-Simulation.

12.3.1 Verfahren der Mixed-Mode-Simulation

Eine Mixed-Mode-Simulation läßt sich am einfachsten realisieren,
wenn das zugrundeliegende Netzwerk in wenige Teilnetzwerke zerlegt wird und jedes Teilnetzwerk mit einem anderen Simulationsverfahren behandelt wird. Bild 12.3 zeigt die Aufgabenstruktur
für eine gemischte Circuit-Timing- und Logik-Simulation. Innerhalb eines gegebenen Zeitintervalls (häufig MRT, minimum re-
solvable time, genannt) wird eine Circuit-Simulation, eine Timing-Simulation und eine Logik-Simulation für die zugeordneten
Teilnetzwerke unabhängig von den anderen Teilnetzwerken durchgeführt. Danach werden die berechneten Signale an den Schnitt-

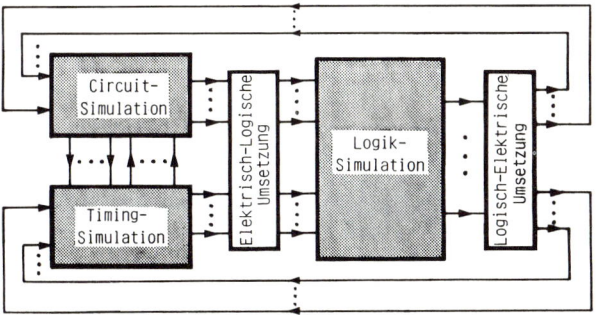

Bild 12.3. Simulationsablauf bei der Mixed-Mode-Simulation

stellen zu den anderen Teilnetzwerken ausgetauscht. Zwischen
Circuit- und Timing-Simulation können diese Signale direkt über-
geben werden; bei der Übergabe von elektrischen Signalen an die
Logik-Simulation oder von Logik-Pegeln an die elektrische Simulation müssen die Signale geeignet umgesetzt werden. Danach
kann die Simulation für den nächsten Zeitschritt erfolgen. Die
Entkopplung der einzelnen Blöcke, die völlig unabhängig und mit
unterschiedlicher Genauigkeit gerechnet werden, wird durch einen
Jacobi-Schritt vorgenommen. Aus diesem Grund spricht man von
einem Block-Jacobi-Verfahren. Der Nachteil dieser Entkopplung
ist, daß die Signale an den Schnittstellen der Blöcke mit Verzögerung weitergegeben werden, so daß ein Zeitfehler in der
Größe der Schrittweite MRT auftritt. Um diesen Fehler zu beschränken, darf MRT nicht zu groß gewählt werden.

Beispiel 12.1

Mit dem Mixed-Mode-Simulator DIANA-S, einer für den Einsatz bei
der Siemens AG modifizierten Version des Simulators DIANA wurde ein D-Flipflop mit 58 Transistoren gerechnet. Dabei wurden
die rückgekoppelten Teile im Circuit-Modus, die restlichen
Schaltungsteile im Timing-Modus simuliert, wobei auch innerhalb
der Timing-Simulation das Jacobi-Verfahren zur Entkopplung verwendet wird. Ein Vergleich des Simulationsergebnisses Bild 12.4
zeigt die Verzögerung des Ausgangssignals gegenüber der mit
dem Circuit-Simulator SPICE2-S berechneten korrekten Lösung.
Allerdings benötigte SPICE2-S eine 33-mal längere Rechenzeit.
   Untersuchungen mit der Programmversion DIANA V.7E haben gezeigt [2.29] , daß sich diese Zeitverzögerung eliminieren läßt,
wenn statt eines Jacobi-Schritts ein Gauß-Seidel-Schritt benutzt wird. Dies bedeutet allerdings, daß die Mixed-Mode-Simulation nicht mehr entsprechend Bild 12.3 vorgenommen werden
kann. Statt dessen müssen die Blöcke in kleine unilaterale Teilnetzwerke aufgelöst werden, die unabhängig von der gewünschten
Simulationsart in der Reihenfolge gerechnet werden, die dem
Signalfluß entspricht. Da wegen der Mischung der Simulationsarten eine häufige elektrisch-logische Signalumsetzung notwendig wäre, beschränkt sich DIANA V.7E auf eine Zwei-Ebenen-Si-
mulation im Circuit- und Timing-Modus. Die Zuordnung der Verarbeitungsreihenfolge zu den Teilnetzwerken kann dem Anwender

```
*****************************************************************************
*                                                                           *
*         CMOS D-FLIPFLOP : VERGLEICH DIANA - SPICE                         *
*                                                                           *
*****************************************************************************

        .LIMITS

            MINIMUM     NODE          MAXIMUM

        0.00000E+00 <    D      <   5.00000E+00
        0.00000E+00 <    CL     <   5.00000E+00
       -4.54827E-02 <    QS     <   5.04474E+00
       -3.67797E-02 <    QD     <   5.04658E+00

TIME:  165 POINTS FROM 0.00000E+00 TO  4.50000E-08

        *PLO FIXE MIN=-0.05 MAX=5.05
        PLOT D CL QD QS VT=2.5
        .ALT

            PLOT  1
            -------
        * = D
        + = CL
        3 = QD
        4 = QS


            MIN=-5.E-2
            VT = 2.5
            MAX= 5.05


        .
        .
        .
                        } s. gegenüberliegende Seite


        .
        .
        .

*****************************************************************************
*                                                                           *
*         CMOS D-FLIPFLOP : VERGLEICH DIANA - SPICE                         *
*                                                                           *
*****************************************************************************

        .END
```

Bild 12.4. Ausgangssignal eines D-Flipflops, simuliert mit
          DIANA-3 (durchgezogen) und SPICE2-3 (gestrichelt)

nicht zugemutet werden und erfolgt deshalb automatisch. Dazu
wird zuerst untersucht, welche Schaltungsteile im Circuit-Modus gerechnet werden müssen. Dies sind zum Beispiel Koppelkapazitäten und Transistorstrukturen, die nicht als Makromodell zur
Verfügung stehen oder Transistoren, deren Verhalten aufgrund
eines ungünstigen Verhältnisses von Lastkapazität zu internen
Transistorkapazitäten nicht durch ein unilaterales Transistormodell beschrieben werden können [12.13] . Im nächsten Schritt
werden die auf Timing-Ebene modellierten Transistoren zu gleich-
strommäßig verbundenen Gruppen (DC connected subnetworks) zusammengefaßt. Hat eine Gruppe die Struktur eines Standardgatters,
dann wird sie durch ein Timing-Makromodell ersetzt. Die resul-

336

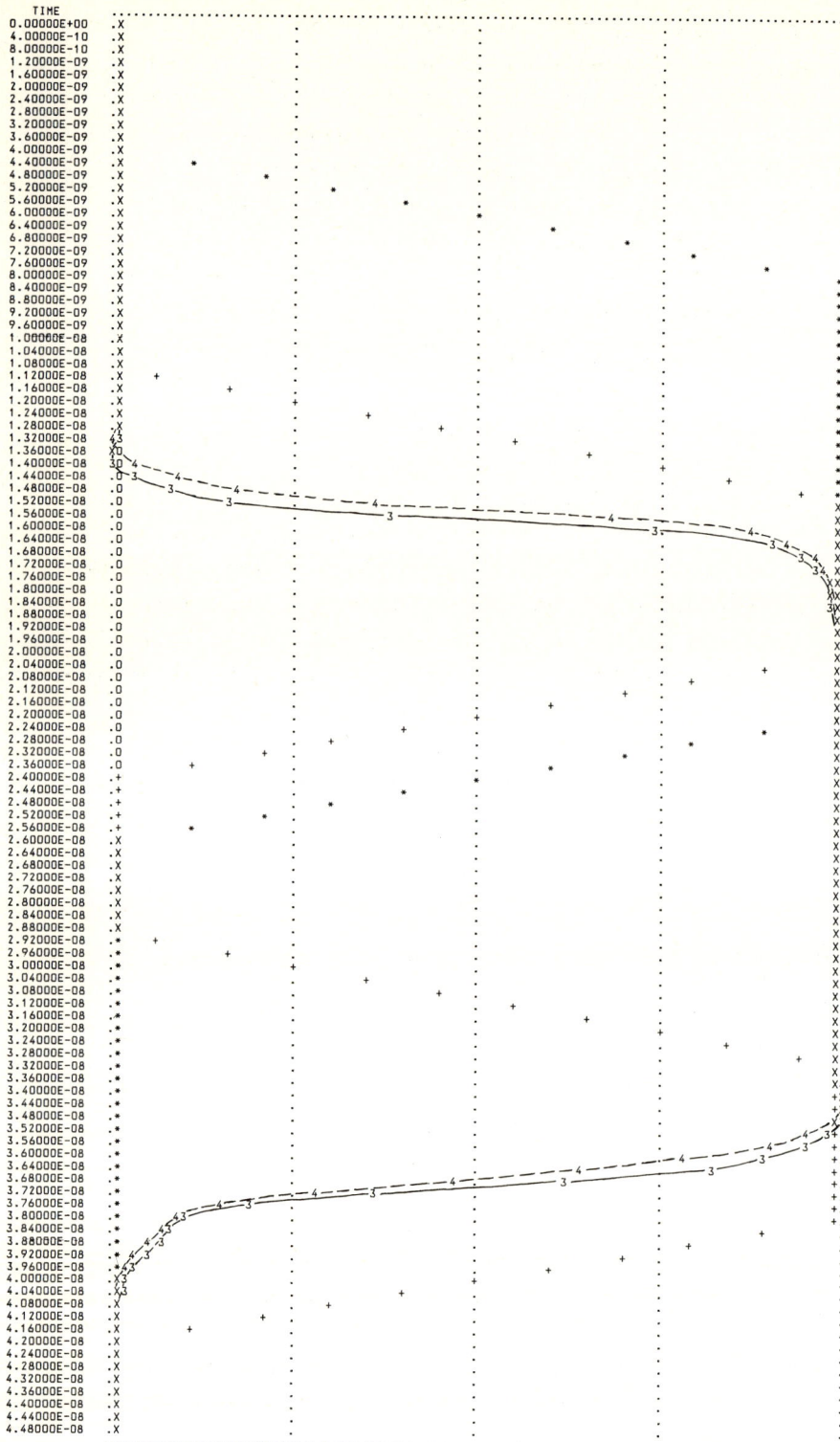

Bild 12.4 (Fortsetzung)

tierenden Teilnetzwerke werden zu stark verbundenen Komponenten (siehe Abschn. 11.1.3) zusammengefaßt und mit einer Reihenfolge versehen. Bei der Simulation großer Netzwerke zeigt sich nun, daß wegen Rückkopplungen im Netzwerk stark verbundene Komponenten mit vielen Elementen generiert werden. Da hochintegrierte Schaltungen, schon um Schaltungstests zu ermöglichen, als synchrone Schaltungen mit nicht überlappenden Takten entworfen werden, kann diese Eigenschaft zur dynamischen Entkopplung der stark verbundenen Komponenten ausgenutzt werden. Bild 12.5 zeigt zwei über Transfergatter rückgekoppelte Teilnetzwerke N_1 und N_2. In den Zeitabschnitten Δt_ν mit ν ungerade ist die Rückkopplung abgeschaltet; Teilnetzwerk N_1 muß vor N_2 gerechnet werden. In den Zeitabschnitten Δt_ν mit ν gerade ist die Vorwärtskopplung von N_1 nach N_2 unterbrochen; Teilnetzwerk N_2 muß vor N_1 simuliert werden. Durch diese Technik werden Rückkopplungsschleifen aufgetrennt und durch eine sich dynamisch ändernde Verarbeitungsreihenfolge ersetzt, so daß das Netzwerk in jedem durch die Taktsignale definierten Zeitintervall durch einen Block-Gauß-Seidel-Schritt exakt gelöst werden kann. Können Rückkopplungsschleifen durch diese Technik nicht aufgetrennt werden, zum Beispiel bei sich überlappenden Takten, dann muß das stark verbundene Teilnetzwerk entweder lokal durch gekoppelte Gleichungen oder durch Jacobi-Relaxation entkoppelt gelöst werden.

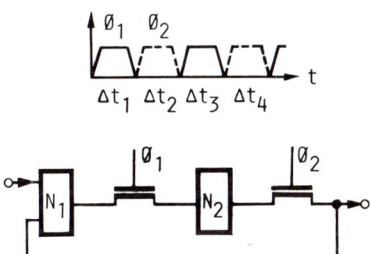

Bild 12.5.
Dynamische Entkopplung
rückgekoppelter Teilnetzwerke

Mixed-Mode-Simulatoren, die auch eine Logik-Simulation erlauben, enthalten meist eine konventionelle Gatter-Logik-Simulation. Dies bedeutet, daß als Logik-Elemente unilaterale Logikgatter zur Verfügung stehen, deren Verhalten mit Hilfe einer Wahrheitstabelle beschrieben wird. Anstelle von Spannungen oder Strömen sind die logischen Variablen Pegel und Zu-

stände. So kann einer Ausgangsspannung eines MOS-Gatters der
Null-Pegel oder "Low"-Zustand (L) zugeordnet werden, wenn sie
deutlich unter der Schwellenspannung des nachfolgenden Gatters
liegt. Liegt die Ausgangsspannung deutlich über der Schwellenspannung, dann spricht man vom Eins-Pegel oder "High"-Zustand(H).
Ist eine Spannung in einem Zwischenbereich, dann heißt der Zustand "Unbestimmt" (X). Der gleiche Zustand wird häufig verwendet, wenn der Wert der Spannung unbekannt ist, zum Beispiel
beim Beginn einer Simulation, wenn die Anfangszustände von Gattern nicht bekannt sind. In MOS-Schaltungstechnik können Speicherknoten durch Abschalten der mit ihnen verbundenen Transistoren
isoliert werden; die Knoten sind dann hochohmig (Z). Je nachdem,
wie die Knotenkapazität geladen ist, ist der gespeicherte Zustand ZL, ZH oder ZX. Für die Logik-Simulation wird jedem Gatter-
typ eine Wahrheitstabelle zugeordnet, die den Zustand der Ausgangssignale in Abhängigkeit vom Zustand der Eingangssignale angibt. Aufgrund der Gatterlaufzeit ändert sich der Ausgangszustand
erst eine gewisse Zeit nach Änderung eines Eingangszustands.
Diese Laufzeit kann am einfachsten als konstant für alle Gatter
angesetzt werden (Unit-Delay-Simulation), für die Gatter indi-
viduell verschieden gewählt werden oder aber durch Anstiegs-
zeit (rise R) und Abfallzeit (fall F) beschrieben werden. Für
eine genaue Simulation können diese Zeiten in Abhängigkeit von
den Eingangszuständen gewählt werden. Bild 12.6 zeigt für ein
NOR-Gatter den Verlauf des Ausgangssignals bei Modellierung mit
Einheitsverzögerung δ und bei Modellierung mit Anstiegs- und Abfallzeit. Ändert sich der Zustand des Eingangs E2 in Bild 12.6
bevor die ansteigende Flanke den High-Zustand erreicht, dann

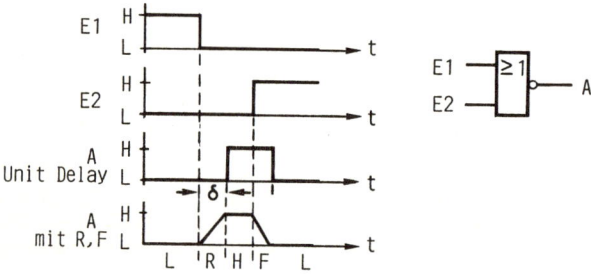

Bild 12.6. Ergebnisse von Logiksimulationen mit Einheitslauf-
           zeit und mit Anstiegs- und Abfallzeit

hat das Ausgangssignal eine kurzzeitige Spitze, einen "Spike".
Viele Logik-Simulatoren unterdrücken Spikes, da sie bei einer
Ereignissteuerung nachfolgende Gatter unnötig aktivieren, geben jedoch eine Spike-Warnung aus. Bei rückgekoppelten Strukturen können aufgrund einer Unit-Delay-Modellierung Oszillationen (races) auftreten, die in Wirklichkeit nicht zu beobachten sind. Bild 12.7 zeigt als Beispiel ein Flipflop aus
NAND-Gattern mit gleichen Laufzeiten, dessen Eingangszustände
gleichzeitig wechseln. Bei der Logik-Simulation sollten solche Betriebsbedingungen erkannt und am Ausgang als unbe-
stimmter Zustand ausgegeben werden.

Zur Umsetzung von elektrischen in logische Signale werden
von den Mixed-Mode-Simulatoren Schwellwert-Elemente (threshol-
der) benutzt, die eine Umsetzung mit Hilfe von zwei (wie bei
SPLICE) oder besser drei Schwellwerten (wie bei MOTIS) vor-
nehmen. Die Vorgehensweise ist Bild 12.8a zu entnehmen. Liegt
die Größe des elektrischen Signals unterhalb der Schwellen-

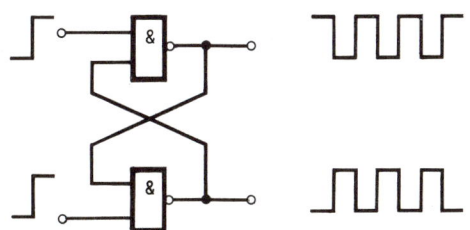

Bild 12.7. Auftreten von Oszillationen bei Simulation mit Ein-
 heitslaufzeit

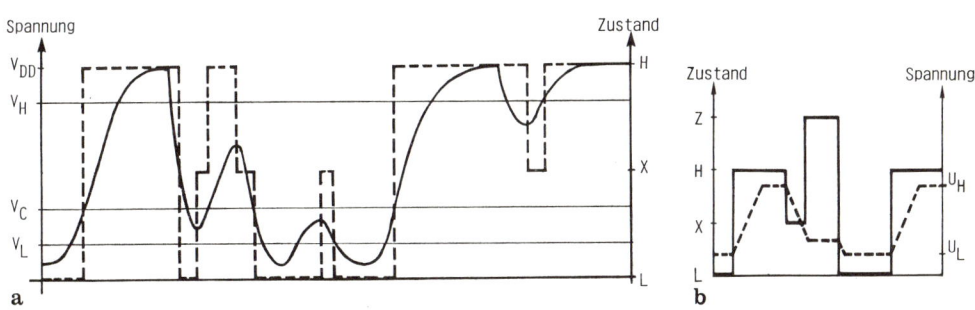

Bild 12.8. Signal-Umsetzung: a) Elektrische Signale in Logikpegel,
 b) Logikpegel in elektrische Signale

spannung V_L , dann ist der zugehörige logische Zustand L; ist
das Signal größer als V_H , dann ist der Zustand H. Überschreitet das elektrische Signal die Schwelle V_C , dann wechselt der
Zustand je nach Richtung der Änderung in H oder L. Befindet
sich ein Signal im Bereich zwischen V_L und V_C oder V_C und V_H
und ändert dabei seine Richtung, dann wird der Zustand "Unbestimmt" eingenommen [1.15] . Die Umsetzung von logischen Zuständen in elektrische Signale zeigt Bild 12.8b. Je nach der
Richtung einer Zustandsänderung wird eine auf die Spannung U_L
ansteigende oder auf U_H abfallende Spannungsrampe generiert.
Wird der hochohmige Zustand eingenommen, dann ändert sich die
momentan erreichte Spannung nicht [11.10] . Problematisch ist
bei dieser Vorgehensweise, das die Steilheit der Spannungsänderung vom Programmanwender vorgegeben werden muß und damit unabhängig von der tatsächlich vorliegenden Schaltung ist.

Die bis jetzt eingeführten logischen Zustände reichen nicht
immer aus, um das Verhalten von MOS-Schaltungen zu simulieren.
Es können Konfliktsituationen auftreten, wenn zu einem Knoten
gleichzeitig unterschiedliche Signale übertragen werden. In
diesem Fall setzt sich das Signal durch, das von dem Gatter mit
dem niedrigsten Ausgangswiderstand stammt. Diese Betrachtungs-
weise legt den Übergang zu neun oder mehr Zuständen nahe, die
wie in Bild 12.9 als Quadrant einer Ebene angeordnet werden
können, wobei die eine Achse den Zustand, die andere eine Im-
pedanz bezeichnet [12.14] . Die niedrigste Impedanzstufe ist F
(forcing); S (soft) bedeutet eine höhere Impedanzstufe. Der
Vorteil dieser Definition ist, daß sich die Darstellung Bild
12.9 sehr leicht auf einen entsprechenden Quadranten abbilden
läßt, der für die elektrischen Signale durch eine Spannungs-
und eine Impedanzachse aufgespannt wird. Schließlich soll
ein weiteres Problem bei der Gatter-Logik-Simulation genannt
werden, nämlich die Schwierigkeit, bilaterale Transfergatter

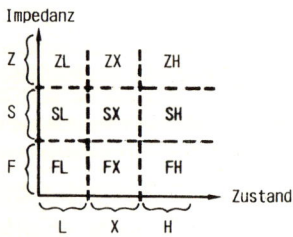

Bild 12.9. Definition zusätzlicher
            logischer Zustände

zu behandeln. Solche Gatter werden entweder ausgeschlossen oder können nur mit umständlichen Modellen beschrieben werden. Wie im nächsten Kapitel gezeigt wird, können Transfergatter mit der Switch-Level-Logik-Simulation ohne Schwierigkeiten behandelt werden. Da sich mit dieser Technik auch die logisch-elektrische Umsetzung leichter beherrschen läßt, ist zu erwarten, daß diese Simulationstechnik bei neu entwickelten Mixed-Mode-Simulatoren die klassische Gatter-Logik-Simulation ersetzen wird.

Zur Koordination des Datenaustauschs zwischen den einzelnen Teilnetzwerken und zur Organisation der Ereignissteuerung wird auch bei der Mixed-Mode-Simulation ein Scheduler benötigt. Eine weitere Aufgabe dieses Programmteils ist die Synchronisation unterschiedlicher Schrittweiten. Die Schrittweite MRT der Logik-Simulation ist wesentlich größer, als die Schrittweiten bei der Circuit- und bei der Timing-Simulation. Durch die Entkopplung der einzelnen Teilnetzwerke kann für jedes Teilnetzwerk eine lokale Schrittweitensteuerung eingeführt werden. Diese lokale Schrittweite muß entweder so gesteuert werden, daß einer der berechneten Zeitpunkte dem Raster der synchronisierenden Schrittweite entspricht, oder ein entsprechender Wert muß durch Interpolation bestimmt werden. Eine Schwierigkeit beim praktischen Einsatz heutiger Mixed-Mode-Simulatoren ist, daß die meisten Programmanwender überfordert sind, wenn die Zuordnung von Simulationsarten zu Schaltungsteilen manuell vorgenommen werden muß. Häufig wird dazu eine gute Kenntnis der implementierten Algorithmen benötigt. Ein weiteres Problem ist, daß aufgrund inkonsistenter Transistormodelle Schaltungsteile im Circuit-Modus unterschiedlich zu Schaltungsteilen im Timing-Modus beschrieben werden. Dies erschwert eine Änderung der einmal festgelegten Zuordnung beträchtlich. Um diese Schwierigkeiten bei der Anwendung des Mixed-Mode-Simulators DIANA V.7E zu vermeiden, wird durch das Programm DIALOG, ein Preprozessor, eine geeignete Zuordnung von Teilnetzwerken zu Simulationsarten automatisch generiert [12.15]. Diese Zuordnung kann durch den Anwender beeinflußt werden. Außerdem führt DIALOG vor der Simulation eine Anzahl von Schaltungskontrollen durch (Strukturprüfung, W/L-Verhältnisse, Kapazitätsverhältnisse), um eine Simulation offensichtlich fehlerhafter Schaltungen zu vermeiden.

342

Der bei einer Mixed-Mode-Simulation zu erwartende Geschwindigkeitsgewinn gegenüber einer Circuit-Simulation hängt in starkem Maße sowohl von den Simulationsarten ab, die der Simulator umfaßt, als auch von der jeweils gewählten Zuordnung von Teilnetzwerken zu Simulationsarten. Der Geschwindigkeitsgewinn kann sowohl kleiner als eine Größenordnung sein, wenn der größte Teil der Schaltung im Circuit-Modus simuliert wird, als auch zwei bis drei Größenordnungen betragen, wenn der überwiegende Teil der Schaltung im Logik-Modus gerechnet wird. Die zu wählende Zuordnung hängt dabei weniger von der gewünschten Rechenzeit, als vielmehr von der benötigten Genauigkeit ab.

12.3.2 Programme zur Mixed-Mode-Simulation

In diesem Abschnitt werden einige Programme zur Mixed-Mode- bzw. Multi-Level-Simulation aufgeführt, wobei die Reihenfolge einer Zunahme des Abstraktionsgrads bei der Simulation entspricht.

MEDUSA [1.18] ; Technische Universität Aachen, seit 1975

Gemischte Bauelemente- und Circuit-Simulation für Bipolar-Schaltungen. Zerlegung in Teilnetzwerke entsprechend der Eingabebeschreibung, wobei jedes Teilnetzwerk auf der geeigneten Abstraktionsebene simuliert wird. Die mit dem Newton-Verfahren linearisierten Netzwerkgleichungen nehmen die Form (12.1) an. Zur Lösung dieses Gleichungssystems werden bei den ersten n−1 Gleichungen die Terme $\underline{A}_{kn}\underline{\Delta x}_n$ vernachlässigt, so daß die Koefffizientenmatrix von (12.1) in Blockdreieckform übergeht und durch einfache Vorwärtssubstitution gelöst werden kann. Nach der Klassifikation der Lösungsverfahren in Abschn. 11.2.2 kann dies als 1-Schritt-NRGS-Verfahren bezeichnet werden.

DIANA [2.29,11.24,12.13]; Katholieke Universiteit Leuven, seit 1978

Mixed-Mode-Simulator auf der Circuit- und Timing-Ebene. Zusätzliche "Pseudologik"- Simulation, bei der RC-Glieder auf- oder entladen werden. Gemischtes analytisches und Tabellen-Modell mit eindimensionalen Tabellen für Strom von Lasttransistoren, effektive Schwellenspannung und Beweglichkeitsreduktion. Meyer-Modell im Circuit-Modus und für Depletion-Lasttransistoren im

Timing-Modus, sonst Merckel-Modell [12.16] im Timing-Modus.
Stückweis lineare Modellierung von MOS-Kapazitäten. Makromodelle
für NMOS-Technik im Timing-Modus für Standardgatter und für Takteinkopplungen (siehe Abschn. 11.3.3). Linearisierung durch Regula-Falsi-Schritt; Gleichungsentkopplung durch Block-Jacobi-Verfahren. In Version 7E konsistente Transistormodelle für Circuit-
und Timing-Modus mit zusätzlichen Tabellen; Linearisierung durch
Regula-Falsi- oder Newton-Raphson-Schritt mit Möglichkeit zu
lokaler Iteration; Entkopplung durch Block-Gauß-Seidel-Schritt.
Sortieren der Gleichungen in Signalflußrichtung durch Preprozessor
DIALOG. Dynamische Zerlegung von Rückkopplungsschleifen; Ereignissteuerung.

SAMSON [1.16,12.17]; Carnegie-Mellon University Pittsburgh, 1979
Mixed-Mode-Simulator auf der Circuit- und Logik-Ebene. Aus
modularer Schaltungsbeschreibung werden die linearisierten Netzwerkgleichungen mit einer Koeffizientenmatrix in geänderter
Blockdiagonalform aufgestellt. Die Gatter-Logikmodelle sind kompatibel zur Beschreibung auf der Circuit-Ebene. Sie werden durch
die Signalzustände H, L, R, F und zugeordneten Verzögerungszeiten
beschrieben; der unbestimmte Zustand entfällt. Übergang zwischen
Circuit- und Logik-Teilnetzwerken durch automatisch eingefügte
Signalumsetzer. Unabhängige Schrittweitensteuerung für jedes
Teilnetzwerk. Ereignissteuerung durch Anwendung des Latenz-Prinzips auf Teilnetzwerk-Ebene.

SPLICE [2.33,11.10,12.9]; University of California, Berkeley,
ab 1973
Version 1: Mixed-Mode-Simulator auf der Timing- und Logik-
Ebene. Bei Version 2 wird eine Simulation auf der funktionalen
(Register-Transfer-) Ebene eingeschlossen. Version 1A.3 umfaßt
eine Gatter-Logik-Simulation mit vier Zuständen (L,X,H,Z) und
vorgebbaren Verzögerungszeiten, sowie eine Timing-Simulation
für Einzeltransistoren in NMOS-Technik. Übergang zwischen Cir-
cuit- und Logik-Teilnetzwerken durch Signalumsetzer. Beschreibung der Transistorkennlinien durch eindimensionale Tabellen,
die für eine maximale Gate-Source-Spannung gelten; die benötigten Kennlinien werden daraus hergeleitet. Dies ist mit zu-
friedenstellender Genauigkeit nur für Transistoren bis zu etwa

5µm Kanallänge möglich. Lineare Lastkapazität für Timing-Gatter.
Ereignissteuerung und Ablaufsynchronisation durch Scheduler nach
dem Zeitrad-Prinzip (siehe Abschn. 11.4.2), wodurch näherungsweise eine Sortierung der Teilnetzwerke entsprechend eines Gauß-
Seidel-Schritts erreicht wird. Im Logik-Modus kann innerhalb
eines auflösbaren Zeitschritts (MRT) pro Knoten nur ein Ereignis verarbeitet werden. Treten mehrere Ereignisse auf, werden
diese bis auf eines nicht beachtet. Zum entsprechenden Zeitpunkt
wird eine "Glitch"-Warnung ausgegeben, um anzudeuten, daß das
berechnete Ergebnis ungültig sein kann.

In Version 1.6 wurde die iterierte Timing-Analyse (ITA) eingeführt, sowie das IIE-Verfahren zur Behandlung von Koppelkapazitäten implementiert.

MOTIS [1.15,12.18-20]; Bell Laboratories Murray-Hill,
New Jersey 1980

Das MOTIS-System zur Simulation und Verifikation von Bipo-
lar- und MOS-Schaltungen umfaßt eine ganze Reihe von Programmen
zur Multi-Level-Simulation, Analyse des kritischen Pfads sowie
zur Fehler-Simulation und geht damit weit über den ersten Timing-
Simulator MOTIS (siehe Abschn. 12.2.2) hinaus. Der Multi-Level-
Simulator dieses Systems ermöglicht eine Timing-Simulation, eine
Logik-Simulation mit Unit- oder Multiple-Delay und eine funktionale Simulation von Bausteinen wie RAM- und ROM-Speicher, Register
und PLA-Schaltungen. Unabhängig von der Simulationsebene werden
die Daten in einer einheitlichen Datenstruktur abgelegt; dies
erleichtert den Übergang zwischen den verschiedenen Simulations-
ebenen sowie die Ereignissteuerung. Auf der Timing-Ebene können
bis zu 1000 NMOS- und CMOS-Gatter simuliert werden, wobei eine
konstante Schrittweite, Tabellentechnik und konstante Lastkapazitäten am Gatterausgang verwendet werden. Im Logik-Modus wird
mit vier Zuständen (L,X,H,Z) und Gatterverzögerungen gerechnet,
wobei eine Spike- und Race-Analyse durchgeführt wird. Neben einer
Unit-Delay-Simulation steht eine Multiple-Delay-Simulation zur
Verfügung, bei der die aktuellen Gatter-Verzögerungszeiten mit
Hilfe von Tabellen berechnet werden, welche Verzögerungszeiten
als Funktion von Eingangskapazitäten und normalisierten Ausgangskapazitäten enthalten.

Neben den aufgeführten Simulatoren gibt es weitere Programme und Verfahren zur Mixed-Mode-Simulation, die hier nicht alle aufgeführt werden sollen. Es wird jedoch auf in Entwicklung befindliche Verfahren zur Mixed-Mode-Simulation unter Verwendung stückweis linearer Modelle hingewiesen [12.3,21-23].

12.3.3 Simulationsbeispiel für eine Multi-Level-Simulation

Als Beispiel für eine Multi-Level-Simulation wurde der Zwei-Bit-Addierer Bild 12.1 mit dem Programm SPLICE V. 1A.3 simuliert. Dabei wurden die für die Summation des ersten Bits verwendeten Gatter im Logik-Modus beschrieben, die übrigen Gatter jedoch als Timing-Makromodelle . Dementsprechend wurden als Eingangssignale $\overline{A}_0$ (Kurve D) und $\overline{B}_0$ (Kurve E) und C_{ein} (Kurve H) logische Signale angelegt. Auch das Ergebnissignal S_0 (Kurve A) wird als Logiksignal erhalten. Alle übrigen Signale im Schnelldrucker-Plot Bild 12.10, also die Eingangssignale $\overline{A}_1$ (Kurve F), $\overline{B}_1$ (Kurve G) und die Ausgangssignale S_1 (Kurve B) und $\overline{C}_{aus}$ (Kurve C), sind elektrische Signale. Neben den Kurvenverläufen wird in SPLICE eine Laufstatistik ausgegeben, die Auskunft über die Anzahl der Schaltungselemente und -knoten gibt, sowie über ihre Aufteilung auf den Logik- und Timing-Modus. Die Anzahl der aufgetretenen Ereignisse und der durchgeführten Timing-Analysen sind ein Maß für den Simulationsaufwand. Die für das vorliegende Beispiel ausgegebenen Simulationszeiten beziehen sich auf einen Siemens-Rechner 7.571.

346

```
SPLICE PROGRAM STATISTICS:
   NUMBER OF MODELS            :    26
   NUMBER OF IGNORED TIM CAPS  :     1
   TOTAL NUMBER OF NODES       :    27
   NUMBER OF LOGIC NODES       :    11
   NUMBER OF TIMING NODES      :    15
   NUMBER OF CIRCUIT NODES     :     0
   NUMBER OF LOGIC  ELEMENTS   :     8
   NUMBER OF TIMING ELEMENTS   :    23
   NUMBER OF CIRCUIT ELEMENTS  :     0
   LOGIC ELEMENTS USED         :    40 WORDS
   TIMING ELEMENTS USED        :    93 WORDS
   CIRCUIT ELEMENTS USED       :     0 WORDS
   OUTPUT VECTOR AND FIO USED  :   311 WORDS
   NUMBER OF CIRCUIT BLOCKS    :     0
   TOTAL SETUP TIME    :     0.994 SECONDS
   TOTAL ANALYSIS TIME:     7.183 SECONDS
   TOTAL NUMBER OF SCHEDULED EVENTS  :  13151
   NUMBER OF SIGNIFICANT EVENTS      :   3530
   NUMBER OF TIMING ANALYSES         :  26144
   NUMBER OF CIRCUIT ANALYSES        :      0


   **** SPLICE VERSION 1A.3 ****
   TWO BIT ADDER;
LEGEND:
A <=> S00    :LOGIC :
B <=> S01    :ELECT :
C <=> CAR000 :ELECT :
D <=> ABAR00 :LOGIC :
E <=> BBAR00 :LOGIC :
F <=> ABAR01 :ELECT :
G <=> BBAR01 :ELECT :
H <=> CARRY  :LOGIC :
 SCALE: MINIMUM= 0.000E+00 MAXIMUM= 3.500E+00
 TIME
0.000E+00I     A      IB          IC          ID          I        EIF       IG        IH        I
2.500E-09I     A      I     B     IC          ID          I        EIF       IG        IH        I
5.000E-09I        A   I   B       IC          ID          I        EIF       IG        IH        I
7.500E-09I       AI   B          IC          ID          I        EIF       IG        IH        I
1.000E-08I        AI  B          IC          ID          I        EIF       IG        IH        I
1.250E-08I        AI  B          IC          ID          I        EIF       IG        IH        I
1.500E-08I        AI  B          IC          ID          I        EIF       IG        IH        I
1.750E-08I        AI  B          IC          ID          I        EIF       IG        IH        I
2.000E-08I        AI  B          IC          ID          I        EIF       IG        IH        I
2.250E-08I        AI  B          IC          I       D   I   E    I       F  IG        I      H  I
2.500E-08IA       I   B          I       C   I       DIE      I       FI        GI          HI
2.750E-08IA       I       B      I     •CI       DIE      I       FI        GI          HI
3.000E-08IA       I          B I      C I       DIE      I       FI        GI          HI
3.250E-08IA       I          B I      CI        DIE      I       FI        GI          HI
3.500E-08IA       I          B I      CI        DIE      I       FI        GI          HI
3.750E-08IA       I          BI       CI        DIE      I       FI        GI          HI
4.000E-08IA       I          B I      CI        DIE      I       FI        GI          HI
4.250E-08I        I          B I      C I   D      IE       I       FI  G     I     H    I
4.500E-08I     A  I   B          I      C  ID          IE       I       FIG       IH        I
4.750E-08I       AI   B          I          C  ID       IE       I       FIG       IH        I
5.000E-08I     A  I   B          I          C  ID          IE       I       FIG       IH        I
5.250E-08IA      I    B          I          C  ID          IE       I       FIG       IH        I
5.500E-08IA      I    B          I          C  ID          IE       I       FIG       IH        I
5.750E-08IA      I    B          I          C  ID          IE       I       FIG       IH        I
6.000E-08IA      I    B          I          C  ID          IE       I       FIG       IH        I
6.250E-08IA      I    B          I          C  ID          IE       I    F   IG        IH        I
6.500E-08IA      I        B      I          C  ID          IE       IF       IG        IH        I
6.750E-08IA      I          B    I      C   ID          IE       IF       IG        IH        I
7.000E-08IA      I          B I  C          ID          IE       IF       IG        IH        I
7.250E-08IA      I          B I  C          ID          IE       IF       IG        IH        I
7.500E-08IA      I          B I  C          ID          IE       IF       IG        IH        I
7.750E-08IA      I          B I  C          ID          IE       IF       IG        IH        I
8.000E-08IA      I          B I  C          ID          IE       IF       IG        IH        I
8.250E-08IA      I          B I  C          I   D      IE       I    F   IG        I      H  I
8.500E-08I     A I          B I      C   I       DIE      I       FI        GI          HI
8.750E-08I     A  IA      B      I      C I        DIE      I       FI        GI          HI
9.000E-08I        A  I       B I       C I        DIE      I       FI        GI          HI
9.250E-08IA      I          B I       C I        DIE      I       FI        GI          HI
9.500E-08IA      I          B I       C I        DIE      I       FI        GI          HI
9.750E-08IA      I          B I       C I        DIE      I       FI        GI          HI
1.000E-07IA      I          B I       C I        DIE      I       FI        GI          HI
1.025E-07IA      I          B I      C   I   D      IE       I       FI  G     I     H    I
1.050E-07I     A  I   B          I      C  ID          IE       I       FIG       IH        I
1.075E-07I       AI B          I          C  ID          IE       I       FIG       IH        I
1.100E-07I     A  I  B          I       C   ID          IE       I       FIG       IH        I
1.125E-07IA      I   B          I      C    ID          IE       I       FIG       IH        I
1.150E-07IA      I   B          I       C   ID          IE       I       FIG       IH        I
1.175E-07IA      I   B          I        C  ID          IE       I       FIG       IH        I
1.200E-07IA      I   B          I        C  ID          IE       I       FIG       IH        I
1.225E-07IA      I       B      I      C    ID          IE       I    F   IG        IH        I
1.250E-07IA      I          B    I      C   ID          IE       IF       IG        IH        I
1.275E-07IA      I          B I  C          ID          IE       IF       IG        IH        I
1.300E-07IA      I          B I  C          ID          IE       IF       IG        IH        I
1.325E-07IA      I          B I  C          ID          IE       IF       IG        IH        I
1.350E-07IA      I          B I  C          ID          IE       IF       IG        IH        I
1.375E-07IA      I          B I  C          ID          IE       IF       IG        IH        I
1.400E-07IA      I          B I  C          ID          IE       IF       IG        IH        I
1.425E-07IA      I          BI   C      I   D   I    E     I       F I      G I       H  I
1.450E-07I     A  I          B I      C    I       D  I    E     I       FI        GI          HI
1.475E-07I       AI  B          I          CI         DI        EI        FI        GI          HI
1.500E-07I       AI B          I          CI         DI        EI        FI        GI          HI
1.525E-07I       AI B          I          CI         DI        EI        FI        GI          HI
1.550E-07I       AI B          I          CI         DI        EI        FI        GI          HI
1.575E-07I       AI B          I          CI         DI        EI        FI        GI          HI
1.600E-07I       AI B          I          CI         DI        EI        FI        GI          HI
```

Bild 12.10. Ergebnis der Simulation des 2-Bit-Addierers Bild 12.1
mit dem Mixed-Mode-Simulator SPLICE

13 Switch-Level-Logik-Simulation

Die Switch-Level-Logik-Simulation ist, wie schon der Name sagt,
ein Verfahren zur logischen Simulation von digitalen Schaltungen
in MOS-Technik, wobei die zugrundeliegenden Transistormodelle im
einfachsten Fall aus Schaltern bestehen. Diese Modellierung entspricht damit der intuitiven Vorgehensweise, mit der sich ein
Ingenieur einen ersten Überblick über die Funktionsweise einer
ihm unbekannten Digitalschaltung verschafft.

Der Einsatz der Switch-Level-Logik-Simulation zur Simulation von Schaltungen mit bis zu einigen zehntausend Transistoren
ist aus zwei Gründen von Vorteil. Die Gattermodelle für die
klassische Logik-Simulation beruhen auf der Auswertung von Wahrheitstabellen und sind deshalb vom Prinzip her unilateral. Die
Simulation von MOS-Schaltungen mit bilateralen Transfergattern
und mit Effekten wie kapazitive Ladungsspeicherung und Ladungsum-
verteilung ist deswegen nicht möglich. Durch Erweiterung der verwendeten Modelle und Einführung zusätzlicher Zustände wurde versucht, die klassische Logik-Simulation an die MOS-Schaltungstechnik anzupassen [13.1]. Diese Vorgehensweise ist jedoch nicht
zufriedenstellend, da einerseits bei der Modellauswahl das Verständnis der zu simulierenden Schaltung erforderlich ist, anderseits die Simulationsgenauigkeit der durch Ladungsspeicherung her-
vorgerufenen Effekte unzureichend ist. Der zweite Grund ist, daß
häufig nur der Stromlaufplan auf Transistorebene zur Erstellung
der Simulatoreingabe zur Verfügung steht, das Gatter-Schaltbild
also erst noch aufgestellt werden müßte. Dies ist zum Beispiel
beim symbolischen Schaltungsentwurf mit Hilfe von Stick-Diagrammen
der Fall, aber auch bei einer Schaltungsermittlung aus dem Layout
mit Hilfe eines Extraktionsprogramms.

In den folgenden Abschnitten wird das Verfahren der Switch-
Level-Logik-Simulation behandelt; es werden verschiedene Simulatoren aufgeführt, und schließlich soll anhand von Beispielen
der Ablauf einer solchen Simulation deutlich gemacht werden.

13.1 Verfahren der Switch-Level-Logik-Simulation

Bei der Modellierung von MOS-Transistoren für die Switch-Level-
Logik-Simulation wird von der Tatsache ausgegangen, daß die Lastkapazitäten bei einer richtig entworfenen Schaltung in statischer
CMOS-Technik stets auf das Potential der angelegten Betriebs-
spannungen V_{DD} und V_{SS} auf- beziehungsweise entladen werden. Dies
wird dadurch erreicht, daß die Transistoren im durchgeschalteten
Zustand sehr gut leiten, im gesperrten Zustand dagegen kaum. In
NMOS-Technik werden Depletion-Lasttransistoren verwendet, die
stets leiten; allerdings muß ihr Widerstand wesentlich größer sein
als der Widerstand durchgeschalteter Treibertransistoren, damit
ein Nullpegel erreicht wird, der genügend weit unterhalb der
Schwellenspannung liegt. Es liegt deshalb nahe, Transistoren durch
Leitwerte zu modellieren, die – je nach Schaltzustand der Transis-
toren – unterschiedliche Größenordnungen besitzen (Bild 13.1a,b).
Solche Modelle werden auch als Modelle erster Ordnung [13.2]
oder "Order of Magnitude"- Modelle [2.30] bezeichnet. Mit diesen
Annahmen können einfache Regeln zur näherungsweisen Berechnung des

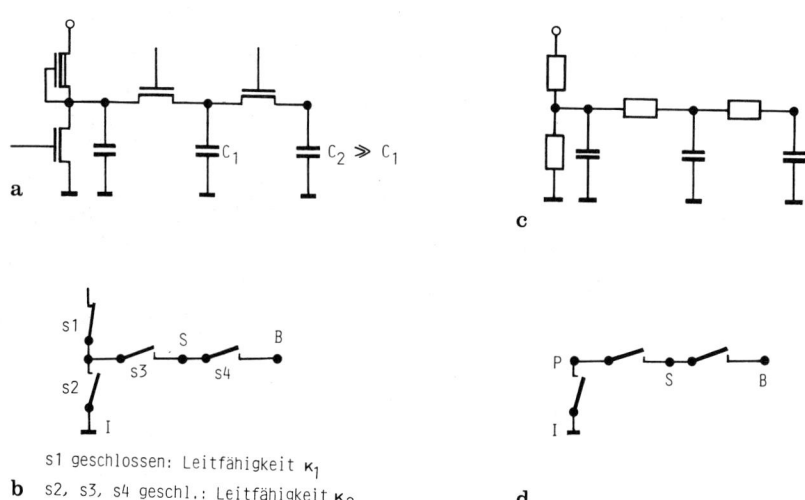

Bild 13.1. Modellierung bei der Switch-Level-Logik-Simulation:
a) NMOS-Schaltung, b) Lineares Modell erster Ordnung,
c) Modell nullter Ordnung mit Schaltern unterschiedlicher Leitfähigkeit, d) Modell nullter Ordnung mit
Pullup-Knoten

Gesamtleitwerts eines Teilnetzwerks hergeleitet werden. Zum Beispiel ergibt sich der Leitwert einer Serienschaltung von zwei Leitwerten g_1 und g_2 als $\min\{g_1,g_2\}$; eine Parallelschaltung kann
dagegen durch $\max\{g_1,g_2\}$ ersetzt werden [2.30]. Ähnliche Rechenregeln können auch für die Ermittlung der Gesamtkapazität von
Teilnetzwerken und für die Ermittlung der Spannungen im eingeschwungenen Zustand aufgestellt werden. Die erhaltenen Rechenregeln können bei einer weiteren Vereinfachung des Transistor-
modells entsprechend angewandt werden: Da die Leitfähigkeit der
Enhancement-Transistoren in den meisten Schaltungen nur zwei
verschiedene Größenordnungen annimmt, nämlich gut leitend oder
nicht leitend, können diese Transistoren durch ideale Schalter
modelliert werden. Dieses Modell nullter Ordnung zeigt Bild
13.1c für einen Inverter in NMOS-Technik. Die Funktion eines
Depletion-Lasttransistors kann nun entweder durch einen stets
geschlossenen Schalter mit geringerer Leitfähigkeit als bei einem
durchgeschalteten Enhancement-Transistor beschrieben werden,
oder der Depletion-Lasttransistor wird aus dem Schaltungsmodell
ganz entfernt und seine Funktion wird dem Source-Knoten, dem sog.
"Pullup"-Knoten zugeordnet, der stets versucht, das Potential der
Versorgungsspannung zu erreichen (Bild 13.1d). Dies gelingt ihm jedoch
nur, wenn er nicht über durchgeschaltete Treibertransistoren mit
Masse verbunden ist. Diese Funktionsweise läßt sich sehr einfach
dadurch beschreiben, indem den Knoten des Netzwerks verschiedene
Stärken zugeordnet werden. Die stärksten Knoten sind Eingangsknoten, die mit Signalquellen (mit niedrigem Innenwiderstand) verbunden sind. Dazu zählt auch der Masseknoten; er entspricht einer Spannungsquelle mit einer Spannung von 0V. Die nächste Stärke haben
die Pullup-Knoten, die jedoch nur bei NMOS-Schaltungen berücksichtigt werden müssen. Sind diese Knoten durch leitende Pass-
Transistoren (Transfergatter) mit Speicherknoten verbunden,
dann werden die Kapazitäten der Speicherknoten auf das Potential
der Pullup-Knoten aufgeladen. Sind lediglich Speicherknoten über
leitende Pass-Transistoren miteinander verbunden, dann hängt die
Größe der im eingeschwungenen Zustand erreichten Spannung vom
Größenverhältnis der Knotenkapazitäten ab. Ist eine Kapazität
wesentlich größer als eine zweite (etwa im Verhältnis 3:1 oder
größer), dann wird die kleinere Kapazität das Potential der
größeren annehmen. Dies kann dadurch beschrieben werden, daß
Speicherknoten unterschiedliche Knotenstärken entsprechend ihrer

Kapazität zugeordnet werden. Es hat sich gezeigt, daß für die
Simulation der meisten Schaltungen (mit Ausnahme spezieller
statischer Speicherzellen) zwei unterschiedliche Knotenstärken
ausreichen. Werden die Stärken der Eingangsknoten, Pullup-Knoten, Speicherknoten mit großer Kapazität, Speicherknoten mit
kleiner Kapazität mit I (Input), P (Pullup), B (Big), S (Small)
bezeichnet, dann gilt die Relation

$$I > P > B > S \ . \tag{13.1}$$

Jeder Knoten kann drei verschiedene logische Zustände annehmen,
nämlich den High-Pegel (H), Low-Pegel (L) und den unbestimmten
Zustand (X). Der unbestimmte Zustand ist notwendig, um zum Beispiel das Potential zu beschreiben, das zwei Speicherknoten
gleicher Stärke, aber mit verschiedenem Zustand einnehmen, wenn
sie durch einen leitenden Pass-Transistor miteinander verbunden
werden. Da solche Knoten mit dem Gate von Transistoren verbunden
sein können, müssen auch drei Transistor-Zustände zugelassen
werden, nämlich leitend, gesperrt und unbestimmt.

Die Rechenregeln, die für Netzwerke mit Modellen erster
Ordnung aufgestellt werden können, vereinfachen sich für Netzwerke mit Modellen nullter Ordnung zu der einfachen Regel, daß
immer dann, wenn ein leitender Transistor ein Knotenpaar verbindet, das Signal (d.h. Knotenstärke und Zustand) des stärkeren
Knotens als neues Signal vom schwächeren Knoten übernommen wird.
Sind beide Knoten gleichstark, ihre Zustände aber verschieden,
dann ist der resultierende Zustand unbestimmt. Die Signalfort-
pflanzung kann durch Zuweisen der neuen Werte zu allen Knoten-
paaren, die durch leitende Transistoren miteinander verbunden sind,
simuliert werden. Dies wird bis zum vollständigen Ausgleich
durchgeführt, also solange bis sich keine weiteren Änderungen der
Knotenwerte mehr ergeben. Während dieser Rechenschritte werden
alle Eingangsspannungen und Transistor-Zustände konstant gehalten. Erst nachdem der Ausgleich hergestellt ist, wirken sich
die neu ermittelten Zustände der mit Gate-Anschlüssen von Transistoren verbundenen Knoten auf die Zustände dieser Transistoren aus. Diese Vorgehensweise entspricht einer Unit-Delay-
Simulation. Die beschriebene Ermittlung des ausgeglichenen Zustands kann als Relaxationsalgorithmus aufgefaßt werden. Die
Reihenfolge, in der die Knotenpaare zur Ermittlung des Aus-
gleichszustands betrachtet werden, hat auf das Endergebnis kei-

nen Einfluß. Dieser Algorithmus hat den Vorteil, daß die Komplexität der Rechnung eine lineare Funktion der Transistoranzahl
ist.

Auch bei der Switch-Level-Logik-Simulation kann durch Einführung einer Ereignissteuerung beträchtlich Rechenzeit eingespart werden. Dazu wird das Gesamtnetzwerk in unilaterale Teilnetzwerke zerlegt, wobei zu einem Teilnetzwerk alle Transistoren
gehören, deren Drain oder Source mit einem Knoten verbunden sind,
der zum betrachteten Teilnetzwerk gehört. Eine Ereignissteuerung
kann dann wie bei dem Switch-Level-Logik-Simulator LOGMOS [13.3]
vorgenommen werden: Eine Ausgleichsberechnung für ein Teilnetzwerk wird nur dann durchgeführt, wenn Ereignisse an den Eingangsknoten dieses Teilnetzwerks auftreten. Bei der Ausgleichsberechnung durch Relaxation werden zuerst die neuen Signalwerte
ermittelt, wobei vor dem ersten Relaxationsschritt alle Knotenstärken auf R oder S (je nach Größe der Knotenkapazitäten) geändert werden, um die alten Zustände zu speichern. Erst nach der
Bestimmung der neuen Signalwerte werden die zeitlichen Verzögerungen ermittelt, nach denen die neuen Werte gültig werden. Mit
dieser Technik kann anstelle der Unit-Delay-Simulation sehr
leicht eine Simulation mit realen Verzögerungszeiten für einen
Zustandswechsel von L nach H und von H nach L treten. Die Zeitintervalle, in denen ein Signalwechsel berücksichtigt werden muß,
werden von einem Scheduler auf einem Zeitrad (siehe Abschn. 11.4.2)
vermerkt. Treten Übergänge von L nach X oder H nach X auf, so
werden diese sofort im nächsten Zeitintervall, das heißt mit Unit-
Delay, berücksichtigt, da solche Übergänge in der Regel auf
eine anormale Schaltungsfunktion hinweisen.

Neben dem beschriebenen einfachen Algorithmus zur Netzwerk-
zerlegung werden in der Literatur weitere Zerlegungsverfahren
vorgeschlagen, zum Beispiel eine Zerlegung durch Anwendung des
Depth-First-Search-Verfahrens [13.4] oder durch Transformation
eines Teils der Koeffizientenmatrix, die analog der modifizierten Knotenanalyse aufgestellt wird, auf Blockdreieckform [13.2].
Diese Verfahren führen auf die gleiche Zerlegung, zeigen aber
den Zusammenhang mit den in Kap. 11 besprochenen Partitionierungs-
Verfahren deutlicher. Neben dem beschriebenen Relaxationsverfahren zur Berechnung des Signalausgleichs gibt es weitere Verfahren, die keine Netzwerkzerlegung benutzen. Als Beispiel sei
die Lösung rekursiver Gleichungen mit Hilfe einer diskreten Alge-

bra in MOSSIM II [2.30,13.15] genannt oder die selektive Auswertung
von Formelausdrücken für die Graph-Übertragungsfunktion beim
Switch-Level-Logik-Simulator EXPRESS-2 [13.5] .

Ein Problem bei der Switch-Level-Logik-Simulation ist die
Behandlung von Teilnetzwerken, die Transistoren enthalten, deren
Zustand unbestimmt ist. Solche X-Transistoren sind in Wirklichkeit entweder leitend oder gesperrt. Sind k X-Transistoren im
Teilnetzwerk vorhanden, dann gibt es 2^k Möglichkeiten für die
tatsächliche Struktur des Teilnetzwerks. Um zuverlässige Simulationsergebnisse zu erhalten, muß nun festgestellt werden, ob
alle Kombinationen auf die gleichen Signalwerte führen – dann ist
das Ergebnis eindeutig – oder, falls dies nicht der Fall ist,
muß die Kombination ausgewertet werden, die eine "Worst Case"-
Aussage erlaubt. Glücklicherweise ist es nicht notwendig,
sämtliche 2^k Kombinationen durchzuprobieren, sondern es lassen
sich Algorithmen zur direkten Ermittlung des "Worst Case" angeben. In LOGMOS liegt bei der Berechnung der neuen Signalwerte
folgende Vorgehensweise zugrunde [13.3]:

1. Jedes Teilnetzwerk wird in verschiedene Gruppen zerlegt,
indem alle gesperrten Transistoren entfernt werden. Jede Gruppe
wird im weiteren für sich behandelt.

2. Unter der Annahme, daß alle X-Transistoren sperren, wird
die Gruppenstärke als maximale Knotenstärke definiert, die sich
durch Signalausgleich ergibt.

3. Gibt es in der betrachteten Gruppe einen Knoten mit der
Gruppenstärke und unbestimmtem Knotenzustand oder haben Source-
und Drainknoten eines X-Transistors die Gruppenstärke, aber unterschiedliche Knotenzustände, dann erhalten alle Knoten der Gruppe
die Gruppenstärke und den Zustand X zugewiesen.

4. Ist 3. nicht der Fall, dann gibt es Knoten mit der
Gruppenstärke und einem Knotenzustand ungleich X, der als
Gruppenzustand definiert werden kann. Bei allen Knoten, de-
ren Zustand invers zum Gruppenzustand ist, wird nun der neue
Knotenzustand X zugewiesen. Dieser Zustand wird nun durch An-
wendung des Relaxationsalgorithmus weiter ausgebreitet, bis
Knoten mit größerer Stärke und einem Knotenzustand ungleich
X die Ausbreitung blockieren. Die Ausbreitung des X-Zustands
wird häufig als "X-Poisoning" bezeichnet.

Beispiel 13.1

Für die in Bild 13.2 dargestellte Gruppe eines Teilnetzwerks
mit X-Transistoren soll der "Worst Case"-Zustand ermittelt werden, wobei die anfänglichen Signalwerte an den Knoten 2, 3, 4,
5, 6 angegeben sind. Zuerst soll nun angenommen werden, daß am
Knoten 1 der Signalwert IX vorliegt. Nach Schritt 2 des Algorithmus wird damit die Gruppenstärke gleich der Stärke I des
Knotens 1 . Da der Zustand des Knotens 1 unbestimmt ist, nehmen
nach Schritt 3 alle Knoten den neuen Signalwert IX an. Der ungünstigste Fall liegt also dann vor, wenn alle X-Transistoren
leiten.

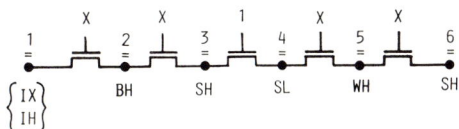

Bild 13.2. Gruppe eines Teilnetzwerks mit X-Transistoren

Nun soll angenommen werden, daß am Knoten 1 der anfängliche
Signalwert IH anliegt. Würden nun ebenfalls alle X-Transistoren
leiten, dann würde sich dieser Zustand in der Gruppe ausbreiten
und alle Knoten würden definierte Zustände annehmen. Dies ist
sicherlich nicht der ungünstigste Fall. Diesen erhält man durch
Anwendung von Schritt 4 des Algorithmus: Da der Knoten 4 den Zustand L hat, ist der neue Signalwert des Knotens nun SX. Dieser
Signalwert breitet sich zu Knoten 3 aus. Eine Ausbreitung zu
Knoten 2 wäre selbst bei leitendem Transistor nicht möglich, da
die größere Stärke des Knotens 2 die Ausbreitung blockiert. Ebenso wird eine Ausbreitung zu Knoten 6 durch die größere Stärke
des Knotens 5 blockiert. Damit erhält man folgende neuen Signalwerte: 1: IH; 2: BH; 3: SX; 4: SX; 5: WH; 6: SH. Dieses Ergebnis entspricht einem gesperrten Zustand aller X-Transistoren.

Ein weiteres Problem bei der Switch-Level-Logik-Simulation
betrifft die Initialisierung von Schaltungen mit Rückkopplungen
oder Speichern. Zu Beginn einer Simulation sind die Signalwerte der inneren Knoten der Teilnetzwerke nicht bekannt, sie

werden deshalb auf X gesetzt. Dies kann bei rückgekoppelten
Schaltungen dazu führen, daß das Netzwerk nie in einen definierten Zustand übergeführt werden kann. Mit verschiedenen
Techniken, die schon bei der klassischen Gatter-Logik-Simulation eingesetzt wurden, kann versucht werden, eine erfolg-
reiche Initialisierung durchzuführen. Ein Beispiel ist der
"Tagged X"-Algorithmus, bei dem negierte Zustände X als neue
Zustände $\overline{X}$ zugelassen werden [13.6]. Der Vorteil dieser Vorgehensweise ist, daß eine logische UND-Verknüpfung der Zustände X und $\overline{X}$ den definierten Wert L, eine logische ODER-Verknüpfung
den neuen Zustand H ergibt, so daß nach einigen Initialisierungs-
schritten definierte Zustände im Netzwerk eingenommen werden
können.

Die beschriebenen Algorithmen zur Switch-Level-Logik-Simulation können noch erweitert werden. So ist es zum einen möglich, auch eine funktionale Simulation einzubeziehen, da in
einer Register-Transfersprache beschriebene Funktionen relativ
leicht in ein Schalter-Netzwerk übertragen werden können [13.3].
Zum anderen läßt sich die Simulationsgenauigkeit erhöhen. Dies
wurde versucht durch Simulation mit Verzögerungszeiten, die durch
den Anwender vorgegeben werden [13.3] und durch Verwendung des
Modells erster Ordnung zur automatischen Berechnung von Verzögerungszeiten [13.7,16]. Die erhöhte Simulationsgenauigkeit ermöglicht auch eine problemlose Anwendung solcher Algorithmen
im Rahmen einer Mixed-Mode-Simulation [13.8]. Andere Erweiterungen
betreffen die Überprüfung einer Schaltung auf Race-Bedingungen und
oszillierendes Verhalten [13.9,17]. Häufig wird der aus der Gat-
ter-Logiksimulation bekannte Ternär-Algorithmus [13.10,15,17]
verwendet, bei dem beim Schalten einer Signalquelle von L nach H
oder umgekehrt zuerst alle Eingänge auf X gesetzt werden. Nach
Erreichen eines stabilen Zustands werden die Eingänge auf den
definierten Zustand gesetzt. Die Knoten des Netzwerks ereichen
nur dann alle einen definierten Zustand, wenn im Netzwerk keine
Races auftreten können. Allerdings sind die mit diesem Verfahren
zu gewinnenden Aussagen in der Praxis meist zu konservativ.

13.2 Programme zur Switch-Level-Logik-Simulation

In diesem Abschnitt sollen einige der in der Literatur beschriebenen Simulatoren aufgeführt werden. Da auf diesem Gebiet
laufend neue Algorithmen und Simulatoren entwickelt werden,
kann diese Übersicht keineswegs vollständig sein.

MOSSIM [13.4]; Massachusetts Institute of Technology; 1980
Interaktiver Simulator mit Unit-Delay; nur eine Knotenstärke für Speicherknoten; Programmiersprache CLUE

MOSSIM II [2.30,13.15]; California Institute of Technology;
1981
Interaktiver Simulator mit Unit-Delay; zwei Knotenstärken
für Speicherknoten; Ternär-Algorithmus; Programmiersprache
MAINSAIL

FMOSSIM [13.11]; California Institute of Technology; 1983
Weiterentwicklung von MOSSIM II für Concurrent-Fault-
Simulation [13.12] zur schnellen Simulation von Fehlerbe-
dingungen in CMOS-Schaltungen

LOGMOS [13.3,13.6]; Katholieke Universiteit Leuven; 1982
Ereignisgesteuerter Simulator mit vorgebbaren Verzögerungszeiten, zwei Knotenstärken für Speicherknoten; Multi-Level-
Simulation mit unidirektionalen Logikgattern und funktional
beschriebenen Blöcken möglich; Programmiersprache MORTRAN

LOMACH [13.13]; TESLA Institut Prag; 1981
Simulator zur Layout-Verifikation mit unterschiedlichen
konstanten Verzögerungszeiten; zwei Knotenstärken, sieben
Knotenzustände; Programmiersprache FORTRAN

EXPRESS-2 [13.5]; University of Illinois, Urbana; 1982
Multi-Level-Simulator für Switch-Level-Logik-Simulation
und funktionale Simulation mit Hilfe symbolischer logischer
Ausdrücke; Programmiersprache PASCAL

ILS [13.8,13.14]; Hewlett-Packard Co., Cupertino, California;
1982
Ereignisgesteuerter Multi-Level-Simulator mit Switch-
Level-Logik-Simulation und funktionaler Simulation. Auswer-
tung der Transistor-Leitfähigkeiten durch Minimum-Maximum-
Algorithmus [13.8] und Berechnung von Verzögerungszeiten

aus den Zeitkonstanten des Netzwerks; Programmiersprache
PASCAL

RSIM [13.7]; Massachusetts Institute of Technology; 1981
Switch-Level-Logik-Simulation mit Modellen erster Ordnung
durch Berechnung linearer RC-Netzwerke; Ereignissteuerung; Berücksichtigung von Ladungsaufteilungs-Effekten.

13.3 Simulationsbeispiel

Mit dem Switch-Level-Logik-Simulator MOSSIM-S, einer bei der
Siemens AG weiterentwickelten Version des Simulators MOSSIM,
wurde der in Abschn. 12.2.3 behandelte und in Bild 12.1 abge-
bildete 2-Bit-Addierer simuliert.

Die Schaltungsbeschreibung zeigt Bild 13.3a. Da AND-OR-
und OR-AND-Inverter als Modelle in MOSSIM-S nicht zur Verfügung

```
% 2-BIT-ADDIERER
%
% DEFINITIONEN DER SUBCIRCUITS
%
DEFINE ANDOI  OUT INO INA1 INA2
     LOCAL X
NODE X  50
     PULLUP OUT
     NTRANS INO OUT GND
     NTRANS INA1 OUT X
     NTRANS INA2 X GND
END
%
DEFINE ORANDI  OUT INA INO1 INO2
     LOCAL X
     PULLUP OUT
     NTRANS INA OUT X
     NTRANS INO1 X GND
     NTRANS INO2 X GND
END
%
% SCHALTUNGSBESCHREIBUNG
%
INPUT 1 2 3 4 5
NOR 9 1 2
ANDOI 10 9 1 2
NOR 12 10 5
ANDOI 6 12 10 5
ANDOI 14 9 10 5
NOR 16 3 4
ANDOI 18 16 3 4
NAND 20 14 18
ORANDI 7 20 14 18
ANDOI 8 16 9 18
NTRANS 18 8 23
NTRANS 10 23 24
NTRANS 5 24 GND
%
% KNOTENKAPAZITAETEN IN FF
%
NODE  6  266
NODE  7  264
NODE  8  275
NODE  9  269
NODE 10  370
NODE 12  104
NODE 14  153
NODE 16  136
NODE 18  255
NODE 20  109
NODE 23   25
NODE 24   25
END
```

Bild 13.3a

```
*COMMENT 2BIT-ADDIERER
*DEFINE IN 1 2 3 4 5
*DEF OUT 6 7 8
*CLOCK 1:01001001 2:10000001 3:01101101 4:01001001 5:01001001
*WATCH /* IN OUT
*INIT
*CY 3
1.1:   IN:01000   OUT:100
1.2:   IN:10111   OUT:011
1.3:   IN:00100   OUT:000
1.4:   IN:00000   OUT:010
1.5:   IN:10111   OUT:011
1.6:   IN:00100   OUT:000
1.7:   IN:00000   OUT:010
1.8:   IN:11111   OUT:101
2.1:   IN:01000   OUT:100
2.2:   IN:10111   OUT:011
2.3:   IN:00100   OUT:000
2.4:   IN:00000   OUT:010
2.5:   IN:10111   OUT:011
2.6:   IN:00100   OUT:000
2.7:   IN:00000   OUT:010
2.8:   IN:11111   OUT:101
3.1:   IN:01000   OUT:100
3.2:   IN:10111   OUT:011
3.3:   IN:00100   OUT:000
3.4:   IN:00000   OUT:010
3.5:   IN:10111   OUT:011
3.6:   IN:00100   OUT:000
3.7:   IN:00000   OUT:010
3.8:   IN:11111   OUT:101
*PLOT IN OUT
*QUIT
```

Bild 13.3b

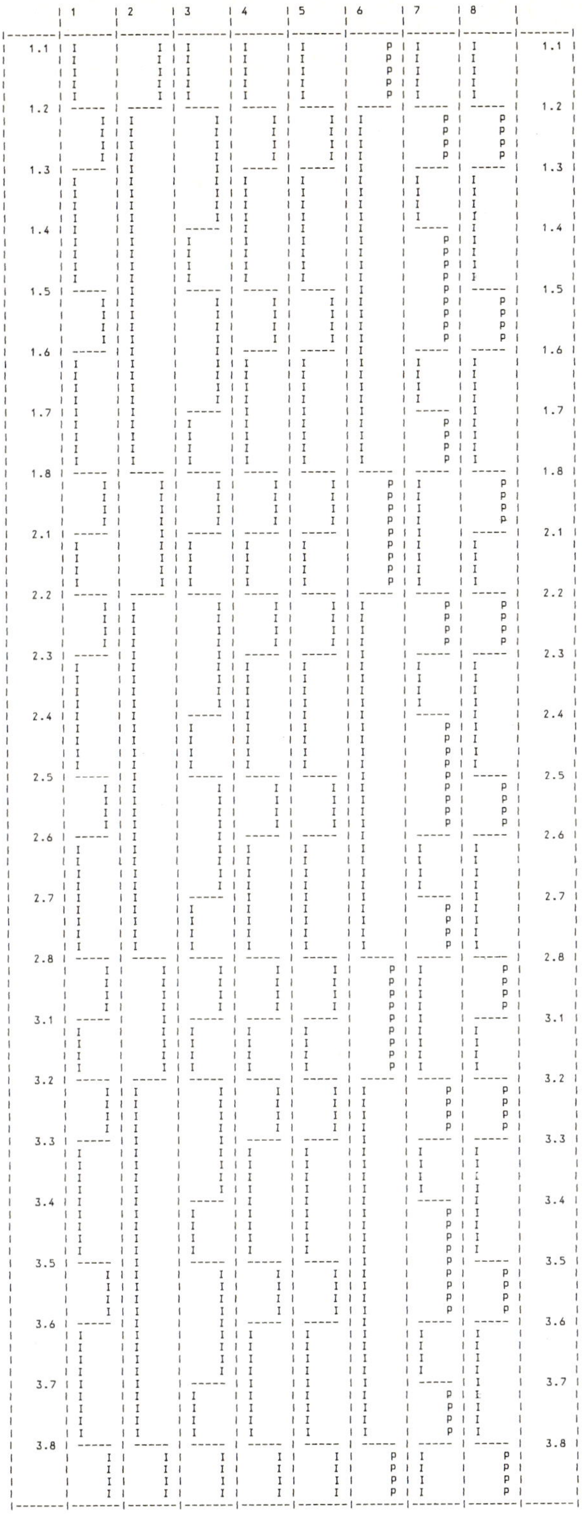

```
   | 1   | 2   | 3   | 4   | 5   | 6   | 7   | 8   |
|------|-----|-----|-----|-----|-----|-----|-----|------|
| 1.1  | I   | I I | I   | I   | I   | p I | I   | I   | 1.1 |
| 1.2  |     |     |     |     |     | p   |     | p   | 1.2 |
| 1.3  |     |     |     |     |     |     |     |     | 1.3 |
| 1.4  |     |     |     |     |     | p   |     |     | 1.4 |
| 1.5  |     |     |     |     |     | p   |     | p   | 1.5 |
| 1.6  |     |     |     |     |     |     |     |     | 1.6 |
| 1.7  |     |     |     |     |     | p   |     |     | 1.7 |
| 1.8  |     |     |     |     |     | p   |     | p   | 1.8 |
| 2.1  |     |     |     |     |     | p   |     |     | 2.1 |
| 2.2  |     |     |     |     |     | p   |     | p   | 2.2 |
| 2.3  |     |     |     |     |     |     |     |     | 2.3 |
| 2.4  |     |     |     |     |     | p   |     |     | 2.4 |
| 2.5  |     |     |     |     |     | p   |     | p   | 2.5 |
| 2.6  |     |     |     |     |     |     |     |     | 2.6 |
| 2.7  |     |     |     |     |     | p   |     |     | 2.7 |
| 2.8  |     |     |     |     |     | p   |     | p   | 2.8 |
| 3.1  |     |     |     |     |     | p   |     |     | 3.1 |
| 3.2  |     |     |     |     |     | p   |     | p   | 3.2 |
| 3.3  |     |     |     |     |     |     |     |     | 3.3 |
| 3.4  |     |     |     |     |     | p   |     |     | 3.4 |
| 3.5  |     |     |     |     |     | p   |     | p   | 3.5 |
| 3.6  |     |     |     |     |     |     |     |     | 3.6 |
| 3.7  |     |     |     |     |     | p   |     |     | 3.7 |
| 3.8  |     |     |     |     |     | p   |     | p   | 3.8 |
```

Bild 13.3.
Switch-Level-Logik-
Simulation des 2-Bit-
Addierers Bild 12.1 mit
MOSSIM-S:
a) Schaltungseingabe,
b) Ablauf der Simula-
tion, c) Ergebnisausga-
be (Schnelldruckerplot)

Bild13.3c

stehen, müssen sie als Subcircuits definiert werden. Im zweiten
Teil der Eingabe wird die Zusammenschaltung der logischen Elemente (die für die Simulation in einzelne Transistoren zerlegt
werden) beschrieben. Der dritte Teil der Eingabe enthält die
Knotenkapazitäten, die mit Hilfe eines Extraktionsprogramms aus
dem Layout ermittelt wurden. Mit Hilfe dieser Werte können den
Speicherknoten automatisch die Stärken B und S zugewiesen werden.

Den Ablauf der Simulation zeigt Bild 13.3b. Zur bequemen Eingabe der Eingangssignale wird der Vektor IN mit den logischen Zuständen der Eingangsknoten definiert. Ebenso werden die Ausgangsknoten zum Vektor OUT zusammengefaßt. Anschließend werden
die an den Eingangsknoten anliegenden Bitmuster beschrieben. Das
Kommando WATCH sagt aus, daß sowohl der Eingangsvektor, als auch
die Zustände der Ausgangsknoten für alle Signalzustände ausgegeben werden sollen. Die Simulation wird für eine vollständige
Abarbeitung des eingegebenen Bitmusters durch das Kommando CYCLE
gestartet. Der Eingangsvektor und die berechneten Ausgangszustän-
de werden jeweils in einer Zeile ausgegeben. Bei großen Schaltungen ist die Ergebnisauswertung bei dieser interaktiven Vorgehensweise etwas umständlich. Deshalb kann mit dem Kommando
PLOT eine Schnelldrucker-Ausgabe der Ergebnisse angefordert werden, die in Bild 13.3c dargestellt ist. Für jeden Knoten wird dabei neben dem Zustand die Stärke des Signals ausgegeben. Da die
Addierer-Schaltung eine rein statische NMOS-Schaltung ist, also
keine Speicherknoten enthält, werden in Bild 13.3c nur die Stärken Input (I) und Pullup (P) ausgegeben.

14 Waveform-Relaxation

Bei der Waveform-Relaxation werden die Prinzipien der Partitionierung und Gleichungsentkopplung durch Relaxation auf der Ebene
der nichtlinearen Differentialgleichungen angewandt. Zwischen den
Teilnetzwerken werden nicht die externen Variablen zu diskreten
Zeitpunkten, sondern Signalverläufe (Wave-Form) für ein ganzes
Zeitintervall [0,T] weitergegeben. Ziel dieser Vorgehensweise
ist eine Reduzierung der benötigten Rechenzeit um etwa ein bis
zwei Größenordnungen. Dieses Verfahren wurde erst vor wenigen
Jahren entwickelt, so daß es bis jetzt nur experimentielle Programme gibt, mit denen Erfahrungen gesammelt werden sollen. Da
zu erwarten ist, daß die Waveform-Relaxation in den nächsten
Jahren weiterentwickelt wird, werden im folgenden hauptsächlich
die Grundlagen dieses Verfahrens behandelt. Mögliche Weiterentwick-
lungen werden nur kurz erwähnt. Ein Simulationsbeispiel soll
zum Schluß den Ablauf einer solchen Simulation verdeutlichen.

14.1 Verfahren und Algorithmen

Das betrachtete Netzwerk werde durch das System von Algebro-
Differentialgleichungen (9.3) mit Anfangsbedingungen beschrieben,
das hier in anderer Schreibweise als

$$\underline{h}(\dot{\underline{x}},\underline{x},\underline{s}) = \underline{0} \quad , \qquad \text{mit } \underline{x}(t=0) = \underline{x}_0 \qquad (14.1)$$

mit den Zustandsvariablen $\underline{x}(t)$ und dem Quellenvektor $\underline{s}(t)$ dargestellt ist. Nun werde das Netzwerk in p Teilnetzwerke zerlegt,
wobei jedes Teilnetzwerk durch eine Zustandsgleichung oder eine
algebraische Gleichung (oder eine Zustandsgleichung und eine algebraische Gleichung) beschrieben wird, so daß sich (14.1) in der

allgemeinen Form

$$
\begin{bmatrix}
h_1(\dot{x}_1, x_1, \underline{d}_1, \underline{s}, t) \\
\vdots \\
h_p(\dot{x}_p, x_p, \underline{d}_p, \underline{s}, t)
\end{bmatrix} = \underline{0}
\tag{14.2}
$$

schreiben läßt. Dabei sind die

$$
\underline{d}_i = \begin{bmatrix} x_1, \ldots, x_{i-1}, x_{i+1}, \ldots, x_p, \dot{x}_1, \ldots, \dot{x}_{i-1}, \dot{x}_{i+1}, \ldots, \dot{x}_p \end{bmatrix}' \ ,
$$
$$
i = 1, \ldots, p \tag{14.3}
$$

die sogenannten Entkopplungsvektoren. Sind die Elemente dieser
Vektoren bekannt, dann können die einzelnen Gleichungen von (14.2)
unabhängig voneinander gelöst werden. Dies kann erreicht werden,
indem die Gleichungen in (14.2), wie in Abschn. 11.2.3 beschrieben,
durch einen Relaxationsalgorithmus voneinander entkoppelt werden,
das heißt, statt (14.2) werden die Gleichungen

$$
h_i(\dot{x}_i^{(K)}, x_i^{(K)}, \underline{d}_i^{(K)}, \underline{s}, t) = 0 \quad , \quad i = 1, \ldots, p \quad , \quad K = 1, 2, \ldots
$$
$$
\tag{14.4}
$$

gelöst, wobei die Entkopplungsvektoren bei der Jacobi – Relaxation
durch

$$
\underline{d}_i^{(K)} = \begin{bmatrix} x_1^{(K-1)}, \ldots, x_{i-1}^{(K-1)}, x_{i+1}^{(K-1)}, \ldots, x_p^{(K-1)}, \dot{x}_1^{(K-1)}, \ldots \\
\ldots, \dot{x}_{i-1}^{(K-1)}, \dot{x}_{i+1}^{(K-1)}, \ldots, \dot{x}_p^{(K-1)} \end{bmatrix}' \quad , \tag{14.5a}
$$

bei einer Gauß – Seidel – Relaxation jedoch durch

$$
\underline{d}_i^{(K)} = \begin{bmatrix} x_1^{(K)}, \ldots, x_{i-1}^{(K)}, x_{i+1}^{(K-1)}, \ldots, x_p^{(K-1)}, \dot{x}_1^{(K)}, \ldots \\
\ldots, \dot{x}_{i-1}^{(K)}, \dot{x}_{i+1}^{(K-1)}, \ldots, \dot{x}_p^{(K-1)} \end{bmatrix}' \tag{14.5b}
$$

gegeben sind. Durch Zerlegung des Gleichungssystems (14.1) und
durch Anwendung des Relaxations – Verfahrens wird also eine Folge
von unabhängigen Differentialgleichungen erster Ordnung oder al-
gebraischer Gleichungen erhalten, die iterativ gelöst werden
können, wobei die gesamte Lösung für das betrachtete Zeitintervall

[0,T] in die folgende Gleichung eingesetzt wird. Wird (14.1) so
zerlegt, daß zu einem Teilnetzwerk mehrere Differentialgleichungen
oder algebraische Gleichungen gehören, dann kann das Verfahren
sinngemäß angewandt werden. In diesem Falle erhält man die Vekto-
ren $\underline{h}_i$ und $\underline{x}_i$; die Relaxation mit einzelnen Gleichungen geht in
eine Blockrelaxation über.

   Es besteht nun die Frage, ob eine Zerlegung von (14.1) in
(14.2) stets so möglich ist, daß der Relaxationsprozeß (14.4)
immer konvergiert. Zu ihrer Beantwortung wird im folgenden eine
spezielle Zerlegung nach [11.9] definiert:

Definition 14.1 : Konsistente Systemzerlegung
Die Zerlegung eines dynamischen Systems (14.1) heißt konsistent,
wenn die getroffene Wahl der Zustandsvariablen des partitionierten
Systems (14.2) eine zulässige Wahl für die Zustandsvariablen des
Gesamtsystems (14.1) ist.

Eine konsistente Systemzerlegung ist hinreichend dafür, daß (14.2)
in der expliziten kanonischen Form

$$\underline{\dot{x}}^{(K)} = \underline{f}_1(\underline{x}^{(K)},\underline{x}^{(K-1)},\underline{\dot{x}}^{(K-1)},\underline{z}^{(K-1)},\underline{s},t)$$

$$\underline{z}^{(K)} = \underline{f}_2(\underline{x}^{(K)},\underline{x}^{(K-1)},\underline{\dot{x}}^{(K-1)},\underline{z}^{(K-1)},\underline{s},t) \qquad (14.6)$$

mit den Anfangsbedingungen $\underline{x}^{(K)}(t=0) = \underline{x}_0$ geschrieben werden
kann [11.9]. Diese Form ist für Aussagen bezüglich der Konvergenz
des Relaxationsprozesses geeignet, wie schon in Abschn. 11.23 gezeigt wurde. Eine nähere Untersuchung [14.1] zeigt, daß eine
Waveform—Relaxation der Gleichungen (14.6) für jeden vorgegebenen
Anfangs-Signalverlauf $(\underline{x}^{(0)}(t),\underline{z}^{(0)}(t))$, $t\epsilon[0,T]$ mit stückweis ste-
tigem Verlauf von $(\underline{\dot{x}}^{(0)},\underline{z}^{(0)})$ und Erfüllung der Anfangsbedingungen
eine gleichmäßig gegen die Lösung konvergierende Folge von Signal-
verläufen ergibt, wenn die Lipschitz—Bedingung (9.5) für (14.6)
bezüglich $\underline{x}$ erfüllt ist, Gl. (14.6) eine kontrahierende Abbildung
nach (8.7) bezüglich $(\dot{x},z)$ beschreibt und die Netzwerkanregungen
s(t) als stückweis stetige Funktionen im Zeitintervall $[0,T]$ gegeben sind. Wie in [14.2] gezeigt wird, ist diese Aussage allerdings
nur dann richtig, wenn bei der Integration der Differentialgleichungen durch Anwendung einer Integrationsformel die Schrittweite ge-

nügend klein gewählt wird. Diese Bedingungen können für die praktische Anwendung der Waveform – Relaxation bei digitalen MOS-
Schaltungen in einfach zu überprüfende Kriterien umgesetzt werden.

14.2 Anwendung der Waveform-Relaxation bei MOS-Schaltungen

Bei der Anwendung der Waveform – Relaxation zur Simulation des
Verhaltens digitaler MOS – Schaltungen können die einzelnen Gatter
in erster Näherung als unilateral behandelt werden, wenn die Pass-
transistoren in die treibenden Gatter einbezogen werden und die
Rückkopplungen durch die Gate – Drain – Kapazitäten der Transistoren
außer acht gelassen werden. Das Netzwerk kann dann mit Hilfe des
in Abschn. 11.1.3 beschriebenen Algorithmus oder aufgrund der Zu-
sammensetzung des Netzwerks aus Subcircuits (Gattern) zerlegt
und in Signalflußrichtung geordnet werden. Bei Vernachlässigungen
der Rückkopplungen führt ein Gauß – Seidel – Schritt bereits zur
exakten Lösung. Sollen die Rückkopplungen durch Passtransistoren
oder aufgrund der Gate – Drain – Kapazitäten der Transistoren berücksichtigt werden, dann muß diese Lösung durch weitere Iterationen korrigiert werden. Während eines Relaxationsschritts werden
die einzelnen Teilnetzwerke in der Reihenfolge simuliert, die dem
Signalfluß entspricht. Dabei wird jedes Teilnetzwerk für das gesamte Zeitintervall simuliert, wobei die vorher berechneten Signale der treibenden Gatter als Eingangssignale interpretiert werden.
Jedes Teilnetzwerk kann durch ein beliebiges Simulationsverfahren
gelöst werden.

Beispiel 14.1
Die in Bild 14.1a gezeigte NMOS-Schaltung soll durch Waveform-
Relaxation simuliert werden. Die Knotengleichungen des gesamten
Netzwerks lauten:

$$\underline{1}: (C_2+C_3)\dot{u}_1 - C_2\dot{u}_{01} - C_3\dot{u}_{02} - i_{D1}(u_2,u_1,u_{01}) + i_{D2}(u_1,u_{02}) = 0$$

$$\underline{2}: (C_1+C_4+C_5)\dot{u}_2 - C_1\dot{u}_{01} - C_5\dot{u}_{03} + i_{D1}(u_2,u_1,u_{01}) +$$
$$+ i_{D3}(u_2,u_3,u_{03}) - i_{L1}(u_2) = 0$$

$$\underline{3}: \ (C_6+C_7+C_8)\dot{u}_{\underline{3}} - C_8\dot{u}_{\underline{4}} - C_6\dot{u}_{03} - i_{D3}(u_{\underline{2}}, u_{\underline{3}}, u_{03}) \qquad = 0$$

$$\underline{4}: \ (C_8+C_9)\dot{u}_{\underline{4}} - C_8\dot{u}_{\underline{3}} + i_{D4}(u_{\underline{4}}, u_{\underline{3}}) - i_{L2}(u_{\underline{4}}) \qquad = 0 \quad .$$

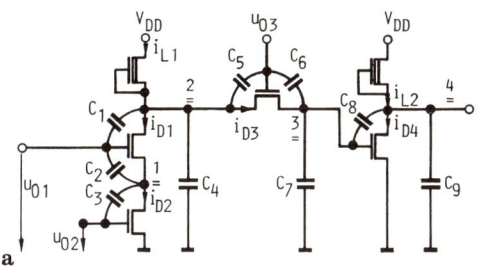

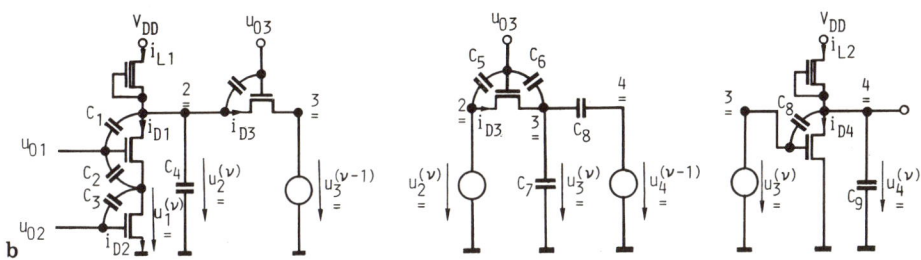

Bild 14.1. Waveform-Relaxation: a) Gesamtnetzwerk, b) Unabhängig
voneinander simulierte Teilnetzwerke

Auf diese Gleichungen werde der Algorithmus für eine Gauß-Sei-
del-Waveform-Relaxation angewandt, wobei die ersten beiden
Gleichungen einem einzigen Teilnetzwerk zugeordnet werden, da
sie ein einziges Gatter (NAND) beschreiben. Man erhält:

$$(C_2+C_3)\dot{u}_{\underline{1}}^{(\kappa)} - i_{D1}(u_{\underline{2}}^{(\kappa)}, u_{\underline{1}}^{(\kappa)}, u_{01}) + i_{D2}(u_{\underline{1}}^{(\kappa)}, u_{02}) -$$
$$- C_2\dot{u}_{01} - C_3\dot{u}_{02} = 0$$

$$(C_1+C_4+C_5)\dot{u}_{\underline{2}}^{(\kappa)} + i_{D1}(u_{\underline{2}}^{(\kappa)}, u_{\underline{1}}^{(\kappa)}, u_{01}) + i_{D3}(u_{\underline{2}}^{(\kappa)}, u_{\underline{3}}^{(\kappa-1)}, u_{03}) -$$
$$- i_{L1}(u_{\underline{2}}^{(\kappa)}) - C_1\dot{u}_{01} - C_5\dot{u}_{03} = 0$$

$$(C_6+C_7+C_8)\dot{u}_{\underline{3}}^{(\kappa)} - C_8\dot{u}_{\underline{4}}^{(\kappa-1)} - i_{D3}(u_{\underline{2}}^{(\kappa)}, u_{\underline{3}}^{(\kappa)}, u_{03}) - C_6\dot{u}_{03} \qquad = 0$$

$$(C_8+C_9)\dot{u}_{\underline{4}}^{(\kappa)} - C_8\dot{u}_{\underline{3}}^{(\kappa)} + i_{D4}(u_{\underline{4}}^{(\kappa)}, u_{\underline{2}}^{(\kappa)}) - i_{L2}(u_{\underline{4}}^{(\kappa)}) \qquad = 0 \quad .$$

Die ersten beiden Gleichungen sind gekoppelt, sie enthalten je zwei unbekannte Knotenspannungen u_1 und u_2. Für die Spannung $u_3(t)$ wird der Signalverlauf der letzten Iteration $u_3^{(K-1)}(t)$ eingesetzt. Die berechneten Signalverläufe $u_1(t)$, $u_2(t)$ werden in die dritte Gleichung eingesetzt. Hier wird der Signalverlauf $u_4^{(K-1)}(t)$ der letzten Iteration eingesetzt, so daß nur eine Unbekannte $u_3(t)$ für das gesamte Simulationsintervall $[0,T]$ gelöst werden muß. Diese Lösung wird in die letzte Gleichung eingesetzt; damit kann der Signalverlauf $u_4(t)$ berechnet werden. Die Lösungen $u_1(t)$, $u_2(t)$, $u_3(t)$, $u_4(t)$ werden benutzt, um durch einen weiteren Iterationsprozeß die Lösungen zu verbessern. Dieser Vorgang wird so lange wiederholt, bis die gewünschte Genauigkeit erreicht wird. Im Gegensatz zur Behandlung der Rückkopplungen mit den Algorithmen der Timing-Simulation (siehe Abschn. 11.3.3 und 12.2.1) treten bei der Waveform-Relaxation keine Stabilitätsprobleme auf.

Die Iterationsgleichungen können verwendet werden, um die durch den Relaxationsprozeß entkoppelten Teilnetzwerke darzustellen. Bild 14.1b zeigt das Ergebnis.

Die Konvergenzbedingung von Abschn. 14.1 kann für MOS - Schaltungen direkt mit Hilfe der Elementecharakteristiken überprüft werden. Der Relaxationsprozeß konvergiert für beliebige Anfangs - Signalverläufe und beliebige stückweis stetige Netzwerkanregungen $\underline{s}(t)$, wenn [11.9] :

1. die Ladungs - Spannungs -Charakteristik jeder Kapazität, die Spannungs-Strom-Charakteristik eines jeden Leitwerts und die Ausgangskennlinien jedes MOS-Transistors die Lipschitz-Bedingung (9.5) bezüglich der steuernden Variablen erfüllen,

2. alle Knoten eine Massekapazität größer Null haben,

3. alle Koppelkapazitäten eine maximale Kapazität kleiner unendlich haben,

4. der Strom durch alle gesteuerten Leitwerte (also auch durch Transistoren) während des Relaxationsprozesses gleichförmig beschränkt bleibt.

Da die Bedingungen 1, 3 und 4 bei sinnvollen Netzwerken stets erfüllt sind, läßt sich die Überprüfung auf Konvergenz auf Bedingung 2 beschränken.

Der Vorteil der Simulation eines großen Netzwerks durch Waveform - Relaxation liegt in der Einsparung von Rechenzeit. Dies kann durch folgende Überlegungen begründet werden:

1. Unter der Annahme, daß das gesamte Netzwerk in p gleich-
große Teilnetzwerke mit jeweils n/p Knoten zerlegt wird, reduziert
sich die Gesamtrechenzeit zur Lösung der Netzwerkgleichungen von
$O(n^\gamma)$ auf $m \cdot O((n/p)^\gamma) = O(n^\gamma/p^{\gamma-1})$

2. Da die einzelnen Teilnetzwerke in der Regel nicht mehr als
einige zehn Knoten enthalten werden, können alle benötigten Daten
im Arbeitsspeicher gehalten werden, so daß zeitintensive Zugriffe
auf externen Speichern entfallen.

3. Bei der Zerlegung sehr großer Schaltungen werden häufig
viele Teilnetzwerke mit derselben Struktur erhalten, so daß sich
die Verwendung von einmal generierten symbolischen Code lohnen
kann.

4. Für jedes Teilnetzwerk kann der Integrationsalgorithmus
und die Zeitschrittsteuerung unabhängig gewählt werden.

5. Das Latenz-Prinzip kann nicht nur auf der Teilnetzwerk-
Ebene angewandt werden, sondern es kann eine partielle Signal-
konvergenz ausgenutzt werden [11.6]. Das bedeutet, daß bei der
wiederholten Berechnung eines Teilnetzwerks nicht der Signalverlauf im gesamten Zeitintervall [0,T] berechnet werden muß, wenn
schon bei den beiden vorhergehenden Iterationen eine Übereinstimmung des Signalverlaufs in einem Teilintervall $[t_1, t_2]$ festgestellt wurde. Es genügt in diesem Fall, eine Simulation für die
verbleibenden Zeitintervalle $[0, t_1]$ und $[t_2, T]$ durchzuführen.

Diesen Vorteilen stehen allerdings auch Nachteile gegenüber:

1. Für jedes Teilnetzwerk müssen die berechneten Signalverläufe an allen Verbindungsknoten zu den benachbarten Teilnetzwerken gespeichert werden. Um Konvergenz bei der iterativen Berechnung
feststellen zu können, müssen die Werte der beiden letzten Iterationen zur Verfügung stehen. Bei größeren Schaltungen bedeutet
dies einen beträchtlichen Speicherplatzbedarf, der eine Größenordnung von einigen MByte bis zu einigen zehn MByte annehmen kann. Solche Datenmengen können nur auf externem Speicher gehalten werden.
Dies bedeutet jedoch, daß relativ lange gewartet werden muß, wenn
bei Beginn der Simulation eines neuen Teilnetzwerks erst alle benötigten Daten in den Arbeitsspeicher geholt werden. Dieses Problem läßt sich dadurch lösen, daß parallel zur Simulation eines
Teilnetzwerks schon die Daten in den Arbeitsspeicher geholt werden,
die für die Simulation des nächsten Teilnetzwerks benötigt werden
[14.3]. Die Implementierung eines solchen Puffer-Mechanismus ist

jedoch stark maschinenabhängig, so daß die erhaltenen Programme kaum auf Fremdrechner portiert werden können.

2. Da die Signalverläufe nur zu diskreten Zeitpunkten gespeichert werden, muß eine Interpolation durchgeführt werden, wenn bei der nächsten Iteration aufgrund der Schrittweitensteuerung die Signalwerte für andere Zeitpunkte benötigt werden. Dadurch wird zusätzliche Rechenzeit benötigt.

3. Das Konvergenzverhalten bei der Waveform-Relaxation ist linear, wie bei allen Relaxations-Algorithmen. Bei Schaltungen mit lokalen Rückkopplungen, etwa durch die Drain-Gate-Kapazitäten der Transistoren, werden meist weniger als zehn Iterationen bis zur Konvergenz benötigt. Sind in der Schaltung jedoch logische Rückkopplungen über mehrere Teilnetzwerke hinweg vorhanden, dann kann die Konvergenz sehr langsam sein. Sie kann durch zwei Maßnahmen beschleunigt werden. Wird die Waveform-Relaxation mit einem guten Anfangs-Signalverlauf begonnen, sind nur wenige Iterationen zur Korrektur nötig. Ein solcher Anfangs-Signalverlauf kann etwa durch eine Logik-Simulation gewonnen werden. Weiter läßt sich beobachten [14.4], daß die Konvergenzgeschwindigkeit von der Länge des Simulationsintervalls abhängt. Es ist deshalb vorteilhaft, das Simulationsintervall $[0,T]$ in mehrere Teilintervalle $[0,T_1]$ $[T_1,T_2],\ldots,[T_{\nu-1},T]$ aufzuteilen; das heißt, es werden jetzt ν Simulationen des Gesamtnetzwerks hintereinander durchgeführt. Diese Vorgehensweise wird "Segmentierte Waveform-Relaxation" genannt. Es ist jedoch darauf zu achten, daß die Länge der Teilintervalle nicht zu klein gewählt wird, da sonst der Laufzeitgewinn durch die Segmentierung teilweise wieder verlorengeht. Dies ist darauf zurückzuführen, daß die Latenz im Netzwerk nicht mehr so gut ausgenutzt werden kann, was gleichzeitig ein Anwachsen des Oranisationsaufwands durch die Scheduler-Routinen bedeutet [14.3].

Für die Durchführung einer Mixed-Mode-Simulation ist die Waveform-Relaxation ausgezeichnet geeignet: Da jedes Teilnetzwerk völlig unabhängig für sich simuliert wird, kann ein beliebiger Abstraktionsgrad bei der Simulation gewählt werden. Eine Beschleunigung der Simulation kann durch eine gleichzeitige Simulation aller Teilnetzwerke auf einem Parallelrechner erreicht werden. Vor einer weiteren Iteration werden die berechneten Signalverläufe zwischen den Recheneinheiten ausgetauscht, so daß eine Relaxation entsprechend dem Jacobi-Algorithmus durchgeführt wird. Für eine Weiterentwicklung und die Anwendung der Waveform-Relaxation werden in der Literatur verschiedene Vorschläge gemacht, etwa die Anwendung zur Lösung stückweis linearer Differentialgleichungen [14.4], die Verwendung eines Newton-Verfahrens zweiter Ordnung [14.5], das zusammen mit dem verwendeten Integrationsverfahren zu einer höheren Genauigkeit führt oder auch zur Reduzierung des Speicherplatzbedarfs durch eine Approximation der berechneten Signalverläufe durch Polynome, so daß nur deren Koeffizienten abgespeichert werden müssen [14.6]. Inwieweit diese Vorschläge bei der Entwicklung zukünftiger Simulatoren erfolgreich angewendet werden können, muß sich erst zeigen.

14.3 Programme zur Simulation mit der Waveform-Relaxation

Als erstes experimentelles Simulationsprogramm, das die Waveform-Relaxation anwendet, wurde das 1981 an der Universität Berkeley, California, entwickelte Programm RELAX bekannt [14.3] . Es hat folgende Eigenschaften: Zur Schaltungsbeschreibung können nur fest im Programm implementierte Makromodelle, wie zum Beispiel NAND-, NOR, Multiplexor-, Flipflop-Schaltungen verwendet werden. Diese Makromodelle werden jeweils einem Teilnetzwerk zugeordnet, wobei ein Teilnetzwerk auch durch mehrere Gleichungen beschrieben werden kann. Den Teilnetzwerken wird entsprechend der Eingabebeschreibung, das heißt entsprechend der statischen Zuordnung zu Fanin- und Fanout-Knoten der Elemente, eine Lösungsreihenfolge für die Gauß-Seidel-Iterationen zugeordnet. Für die MOS-Transistoren wird das einfache Shichman-Hodge-Modell verwendet, wobei die Kanallängenmodulation und die Substratsteuerung vernachlässigt wird. Die Netzwerkgleichungen werden mit Hilfe des Newton-Raphson-Algorithmus linearisiert und unter Verwendung des impliziten Euler-Algorithmus mit variabler Schrittweite integriert. Da die einzelnen Teilnetzwerke nur durch wenige Gleichungen beschrieben werden, wird kein Sparse-Matrix-Algorithmus zur Gleichungsauflösung benötigt. Zur Beschleunigung der Simulation wird das Latenz-Prinzip sowohl auf der Teilnetzwerk-Ebene, als auch die partielle Signal-Konvergenz ausgenutzt. Der Anfangs-Signalverlauf wird durch eine näherungsweise Simulation ermittelt, bei der keine Koppelkapazitäten oder Rück-

kopplungen durch Passtransistoren berücksichtigt werden. Ein
Puffer-Mechanismus zur Beschleunigung des Zugriffs auf die Daten, die auf externen Plattenspeicher ausgelagert wurden, ist
in diesem Programm nicht realisiert. Der Simulationsablauf mit
RELAX wird vom Programmanwender interaktiv gesteuert. Ein Lauf-
zeitvergleich mit SPICE2 ergab bei Logikschaltungen in MOS-Technik ohne Rückkopplungen über mehrere Teilnetzwerke hinweg eine
Verkürzung der Rechenzeit bis zu einem Faktor 50.

Ein verbessertes Programm RELAX2 wurde 1983 an der Universität Berkeley entwickelt [14.2,7]. Das Programm enthält, verglichen mit RELAX im wesentlichen zwei Erweiterungen. Zur Beschleunigung der Simulation von Schaltungen mit logischen Rückkopplungen
wird die segmentierte Waveform-Relaxation angewandt. Um eine gute
Anfangs-Signalform zu ermitteln, wurden verschiedene Techniken
implementiert: Einmal wird für die erste Gauß-Seidel-Iteration die
Linearisierung der nichtlinearen Charakteristiken nach der ersten
Newton-Raphson-Iteration abgebrochen. Damit wird ein 1-Schritt-
GSNR-Algorithmus verwendet. Zum andern werden die MOS-Transistoren
zur Berechnung der Anfangs-Signalform durch ein Switch-Level-Mo-
dell erster Ordnung ersetzt. Als Alternative kann die Anfangs-Si-
gnalform auch ohne diese Technik mit dem Standardalgorithmus ermittelt werden, zur Beschleunigung wird dann bei der ersten Itera-
tion der zulässige lokale Diskretisierunsfehler (siehe Abschn.
10.2) um den Faktor drei vergrößert. Da RELAX2 den Aufbau der
Teilnetzwerke durch Einzelelemente, sowie die Beschreibung von
Subcircuits erlaubt, ist dieses Programm langsamer als RELAX.
Gegenüber einer Simulation mit SPICE2 soll RELAX2 bei gleicher
Genauigkeit eine Größenordnung schneller sein.

14.4 Simulationsbeispiel

Als Beispiel für eine Simulation unter Anwendung der Waveform-
Relaxation wurde der Ringoszillator Bild 14.2a mit dem Programm
RELAX simuliert. Die Schaltung wurde mit dem in Bild 14.2b dargestellten Signal angeregt. Zur Beschreibung der Schaltung werden
die Makromodelle des Programms für NAND- und NOR-Gatter verwendet (Bild 14.3). An jedem Schaltungsknoten liegt eine Kapazität von
50fF , so daß die Konvergenzbedingungen für die Waveform-Relaxation

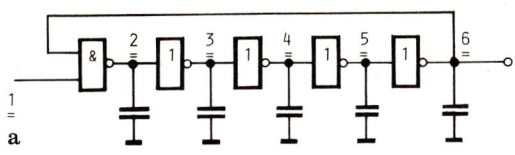 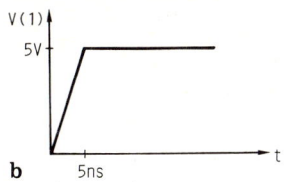

Bild 14.2. Ringoszillator: a) Schaltung, b) Eingangsspannung
V(1) am Knoten 1

```
* BEISPIEL FUER WAVEFORM-RELAXATION: OSZILLATOR
* ============================================
*
* TRANSISTORMODELLE
*
MODEL ENH MOSFET NMOS 20U  5U 1N 1N  0.8 30U 0.0 0.6 0.0
MODEL DEP MOSFET NMOS  5U 10U 1N 1N -3.5 30U 0.0 0.6 0.0
*
* SPEZIFIKATION DER GATTER-MODELLE
*
MODEL INV   NOR    ENH DEP
MODEL NAN   NAND   ENH DEP
*
* GATTER-VERBINDUNG
*
GATE NAN   2 99 1 6
GATE INV   3 2
GATE INV   4 3
GATE INV   5 4
GATE INV   6 5
*
* TRIGGERSIGNAL
*
INPUT(1) = (0NS,0V) (5NS,5V) (100NS,5V)
*
* KNOTENKAPAZITAETEN
*
C(2) = 0.05PF
C(3) = 0.05PF
C(4) = 0.05PF
C(5) = 0.05PF
C(6) = 0.05PF
*
*ANFANGSSPANNUNGEN
*
V(2) = 5V
V(3) = 0V
V(4) = 5V
V(5) = 0V
V(6) = 5V
*
TIME 100NS 1NS
ACCURACY 5V 20NS
```

Bild 14.3. Schaltungseingabe zur Simulation mit RELAX

erfüllt sind. Der Anfangs-Signalverlauf wurde in Form von Anfangs-
werten für die Knotenspannungen V(2) bis V(6) vorgegeben. Da die
Schaltung eine logische Rückkopplung enthält, sind eine größere
Anzahl von Gauß-Seidel-Iterationen bis zur Konvergenz notwendig.
Wie das Ergebnisprotokoll der interaktiven Simulation Bild 14.4
zeigt, wird erst bei der 32. Iteration Konvergenz für die Spannungen an den Knoten 3, 4 und 6 erreicht. Bei den folgenden Iterationen werden die Inverter, die diese Knoten als Ausgangsknoten
besitzen, nicht mehr berücksichtigt; sie werden latent. Erst nach
der 35. Iteration konvergieren alle Knotenspannungen. Offensicht-

```
    RUN RELAX
    RELAX: VERSION 1            2000TIMEPOINTS          100NODES
    SIMULATE OSZITEST
    RELAX: READING CIRCUIT FROM..OSZITEST
    RELAX: CIRCUIT FILE:OSZITESTHAS BEEN READ
    ITERATE

    SCHEDULER: ENCOUNTER A FEEDBACK LOOP !!!
    SUCCESSFUL SCHEDULING. SCHEDULED NODES ARE :
     2   3   4   5   6
    BEGIN    ITERATION #      1
    NODE   2 ANALYSED IN 0.2500 SECONDS WITH 110 TIMESTEPS , T(   1) = 0.0000E+00
    NODE   3 ANALYSED IN 0.0500 SECONDS WITH  28 TIMESTEPS , T(   1) = 0.0000E+00
    NODE   4 ANALYSED IN 0.0600 SECONDS WITH  33 TIMESTEPS , T(   1) = 0.0000E+00
    NODE   5 ANALYSED IN 0.0400 SECONDS WITH  32 TIMESTEPS , T(   1) = 0.0000E+00
    NODE   6 ANALYSED IN 0.0700 SECONDS WITH  34 TIMESTEPS , T(   1) = 0.0000E+00
     END     ITERATION #  1  ANALYSIS TIME = 0.4700 SEC.  ( 0.5100 )


    ITERATE
    BEGIN    ITERATION #      5
    NODE   2 ANALYSED IN 0.1900 SECONDS WITH  80 TIMESTEPS , T( 26) = 0.1341E-07
    NODE   3 ANALYSED IN 0.1000 SECONDS WITH  73 TIMESTEPS , T( 22) = 0.1505E-07
    NODE   4 ANALYSED IN 0.1100 SECONDS WITH  78 TIMESTEPS , T( 26) = 0.1778E-07
    NODE   5 ANALYSED IN 0.0800 SECONDS WITH  78 TIMESTEPS , T( 35) = 0.1983E-07
    NODE   6 ANALYSED IN 0.0900 SECONDS WITH  76 TIMESTEPS , T( 33) = 0.2213E-07
     END     ITERATION #  5  ANALYSIS TIME = 0.5700 SEC.  ( 0.5900 )


    ITERATE
    BEGIN    ITERATION #      31
    NODE   2 ANALYSED IN 0.0400 SECONDS WITH 152 TIMESTEPS , T( 148) = 0.9787E-07
    NODE   3 ANALYSED IN 0.0100 SECONDS WITH 146 TIMESTEPS , T( 146) = 0.1000E-06
    NODE   4 ANALYSED IN 0.0100 SECONDS WITH 161 TIMESTEPS , T( 161) = 0.1000E-06
    NODE   5 ANALYSED IN 0.0200 SECONDS WITH 171 TIMESTEPS , T( 161) = 0.9504E-07
    NODE   6 ANALYSED IN 0.0200 SECONDS WITH 156 TIMESTEPS , T( 156) = 0.1000E-06
     END     ITERATION #  31  ANALYSIS TIME = 0.1000 SEC.  ( 0.1300 )
    ITERATE
    BEGIN    ITERATION #      32
    NODE   2 ANALYSED IN 0.0300 SECONDS WITH 152 TIMESTEPS , T( 150) = 0.9893E-07
     NODE       3-------- CONVERGES -----------
     NODE       4-------- CONVERGES -----------
    NODE   5 ANALYSED IN 0.0200 SECONDS WITH 172 TIMESTEPS , T( 172) = 0.1000E-06
     NODE       6-------- CONVERGES -----------
     END     ITERATION #  32  ANALYSIS TIME = 0.0600 SEC.  ( 0.0800 )
    ITERATE
    BEGIN    ITERATION #      33
    NODE   2 ANALYSED IN 0.0100 SECONDS WITH 152 TIMESTEPS , T( 150) = 0.9893E-07
     NODE       3-------- CONVERGES -----------
     NODE       4-------- CONVERGES -----------
     NODE       5-------- CONVERGES -----------
     NODE       6-------- CONVERGES -----------
     END     ITERATION #  33  ANALYSIS TIME = 0.0300 SEC.  ( 0.0400 )
    ITERATE
    BEGIN    ITERATION #      34
    NODE   2 ANALYSED IN 0.0100 SECONDS WITH 152 TIMESTEPS , T( 152) = 0.1000E-06
     NODE       3-------- CONVERGES -----------
     NODE       4-------- CONVERGES -----------
     NODE       5-------- CONVERGES -----------
     NODE       6-------- CONVERGES -----------
     END     ITERATION #  34  ANALYSIS TIME = 0.0100 SEC.  ( 0.0400 )
    ITERATE
    BEGIN    ITERATION #      35
     NODE       2-------- CONVERGES -----------
     NODE       3-------- CONVERGES -----------
     NODE       4-------- CONVERGES -----------
     NODE       5-------- CONVERGES -----------
     NODE       6-------- CONVERGES -----------
     END     ITERATION #  35  ANALYSIS TIME = 0.0000 SEC.  ( 0.0300 )
```

Bild 14.4. Ergebnisprotokoll der interaktiven Simulation der
Schaltung Bild 14.2a mit RELAX

lich sind die Korrekturen der Spannungsverläufe an den Knoten 2
und 5 während der letzten drei Iterationen nur gering, da sonst
die getriebenen Gatter wieder aktiv würden. Die berechnete Ausgangsspannung nach der 5. und nach der 35. Iteration zeigen Bild
14.5a und b. Durch Vergleich der beiden Bilder ist deutlich zu erkennen, wie sich mit zunehmender Anzahl der Iterationen die korrekte Lösung entlang des Lösungsintervalls ausbreitet. Diese Be-

obachtung macht den Vorteil einer segmentierten Waveform-Relaxation - die im vorliegenden Beispiel nicht verwendet wird - plausibel. Die im Protokoll Bild 14.4 ausgegebenen Rechenzeiten gelten für die Simulation der Schaltung auf einem VAX-Rechner Typ 780 unter dem VMS Betriebssystem.

Bild 14.5. Ergebnisse der Simulation der Schaltung Bild 14.2a mit RELAX: a) Nach der 5. Iteration, b) Nach der 35. Iteration

372

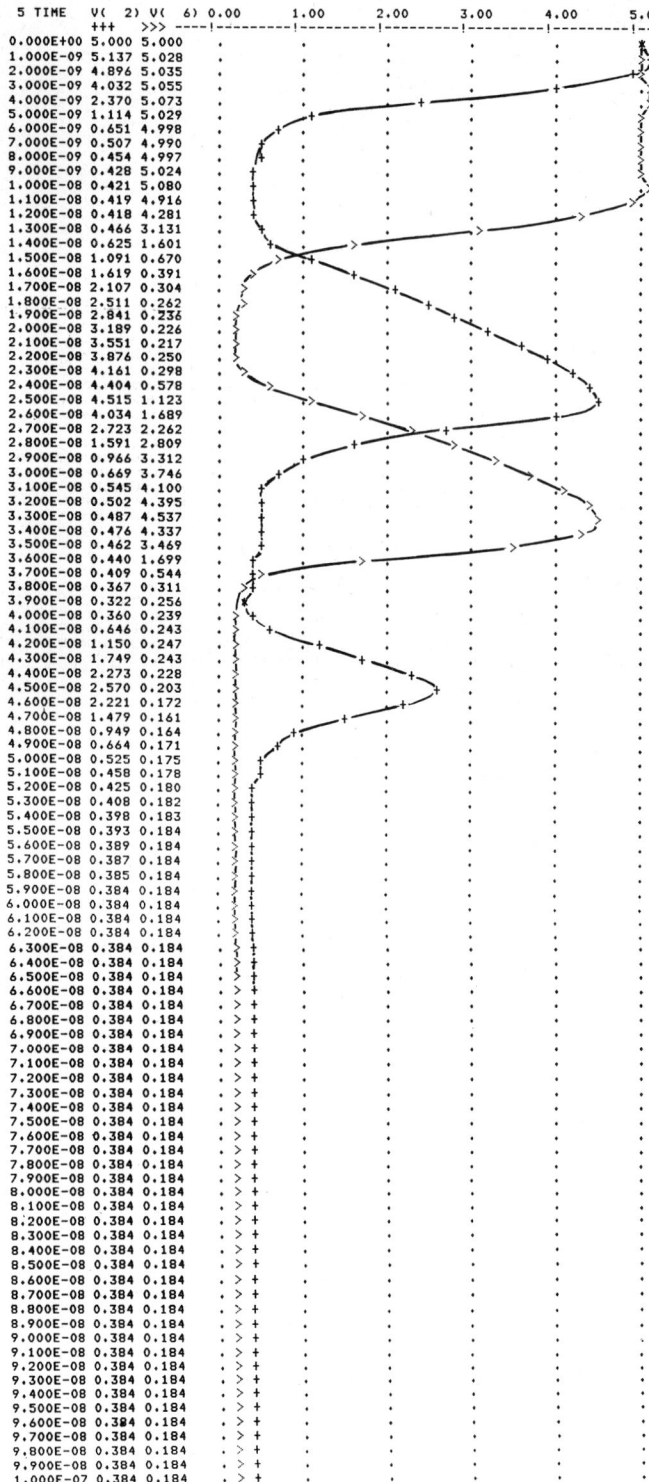

```
5 TIME     V( 2) V( 6) 0.00      1.00      2.00      3.00      4.00      5.00
           +++   >>>   ----!---------!---------!---------!---------!---------!---
0.000E+00  5.000 5.000
1.000E-09  5.137 5.028
2.000E-09  4.896 5.035
3.000E-09  4.032 5.055
4.000E-09  2.370 5.073
5.000E-09  1.114 5.029
6.000E-09  0.651 4.998
7.000E-09  0.507 4.990
8.000E-09  0.454 4.997
9.000E-09  0.428 5.024
1.000E-08  0.421 5.080
1.100E-08  0.419 4.916
1.200E-08  0.418 4.281
1.300E-08  0.466 3.131
1.400E-08  0.625 1.601
1.500E-08  1.091 0.670
1.600E-08  1.619 0.391
1.700E-08  2.107 0.304
1.800E-08  2.511 0.262
1.900E-08  2.841 0.236
2.000E-08  3.189 0.226
2.100E-08  3.551 0.217
2.200E-08  3.876 0.250
2.300E-08  4.161 0.298
2.400E-08  4.404 0.578
2.500E-08  4.515 1.123
2.600E-08  4.034 1.689
2.700E-08  2.723 2.262
2.800E-08  1.591 2.809
2.900E-08  0.966 3.312
3.000E-08  0.669 3.746
3.100E-08  0.545 4.100
3.200E-08  0.502 4.395
3.300E-08  0.487 4.537
3.400E-08  0.476 4.337
3.500E-08  0.462 3.469
3.600E-08  0.440 1.699
3.700E-08  0.409 0.544
3.800E-08  0.367 0.311
3.900E-08  0.322 0.256
4.000E-08  0.360 0.239
4.100E-08  0.646 0.243
4.200E-08  1.150 0.247
4.300E-08  1.749 0.243
4.400E-08  2.273 0.228
4.500E-08  2.570 0.203
4.600E-08  2.221 0.172
4.700E-08  1.479 0.161
4.800E-08  0.949 0.164
4.900E-08  0.664 0.171
5.000E-08  0.525 0.175
5.100E-08  0.458 0.178
5.200E-08  0.425 0.180
5.300E-08  0.408 0.182
5.400E-08  0.398 0.183
5.500E-08  0.393 0.184
5.600E-08  0.389 0.184
5.700E-08  0.387 0.184
5.800E-08  0.385 0.184
5.900E-08  0.384 0.184
6.000E-08  0.384 0.184
6.100E-08  0.384 0.184
6.200E-08  0.384 0.184
6.300E-08  0.384 0.184
6.400E-08  0.384 0.184
6.500E-08  0.384 0.184
6.600E-08  0.384 0.184
6.700E-08  0.384 0.184
6.800E-08  0.384 0.184
6.900E-08  0.384 0.184
7.000E-08  0.384 0.184
7.100E-08  0.384 0.184
7.200E-08  0.384 0.184
7.300E-08  0.384 0.184
7.400E-08  0.384 0.184
7.500E-08  0.384 0.184
7.600E-08  0.384 0.184
7.700E-08  0.384 0.184
7.800E-08  0.384 0.184
7.900E-08  0.384 0.184
8.000E-08  0.384 0.184
8.100E-08  0.384 0.184
8.200E-08  0.384 0.184
8.300E-08  0.384 0.184
8.400E-08  0.384 0.184
8.500E-08  0.384 0.184
8.600E-08  0.384 0.184
8.700E-08  0.384 0.184
8.800E-08  0.384 0.184
8.900E-08  0.384 0.184
9.000E-08  0.384 0.184
9.100E-08  0.384 0.184
9.200E-08  0.384 0.184
9.300E-08  0.384 0.184
9.400E-08  0.384 0.184
9.500E-08  0.384 0.184
9.600E-08  0.384 0.184
9.700E-08  0.384 0.184
9.800E-08  0.384 0.184
9.900E-08  0.384 0.184
1.000E-07  0.384 0.184
           ----!---------!---------!---------!---------!---------!---
```

Bild 14.5.
Ergebnisse der
Simulation der
Schaltung Bild
14.2a mit RELAX:
a) Nach der 5.
Iteration

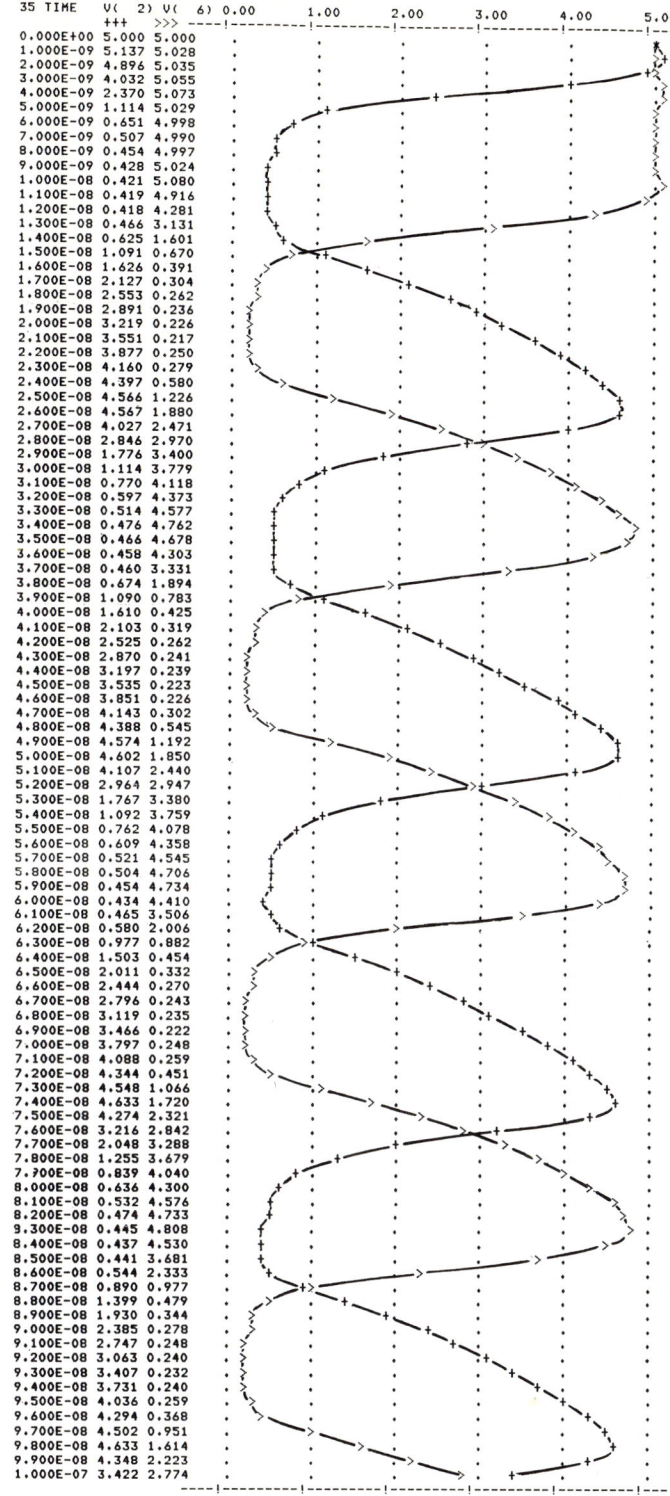

373

```
35 TIME    V( 2) V( 6) 0.00      1.00      2.00      3.00      4.00      5.00
           +++   >>> ----!---------!---------!---------!---------!---------!---
0.000E+00  5.000 5.000
1.000E-09  5.137 5.028
2.000E-09  4.896 5.035
3.000E-09  4.032 5.055
4.000E-09  2.370 5.073
5.000E-09  1.114 5.029
6.000E-09  0.651 4.998
7.000E-09  0.507 4.990
8.000E-09  0.454 4.997
9.000E-09  0.428 5.024
1.000E-08  0.421 5.080
1.100E-08  0.419 4.916
1.200E-08  0.418 4.281
1.300E-08  0.466 3.131
1.400E-08  0.625 1.601
1.500E-08  1.091 0.670
1.600E-08  1.626 0.391
1.700E-08  2.127 0.304
1.800E-08  2.553 0.262
1.900E-08  2.891 0.236
2.000E-08  3.219 0.226
2.100E-08  3.551 0.217
2.200E-08  3.877 0.250
2.300E-08  4.160 0.279
2.400E-08  4.397 0.580
2.500E-08  4.566 1.226
2.600E-08  4.567 1.880
2.700E-08  4.027 2.471
2.800E-08  2.846 2.970
2.900E-08  1.776 3.400
3.000E-08  1.114 3.779
3.100E-08  0.770 4.118
3.200E-08  0.597 4.373
3.300E-08  0.514 4.577
3.400E-08  0.476 4.762
3.500E-08  0.466 4.678
3.600E-08  0.458 4.303
3.700E-08  0.460 3.331
3.800E-08  0.674 1.894
3.900E-08  1.090 0.783
4.000E-08  1.610 0.425
4.100E-08  2.103 0.319
4.200E-08  2.525 0.262
4.300E-08  2.870 0.241
4.400E-08  3.197 0.239
4.500E-08  3.535 0.223
4.600E-08  3.851 0.226
4.700E-08  4.143 0.302
4.800E-08  4.388 0.545
4.900E-08  4.574 1.192
5.000E-08  4.602 1.850
5.100E-08  4.107 2.440
5.200E-08  2.964 2.947
5.300E-08  1.767 3.380
5.400E-08  1.092 3.759
5.500E-08  0.762 4.078
5.600E-08  0.609 4.358
5.700E-08  0.521 4.545
5.800E-08  0.504 4.706
5.900E-08  0.454 4.734
6.000E-08  0.434 4.410
6.100E-08  0.465 3.506
6.200E-08  0.580 2.006
6.300E-08  0.977 0.882
6.400E-08  1.503 0.454
6.500E-08  2.011 0.332
6.600E-08  2.444 0.270
6.700E-08  2.796 0.243
6.800E-08  3.119 0.235
6.900E-08  3.466 0.222
7.000E-08  3.797 0.248
7.100E-08  4.088 0.259
7.200E-08  4.344 0.451
7.300E-08  4.548 1.066
7.400E-08  4.633 1.720
7.500E-08  4.274 2.321
7.600E-08  3.216 2.842
7.700E-08  2.048 3.288
7.800E-08  1.255 3.679
7.900E-08  0.839 4.040
8.000E-08  0.636 4.300
8.100E-08  0.532 4.576
8.200E-08  0.474 4.733
9.300E-08  0.445 4.808
8.400E-08  0.437 4.530
8.500E-08  0.441 3.681
8.600E-08  0.544 2.333
8.700E-08  0.890 0.977
8.800E-08  1.399 0.479
8.900E-08  1.930 0.344
9.000E-08  2.385 0.278
9.100E-08  2.747 0.248
9.200E-08  3.063 0.240
9.300E-08  3.407 0.232
9.400E-08  3.731 0.240
9.500E-08  4.036 0.259
9.600E-08  4.294 0.368
9.700E-08  4.502 0.951
9.800E-08  4.633 1.614
9.900E-08  4.348 2.223
1.000E-07  3.422 2.774
           ----!---------!---------!---------!---------!---------!---
```

Bild 14.5.

b) Nach der

35. Iteration

Literaturverzeichnis

1.1   R.K. Brayton, G.D. Hachtel, A. Sangiovanni-Vincentelli:
      Proc. European Conf. on Circuit Theory and Design (1981)
      pp. 34-57

1.2   I. Kampel: Practical Design of Digital Circuits (Newnes
      Technical Books, London 1983)

1.3   A.D. Welbourn: IEE Proc. 129, Pt. I, 157-172 (1982)

1.4   T.W. Williams, K.P. Parker: Proc. IEEE 71, 98-112 (1983)

1.5   J. Soukup: Proc. IEEE 69, 1281-1304 (1981)

1.6   F. Fox, N. Lieske, K. Müller-Glaser, E. Wolfgang: Chip-
      Überprüfung mit der Elektronensonde, in CAD für VLSI,
      hrsgg. von H.G. Schwärtzel (Springer, Berlin, Heidel-
      berg 1982) S. 105-116

1.7   W.L. Engl, H.K. Dirks, B. Meinerzhagen: Proc. IEEE 71,
      10-33 (1983)

1.8   R.W. Dutton, S.E. Hansen: Proc. IEEE 69, 1305-1320 (1981)

1.9   D.E. Thomas: Proc. IEEE 69, 1200-1211 (1981)

1.10 K.D. Lewke, F.J. Rammig: Description and Simulation of
      MOS Devices in Register Transfer Languages, in VLSI 83:
      VLSI Design of Digital Circuits, ed. by F. Anceau,
      E.J. Aas (North-Holland, Amsterdam 1983)

1.11 S.A. Szygenda, E.W. Thompson: IEEE Computer 8, 24-36
      (1975)

1.12 S. Garcia, K.S. Sirnam: VLSI Design 3, 68-73 (Sept./Oct.
      1982)

1.13 H.J. De Man: Proc. IEEE Int. Symp. on Circuits and Systems
      (1982) pp. 699-701

1.14 D.D. Hill, W. van Cleemput: Proc. 16th Design Automation
      Conf. (1979) pp. 272-279

1.15 V.D. Agrawal, A.K. Bose, P. Kozak, H.N. Nham, E. Pacas-
      Skewes: J. Digital Systems 5, 383-400 (1981)

1.16 K.A. Sakallah, S.W. Director: Proc. IEEE Int. Symp. on
      Circuits and Systems (1982) pp. 1194-1197

1.17 W.H. Kao, N. Fathi, J.A. Madden, C.C. Wen: Proc. IEEE Int. Conf. on Computer-Aided Design ICCAD-83 (1983) pp. 147-150

1.18 W.L. Engl, R. Laur, H.K. Dirks: IEEE Trans. CAD-1, 85-93 (1982)

1.19 R. Amantea, C. Davis: Proc. IEEE Int. Conf. on Computer-Aided Design ICCAD-83 (1983) pp. 204-206

1.20 M.Y. Hsueh: "Symbolic Layout and Compaction of Integrated Circuits", Memorandum No. UCB/ERL M79/80, University of California, Berkeley (1980)

1.21 C. Swerling: IEEE Spectrum, 37-41 (Nov. 1982)

1.22 H.W. Daseking, R.I. Gardner, P.B. Weil: IEEE Trans. CAD-1, 36-51 (1982)

1.23 M. Feuer: Proc. IEEE 71, 5-9 (1983)

1.24 S. Taylor: VLSI DESIGN, 34-42 (March 1984)

1.25 S.P. McCormick: Proc. ACM IEEE 21st Design Automation Conf. (1984) pp. 616-623

1.26 U. Schwabe, F. Neppl, E.P. Jacobs, D. Takacs: Siemens Forsch.- u. Entwickl.-Ber. 13, 228-232 (1984)

1.27 P.B. Cohen: VLSI DESIGN, 88-96 (Sept. 1984)

1.28 M. Kump, R.W. Dutton: Two-Dimensional Process Simulation - SUPRA, in Proc. NATO Adv. Study Inst. on Process and Device Simulation for MOS-VLSI Circuits, ed. by P. Antognietti, D.A. Antoniadis, R.W. Dutton, W.G. Oldham (Hisham, MA 1983) pp. 304-342

1.29 C.D. Maldonado: Appl. Phys. A 31, 119-138 (1983)

2.1 R.A. Rohrer, L. Nagel, R. Meyer, L. Weber: IEEE J. Solid State Circuits 5, 204-213 (1971)

2.2 H. Hildebrand, P.H. Russer: IEEE Trans. CAS-23, 235-238 (1976)

2.3 N.C. Rumin: Proc. IEEE Int. Symp. on Circuits and Systems (1983) pp. 362-365

2.4 L.O. Chua, P.-M. Lin: Computer-Aided Analysis of Electronic Circuits (Prentice Hall, Englewood Cliffs, NJ 1975) Chap. 17

2.5 L.W. Nagel: "SPICE2: A Computer Program to Simulate Semiconductor Circuits", Memorandum No. UCB/ERL M520, University of California, Berkeley (1975)

2.6 K. Gopal, M.S. Nakhla, K. Singhal, J. Vlach: IEEE Trans. CAS-25, 99-106 (1978)

2.7 L.O. Chua, P.-M. Lin: Computer-Aided Analysis of Electronic Circuits (Prentice Hall, Englewood Cliffs, NJ 1975) Chap. 14

2.8   P.-M. Lin: IEEE Trans. CT-20, 732-737 (1973)

2.9   K. Géher: Theory of Network Tolerances (Akadémiai, Kiadó, Budapest 1971)

2.10 L.O. Chua, P.-M. Lin: Computer-Aided Analysis of Electronic Circuits (Prentice Hall, Englewood Cliffs, NJ 1975) Chap. 15

2.11 P. Balaban, J. Golembeski: IEEE Trans. CAS-22, 101-108 (1975)

2.12 S.R. Nassif, A.J. Strojwas, S.W. Director: IEEE Trans. CAD-3, 40-46 (1984)

2.13 D. Suiter: AEÜ 31, 513-517 (1977)

2.14 K. Antreich, S. Huss: AEÜ 36, 327-336 (1982)

2.15 R.K. Brayton, G.D. Hachtel, A.L. Sangiovanni-Vincentelli: Proc. IEEE 69, 1334-1362 (1981)

2.16 S.W. Director, L.M. Vidigal: Proc. European Conf. on Circuit Theory and Design ECCTD'81 (1981) pp. 15-24

2.17 P.W. Becker, F. Jensen: Design of Systems and Circuits for Maximum Reliability or Maximum Production Yield (McGraw-Hill, New York 1977)

2.18 E. Polak, A. Sangiovanni-Vincentelli: IEEE Trans. CAS-26, 795-813 (1979)

2.19 R. Molich-Pederson: "Users Manual for the ANP3 Circuit Analysis Program", Technical University of Denmark, Lyngby (1972)

2.20 R.W. Jensen, L.P. McNamee: Handbook of Circuit Analysis Languages and Techniques (Prentice Hall, Englewood Cliffs, NJ 1976)

2.21 M. Heydemann: "ASTEC3, A User Oriented Circuit Analysis Program", Abstracts of ESSCIRC, LAAS CNRS 7, Toulouse (1976)

2.22 T.K. Young, R.W. Dutton: "MSINC - A MOS Simulator for Integrated Nonlinear Circuits with Modular Built-in Model", Stanford Electronics Laboratories, Stanford University, Technical Report SU SEL-74-038, TR 5010-1 (1974)

2.23 T. Rübner-Peterson: "NAP2, a Nonlinear Analysis Program for Electronic Circuits", Users Manual, Technical University of Denmark, Lyngby (1973)

2.24 J.C. Bowers, S.R. Sedore: SCEPTRE: A Computer Program for Circuit and Systems Analysis (Prentice Hall, Englewood Cliffs, NJ 1971)

2.25   T.N. Trick, F.R. Colon, S.P. Fan: IEEE Trans. CAS-$\underline{22}$, 391-396 (1975)

2.26   T.E. Idleman, F.S. Jenkins, W. McCalla, D.O. Pederson: IEEE J. Solid State Circuits $\underline{6}$, 188-203 (1971)

2.27   R. Honal, E.-H. Horneber: Siemens Forsch.- u. Entwickl.-Ber. $\underline{7}$, 271-278 (1978)

2.28   P. Stevens, G. Arnout: Proc. 20th Design Automation Conf. (1983) pp. 100-106

2.29   P. Reynaert: "Event-Driven Circuit Simulation of Digital Very Large Scale Integrated Circuits", Ph.D. Thesis, ESAT, Katholieke Universiteit Leuven, Belgien (1983)

2.30   R.E. Bryant: "A Switch-Level Simulation Model for Integrated Logic Circuits", VLSI-Memo No. 81-50, Massachusetts Institute of Technology, Cambridge, MA (1981)

2.31   J.D. Crawford: "MOTIS-C Version 2.0 Users' Guide", CAD Development Integrated Circuit Engineering Solid State Group, Tektronix Inc. (1980)

2.32   G.R. Boyle: "Simulation of Integrated Injection Logic", Memorandum No. UCB/ERL M78/13, University of California, Berkeley (1978)

2.33   J.R. Straus, J.E. Kleckner, A.R. Newton: "SPLICE Version 1A.3 Users' Guide", Department Electr. Eng. and Comp. Sciences, University of California, Berkeley (1981)

2.34   J. Vlach, K. Singhal: <u>Computer Methods for Circuit Analysis and Design</u> (Van Nostrand Reinhold Co., New York 1983) Chap. 5, 6

3.1   R.W. Dutton: Bipolar Device Models, in <u>Digital Bipolar Circuits</u>, ed. by M.I. Elmasry (Wiley, New York 1983)

3.2   A.K. Laha, D.W. Smart: IEEE J. Solid-State Circuits $\underline{16}$, 21-22 (1981)

3.3   I. Getreu: "Modeling the Bipolar Transistor", Electronics, Part 1: 114-120 (19. Sept. 1974); Part 2: 71-75 (31. Oct. 1974); Part 3: 137-143 (14. Nov. 1974)

3.4   K. Fukahori: "Computer Simulation of Monolithic Circuit Performance in the Presence of Electro-Thermal Interactions", Memorandum No. UCB/ERL M77/18, University of California, Berkeley (1977)

3.5   J.J. Ebers, J.L. Moll: Proc. IRE $\underline{42}$, 1761-1772 (1954)

3.6 P.G.A. Jespers: Measurements for Bipolar Devices, in Process and Device Modeling for Integrated Circuit Design, ed. by F. van de Wiele, W.L. Engl, P.G. Jespers (Noordhoff Leyden 1977) pp. 307-363

3.7 H.K. Gummel, H.C. Poon: Bell Syst. Techn. J. 49, 827-852 (1970)

3.8 B. Schwaderer: AEÜ 36, 279-284 (1982)

3.9 F. Sischka: Proc. European Conf. on Circuit Theory and Design ECCTD'83 (1983) pp. 486-488

3.10 H.W. Daseking: Conf. Rec. 8th Asilomar Conf. (1974) p. 3.12

3.11 R.W. Dutton, D.A. Divekar: Bipolar Models for Statistical IC Design, in Process and Device Modeling for Integrated Circuit Design, ed. by F. van de Wiele, W.L. Engl, P.G. Jespers (Noordhoff, Leyden1977) pp. 461-517

3.12 P.W. Weil, L.P. McNamee: IEEE Trans. CAS-24, 541-545 (1977)

3.13 R.G. Gough: IEEE J. Solid-State Circuits 17, 666-670 (1982)

3.14 A.E. Rühli: IBM J. Res. Dev. 23, 626-639 (1979)

3.15 P. Christiansen: Wiss. Ber. AEG-Telefunken 52, 171-178 (1979)

3.16 F.M. Klaasen: Survey of I^2L Modelling, in Process and Device Modeling for Integrated Circuit Design, ed. by F. van de Wiele, W.L. Engl, P.G. Jespers (Noordhoff, Leyden 1977) pp. 519-537

3.17 S.M. Sze: Physics of Semiconductor Devices, 2nd ed. (Wiley, New York 1981)

3.18 J.E. Meyer: RCA Rev. 32, 42-63 (1971)

3.19 G. Cardinali, S. Graffi, M. Impronta, G. Masetti: IEE Proc. 129, Pt. I, 61-66 (1982)

3.20 M.I. Elmasry: Digital MOS Integrated Circuits: A Tutorial, in Digital MOS Integrated Circuits, ed. by M.I. Elmasry (IEEE Press, New York 1981) pp. 1-27

3.21 P. Antognietti, D.D. Caviglia, E. Profumo: IEEE J. Solid-State Circuits 17, 454-458 (1982)

3.22 S. Liu, L.W. Nagel: IEEE J. Solid-State Circuits 17, 983-998 (1982)

3.23 D.R. Alexander, R.J. Antinone, G.W. Brown: "SPICE2 MOS Modeling Handbook", BDM Corp. Albuquerque, NM, Rept. BDM/A-77-071-TR (1977)

3.24 A. Reisman: Proc. IEEE 71, 550-565 (1983)

3.25 D.E. Ward, K. Doganis: IEE Trans. CAD-$\underline{1}$, 163-168 (1982)

3.26 F.H. Gaensslen: IBM J. Res. Dev. $\underline{23}$, 682-688 (1979)

3.27 D.B. Estreich, R.W. Dutton: IEEE Trans. CAD-$\underline{1}$, 157-162 (1982)

3.28 A. Vladimirescu, S. Liu: "The Simulation of MOS Integrated Circuits Using SPICE2", Memorandum No. UCB/ERL M80/7, University of California, Berkeley (1980)

3.29 P. Yang, P.K. Chatterjee: IEEE Trans. CAD-$\underline{1}$, 169-182 (1982)

3.30 F.M. Klaasen, W.C.J. de Groot: Solid-State Electron. $\underline{23}$, 237-242 (1980)

3.31 R.E. Oackley, R.J. Hocking: IEE Proc. $\underline{128}$, Pt. I, 239-247 (1981)

3.32 G. Merckel: Solid-State Electron. $\underline{23}$, 1207-1213 (1980)

3.33 U. Kumar: IEE Proc. $\underline{130}$, Pt. I, 37-46 (1983)

3.34 F.M. Klaasen: Review of Physical Models for MOS Transistors, in Process and Device Modeling for Integrated Circuit Design, ed. by F. van de Wiele, W.L. Engl, P.G. Jespers (Noordhoff, Leyden 1977) pp. 541-571

3.35 F.M. Klaasen: A MOST Model for CAD with Automated Parameter Determination, in Process and Device Modeling for Integrated Circuit Design, ed. by F. van de Wiele, W.L. Engl, P.G. Jespers (Noordhoff, Leyden 1977) pp. 739-750

3.36 J.L. Burns, A.R. Newton, D.O. Pederson: Proc. IEEE Int. Symp. on Circuits and Systems (1983) pp. 250-253

3.37 T. Shima, H. Yomada, R.L.M. Dang: IEEE Trans. CAD-$\underline{2}$, 121-125 (1983)

3.38 N.K. Jain, D. Agnew, M.S. Nakhla: Digest of Techn. Papers, IEEE Int. Conf. on Computer-Aided Design ICCAD-83 (1983) pp. 201-203

3.39 P. Yang, B.D. Epler, P.K. Chatterjee: IEEE J. Solid-State Circuits $\underline{18}$, 128-138 (1983)

3.40 D.E. Ward, R.W. Dutton: IEEE J. Solid-State Circuits $\underline{13}$, 703-708 (1978)

3.41 K. Doganis, D.L. Scharfetter: IEEE Trans. ED-$\underline{30}$, 1219-1228 (1983)

3.42 P. Yang, P.K. Chatterjee: IEEE Trans. ED-$\underline{30}$, 1214-1219 (1983)

3.43 A.W. Wieder, Ch. Werner, J. Harter: IEEE Trans. ED-$\underline{30}$, 240-245 (1983)

3.44 M. Glesner, C. Weisang: AEÜ 31, 289-295 (1977)

3.45 A. Napieralski: Proc. European Conf. on Circuit Theory
      and Design ECCTD'83 (1983) pp. 489-491

3.46 P. Weil, L.P. McNamee: Circuit Theory and Appl. 6, 57-
      64 (1978)

3.47 D.J. Reed, D.L. Shealy: Solid State Techn. 26, 127-131
      (1983)

3.48 A.L. Silburt, R.C. Foss, W.F. Petrie: IEEE Trans CAD-3,
      104-110 (1984)

3.49 J.L. Prince: VLSI Device Fundamentals, in Very Large Scale
      Integration, hrsgg. von D.F. Barbe (Springer, Berlin, Hei-
      delberg 1980) S. 4-41

3.50 Ch.G. Sodini, P.-K. Ko, J.L. Moll: IEEE Trans. ED-31,
      1386-1393 (1984)

3.51 J. Barby, J. Vlach, K. Singhal: Proc. IEEE Int. Symp. on
      Circuits and Systems (1984) pp. 1159-1162

4.1   C.A. Desoer, E.S. Kuh: Basic Circuit Theory (McGraw-Hill,
      New York 1969) Chap. 10-11

4.2   N. Balabanian, T.A. Bickart: Electrical Network Theory
      (Wiley, New York 1969)

4.3   L.O. Chua, P.-M. Lin: Computer-Aided Analysis of Electronic
      Circuits (Prentice Hall, Englewood Cliffs, NJ 1975) Chap. 3

4.4   W.T. Weeks, A.J. Jimenez, G.W. Mahoney, H. Quassemzadeh,
      T.R. Scott: Proc. IEEE Int. Symp. on Circuit Theory (1973)
      pp. 165-167

4.5   E. Wehrhahn: AEÜ 34, 402-406 (1980)

4.6   H.J. Mann: Proc. IEEE Int. Symp. on Circuits and Systems
      (1982) pp. 639-642

4.7   H.J. De Man, J. Rabaey, G. Arnout, J. Vandewalle: IEEE J.
      Solid-State Circuits 15, 190-200 (1980)

5.1   F.H. Branin: Proc. IEEE Int. Symp. on Circuits and Systems
      (1974) pp. 750-754

5.2   A.J. de Geus, R.A. Rohrer: Proc. IEEE Int. Symp. on
      Circuits and Systems (1982) pp. 702-704

7.1   P.R. Bryant: Graph Theory and Electrical Networks, in
      Applications of Graph Theory, ed. by R.J. Wilson, L.W.
      Beineke (Academic, London 1979) pp. 81-119

7.2   L.W. Johnson, R.D. Riess: Numerical Analysis (Addison-
      Wesley, Reading, MA 1982)

7.3   A. Björck, G. Dahlquist: Numerische Methoden (Oldenbourg, München 1972)

7.4   H. Werner: Praktische Mathematik I, 3. Aufl. (Springer, Berlin, Heidelberg 1982)

7.5   F. Stummel, K. Hainer: Praktische Mathematik (Teubner, Stuttgart 1982)

7.6   G. Engeln-Müllges, F. Reutter: Formelsammlung zur numerischen Mathematik, 3. Aufl. (Bibliographisches Institut, Mannheim 1981)

7.7   R.L. Johnston: Numerical Methods, A Software Approach (Wiley, New York 1982)

7.8   G. Forsythe, C.B. Moler: Computer Solution of Linear Algebraic Systems (Prentice Hall, Englewood Cliffs, NJ 1967)

7.9   N. Wurm: Siemens Forsch.- u. Entwickl.-Ber. 4, 96-102 (1975)

7.10 I.N. Hajj, P. Yang, T.N. Trick: IEEE Trans. CAS-28, 271-279 (1981)

7.11 J. Vlach, K. Singhal, M. Vlach, R. Chadha, J. Barby: Proc. IEEE Int. Symp. on Circuits and Systems (1983) pp. 418-426

7.12 S.M. Rump: Elektron. Rechenanlagen 24, 268-277 (1982)

7.13 I.S. Duff: Proc. IEEE 65, 500-535 (1977)

7.14 K.C. Gupta, R. Garg, R. Chadha: Computer-Aided Design of Microwave Circuits (Artech House, Dedham, MA 1981)

7.15 I. Hajj, S. Sussman-Fort: Computer Aided Circuit Analysis and Design, in Fundamentals Handbook of Electrical and Computer Engineering, ed. by S.S.L. Chang (Wiley, New York 1983)

7.16 H.M. Markowitz: Management Sci. 3, 255-269 (1957)

7.17 G.D. Hachtel, R.K. Brayton, F.G. Gustavson: IEEE Trans. CAS-22, 101-113 (1971)

7.18 C.-W. Ho, A.E. Rühli, P.A. Brennan: IEEE Trans. CAS-22, 504-509 (1975)

7.19 I.S. Duff, J.K. Reid: ACM Trans. on Math. Software 5, 18-35 (1979)

7.20 W.M. Gentleman, A. George: Sparse Matrix Software, in Sparse Matrix Computations, ed. by J.R. Bunch, D.J. Rose (Academic, New York 1976) pp. 243-261

7.21 D.E. Knuth: The Art of Computer Programming, Vol. 1: Fundamental Algorithms (Addison-Wesley, Reading, MA 1977)

7.22 A.L. Sangiovanni-Vincentelli: Circuit Simulation, in
      Computer Design Aids for VLSI Circuits, ed. by
      P. Antognietti, D.O. Pederson, H. De Man (Sijthoff &
      Noordhoff, Alphen aan den Rijn, The Netherlands 1981)
      pp. 19-112

7.23 S.W. Director: A Survey of Decomposition Techniques for
      Analysis and Design of Electrical Networks, in Decompo-
      sition of Large-Scale Problems (North-Holland, Amsterdam
      1973) pp. 93-118

7.24 D.A. Calahan: Computer-Aided Network Design (McGraw-Hill,
      New York 1972)

7.25 G.D. Hachtel: Vector and Matrix Variability Type in Sparse
      Matrix Algorithm, in Sparse Matrices and Their Applica-
      tions, ed. by D.J. Rose, R.A. Willoughby (Plenum, New
      York 1972) pp. 53-64

7.26 R.S. Norin, Ch. Pottle: IEEE Trans. CT-18, 139-145 (1971)

7.27 P.M. Trouborst, J.A.G. Jess: Proc. IEEE Int. Conf. on
      Circuits and Computers ICCC 80 (1980) pp. 337-340

7.28 D.A. Calahan: Proc. IEEE Conf. on Circuits and Computers
      ICCC 80 (1980) pp. 976-979

7.29 A. Vladimirescu: "LSI Circuit Simulation in Vector Compu-
      ters", Memorandum No. UCB/ERL M82/75, University of
      California, Berkeley (1982)

7.30 K. Hwang, Y.-H. Cheng: IEEE Trans. C-31, 1215-1224 (1982)

8.1   R.O. Nielsen, A.N. Willson: IEEE Trans. CAS-24, 349-362
      (1977)

8.2   A.N. Willson: Proc. IEEE Int. Conf. on Circuits and Com-
      puters ICCC 80 (1980) pp. 791-795

8.3   L.O. Chua, P.-M. Lin: Computer-Aided Analysis of Electronic
      Circuits (Prentice Hall, Englewood Cliffs, NJ 1975) Chap. 5

8.4   T.E. Stern: Theory of Nonlinear Networks and Systems
      (Addison-Wesley, Reading, MA 1965) Chap. 2

8.5   J. Nitsche: Praktische Mathematik (Bibliographisches
      Institut, Mannheim 1968)

8.6   D. Agnew: Proc. IEEE Int. Symp. on Circuits and Systems
      (1982) pp. 1198-1201

8.7   L.W. Nagel, R.A. Rohrer: IEEE J. Solid-State Circuits 6,
      166-182 (1971)

8.8   W.T. Weeks, A.J. Jimenez, G.W. Mahoney, D. Mehta,
      H. Quassemzadeh, T.R. Scott: IEEE Trans. CT-20, 628-634
      (1973)

8.9   A.J. Jimenez, S.W. Director: IEEE Trans. CAS-25, 1-7 (1978)

8.10 C.W. Ho, D.A. Zein, A.E. Rühli, P.A. Brennan: IEEE Trans.
      CAS-24, 416-421 (1977)

8.11 F.H. Branin, H.H. Wang: Proc. IEEE 55, 1819-1826 (1967)

8.12 H. Schwetlick: Numerische Lösung nichtlinearer Glei-
      chungen (Oldenbourg, München 1979)

8.13 P. Slapničar: IEEE Trans. CAS-27, 325-328 (1980)

8.14 P.R. Dimmer, C.P.D. Cutteridge: IEE Proc. 127, Pt. G,
      278-283 (1980)

8.15 L.O. Chua, P.-M. Lin: Computer-Aided Analysis of Electronic
      Circuits (Prentice Hall, Englewood Cliffs, NJ 1975) Chap. 7

8.16 A.R. Newton, D.O. Pederson: Proc. IEEE Int. Symp. on
      Circuits and Systems (1978) pp. 6-9

9.1   T.R. Bashkow: IRE Trans. CT-4, 117-120 (1957)

9.2   C. Pottle: IEEE Trans. CT-16, 566-568 (1969)

9.3   S.R. Sedore: IBM J., 627-637 (Nov. 1967)

9.4   K. Takeya: Rev. Electr. Communication Laboratories 25,
      224-230 (1977)

9.5   L.O. Chua, P.-M. Lin: Computer-Aided Analysis of Electronic
      Circuits (Prentice Hall, Englewood Cliffs, NJ 1975) Chaps.
      9, 10

10.1 R.A. Rohrer, H. Nosrati: IEEE Trans. CAS-28, 180-186 (1981)

10.2 L.O. Chua, P.-M. Lin: Computer-Aided Analysis of Electronic
      Circuits (Prentice Hall, Englewood Cliffs, NJ 1975) Chaps.
      12, 13

10.3 G. Dahlquist: BIT 3, 27-43 (1963)

10.4 A. Prothero, A. Robinson: Math. Com. 28, 145-162 (1974)

10.5 C.W. Gear: Numerical Initial Value Problems in Ordinary
      Differential Equations (Prentice Hall, Englewood Cliffs,
      NJ 1971)

10.6 R.K. Brayton, F.G. Gustavson, G.D. Hachtel: Proc. IEEE 60,
      98-108 (1972)

10.7 W.M.G. van Bokhoven: IEEE Trans. CAS-22, 109-115 (1980)

10.8 D. Gambart-Ducros, G. Maral: IEEE Trans. CAS-27, 747-
      755 (1980)

10.9 A.E. Rühli: Proc. European Conf. on Circuit Theory and
      Design ECCTD'81 (1981) pp. 151-155

10.10 W.H. Enright: SIAM J. Numer. Anal. 11, 321-331 (1974)

10.11 R.D. Skeel, A.K. Kong: ACM Trans. on Math. Software 3,
      326-345 (1977)

10.12 F. Odeh, W. Liniger: Proc. Int. Conf. on Circuits and
        Computers ICCC 80 (1980) pp. 123-126
10.13 O. Nevanlina, W. Liniger: BIT Pt. 1: $\underline{18}$, 457-474 (1978);
        Pt. 2: $\underline{19}$, 53-72 (1979)
 11.1 G.D. Hachtel, A.L. Sangiovanni-Vincentelli: Proc. IEEE
        $\underline{69}$, 1264-1280 (1981)
 11.2 M. Vlach: Proc. IEEE Int. Symp. on Circuits and Systems
        (1983) pp. 427-430
 11.3 A. Sangiovanni-Vincentelli, L.K. Chen, L.O. Chua: IEEE
        Trans. CAS-$\underline{24}$, 709-717 (1977)
 11.4 A.E. Rühli, A.L. Sangiovanni-Vincentelli, N.B.G. Rabbat:
        IEEE Trans. CAS-$\underline{29}$, 185-190 (1982)
 11.5 L.A. Hageman, D.M. Young: Applied Iterative Methods
        (Academic, New York 1981) pp. 18-38
 11.6 A.R. Newton, A.L. Sangiovanni-Vincentelli: IEEE Trans.
        ED-$\underline{30}$, 1184-1207 (1983)
 11.7 V. Conrad, Y. Wallach: IEEE Trans. C-$\underline{26}$, 838-847 (1977)
 11.8 J.M. Ortega, W.C. Rheinboldt: Iterative Solution of
        Nonlinear Equations in Several Variables (Academic,
        New York 1970)
 11.9 E. Lelarasmee, A.E. Rühli, A.L. Sangiovanni-Vincentelli:
        IEEE Trans. CAD-$\underline{1}$, 131-145 (1982)
 11.10 A.R. Newton: "The Simulation of Large-Scale Integrated
        Circuits", Memorandum No. UCB/ERL M78/52, University
        of California, Berkeley (1978)
 11.11 M.Y. Hsueh, A.R. Newton, D.O. Pederson: Proc. Conf. on
        Modelling of Semiconductor Devices, Ecole Polytechnique
        Fedéral de Lausanne (1977) pp. 403-413
 11.12 A.L. Sangiovanni-Vincentelli, N.B.G. Rabbat: IEE Proc.
        $\underline{127}$, Pt. G, 292-301 (1980)
 11.13 H.Y. Hsieh, N.B. Rabbat: Proc. IEEE Int. Conf. on
        Circuits and Systems (1978) pp. 336-339
 11.14 L.O. Chua: IEEE Trans. CT-$\underline{18}$, 73-85 (1971)
 11.15 A.E. Rühli, N.B. Rabbat, H.Y. Hsieh: Computer Aided
        Design $\underline{10}$, 121-129 (1978)
 11.16 H. De Man: Proc. Conf. on Modelling of Semiconductor
        Devices, Ecole Polytechnique Féderal de Lausanne (1977)
        pp. 389-402
 11.17 J.R. Greenbaum: Electronics $\underline{46}$, 121-125 (1973)

11.18 S.C. Bass, S.C. Peak: Proc. IEEE Int. Symp. on Circuit
       Theory (1973) pp. 287-289

11.19 C. Mead, L. Conway: Introduction to VLSI Systems
       (Addison-Wesley, Reading, MA 1980)

11.20 H. Weiß, K. Horninger: Integrierte MOS-Schaltungen
       (Springer, Berlin, Heidelberg 1982)

11.21 B.R. Chawla, H.K. Gummel, P. Kozak: IEEE Trans. CAS-$\underline{22}$,
       901-910 (1975)

11.22 M.Y. Hsueh, A.R. Newton, D.O. Pederson: Proc. IEEE Int.
       Symp. on Circuits and Systems (1978) pp. 345-349

11.23 H. Sibbert: "Verfahren und Programme für die Schaltungs-
       und Timing-Simulation", Lehrstuhl Bauelemente der Elek-
       trotechnik, Universität Dortmund, Unterlagen des Semi-
       nars Praxis der Großintegration, Bd. II, 12-38 (1983)

11.24 H. De Man, G. Arnout, P. Reynaert: Mixed-Mode Circuit
       Simulation Techniques and Their Implementation in DIANA,
       in Computer Design Aids for VLSI Circuits, ed. by
       P. Antognietti, D.O. Pederson, H. De Man (Sijthoff &
       Noordhoff, Alphen aan den Rijn, The Netherlands 1981)
       pp. 113-174

11.25 S.P. Fan, M.Y. Hsueh, A.R. Newton, D.O. Pederson: Proc.
       IEEE Int. Symp. on Circuits and Systems (1977) pp. 700-
       703

11.26 G. De Micheli, A. Sangiovanni-Vincentelli: Circuit
       Theory and Appl. $\underline{10}$, 299-309 (1982)

11.27 G. De Micheli, A. Sangiovanni-Vincentelli, A.R. Newton:
       Proc. IEEE Int. Symp. on Circuits and Systems (1980)
       pp. 439-443

11.28 G. Rabbat, A.L. Sangiovanni-Vincentelli, H.Y. Hsieh:
       IEEE Trans. CAS-$\underline{26}$, 733-740 (1979)

11.29 N.D. Phillips, J.G. Tellier: Proc. IEEE Test Conf. (1978)
       pp. 266-273

11.30 J. Mavor, M.A. Jack, P.B. Denyer: Introduction to MOS
       LSI Design (Addison-Wesley, London 1983) Chap. 2

11.31 J.R. Johnson, D.E. Johnson: Proc. IEEE Int. Conf. on
       Circuits and Computers ICCC 80 (1980) pp. 632-635

11.32 F. Harary: Graphentheorie (Oldenbourg, München 1974)

11.33 R. Tarjan: SIAM J. Computing $\underline{1}$, 146-160 (1972)

11.34 A.V. Aho, J.E. Hopcroft, J.D. Ullman: Data Structures
       and Algorithms (Addison-Wesley, Reading, MA 1983)

12.1 P. Yang, I.N. Hajj, T.N. Trick: Proc. European Conf. on Circuit Theory and Design ECCTD'83 (1983) pp. 157-163

12.2 A. Vladimirescu, D.O. Pederson: Proc. IEEE Int. Symp. on Circuits and Systems (1982) pp. 1229-1232

12.3 Q. Yu, O. Wing: Integration $\underline{2}$, 27-48 (1984)

12.4 S.D. Hamm, S.R. Beckerich: Proc. IEEE Int. Conf. on Computer-Aided Design ICCAD-83 (1983) pp. 252-253

12.5 L.J. Shanbeck, R.S. Norin: Proc. Int. Conf. on Computer-Aided Design ICCAD-83 (1983) pp. 247-249

12.6 R.B. Hitchcock: Proc. 19th Design Automation Conf. (1982) pp. 594-604

12.7 L.C. Bening, T.A. Lane, C.R. Alexander: Proc. 19th Design Automation Conf. (1982) pp. 605-615

12.8 G.R. Boyle: Proc. IEEE Int. Symp. on Circuits and Systems (1978) pp. 890-894

12.9 R.A. Saleh, J.E. Kleckner, A.R. Newton: Proc. IEEE Int. Conf. on Computer-Aided Design ICCAD-83 (1983) pp. 139-140

12.10 K. Hirabayashi, J. Watanabe: Proc. 3rd USA-JAPAN Computer Conf. (1978) pp. 457-461

12.11 N. Tanabe, H. Nakamura, K. Kawakita: Proc. IEEE Int. Symp. on Circuits and Systems (1980) pp. 1035-1038

12.12 J.W. Grundmann: Digest of Techn. Papers, IEEE Int. Conf. on Computer-Aided Design ICCAD-83 (1983) pp. 141-142

12.13 H. De Man, P. Reynaert, I. Bolsens: Proc. European Conf. on Circuit Theory and Design ECCTD'83 (1983) pp. 429-432

12.14 A.R. Newton: Timing, Logic and Mixed-Mode Simulation for Large MOS Integrated Circuits, in Computer Aids for VLSI Circuits, ed. by P. Antognietti, D.O. Pederson, H. De Man (Sijthoff & Noordhoff, Alphen aan den Rijn, The Netherlands 1981) pp. 175-240

12.15 H. De Man, L. Darcis, I. Bolsens, P. Reynaert, D. Dumlugöl: Proc. IEEE Int. Conf. on Computer-Aided Design ICCAD-83 (1983) pp. 137-138

12.16 G. Merckel, J. Borel, N.Z. Cupcea: IEEE Trans. ED-$\underline{19}$, 681-690 (1972)

12.17 K. Sakallah, S.W. Director: Proc. IEEE Int. Conf. on Circuits and Computers ICCC 80 (1980) pp. 1032-1035

12.18 H.N. Nham, A.K. Bose: Proc. 17th Design Automation Conf. (1980) pp. 610-617

12.19 V.D. Agrawal, A.K. Bose, P. Kozak, H.N. Nham, E. Pacas-Skewes: Proc. 17th Design Automation Conf. (1980) pp. 618-625

12.20 C.-Y. Lo, H.N. Nham, A.K. Bose: Proc. 20th Design Automation Conf. (1983) pp. 619-624

12.21 W.M.G. van Bokhoven: Proc. IEEE Conf. on Circuits and Computers ICCC 80 (1980) pp. 361-365

12.22 W.M.G. van Bokhoven: Proc. IEEE Int. Symp. on Circuits and Systems (1982) pp. 1256-1258

12.23 J.T.J. van Eijndhoven, J.A.G. Jess: Proc. IEEE Int. Symp. on Circuits and Systems (1984) pp. 1377-1380

13.1   I. Ohkura, K. Okazai, T. Tokuda, K. Sakashita: VLSI Design Verification and Logic Simulation, in Hardware and Software Concepts in VLSI (Van Nostrand Reihold, New York 1983) pp. 524-551

13.2   M.R. Lightner, G.D. Hachtel: Proc. IEEE Int. Symp. on Circuits and Systems (1982) pp. 63-67

13.3   D. Dumlugöl, H.J. De Man, P. Stevens, G.G. Schrooten: IEEE Trans. CAD-$\underline{2}$, 193-202 (1983)

13.4   R.E. Bryant: LAMBDA Magazine, 46-53 (4th Quarter 1980)

13.5   I.N. Hajj, D. Saab: Proc. IEEE Int. Symp. on Circuits and Systems (1983) pp. 246-249

13.6   H. De Man, D. Dumlugöl, P. Stevens, G. Schrooten, I. Bolsens: Proc. Int. Conf. on Circuits and Computers ICCC 82 (1982) pp. 42-45

13.7   C.J. Terman: Proc. IEEE Int. Conf. on Computer Design: VLSI in Computers ICCD'83 (1983) pp. 437-440

13.8   G.D. Jordan, R.M. Apte: Int. Conf. on Circuits and Computers ICCC 82 (1982) pp. 431-435

13.9   V. Ramachandran: Proc. 20th Design Automation Conf. (1983) pp. 293-299

13.10 J.A. Brzozowski, M. Yoeli: IEEE Trans. C-$\underline{28}$, 178-183 (1979)

13.11 R.E. Bryant, M.D. Schuster: VLSI Design $\underline{4}$, 24-30 (Oct. 1983)

13.12 Y.H. Levendel, P.R. Menon: Bell System Techn. J. $\underline{60}$, 2235-2258 (1981)

13.13 L. Szántó: Computer-Aided Design $\underline{14}$, 313-319 (1982)

13.14 G.D. Jordan, B.B. Popli, R.M. Apte: Proc. 20th Design Automation Conf. (1983) pp. 719-720

13.15 R.E. Bryant: IEEE Trans. C-33, 160-177 (1984)

13.16 J.K. Ousterhout: Proc. ACM IEEE 21st Design Automation
       Conf. (1984) pp. 542-548

13.17 R.E. Bryant: Proc. IFIP TC10/WG10.5 Int. Conf. on Very
       Large Scale Integration (1983) pp. 85-95

13.18 M.A. d'Abreu, K.L. Cheong, C.T. Flanagan: Proc. IEEE
       Int. Conf. on Computer Design: VLSI in Computers ICCD'83
       (1983) pp. 285-288

14.1   E. Lelarasme: "The Waveform Relaxation Method for the
       Time-Domain Analysis of Large Scale Integrated Circuits:
       Theory and Applications", Memorandum No. UCB/ERL M82/40,
       University of California, Berkeley (1982)

14.2   C.H. Carlin, A.E. Rühli, F. Odeh: Proc. European Conf.
       on Circuit Theory and Design ECCTD'83 (1983) pp. 436-440

14.3   E. Lelarasmee, A. Sangiovanni-Vincentelli: Computer-
       Aided Design 15, 262-270 (1983)

14.4   R.J. Kaye, A. Sangiovanni-Vincentelli: IEEE Trans.
       CAS-30, 353-357 (1983)

14.5   W.M.G. van Bokhoven: Proc. IEEE Int. Symp. on Circuits
       and Systems (1983) pp. 766-768

14.6   O.A. Palusinski, M.W. Guarini: IEEE Int. Conf. on
       Computer-Aided Design ICCAD-83 (1983) pp. 145-146

14.7   J. White, A.L. Sangiovanni-Vincentelli: Proc. IEEE Int.
       Symp. on Circuits and Systems (1983) pp. 756-759

Sachverzeichnis